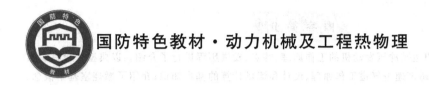

国防特色教材·动力机械及工程热物理

# 冲压发动机原理及技术

徐 旭　陈 兵　徐大军　编著

U0245694

北京航空航天大学出版社

北京理工大学出版社　哈尔滨工业大学出版社
哈尔滨工程大学出版社　西北工业大学出版社

## 内 容 简 介

本书对亚燃冲压发动机和超燃冲压发动机的工作原理、特点、发展历程进行了介绍。以典型轴对称头锥进气冲压发动机为例,介绍了超声速进气道工作原理、设计和流场计算的基本知识;介绍了燃烧室基本概念、热力气动计算、设计和流场分析的基本方法,以及尾喷管的类型、性能评估等相关知识;介绍了整体式冲压发动机的工作原理和性能计算,以及冲压发动机的燃料与材料;最后介绍了冲压发动机试验的设备、内容和数据处理中的一些相关知识。

本书可作为高等工科院校飞行器动力工程专业高年级本科生和研究生的教材,也可供从事冲压发动机研究的工程技术人员参考。

**图书在版编目(CIP)数据**

冲压发动机原理及技术 / 徐旭等编著. -- 北京 :
北京航空航天大学出版社,2014.2
ISBN 978 - 7 - 5124 - 1323 - 8

Ⅰ.①冲… Ⅱ.①徐… Ⅲ.①冲压喷气发动机-高等
学校-教材 Ⅳ.①V235.21

中国版本图书馆 CIP 数据核字(2013)第 289466 号

冲压发动机原理及技术

徐 旭 陈 兵 徐大军 编著
责任编辑 刘晓明

\*

北京航空航天大学出版社出版发行

北京市海淀区学院路 37 号(邮编 100191) http://www.buaapress.com.cn
发行部电话:(010)82317024 传真:(010)82328026
读者信箱:bhpress@263.net 邮购电话:(010)82316936
北京建宏印刷有限公司印装 各地书店经销

\*

开本:787×960 1/16 印张:22.75 字数:510 千字
2014 年 2 月第 1 版 2023 年 8 月第 3 次印刷 印数:1 651~1 850 册
ISBN 978 - 7 - 5124 - 1323 - 8 定价:79.00 元

# 前　言

　　2013 年是冲压发动机诞生 100 周年。1913 年 5 月,法国工程师雷内·劳伦将其发明写成论文在《飞翼》杂志上发表,标志着冲压发动机的诞生。冲压发动机自诞生以来,经历了曲折的发展历程,几起几落。近年来,随着国际上冲压发动机,特别是超燃冲压发动机和冲压组合发动机研究热潮的兴起,冲压发动机又迎来了新一轮的研究热潮。

　　冲压发动机属于吸气式发动机,但不论从性能特点还是工作范围等方面考察,冲压发动机都是介于航空、航天之间的一种动力形式。它比传统的航空发动机结构简单,"飞"得更快、"飞"得更高;它比火箭发动机性能更优,比冲更高。它工作的空域范围可拓展到大气层边缘,满足某些航天应用需求。近年来,随着人们对邻近空间(20～100 km)的持续关注,冲压发动机及其组合发动机有可能在其中发挥更加重要的作用。

　　本书对冲压发动机的介绍,以亚燃冲压发动机为主,其间穿插介绍了超燃冲压发动机的一些工作原理和结构特点。作者希望能够借此淡化亚燃与超燃的界限,使读者能够将两者融会贯通;但限于自身能力与水平,这一目标实现起来有一定困难。

　　本书适合于飞行器动力工程专业高年级本科生和研究生学习使用,先修课程包括"流体力学"、"气体动力学"、"工程热力学"等,如果学生具有"计算流体力学"的相关知识则更佳。本书也可作为研究生"冲压发动机原理"课程的教材使用。

　　本书共分为 9 章,第 1 章概论由徐大军、徐旭编写,第 2 章冲压发动机的流体力学基础由徐旭、陈兵编写,第 3 章冲压发动机的循环过程由陈兵编写,第 4 章冲压发动机的进气道由陈兵编写,第 5 章冲压发动机的燃烧室由徐旭编写,第 6 章冲压发动机的尾喷管由陈兵编写,第 7 章整体式冲压发动机由徐大军编写,第 8 章冲压发动机的燃料及材料由徐大军编写,第 9 章冲压发动机的试验由徐旭编写。全书由徐旭统一校订。

　　张振鹏教授、林宇震教授等专家对本书进行了认真审阅,并提出了许多建设性的意见,在此一并向他们表示感谢。中国科学院力学所张新宇课题组为本书提供了大量素材。航天科工集团三院 31 所科技人员对本书进行了认真审阅,提出了许多宝贵的意见,在此也向他们表示衷心的感谢。

　　参与本书编写的硕士和博士研究生有:王元光、陈志辉、王辽、张文选、陈超群、许灵芝、韦宝禧、林言中、张旭、周红叶等,在此向他们表示衷心的感谢。

　　由于编者水平有限,书中缺点与不足在所难免,恳请读者批评指正。

作　者

2013 年 9 月

# 符号表

## 英　文

| | |
|---|---|
| $A$ | 面积 |
| $a$ | 声速、空燃比 |
| $c$ | 比热容 |
| $c_V$ | 比定容热容 |
| $c_p$ | 比定压热容 |
| $e$ | 单位质量流体能量 |
| $E$ | 内能 |
| $ER$ | 当量比 |
| $F$ | 推力 |
| $G$ | Gibbs 自由能 |
| $h$ | 焓、热值 |
| $I$ | 总焓 |
| $I_s$ | 比冲 |
| $J$ | 网格的雅可比 |
| $L$ | 恰当空燃比 |
| $M$ | 相对分子质量 |
| $Ma$ | 马赫数 |
| $\dot{m}$ | 质量流率 |
| $p$ | 压力 |
| $Pr$ | Prandtl 数 |
| $q$ | 动压、流量函数 |
| $Q$ | 热量 |
| $R$ | 气体常数 |
| $S$ | 火焰传播速度 |
| $s$ | 熵 |
| $Sc$ | Schmidt 数 |
| $T$ | 温度 |
| $u$ | $x$ 向速度 |
| $V$ | 速度、体积 |
| $v$ | $y$ 向速度 |
| $w$ | $z$ 向速度 |
| $P$ | 功率 |
| $X$ | 摩尔分数、摩尔浓度 |
| $Y$ | 质量分数 |
| $z$ | 冲量函数 |

## 希　文

| | |
|---|---|
| $\alpha$ | 余气系数 |
| $\beta$ | 激波角 |
| $\delta$ | 锥角、楔角 |
| $\varepsilon$ | 密度与总密度之比 |
| $\phi$ | 冲量、阻塞比 |
| $\gamma$ | 比热比 |
| $\eta$ | 效率 |
| $\varphi$ | 当量比、流量系数 |
| $\lambda$ | 热传导系数、速度系数 |
| $\mu$ | 粘性系数 |
| $\nu$ | Prandtl – Mayer 函数、化学反应计量系数 |
| $\pi$ | 静压与总压之比 |
| $\theta$ | 燃烧室温升比、气动函数 |
| $\rho$ | 密度 |
| $\sigma$ | 总压恢复系数 |
| $\tau$ | 静温与总温之比、剪应力 |
| $\psi$ | 温升比 |

# 上下标含义

| 上 标 | | 下 标 | |
|---|---|---|---|
| * | 滞止参数 | 0 | 来流、发动机头部 |
| ' | 一阶导数 | 1 | 进气道入口 |
| " | 二阶导数 | 2 | 进气道出口、燃烧室入口 |
| | | 3 | 掺混段与燃烧段交界面 |
| | | 4 | 燃烧室出口 |
| | | 5 | 喉部 |
| | | 6 | 喷管出口 |
| | | $\infty$ | 来流 |
| | | air、a | 空气 |
| | | c | 燃烧室 |
| | | cr | 临界的 |
| | | e | 喷管出口 |
| | | f | 燃料、油气比 |
| | | fuel | 燃料 |
| | | $i$ | 第 $i$ 种组分 |
| | | ig | 点火 |
| | | in | 进气道 |
| | | l | 层流的 |
| | | p | 燃烧产物 |
| | | r | 燃气发生器 |
| | | real | 实际的 |
| | | st | 化学当量的 |
| | | t | 喷管喉部、湍流的 |
| | | th | 理论的 |
| | | $\varphi$ | 液相的 |

# 截面定义参考图

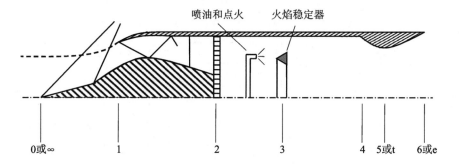

喷油和点火　　火焰稳定器

0或∞　　1　　2　　3　　4　5或t　6或e

# 目　　录

# 第 1 章 概 论

## 1.1 引 言

冲压发动机是一种依靠高速迎面空气流的减速增压作用进行工作的空气喷气发动机。其构造简单,没有像涡轮喷气发动机的压气机和涡轮那样的复杂转动部件,进入发动机的空气压缩是靠高速气流的滞止(冲压增压)来获得的。冲压发动机是空气喷气发动机在更高飞行速度领域发展的延伸,可应用于超声速和高超声速的飞行器中。

从工作过程上来说,空气喷气发动机是热机和推进器结合在一起的一种大气层内的飞行动力装置,燃料释放出的热能直接用于增加气流的焓,从而增加气流的动量来推进飞行器。就空气喷气发动机而言,涡轮喷气发动机的出现,解决了所谓"音障"的问题,实现了跨声速和超声速飞行。目前,涡轮喷气发动机已广泛应用于现代超声速飞行器上,包括军用飞机和民用飞机。一般来说,对飞行马赫数高达 3.0 左右的飞行器而言,涡轮喷气发动机仍然是适用的。但随着飞行速度的进一步提高,就又产生了新的问题。

随着飞行马赫数的增加,气流总温急剧升高,即使考虑到激波损失等因素的影响,总压增加也极为迅速。例如,当 $Ma=5$ 时,气流总温高达 1 229 K,在这样高的总温下,耐高温合金的强度也将迅速下降。涡轮叶片所能承受的温度极限(1 800~2 000 K)使燃烧室中的加热量受到了很大的限制。实际上,当 $Ma=2$ 时,依靠气流的滞止所达到的静压就已经相当高了,压气机成了可以省去的部件。在这个过程中,没有压气机和涡轮转子的冲压发动机,显示了其独特的优越性,从而得到了广泛的重视和发展。

现代冲压发动机技术综合了高速气体动力学、化学热力学、化学流体力学和自动控制理论等方面的成就,而高超声速($Ma>6$)冲压发动机所采用的超声速燃烧技术,其机理就更为复杂。此外,冲压发动机的推力基于进出口气流冲量之差,为了尽可能增大这个差值,就必须细致地组织发动机内工质的流动过程和燃烧过程,增加发动机出口气流的动量。因此,冲压发动机的研制过程不仅需要进行深入的理论探索,而且还必须进行大量复杂的试验研究。

研究、设计和制造冲压发动机是目前世界各国的尖端科学技术之一,这项尖端技术所取得的成就促进了航空航天事业的发展。由于军事上的需求,要求飞行器向高速、远航程的方向发展。特别是进入 21 世纪以来,世界军事格局和战争形式的发展变化,力求高速度是实现导弹突防与打击时间敏感性目标的关键,因此,冲压发动机作为高速飞行器的动力装置有其十分广阔的应用前景。

# 1.2　冲压发动机的工作原理与性能特点

## 1.2.1　冲压发动机的工作原理

图 1.1 是我国 400 mm 亚燃冲压发动机的结构图,图 1.2 则为典型普通冲压发动机方案的简图。可以发现,典型的冲压发动机主要由进气道、燃烧室和尾喷管三个部件组成,其工作包括使进入发动机的空气经过压缩、加热、膨胀而产生推力这三个基本过程,具体由下列几个基本组成部分来完成:

① 进气道(也称扩压器)。迎面空气流经过扩压器,以尽可能小的损失减速增压,提供燃烧室进口所需的速度场。

② 燃烧室。减速增压后的空气进入燃烧室与燃料混合,在燃烧室中进行等压燃烧,使气体焓值增高。燃烧室设计应保证能在冲压发动机整个工作范围内保持稳定燃烧,并获得尽可能高的燃烧效率和尽可能小的热损失及流动损失。

**图 1.1　400 mm 亚燃冲压发动机结构图**

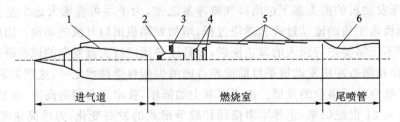

1—中心锥;2—预燃室;3—喷嘴环;4—火焰稳定器;5—火焰筒;6—尾喷管
**图 1.2　典型普通冲压发动机方案简图**

③ 尾喷管。燃烧后的高温高压燃气,经尾喷管膨胀加速后排出。在尾喷管中,燃气的一部分焓转变成动能,产生动量大于迎面气流动量的高速射流,从而产生推力。

④ 燃料供给系统及调节器。根据所感受的内部和/或外部参数,调节进入燃烧室的燃料流量及某些部件(如扩压器、尾喷管)的几何形状,以适应飞行高度和速度变化时空气流量的变化,并使可调部件的几何形状尽量好地适应发动机所处的工作状态。

## 1.2.2 冲压发动机的性能特点

冲压发动机能以其特有的性能优越性来满足在大气层内飞行的飞行器的要求,特别是在军事上对飞行器高速远航程的要求。冲压发动机在高速飞行中产生的推力比涡轮喷气发动机大,经济性比火箭发动机好。

此外,冲压发动机还有以下几个优点:

① 构造简单,质量轻,成本低;

② 无转动部件,因而不存在高温转动部件的冷却问题,故进气道可以设计成任何形式;

③ 由于不存在涡轮叶片的耐热性限制,所以冲压发动机燃烧室可以允许更高的燃烧温度,可以加入更多的能量而获得更大的推力;

④ 能源前途广阔,既可用内部加热的化学燃料的化学能、原子能等,也可用外部加热的激光能、太阳能等。

当然,冲压发动机也存在缺点,主要有:

① 一般冲压发动机不能自行起动。使用冲压发动机的飞行器需要助推器或其他动力装置把它加速到一定飞行速度后,冲压发动机才能自行有效工作。

② 飞行速度低时,性能差,效率低。

③ 对飞行状态的改变很敏感。当发动机工作离开设计点时,性能很快恶化,因此需要进行其部件(如扩压器、尾喷管)的调节;否则,只能在较窄的范围内工作。

④ 使用冲压发动机的飞行器单位迎面推力较小,巡航性能优于加速性能,因此多用于远程巡航飞行器。

除上述冲压发动机的优点和缺点外,其还有一个显著区别于其他类型发动机的特点,即发动机与飞行器机体(或弹体)的一体化。其他类型的发动机大多是可以独立研发的,并成为固定的型号,以待飞行器总体设计的要求提出后供选用。但冲压发动机大多是采用发动机与飞行器机体(或弹体)的一体化设计,即利用机体(或弹体)的一部分作为发动机的组成部件,二者紧密结合,相互利用,这样极大地降低了飞行阻力,提高了飞行器结构的利用率,但同时也给采用冲压发动机作为动力的飞行器的设计带来了较大的困难,因此一体化问题成为此类飞行器总体设计与推进系统设计需要共同面对的难题与挑战。

# 1.3　冲压发动机的类型

冲压发动机按使用燃料可分为液体燃料、固体燃料冲压发动机;按飞行速度可分为亚声速、超声速和高超声速冲压发动机;按燃烧室气流速度可分为亚声速燃烧、超声速燃烧冲压发动机,以及亚声速燃烧和超声速燃烧相结合的双模态和双燃烧室冲压发动机;按使用条件可分为加速式、巡航式和加速巡航式冲压发动机;按发动机进气道和尾喷管几何面积可调与否可分为固定几何面积和可调几何面积冲压发动机等。冲压发动机还可与其他类型发动机组合使用。

## 1.3.1　冲压发动机的基本类型

冲压发动机的基本类型,按其工作原理包括:亚燃冲压发动机、超燃冲压发动机、双模态冲压发动机,以及双燃烧室冲压发动机。

　① 亚燃冲压发动机(ramjet,见图 1.1),是冲压发动机的最基本类型,也是冲压发动机的原型;工作时,高速空气流经进气道,以尽可能小的损失减速增压后进入燃烧室,与燃料混合燃烧,产生具有一定压力的高温燃气,经尾喷管膨胀加速,以一部分焓转变为动能,高速喷出,得到推力。

　② 超燃冲压发动机(scramjet,见图 1.3),即超声速燃烧冲压发动机,它是在高超声速飞行条件($Ma>5$)下,使燃烧室入口气流减速至低超声速时组织湍流燃烧的冲压发动机。随着马赫数的增加,静温和静压急剧升高,激波损失、壁面热流损失以及燃烧产物离解损失急剧增加,这时就要采用超燃冲压发动机。发动机热力循环优化分析结果表明,当经过进气道减速后的气流马赫数为飞行马赫数的 $1/2\sim1/3$ 时,发动机性能最佳。超燃冲压发动机由进气道、隔离段、燃烧室、内/外喷管等主要部件组成。高超声速进气道需要在很宽的马赫数范围内工作,并具有自启动能力;超声速气流在燃烧室中停留的时间只有几毫秒,燃料在气流中的掺混成了关键的控制因素;通过对燃烧室中加热规律的控制和隔离段内激波系的自动调节作用,可使超燃冲压发动机在较宽的飞行马赫数范围内保持较佳性能。超燃冲压发动机需要较大的进/出口流通面积,为此可利用前机身的预压缩作用和后机身的继续膨胀作用,进行飞行器/发动机

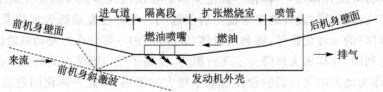

**图 1.3　超燃冲压发动机工作原理示意图**

的一体化设计。这种能在较宽的马赫数范围($Ma=6\sim15$)内工作并具有自加速能力的超燃冲压发动机,适用于加速型和加速/巡航型的推进任务需求,可用于高超声速飞行器。

③ 双模态冲压发动机(dual mode ramjet),是随着飞行速度($Ma=4\sim8$)的提高,在扩张燃烧室的流通通道内,通过调节加热规律相继实现亚/超声速燃烧两种工作模态的冲压发动机。利用几何扩张和燃烧加热对马赫数的影响正好相反的特点,在扩张燃烧室中控制加热规律,能够实现亚/超声速燃烧的转换。这种双模态冲压发动机扩大了超燃冲压发动机的工作马赫数下限,适用于需要自加速和巡航的推进任务,例如高超声速导弹、高超声速飞机、跨大气层飞行器和空天飞机等应用场合。

④ 双燃烧室冲压发动机(dual combustor ramjet),将亚燃冲压发动机与超燃燃烧室组合在一起。燃料先在亚燃燃烧室内燃烧,变成富油燃气,通过其尾喷管加速到超声速,然后喷入超声速空气流中混合燃烧,实际上等于亚燃燃烧室变成一个富油燃气发生器。从发动机性能角度来分析,双燃烧室冲压发动机的性能要比单一类型的超燃冲压发动机的性能低一些,这种类型的冲压发动机一般工作在飞行马赫数 $Ma=3\sim8$ 的范围之内。

## 1.3.2 组合冲压发动机的类型

组合发动机,即用两种以上不同工作原理(不同类型)的发动机组合而成的发动机。它适用于飞行速度范围宽、高度变化大的飞行器。由于不同工作原理的发动机的有效工作范围不同,为充分发挥各类发动机的优点,在不同飞行阶段采用不同的发动机。以冲压发动机为基础的组合冲压发动机主要有:火箭冲压发动机、涡轮冲压发动机、涡轮火箭冲压发动机。

(1)火箭冲压发动机

火箭冲压发动机(见图 1.4)是一种工作循环、结构由火箭发动机和冲压发动机有机结合的组合发动机。火箭冲压发动机的主要部件为:空气进气道、燃气发生室(火箭室)、补燃室和尾喷管。

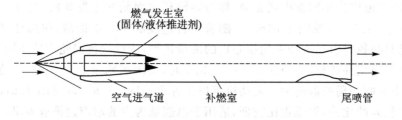

图 1.4　普通火箭冲压发动机示意图

火箭冲压发动机的推力和比冲介于火箭发动机和冲压发动机之间,具体性能取决于组合方案、类型、效率和飞行状态。

除了上述工作模式单一的普通火箭冲压发动机外,正在发展一种可变(工作)模态的火箭冲压(复合循环)发动机,是火箭基复合循环发动机最基本的类型,如图1.5所示。

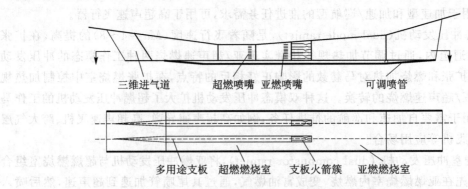

图 1.5　可变模态火箭冲压复合循环发动机示意图

可变模态火箭冲压复合循环发动机一般由三维压缩高超声速进气道、隔离段、双模态燃烧室和可调尾喷管组成,其特点是:工作范围很宽(从零速起飞到高超声速),既能大推力起飞加速(火箭引射模态),又能高比冲巡航飞行(亚燃冲压和超燃冲压),还能关闭冲压通道,用火箭模态加速至轨道速度。

普通型火箭冲压发动机可用于各种战术导弹,可变模态火箭冲压复合循环发动机可望用于高超声速飞行器和航天运输。

(2) 涡轮冲压发动机

涡轮冲压发动机是涡轮(涡喷、涡扇)和冲压两种发动机组合工作的推进装置,如图1.6所示,两种发动机共用进气道和尾喷管。将涡轮核心机和冲压发动机以不同方式组合在一起,相应的组合发动机便具有不同的最高工作马赫数。随着飞行速度的提高,压气机和涡轮的效率急剧下降,这时使压气机处于顺桨或风车状态,而冲压燃烧室(加力室)可继续单独工作,飞行马赫数范围可扩大至 $Ma_{max}=4\sim4.5$(见图1.6(a));飞行马赫数再高时,由于涡轮和压气机叶片材料性能的限制,需将涡轮核心机关闭,使气流经过旁路进入冲压燃烧室。为减小气动阻力,涡轮和冲压通道应采用同轴串联布局,称为同轴环包涡轮冲压发动机,其飞行马赫数范围可扩大至 $Ma_{max}=4.5\sim5$(见图1.6(b))。随着飞行速度的进一步提高,在高马赫数下设计的进气道会在低马赫数时引起流经涡轮核心机的流量过剩,为此应使涡轮和冲压同时工作,即应使涡轮和冲压通道呈并联布局;当 $Ma_{max}=3\sim3.5$ 时,关闭涡轮核心机,冲压发动机单独继续工作,这种上下并联布局的涡轮冲压发动机可以工作至 $Ma_{max}=6\sim7$(见图1.6(c))。涡轮冲压发动机具有较高的比冲,但推重比较低,适用于以巡航为主的超声速推进需求。

(3) 涡轮火箭冲压发动机

涡轮火箭冲压发动机是涡轮、火箭、冲压三种发动机组合工作的推进装置。根据循环方式的不同,这种发动机主要可以分为:① 具有燃气发生器循环的涡轮火箭冲压发动机。火箭自带燃料和部分氧化剂(故称为燃气发生器),排出的富燃燃气驱动涡轮后流入冲压燃烧室进行

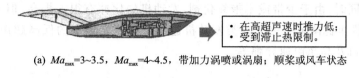

(a) $Ma_{max}$=3~3.5, $Ma_{max}$=4~4.5, 带加力涡喷或涡扇；顺桨或风车状态

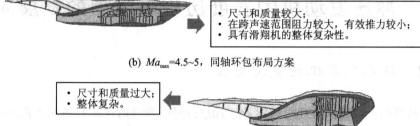

(b) $Ma_{max}$=4.5~5, 同轴环包布局方案

(c) $Ma_{max}$=6~7, 上下并联方案

**图 1.6 涡轮冲压发动机结构示意图**

二次燃烧（见图 1.7）。② 具有膨胀循环的涡轮火箭冲压发动机。火箭发动机完全不带氧化剂，而是利用液氢流经热交换器后变为气氢再驱动涡轮（同时冷却高温壁面或来流），随后纯氧氢排入冲压燃烧室进行燃烧（见图 1.8）。涡轮和压气机耦合可有单轴、双轴、叶尖涡轮等不同方式。这些发动机中，由于驱动涡轮的气流温度不受或少受飞行速度的影响，飞行的工作范围

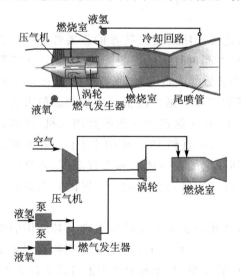

**图 1.7 具有燃气发生器循环的涡轮火箭冲压发动机**

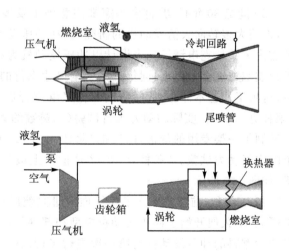

**图 1.8 具有膨胀循环的涡轮火箭冲压发动机**

可达 $Ma=0\sim6$;同时,由于少带或不带氧化剂,发动机的比冲有很大提高,但热交换器等结构质量的增加会使推重比降低。因此这类发动机适用于以巡航为主的低高超声速推进任务,如 $Ma<6$ 的洲际飞机及高超声速导弹等。

# 1.4　冲压发动机的发展历程与应用的发展阶段

## 1.4.1　冲压发动机的发展历程

冲压发动机的产生和发展颇为曲折,这与历史条件、当时的技术水平和人们对这种动力装置的认识有关。

(1) 萌芽期

冲压发动机的概念最早是在 1913 年由法国工程师雷内·劳伦提出的,他将自己的发明写成论文于 1913 年 5 月在《飞翼》杂志上发表。但他当时未研究高速飞行的问题,更未注意到超声速飞行。英国的卡特在 1926 年获得了冲压喷气炮弹的专利权,在此专利中,他提出了冲压发动机的两种方案:一种具有锥形头部和环形通道,另一种具有圆形通道。卡特比较深入地研究了冲压发动机的结构。1928 年,匈牙利人福诺在德国专利中首次对类似于现行普通冲压发动机的原型进行了阐述。福诺指出,他提出的这种装置特别适合于超声速飞行,并且设置了一个收缩-扩张型进气道。

(2) 发展期

20 世纪 30 年代初,许多国家都注意到了发展高速飞行用的动力装置的重要性。在这方面,人们大多转向火箭发动机的研究,但在冲压发动机方面也有一些进展。1934 年,法国工程师雷内·莱杜克申请了一个设计以冲压发动机为动力装置的飞行专利,飞行模型于 1938 年在巴黎航空博览会上展出,同年开始了全尺寸飞行的研制工作。第二次世界大战德国侵占法国后,这项工作基本停止;战后研制工作又继续开展,1945 年底制造出一架研究用飞机,命名为"莱杜克-010"。实际的动力飞行试验(马赫数约为 0.84)一直到 1949 年初才进行。在此期间还试制了一架专用的母机,以便把"莱杜克-010"带到一定的飞行速度和飞行高度,并进行飞机的空气动力试验。"莱杜克-010"是世界上最早的以冲压发动机为动力装置的有人驾驶飞机,如图 1.9 所示。

1931 年秋,前苏联成立了喷气推进研究院以后,也开展了冲压发动机原理及其应用的探索研究,不久便开始了冲压发动机模型和部件的设计。1933 年 7 月 12 日,在莫斯科近郊做了以磷为燃料的冲压发动机的第一次炮射飞行试验。试验证明,冲压发动机不但可以正常工作,而且还可以产生正推力,因为炮射冲压发动机比同样重量的炮弹射程增加了几千米。

第二次世界大战期间,德国、英国、美国也都积极地进行了冲压发动机的研究工作。

图 1.9 最早的以冲压发动机为动力装置的有人驾驶飞机

（3）应用期

从 20 世纪 50 年代起，冲压发动机进入了应用阶段，早期使用的冲压发动机大多是液体燃料普通冲压发动机。在美国，有两种以普通冲压发动机为动力装置的地对空导弹进入了应用阶段。它们是"波马克"（Bomarc，见图 1.10）和"黄铜骑士"（Talos，见图 1.11）导弹。"波马克 B"的飞行马赫数为 2.8，"黄铜骑士"的飞行马赫数为 2.5。

图 1.10 美国的"波马克"导弹      图 1.11 美国的"黄铜骑士"导弹

在法国，曾研制出几个系列的普通冲压发动机。它们主要是"天狼星"（Sirius）和"织女星"（Vega）。"天狼星 II"普通冲压发动机用于靶机上，飞行马赫数范围为 1.7～2.7。"织女星"是将普通冲压发动机用于同名多用途试验飞行器上，飞行马赫数范围为 3～5。此外，法国航空空间研究院（ONERA）研制的高速试验飞行器"斯塔塔尔塔克斯"上曾试飞过一台普通冲压发动机，飞行马赫数达 5，这种发动机的特点之一是采用了喷涂烧蚀衬里的燃烧室及尾喷管。

在英国，早期的地对空导弹"警犬"（Blood-hound，见图 1.12）以普通冲压发动机"卓尔"（Thor）为动力装置，飞行马赫数为 2.0。后在舰对空导弹"海标枪"（Sea Dart，见图 1.13）上使用了"奥丁神"（Odin）普通冲压发动机，飞行马赫数为 3.0。

图 1.12　英国的"警犬"导弹　　　　　　　图 1.13　英国的"海标枪"导弹

　　前苏联使用冲压发动机的导弹有"萨姆-4"（SA-4，见图 1.14）和"萨姆-6"（SA-6，见图 1.15），这两个型号的导弹在中东战争中发挥了重要作用，充分显示了以冲压发动机作为导弹动力的优势。

图 1.14　前苏联的"SA-4"导弹　　　　　　图 1.15　前苏联的"SA-6"导弹

　　（4）整体式冲压发动机

　　早期的冲压发动机主要是用于地空导弹，以拦截敌方飞机。目前广泛应用于导弹武器的冲压发动机大多采用整体式冲压发动机，作战任务主要是反舰攻击与远程战略打击。整体式冲压发动机具有质量轻、体积小和性能好的特点，并被应用于空射型导弹，如俄罗斯 KH-31反舰超声速导弹（见图 1.16）、法国 ASMP 战略巡航导弹（见图 1.17）和美国 ALVRJ 导弹（见图 1.18）等。

　　（5）超燃冲压发动机的发展

　　20 世纪 60 年代初期，人们认识到在大气层内以高超声速飞行时，超声速燃烧冲压发动机的性能优于火箭、涡轮喷气和普通冲压发动机的性能。所谓超声速燃烧冲压发动机，是指经扩压器后气流仍为超声速流而燃烧过程是在超声速流中进行的冲压发动机,简称超燃冲压发动机。

图 1.16 俄罗斯 KH-31 反舰超声速导弹

图 1.17 法国 ASMP 战略巡航导弹

图 1.18 美国 ALVRJ 导弹

美国、俄罗斯、日本、法国、德国、澳大利亚等国家都开展了大量的研究工作。

其中,俄罗斯在超燃冲压发动机研究领域处于领先地位,有几家研究所几十年来不间断地进行超燃冲压发动机研究,典型研究机构是俄罗斯中央航空发动机研究所。俄罗斯在 1991 年成功进行了首次飞行试验,验证了亚声速和超声速两种模态。1998 年 2 月进行了 $Ma=6.5$ 的飞行试验,非常成功;在 $Ma=3.5\sim6.5$ 间实现了亚声速到超声速燃烧,即实现了双模态燃烧转换。该发动机采用轴对称进气道,使用的燃料为液氢。俄罗斯目前还在进行碳氢系燃料的开发工作。

美国从 1964 年开始进行超燃冲压发动机的研究,近年来,不断加大投入,制定了新世纪的高超声速战略,技术路线由空军、NASA、海军、陆军和 DARPA 协调。美国空军于 1995 年启动高超声速技术(HyTech)计划,该计划期限为 9 年,投资 1.32 亿美元,旨在开发 $Ma=4\sim8$ 的碳氢燃料超燃冲压发动机技术。美国已在风洞中多次进行了碳氢燃料超燃冲压发动机研究试验,成功实现了碳氢燃料双模态冲压发动机地面试车及从亚燃到超燃的双模态燃烧转换。最具历史意义的是 2004 年 3 月 27 日,美国的 X-43A 高声速试验飞机在 $H=30$ km 高空、$Ma=7$ 的条件下,起动以氢为燃料的超燃冲压发动机,工作时间达 10 s,飞行试验取得成功。该样机的超燃冲压发动机与飞行器一体化设计,采用升力体外形,接近实用飞行器水平。当年 11 月 15 日,X-43A 又完成了 $Ma=9.7$ 的飞行试验。2010 年 5 月 26 日,以碳氢燃料(JP7)为 X-51A 进行了首次飞行试验,飞行马赫数达到 5 以上,时间持续了 143 s,标志着超燃冲压发动机又向工程应用迈进了一大步。

## 1.4.2 冲压发动机应用的发展阶段

选择超声速飞行推进系统的几个关键指标是比冲高、推重比大和推阻比大。火箭发动机与冲压发动机相比的关键问题是比冲问题。由于火箭发动机自带氧化剂,而氧化剂又占推进剂总重的 70 %～80 %,所以火箭发动机的比冲很低。冲压发动机的比冲比火箭发动机高 4～6 倍。显然冲压发动机远比火箭发动机优越。冲压发动机与涡喷发动机相比的关键指标是推重比,尤其是推阻比。在超声速和高超声速($Ma=1.0～5.0$)飞行条件下,冲压发动机的推重比和推阻比均优于涡喷发动机。虽然冲压发动机在飞行马赫数低于 1.5 时,工作效率不很高,但当飞行马赫数大于 1.5 时(现在的超声速飞航导弹飞行马赫数一般都大于 2),工作效率便超过一般的涡喷发动机。冲压发动机的另一个优点是工作速度范围很宽,在马赫数为 1.5～5.0 的范围内都能有效地工作,即使是在空气密度很高的海平面,其最大工作马赫数也可达 3。显然超声速飞行的导弹应优先选用冲压发动机。另一方面,冲压发动机驱动的导弹可以巡航飞行状态实现全程有动力飞行,这将大大提高导弹的机动性,从而提高导弹的突防能力及其末端轨道姿态修正能力。根据实际应用的冲压发动机技术水平,到目前为止可将其分为三代(见表 1.1～表 1.3)。

两种第一代冲压发动机驱动的导弹,即英国的"警犬"(Blood-hound)和中国的 C101,其结构特点是两台并联工作的冲压发动机位于弹体后部,采用可分离的固体火箭助推器将导弹加速到冲压发动机起始工作点。由于这类导弹既庞大又笨重,所以大多数限于地空型导弹。美国用第一代冲压发动机驱动的"波马克"导弹已于 20 年前退役,英国的"警犬"导弹将进入第 4 个 10 年服役期,而我国的 C101 导弹是 20 世纪 80 年代制造的。

**表 1.1 第一代冲压发动机驱动的导弹**

| 名 称 | 代 号 | 航程/km | 马赫数 | 高度/km | 推进装置 | 设计国 |
|---|---|---|---|---|---|---|
| "波马克"地空导弹 | Bomarc | 700 | 2.8 | 30 | 两台冲压和一台固体助推器 | 美国 |
| "警犬"地空导弹 | Blood-hound | <84 | 2.5 | 0.3～27 | 两台冲压和四台固体助推器 | 英国 |
| 超声速海防导弹 | C101 | — | — | — | 两台冲压和一台固体助推器 | 中国 |

表 1.2 第二代冲压发动机驱动的导弹

| 名 称 | 代 号 | 航程/km | 马赫数 | 高度/km | 推进装置 | 设计国 |
|-------|-------|---------|--------|---------|----------|--------|
| "黄铜骑士"地空导弹 | Talos | 3～120 | 2.5 | 30 | 一台冲压和四台固体助推器 | 美国 |
| 中程高空、地空导弹 | SA-4 | 8～74 | 2.5 | <24.4 | 一台冲压和一台固体助推器 | 前苏联 |
| "海标枪"面空导弹 | Sea Dart | 4.5～70 | <3.5 | 0.03～22 | 液体燃料冲压发动机 | 英国 |

表 1.3 第三代整体式冲压发动机概况

| 名 称 | 代 号 | 航程/km | 马赫数 | 高度/km | 推进装置 | 进气道设置 | 设计国及地区 |
|-------|-------|---------|--------|---------|----------|-----------|-------------|
| 中低空地空导弹 | SA-6 | — | — | — | 整体式固体火箭冲压发动机 | 4个X形 | 前苏联 |
| 中程地空导弹 | SA-90 | 30 | 3～4 | 22 | 整体式液体燃料冲压发动机 | — | 法国 |
| 中程空地导弹 | ASMP | <250 | 2～3 | | 整体式液体燃料冲压发动机 | 两侧进气 | 法国 |
| 先进战略空射导弹 | ASALM | 380 | >3.5 | 24.4 | 整体式液体燃料冲压发动机 | 颌下式 | 美国 |
| 先进空空导弹 | AAAM | >370 | ～3 | 30.5 | 整体式固体火箭冲压发动机 | 腹部进气 | 美国 |
| 超声速巡航导弹 | SCM | 远程 | 超声速 | 超低空 | 整体式火箭冲压发动机 / 涡轮喷气火箭发动机 | — | 美国 |
| 先进反舰导弹 | AASM | 远程 | 超声速 | 掠海 | 整体式火箭冲压发动机 | — | 美国 |
| 超声速低空靶机 | SLAT | 90～100 | >2.5 | 9 | 整体式液体燃料冲压发动机 | 腹部颌式 | 美国 |
| 近程攻击导弹 II | SRAMII | 400 | >2 | — | 双脉冲固体火箭冲压发动机 | 腹部进气 | 美国 |
| 超声速战术导弹 | STM | 132 | 2.5 | 0.3 | 整体式液体燃料冲压发动机 | 4个X形 | 美国 |
| 远程两用导弹 | LRDMM | 远程 | 高速 | | 冲压或超燃冲压发动机 | | 美国 |
| 先进中程空空导弹 | AMRAAM | 5～100 | 4 | | 整体式固体火箭冲压发动机 | | 美国 |
| "马特拉"反舰导弹 | Matra ANL | — | | | 整体式固体火箭冲压发动机 | | 法国 |
| 未来反雷达/超声速战术反雷达导弹 | ARF STAR | 100,40～150 | 2～3 | | 整体式固体火箭冲压发动机 | | 法国 |
| "阿斯太"防空导弹 | ASTAR | 8～20 | >2.5 | | 整体式固体火箭冲压发动机 | | 法国 |
| 远程空地导弹 | ASLP | <482 | 超声速 | | 整体式液体燃料冲压发动机 | | 英国、法国 |
| 先进舰对舰导弹 II | ASSM II | 180 | >2.1 | 31 | 整体式固体火箭冲压发动机 | 4X圆形 | 欧洲 |
| 超声速反舰导弹 | ANS | 6～200 | >2 | | 整体式固体火箭冲压发动机 | 4X圆形 | 法国、德国 |
| 轻型反舰导弹 | ANL | 30 | >2 | 掠海 | 整体式固体火箭冲压发动机 | 4X方形 | 德国、法国 |
| 超声速反舰导弹 | SSE | — | — | — | 整体式火箭冲压发动机 | — | 英国 |

| 名　称 | 代　号 | 航程/km | 马赫数 | 高度/km | 推进装置 | 进气道设置 | 设计国及地区 |
|---|---|---|---|---|---|---|---|
| 超声速反辐射导弹 | X231 | — | — | — | 整体式液体燃料冲压发动机 | 4 个圆形 | 俄罗斯 |
| 超声速反舰导弹 | Mascket | — | — | — | 整体式液体燃料冲压发动机 | 4 个半圆形 | 俄罗斯 |
| 远程空空导弹 | RWAE/PD | — | — | — | 整体式火箭冲压发动机 | 4 个 | 俄罗斯 |
| 超声速反舰导弹 | Yakhont | — | — | — | 碳氢燃料冲压发动机 | — | 俄罗斯 |
| 超声速反舰导弹 | RSB215 | — | — | — | 整体式固体冲压发动机 | — | 瑞典 |
| 超声速反舰导弹 | Gabriel | — | — | — | 整体式火箭冲压发动机 | — | 以色列 |
| 超声速反舰导弹 | — | — | — | — | 整体式火箭冲压发动机 | — | 日本 |
| "蛇"反坦克导弹 | Neg | — | — | — | 火箭冲压组合发动机 | — | 印度 |

　　20 世纪 60 年代英国的"海标枪"(Sea Dart)和前苏联的 SA－4 是第二代以冲压发动机为动力的导弹。其结构特点是冲压发动机与固体火箭助推器串联在同一轴线上。当导弹加速至接力点时,冲压发动机开始工作,助推器分离。"海标枪"导弹仍在服役,它在英阿马岛冲突中发挥了作用。美国的第二代以冲压发动机为动力的导弹"黄铜骑士"已经退役。

　　上述两种将助推器与冲压发动机分开设置的设计方案既增加了导弹的质量和体积,同时还会带来其他问题。如并联助推器设计增加了气动阻力;而串联助推器的分离则降低了导弹的稳定性。因此人们开始了将助推器燃烧室与冲压发动机燃烧室共用的整体式设计方案的探索。

　　第三代冲压发动机驱动的导弹以固体火箭助推器燃烧室与冲压发动机燃烧室一体化——整体式火箭冲压发动机(IRR)为其主要特征。整体式火箭冲压发动机在助推器工作段,将进气道封闭,而且在冲压燃烧室的喷管内加一个可产生较高燃烧室压强的喷管;到达接力点后,进气道堵盖打开,助推器喷管抛掉,冲压发动机点火工作。与前两代以冲压发动机为动力的导弹相比,第三代导弹具有质量轻、体积小和性能好的特点,并首次被应用于空射型导弹。

　　首枚第三代整体式火箭冲压导弹是前苏联于 20 世纪 70 年代初研制的 SA－6 导弹,它在 1973 年阿以冲突中首次应用,并在对付以色列低空飞行的飞机时,发挥了很大的作用。法国在 80 年代初第一个用整体式液体冲压发动机(LFIRR)驱动、防区外发射的超声速空射导弹 ASMP 开始服役。

　　在充分认识到冲压发动机对新一代导弹的重要性以后,各国纷纷开展对冲压发动机及其应用的研究。目前,几乎所有拥有导弹开发能力的国家,如法国、美国、英国、德国、俄罗斯、荷兰、以色列、南非、印度、日本都积极开展了冲压发动机及相关技术的研究。

# 1.5 新概念冲压发动机

冲压发动机的研究除了围绕上述关键技术开展以外,近年来国内外学者也提出了若干新的技术以解决冲压发动机的一些技术难题,更好地发挥冲压发动机的性能;同时,也提出了一些冲压发动机新的应用形式即新概念的冲压发动机。以下对这两方面的典型代表 MHD 能量旁路超燃冲压发动机与水冲压发动机进行简单的介绍。

## 1.5.1 MHD 能量旁路超燃冲压发动机

随着冲压发动机运行范围向高超声速区扩展,冲压发动机在热防护方面遇到了极大的制约。由于燃烧室中燃料和空气充分混合和稳定燃烧的需求,燃烧室入口的马赫数被限制在一定范围内。为了满足燃烧室入口处马赫数的限制条件,高速来流要经过进气道中激波的足够压缩,燃烧室入口的气流静温大幅升高,不断逼近材料允许的温度极限,以致燃烧室中允许的加热温升越来越小,加热量不断降低,从而导致发动机所产生的单位推力急剧下降。

通过改变进气道的压缩过程来解决上述问题是行不通的,因为这一过程是由激波压缩的物理本质决定的,这就需要寻求新的解决问题的途径。为此,俄罗斯学者指出,为了保证燃烧室中注入足够的能量,燃烧室入口处气流的总能量必须限制在一定的范围内。当来流携带的总能量超过这一范围时,就需要在燃烧室前部从高速来流的总能量中取出一部分,相当于把发动机来流的部分能量经过并行于燃烧室的旁路进行分流传播。基于此思想,俄罗斯学者率先提出了一种带有能量旁路的冲压发动机——AJAX(见图 1.19)。其利用置于燃烧室前、后的磁流体发电通道和磁流体加速通道,来实现工质能量与电能之间的直接交换。磁流体发电通道在高温气流的电离环境中实现电磁场与流场间的能量交换;磁流体加速通道中的过程是上述过程的逆过程。相关的前期研究表明:由于流体边界层电流短路现象的存在,磁流体加速通道壁面附件加热严重,仍存在材料温度限制的问题,应用于航天领域还需要新的技术突破。

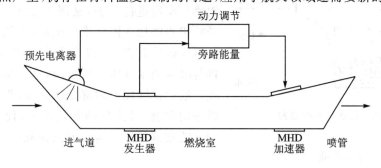

**图 1.19 MHD 能量旁路超燃冲压发动机**

## 1.5.2　水冲压发动机

水冲压发动机是工作在水下的冲压发动机。它吸入水作为氧化剂,与金属颗粒发生反应,产生 2 000 K 以上的高温燃气,直接喷出产生推力,推动水下高速航行器航行。

水冲压发动机的提出与水下超空化航行器有关。当水下航行器的航速达到一定程度时,航行器表面的空化(有时称为气蚀)气泡会大到将整个航行器包围在内,称为超空化,航行器的阻力因此大大下降,航速可以大大提高。以俄罗斯的"暴风雪"鱼雷为例,其航行速度可达 200 节,是一般鱼雷的 4 倍。超空化航行器需要与之相应的动力装置,火箭发动机是其中的一种,而水冲压发动机不论从性能还是经济性方面则更具优势。初步的性能研究显示,使用金属燃料的水冲压发动机比冲可达 400 s 以上,远大于固体火箭发动机。

水冲压发动机的关键技术在于燃烧。目前国内外研究的重点是以铝、镁、锂、硼等作为燃料,利用海水作为氧化剂进行反应。和镁、锂等金属相比,铝粉能量密度高,和海水反应时成气量大,易储存,价格又相对便宜,因此国内外的研究人员大多把铝粉当做首选燃料,其反应式如下:

$$2Al(S) + (3+n)H_2O(L) = Al_2O_3(S,L) + 3H_2(G) + nH_2O(G)$$

式中,S 代表固态,L 代表液态,G 代表气态。

铝/海水燃烧温度高于镁/海水燃烧温度,并且铝的成气量也比镁大,因此铝粉是更适合水冲压发动机的燃料。铝粉与水反应有两种途径:一种是通过粉末进料器将铝粉直接供入燃烧室,点火后与水发生反应。但是铝粉表面有一致密的氧化层,成分是熔点为 2 318 K 的 $Al_2O_3$,会窒息铝水反应。铝粉和水的反应不如镁与水的反应容易触发,因此理想的方案是在铝粉中添加少量的镁,改善反应的起动过程。美国宾夕法尼亚大学应用研究实验室研究了一种带旋流的燃烧室,通过强烈的旋流磨掉铝滴表面的氧化层,使铝滴的反应进行下去(见图 1.20)。另外一种途径是将铝粉添加在固体推进剂内,点燃含大量铝粉的贫氧固体推进剂,可以产生高温燃气和铝滴,铝滴再与吸入的水发生二次反应,进一步提高了燃烧温度。通过在燃烧室后部二次进水,提高燃气中气体成分的含量,可降低两相流损失,使水冲压发动机的性能达到最佳。这一方案在我国得到了重视,并已开展了原理性的实验研究。

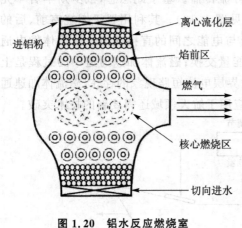

进铝粉　离心流化层　焰前区　燃气　核心燃烧区　切向进水

**图 1.20　铝水反应燃烧室**

# 1.6 小 结

本章概括介绍了冲压发动机的工作原理与特点、冲压发动机的类型,以及冲压发动机的发展历程与当前的现状,使得读者对冲压发动机建立起初步的概念,了解其基本的工作原理,掌握主要的冲压发动机的类型,并对冲压发动机的发展历史、发展阶段以及当前的现状有所了解。本章还介绍了近年来提出的一些新概念冲压发动机,包括 MHD 能量旁路超燃冲压发动机,以及水冲压发动机。

# 习 题

1. 简述冲压发动机的工作原理以及各部件的功用。
2. 冲压发动机有哪些优点和缺点?
3. 冲压发动机有什么特点,有哪些主要类型?
4. 简述冲压发动机的发展历程及其应用发展阶段。

## 参考文献

[1] 约翰·霍普金斯大学. 冲压发动机技术. 李存杰,等译,北京:国防工业出版社,1980.
[2] 张钟林. 国防科技名词大典:航空卷. 北京:航空工业出版社,2002.
[3] 栾恩杰. 国防科技名词大典:航天卷. 北京:航空工业出版社,2002.
[4] 邢继发. 世界导弹与航天发动机大全. 北京:军事科学出版社,1999.
[5] Heiser W H, Pratt D T. Hypersonic Airbreathing Propulsion. AIAA Education Series,1994.
[6] 占云. 超燃冲压发动机的第一个 40 年. 飞航导弹,2002(9).
[7] 司徒明. 超燃冲压发动机的研究现状与动向. 飞航导弹,1996(7).
[8] 司徒明. 超音速巡航导弹与冲压发动机技术. 飞航导弹,1996(1).
[9] 张炜. 冲压发动机发展现状及其关键技术. 固体火箭技术 1998,21(3).
[10] 王丽霞. 冲压发动机在远距空空导弹上的应用前景. 航空兵器,1998(1).
[11] 郭振玲. 法国冲压发动机研制情况介绍. 飞航导弹,1994(4).
[12] 郭健. 固体燃料冲压发动机研究进展. 固体火箭技术,2003,26(2).
[13] 吕希诚. 固液火箭冲压发动机研究. 推进技术,2001,22(6).
[14] 李文杰. 美国海军研制冲压发动机的历程. 飞航导弹,2002(10).
[15] 乐嘉陵. 双模态超燃冲压发动机研究进展. 流体力学实验与测量,2000,14(1).

# 第2章 冲压发动机的流体力学基础

冲压发动机的工作过程中无处不体现着气体动力学的作用:进气道的各种激波系,燃烧室的燃烧流动,喷管的膨胀波系,等等。掌握气体动力学的知识,应用气体动力学的方法,就可以分析冲压发动机的工作过程,认识冲压发动机的流动特征,研究影响冲压发动机性能的主要因素,进而设计出性能优良的冲压发动机。

分析冲压发动机中复杂的流动现象,可以借助于气体动力学诸函数。我们就从介绍气体动力学的各个气动函数开始。

## 2.1 气体动力学基础

### 2.1.1 静参数与滞止参数

当气流由流动状态 1 等熵地滞止到速度为零的状态 2 时,状态 2 下的参数就称为滞止参数(也称为总参数),相应地,状态 1 下的参数称为静参数。静参数与相应滞止参数的比值构成了一系列气动函数,最常用的关系式包括:静温与滞止温度的关系、静压与滞止压的关系、静密度与滞止密度的关系:

$$\tau(Ma) = \frac{T}{T^*} = \frac{1}{1 + \frac{\gamma - 1}{2}Ma^2} \quad (2.1)$$

$$\pi(Ma) = \frac{p}{p^*} = \frac{1}{\left(1 + \frac{\gamma - 1}{2}Ma^2\right)^{\frac{\gamma}{\gamma - 1}}} \quad (2.2)$$

$$\varepsilon(Ma) = \frac{\rho}{\rho^*} = \frac{1}{\left(1 + \frac{\gamma - 1}{2}Ma^2\right)^{\frac{1}{\gamma - 1}}} \quad (2.3)$$

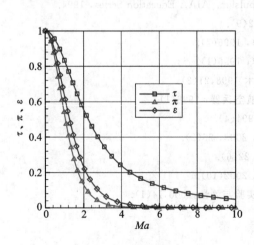

图 2.1 气动函数 $\tau$、$\pi$、$\varepsilon$

各气动函数如图 2.1 所示。气动函数在估算发动机工作参数时非常有用,例如,当高超声速飞行器在 30 km 高空以 $Ma = 6$ 飞行时,静温为 226.5 K,而总温为 1 857 K。这说明飞行器某些局部气流滞止区(如飞行器前缘、进气道唇口)温度将很高,热防护的负担很重。

传统的气体动力学图书中都提供了大量的气动函数表格供使用者查阅。在计算机技术高度发达的今天,工程师们更喜欢采用电子化的气动函数表来完成冲压发动机的空气动力学计算。

### 2.1.2　流量函数

在流量公式 $\dot{m} = K \dfrac{p^*}{\sqrt{T^*}} A q(Ma)$ 中,流量函数 $q$ 就是无量纲密流,即 $q(Ma) = \dfrac{\rho V}{\rho_{cr} V_{cr}}$。

在设计进气道的喉道截面面积时,有时会用到气动函数 $\theta$。以速度系数 $\lambda$ 表示的 $q$ 和 $\theta$ 的形式如下:

$$q(\lambda) = \left(\frac{\gamma+1}{2}\right)^{\frac{1}{\gamma-1}} \lambda \left(1 - \frac{\gamma-1}{\gamma+1}\lambda^2\right)^{\frac{1}{\gamma-1}} \tag{2.4}$$

$$\theta(\lambda) = \left(\frac{\gamma+1}{2}\right)^{\frac{1}{\gamma-1}} \frac{1}{\lambda} \left(1 - \frac{\gamma-1}{\gamma+1}\frac{1}{\lambda^2}\right)^{\frac{1}{\gamma-1}}, \qquad \lambda \geqslant 1 \tag{2.5}$$

$\theta$ 可以用来考察流动中有激波损失时通道的流通能力。$\theta$ 经常与 $q$ 一起用来判断进气道的起动状态,详见第 4 章的内容。图 2.2 给出 $\theta$ 与 $q$ 的形态。

流动过程不可避免地涉及不可逆因素,如激波、摩擦、换热等,导致熵增和总压的下降。总压的下降用总压恢复系数 $\sigma = \dfrac{p_2^*}{p_1^*}$ 来衡量。总压是气体作功能力的体现,总压恢复系数代表了总压损失后剩余的情况,是个小于 1 的值。比如,进气道总压损失 1 % 会使冲压发动机推力损失大约 1.25 %。

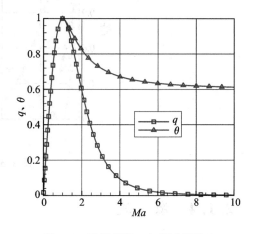

**图 2.2　流量函数 $q$ 与气动函数 $\theta$**

### 2.1.3　冲量函数

气流冲量是推力的来源。对于一台吸气式发动机,它所产生的内推力就是进出发动机的气流冲量之差。冲量的定义是

$$\phi = \dot{m}V + pA = Ap(1 + \gamma Ma^2) \tag{2.6}$$

冲量也可表示成

$$\phi = \dot{m}V + pA = \frac{\gamma+1}{2\gamma}\dot{m}a_{cr}z(\lambda) \tag{2.7}$$

式中，$z(\lambda) = \lambda + \dfrac{1}{\lambda}$，临界声速 $a_{cr} = \sqrt{\dfrac{2\gamma}{\gamma+1}RT^*}$。

工作中还经常用到由气流总压表示的冲量函数：

$$f(\lambda) = \frac{\phi}{p^*A} = \left(\frac{2}{\gamma+1}\right)^{\frac{1}{\gamma-1}}q(\lambda)z(\lambda) \tag{2.8}$$

或者用静压定义冲量 $\phi = \dfrac{pA}{r(\lambda)}$，则

$$r(\lambda) = \frac{pA}{\phi} = \frac{\pi(\lambda)}{f(\lambda)} = \frac{\tau(\lambda)}{1+\lambda^2} \tag{2.9}$$

$z$、$f$、$r$ 为几种不同形式的冲量函数，都有具体应用，其形态如图 2.3 所示。

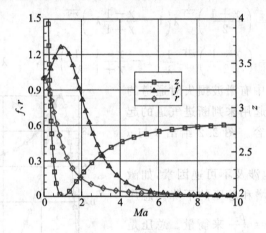

**图 2.3　冲量函数**

## 2.1.4　激　波

激波分为正激波（normal shock）、斜激波（oblique shock）、弓形激波（bow shock）等，在物理上，激波对应气流参数的突跃；在数学上，激波对应着间断。激波意味着损失，但在冲压发动机中，激波扮演着增压的重要作用。通过一系列正激波、斜激波，把来流气体的压强、温度等提高，以利于组织燃烧。如何组织激波是冲压发动机进气道设计的一个主要内容。

当飞行器在做超声速飞行时，激波会产生波阻。原因在于：气流经过激波时总压下降，在飞行器前后静压变化不大的情况下，波后速度会小于波前速度，相当于飞行器的飞行速度下降了，就像受到了一定的阻力作用。波阻是超声速飞行器阻力的重要组成部分。

**1. 平面斜激波和正激波**

如图 2.4 所示的斜激波，超声速气流流经半顶角为 $\delta$ 的楔形体，激波角为 $\beta$，波后气流速度平行于楔形体表面，与波面平行的波前、波后气流速度不变，即 $V_{1t} = V_{2t}$，而法向速度关系满足正激波关系式。

对于二维斜激波，存在最大的楔角 $\delta_{\max}$。当 $\delta \leqslant \delta_{\max}$ 时，将出现附体斜激波；而当 $\delta > \delta_{\max}$ 时，出现脱体激波。其中 $\delta_{\max}$ 可以由下面两式来确定：

$$\sin^2 \beta_{\max} = \frac{1}{\gamma Ma_1^2} \left[ \frac{\gamma+1}{4} Ma_1^2 - 1 + \sqrt{(\gamma+1)\left(1 + \frac{\gamma-1}{2} Ma_1^2 + \frac{\gamma+1}{16} Ma_1^4\right)} \right]$$

(2.10)

$$\tan \delta_{\max} = \frac{Ma_1^2 \sin^2 \beta_{\max} - 1}{\tan \beta_{\max} \left[ Ma_1^2 \left( \frac{\gamma+1}{2} - \sin^2 \beta_{\max} + 1 \right) \right]}$$

(2.11)

式中　$Ma_1$——斜激波波前马赫数；

　　　$\gamma$——气流比热比；

　　　$\beta_{\max}$——波前马赫数为 $Ma_1$ 时激波开始脱体的最大激波角；

　　　$\delta_{\max}$——波前马赫数为 $Ma_1$ 时激波开始脱体的最大气流折转角。

当出现附体斜激波即气流折转角 $\delta \leqslant \delta_{\max}$ 时，斜激波的激波角可以由下式计算，即

$$\sin^2 \beta = -\frac{b}{3} + \frac{2}{3} (b^2 - 3c)^{1/2} \cos[(\phi + 4\pi)/3]$$

(2.12)

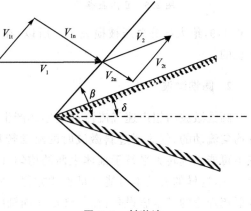

**图 2.4　斜激波**

式中

$$b = -(Ma_1^2 + 2)/Ma_1^2 - \gamma \sin^2 \delta$$

$$c = \frac{2Ma_1^2 + 1}{Ma_1^4} + \left[ \frac{(\gamma+1)^2}{4} + \frac{\gamma-1}{Ma_1^2} \right] \sin^2 \delta$$

$$\cos \phi = (4.5bc - b^3 - 13.5d)/(b^2 - 3c)^{3/2}$$

$$d = -\cos^2 \delta / Ma_1^4$$

一旦激波角 $\beta$ 确定下来，就可以结合波前马赫数 $Ma_1$ 求解斜激波波后的流动参数，如波后马赫数 $Ma_2$ 和激波总压恢复系数 $\sigma$ 分别为

$$Ma_2^2 = \frac{Ma_1^2 + \frac{2}{\gamma-1}}{\frac{2\gamma}{\gamma-1} Ma_1^2 \sin^2 \beta - 1} + \frac{\frac{2}{\gamma-1} Ma_1^2 \cos^2 \beta}{Ma_1^2 \sin^2 \beta + \frac{2}{\gamma-1}}$$

(2.13)

$$\sigma = \frac{p_{t2}}{p_{t1}} = \left[ \frac{(\gamma+1)Ma_1^2\sin^2\beta}{(\gamma-1)Ma_1^2\sin^2\beta+2} \right]^{\frac{\gamma}{\gamma-1}} \left( \frac{2\gamma}{\gamma+1}Ma_1^2\sin^2\beta - \frac{\gamma-1}{\gamma+1} \right)^{-\frac{1}{\gamma-1}} \quad (2.14)$$

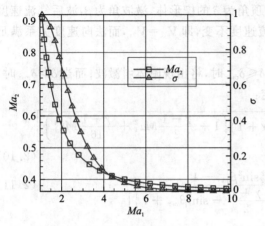

图 2.5　正激波参数

类似地,可以给出斜激波波后和波前压力、温度、密度等参数的比值。

如果取 $\beta=90°$,则斜激波波前后参数的关系式,将退化成波前马赫数 $Ma_1$ 所对应的正激波波前后参数的关系式。正激波是气流速度与波面垂直的一类激波,强度最大,超声速气流经过正激波速度降为亚声速,波前、波后的气流参数满足 Rankine – Hugoniot 关系式和 Prandtl 关系式。

图 2.5 是比热比 $\gamma$ 为 1.35 时的正激波波前、波后马赫数关系及总压恢复系数。从中可以看出,当飞行马赫数为 4 时,总压恢复系数约为 0.119,绝大部分总压被损失了。所以,在高超声速飞行中,正激波是不允许在发动机内部出现的。

## 2. 圆锥激波

圆锥激波与超声速气流流过楔形体产生的斜激波不同。后者波后气流是与楔形体表面平行均匀流动的,气流通过斜激波时的流动转角 $\delta$ 等于楔形体的半顶角 $\delta_w$;而对于前者,波后气流不可能立刻转为平行于锥体表面的均匀气流,否则,随流线离锥体轴线距离的增大,流通截面增大,这样的流动不可能满足连续方程。实验证明,锥形流理论可以得到比较满意的结果。锥形流理论的基本假设是:在与锥形体同轴线的锥面上,气流参数是一样的。根据这个理论,气流经过锥面激波后,流线要连续转折,并以锥体的母线为渐近线,流线逐渐靠拢。在激波和物面之间,气流沿流向经历了一个等熵压缩过程。通过锥面激波时,气流的转折角并不等于锥体的半顶角 $\delta_c$,而是比这个 $\delta_c$ 小。不能简单地像平面楔形斜激波那样,用半顶角和来流马赫数来确定激波角,而需要经过比较复杂的锥形流动计算,才能确定锥面激波的激波角 $\beta_c$,并且这种激波是弱激波。应该指出的是,这里所讨论的锥形流是零攻角情形下的结果,激波面与物面之间的流场流动参数是极角 $\omega$ 的单变量函数;当存在攻角时,流动仍然是锥形流动,此时流动是极角 $\omega$ 和周向角 $\varphi$ 的双变量函数。

下面采用图 2.6 所示的球面坐标系来研究零攻角情形下的锥形激波。在球坐标系 $(r, \omega, \theta)$ 下,气体流动连续方程的一般形式为

$$\frac{1}{r^2}\frac{\partial}{\partial r}(\rho V_r r^2) + \frac{1}{r\sin\omega}\frac{\partial}{\partial\omega}(\rho V_\omega\sin\omega) + \frac{1}{r\sin\omega}\frac{\partial}{\partial\theta}(\rho V_\theta) = 0 \quad (2.15)$$

式中　$r$、$\omega$ 和 $\theta$——球坐标系下的三个坐标，其中 $r$、$\omega$ 如图 2.6 所示；

　　　　$V_\theta$——坐标 $\theta$ 方向的流动分速度；

　　　　$V_r$——坐标 $r$ 方向的流动分速度；

　　　　$V_\omega$——坐标 $\omega$ 方向的流动分速度。

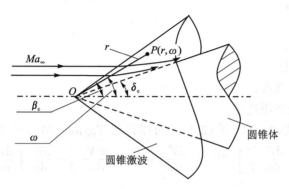

**图 2.6　零攻角情形下求解圆锥形激波的球坐标系**

　　由于锥形激波波后流动为锥形流，并且是轴对称的，所以自变量只有两个，即 $r$、$\omega$；速度分量也只有两个，即 $V_r$、$V_\omega$，并且 $\partial(\rho V_\theta)/\partial\theta=0$。于是式（2.15）可以化简为

$$\frac{\partial(\rho V_r)}{\partial r}+\frac{2}{r}\rho V_r+\frac{1}{r}\frac{\partial(\rho V_\omega)}{\partial\omega}+\frac{\rho V_\omega}{r}\cot\omega=0 \qquad (2.16)$$

由于流动是锥形流，即流动参数不是 $r$ 的函数，或者说沿每一条从锥顶发出的径线，流动参数不变，故所有流动参数实际上只是 $\omega$ 的函数。于是从连续方程式（2.16）中略去对 $r$ 的偏导数，得到常微分方程

$$\frac{\mathrm{d}V_\omega}{\mathrm{d}\omega}+\frac{V_\omega}{\rho}\frac{\mathrm{d}\rho}{\mathrm{d}\omega}+2V_r+V_\omega\cot\omega=0 \qquad (2.17)$$

　　另一方面，在球坐标系下，微团的三个旋转角速度矢量的一般形式可以表示为

$$\left[\begin{array}{c}\dfrac{1}{r\sin\omega}\dfrac{\partial V_\theta}{\partial\theta}-\dfrac{1}{r}\dfrac{\partial V_\theta}{\partial\omega}-\dfrac{V_\theta}{r}\cot\omega\\[2ex]\dfrac{1}{r}\dfrac{\partial V_r}{\partial\omega}-\dfrac{1}{r}\dfrac{\partial}{\partial r}(rV_\omega)\\[2ex]\dfrac{1}{r}\dfrac{\partial}{\partial r}(rV_\theta)-\dfrac{1}{r\sin\omega}\dfrac{\partial V_r}{\partial\theta}\end{array}\right] \qquad (2.18)$$

因为锥形流动是轴对称、无旋流动，故角速度矢量只有绕 $\theta$ 的一个分量即式（2.18）中第二个分量，并且由无旋流动可知该角速度分量等于零，即可得到

$$\frac{\mathrm{d}V_r}{\mathrm{d}\omega}=V_\omega \qquad (2.19)$$

　　而欧拉方程及声速公式分别为

$$V\mathrm{d}V = -\frac{\mathrm{d}p}{\rho} = -a^2\frac{\mathrm{d}\rho}{\rho} \tag{2.20}$$

$$a^2 = \frac{\gamma-1}{2}(V_{\max}^2 - V^2) \tag{2.21}$$

式中　$\rho$——气体密度；

$p$——气体压力；

$a$——气体声速；

$\gamma$——气体比热比；

$V$——气体流动速度；

$V_{\max}$——气体的极限速度。

联立式(2.17)和式(2.19)～式(2.21)，可以得到 Taylor - Maccoll 方程

$$\frac{\gamma-1}{2}\left[V_{\max}^2 - V_r^2 - \left(\frac{\mathrm{d}V_r}{\mathrm{d}\omega}\right)^2\right]\left(2V_r + \frac{\mathrm{d}V_r}{\mathrm{d}\omega}\cot\omega + \frac{\mathrm{d}^2V_r}{\mathrm{d}\omega^2}\right) - \frac{\mathrm{d}V_r}{\mathrm{d}\omega}\left[\frac{\mathrm{d}V_r}{\mathrm{d}\omega}\left(V_r + \frac{\mathrm{d}^2V_r}{\mathrm{d}\omega^2}\right)\right] = 0 \tag{2.22}$$

至此可知，锥形流场的控制方程即是方程(2.19)与方程(2.22)组成的联立方程组。

控制方程(2.19)～方程(2.22)的求解边界条件是：① 圆锥体表面是一个等值面，并且当 $\omega = \delta_c$ 时，$\mathrm{d}V_r/\mathrm{d}\omega = V_\omega = 0$；② 在激波上(激波角 $\beta_c$ 待定)，流动要恰好和激波后面的流动连接起来；③ 激波后气流流动变量及流动折转角与斜激波处理一样；④ 气流经过激波之后，速度方向和大小都在连续变化中，最后到达与物面重合的径线上，气流流动方向才和锥面一致，所以要用试凑法去作数值解。

在数值求解微分方程组之前，首先将 $V_r$ 及 $V_\omega$ 用 $V_{\max}$ 无量纲化，且仍由 $V_r$ 和 $V_\omega$ 表示，则锥形流控方程组式(2.19)和式(2.22)进一步简化为

$$V_r'' = (A_1 + A_2 + A_3 + A_4)/A_0 \tag{2.23}$$

$$V_\omega = V_r' \tag{2.24}$$

式中

$$A_0 = (1-V_r^2) - KV_r'^2, \qquad A_1 = V_r'^3\cot\omega$$

$$A_2 = \frac{2\gamma}{\gamma-1}V_rV_r'^2, \qquad A_3 = -(1-V_r^2)V_r'\cot\omega$$

$$A_4 = -2V_r(1-V_r^2), \qquad K = (\gamma+1)/(\gamma-1)$$

上标"′"和"″"表示对变量求一阶和二阶导数。

圆锥激波求解有正解法和反解法，其中以前者用得较多。正解法为了起动计算，必须预先人为指定锥面上的速度值，而这一速度值的设定往往带有很大的盲目性，这就极大地降低了计算效率。反解法在来流马赫数 $Ma_\infty$ 和半锥顶角 $\delta_c$ 给定后，先假定激波角 $\beta_c$ 初始值，然后从激波开始向锥面推进计算；而激波角 $\beta_c$ 一旦给定，作为起始条件的波后参数就可以由斜激波关系式唯一确定。如果 $Ma_\infty$ 和 $\delta_c$ 保证激波不脱体，那么 $\beta_c$ 从较大的值出发逐步减小进行搜索，

总能够使得速度 $V_\omega = 0$ 对应的子午角等于半锥角 $\beta_c$，这时的激波角 $\beta_c$ 就是最终所要求的激波角了。反解法的随意性显然比正解法的低，因而求解效率大大提高了。

正解法的求解步骤如下：

① 给定圆锥的半顶角 $\delta_c$ 之后，自行选取锥面上的一个流速值 $\lambda_c$，那么对应的 $V_r = V_r \sqrt{(\gamma-1)/(\gamma+1)\lambda_c}$；

② 从圆锥面（$\omega = \delta_c$，$V_\omega = 0$）起，取 $\omega$ 的微小增量 $\Delta\omega$，用式（2.24）一步一步地将 $V_r$ 计算出来；

③ 有了 $V_r(\omega)$ 之后，按照式（2.25）取导数，即可得到另外一个速度分量 $V_\omega$，然后算合速度 $V^2 = V_r^2 + V_\omega^2$，进而可以得到对应的速度系数 $\lambda$ 和马赫数 $Ma$，气流的指向可以按如下公式计算：$\delta = \omega - \arctan(V_\omega/V_r)$；

④ 这样的计算一直算到激波，但是激波的位置是待定的，得用试凑的办法，即算到某个 $\omega$ 位置时，假定这里的 $V$（相应的 $Ma$ 值）和 $\delta(\omega)$ 就是激波后的气流，由斜激波求解得到对应的波前马赫数 $Ma_1$，再按 $Ma_1$ 和 $\delta$ 去查激波角 $\beta$ 图线，如果对应的 $\beta_c$ 恰好等于 $\omega$，计算结束；否则继续算下去或者倒回去几步。

当计算推进的角度步长 $|\Delta\omega| \to 0$ 时，由 Taylor 公式和式（2.24）可以得到

$$V_{ri+1} = V_{ri} + V_{ri}'\Delta\omega + 0.5 V_{ri}''\Delta\omega^2 + O(\Delta\omega^3) \tag{2.25}$$

$$V_{\omega i+1} = V_{ri}' + V_{ri}''\Delta\omega + 0.5 V_{ri}'''\Delta\omega^2 + O(\Delta\omega^3) \tag{2.26}$$

式中

$$V_{ri}''' = \frac{A_{1i}' + A_{2i}' + A_{3i}' + A_{4i}' - A_{0i}'V_{ri}''}{A_{0i}}$$

于是，只要知道 $V_r$ 和 $V_r$ 对 $\omega$ 的一阶导数的初值，整个计算就可以解析地推算下去了。当然，为了提高精度，理论上可以进行更高阶的展开；但是只要 $|\Delta\omega|$ 取得充分小，一阶 Taylor 展开式（2.25）和式（2.26）已能够满足精度的要求了。

在反解法中，计算的初值由选定的初始激波角 $\beta_c = \omega_0$ 和斜激波关系确定如下（分别由下标"∞"和"0"表示圆锥激波波前和波后参数）：

$$-\left.\frac{V_\omega}{V_r}\right|_0 = \left(\frac{2}{\gamma+1}\frac{1}{Ma_\infty^2 \sin^2\omega_0} + \frac{1}{K}\right)\tan\omega_0 \tag{2.27}$$

式中，等式左边取负号是由于 $V_\omega$ 为负的缘故。波后速度 $r$ 向分量为

$$V_{r0} = V_\infty \cos\omega_0 \tag{2.28}$$

而由斜激波关系式（2.13）可得波后马赫数

$$Ma_0^2 = \frac{Ma_\infty^2 + 2/(\gamma-1)}{\dfrac{2\gamma}{\gamma-1}Ma_\infty^2 \sin^2\omega_0 - 1} + \frac{Ma_\infty^2 \cos^2\omega_0}{\dfrac{\gamma-1}{2}Ma_\infty^2 \sin^2\omega_0 + 1} \tag{2.29}$$

那么，由式（2.27），可以得到

$$V_{\omega 0} = -V_{r0}\left(\frac{2}{\gamma + 1}\frac{1}{Ma_\infty^2 \sin^2\omega_0} + \frac{1}{K}\right)\tan\omega_0 \tag{2.30}$$

至此,反解法可以描述如下:① 指定值 $\omega_0$,由式(2.28)、式(2.30)产生 $V_r$、$V_\omega$ 的初始值; ② 指定 $\Delta\omega = \omega_{i+1} - \omega_i$ 后,由式(2.25)和式(2.26)求出 $\omega_{i+1} = \Delta\omega + \omega_i$ 处的 $V_r$、$V_\omega$ 的值,这些值再作为下一步的初值继续推算,以此计算下去直至 $V_\omega = 0$ 对应的 $\omega$ 值等于 $\delta_c$ 为止。③ 当 $\omega_0$ 从较大的值(略小于 90°)开始时,一次性搜索即可以找出 $Ma_\infty$ 和 $\delta_c$ 对应的 $\omega_0 = \beta_c$ 值;④ 激波角确定以后,锥面上的速度值 $V_{rc}$ 就确定了($V_{\omega c} = 0$),即锥面上的马赫数为

$$Ma_c^2 = \frac{2V_{rc}^2/(\gamma - 1)}{1 - V_{rc}^2} \tag{2.31}$$

压力比和压力系数分别为

$$\frac{p_c}{p_\infty} = \left[\frac{1 + (\gamma - 1)Ma_0^2/2}{1 + (\gamma - 1)Ma_c^2/2}\right]^{\gamma/(\gamma - 1)}\left(\frac{2\gamma}{\gamma + 1}Ma_\infty^2 \sin^2\beta_c - \frac{1}{K}\right) \tag{2.32}$$

$$c_{pc} = \frac{2}{\gamma Ma_c^2}\left(\frac{p_c}{p_\infty} - 1\right) \tag{2.33}$$

式中,$Ma_0$ 由式(2.29)确定,下标"c"代表在圆锥壁面上的参数。

图 2.7 给出了采用反解法求解的一个典型算例结果。可以发现,随着极角 $\omega$ 的减小即离开锥面的垂直距离的减小,马赫数 $Ma$ 减小,静温 $T$ 和静压 $p$ 上升,气流在从激波面至固体锥面的过程中得到了进一步压缩。图 2.8 给出了二维斜激波和圆锥激波脱体时的最大气流转角和对应的激波角。可以发现,在相同波前马赫数 $Ma_\infty$ 条件下,锥形流开始脱体时的压缩角及激波角要比二维平面激波对应值大。

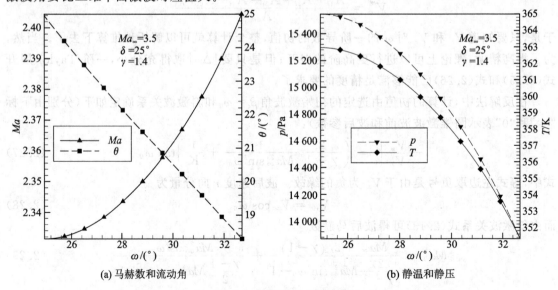

(a) 马赫数和流动角　　　　　　　　　　　(b) 静温和静压

**图 2.7　圆锥激波求解结果**

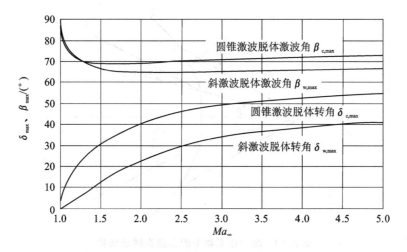

**图 2.8　激波脱体的最大气流转角及对应激波角**

在早期的研究中,为了避免求解复杂的圆锥激波流动,人们制定了类似图 2.9 的曲线,其中横坐标是平面激波的楔角,纵坐标是圆锥激波的锥角,曲线代表不同马赫数下相同强度的平面激波和曲面激波的对应关系。从图中可以看出,相同角度的锥角激波强度要小于楔角的激波强度。这样,就可以借助平面激波较为简单的参数关系近似计算圆锥激波了。经验表明,这样处理得到的总压损失误差不大于 1 %。

**3. 二级锥形流场**

带两级锥中心体的超声速流场,是超声速进气道中常见的流场,在攻角为 0 的情况下,流场结构如图 2.10 所示。第一级锥的半锥顶角为 $\delta_{c1}$,第二级锥相对于第一级锥的夹角为 $\delta_{c2}$,将形成两道激波。

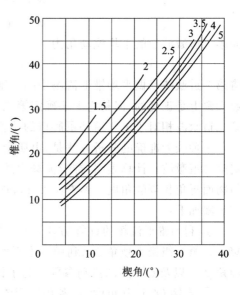

**图 2.9　相同强度的平面激波和圆锥激波**

两道激波之间的流动为锥形流动,可以按锥形流场的求解方法来确定。由于锥形流场流动的不均匀性,造成第二道激波前的气流参数不均匀,进而使得第二道激波呈弯曲状的曲面激波。计算这类无粘流场,通常可以用特征线(MOC)法(见 2.5.7 小节),但是在实际应用中,许多学者提出了一些近似处理方法。

Connors 和 Meyer 对第二道激波前的平均参数的求解,提出了如下简化计算:

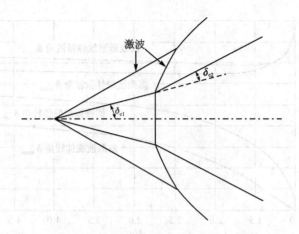

**图 2.10　超声速流动中的二级锥激波结构**

$$\left.\begin{array}{l}\overline{Ma_2} = (Ma_1 + Ma_{c1})/2 \\ \overline{\theta_2} = (\theta_1 + \theta_{c1})/2\end{array}\right\} \tag{2.34}$$

而第二道激波后的平均流动角为

$$\overline{\theta_3} = \delta_2 = \delta_{c1} + \delta_{c2} \tag{2.35}$$

将第二道激波当做平均锥形流场中的二维激波来估算，这种近似处理所得的激波总压恢复系数大致上是正确的，但是它无法确定第二道激波的位置，也无法准确地确定两道激波的交点和第二道激波相对于进气道外罩唇口的位置。

一种较为准确的分析方法是，由质量连续方程来确定第二道激波波后的流动方向，进而确定第二道激波。计算表明，锥形流场中的每一股气流在通过第二道激波时，都近似转折了一个与物面折角相等的角度。参看图 2.11，这里介绍另外一种求解二级锥流场的近似方法，其计算步骤如下：

① 利用锥形流场的计算方法，计算得到一级锥锥面 $OO'$ 上的马赫数 $Ma_{c1}$，根据马赫数 $Ma_{c1}$ 及第二级锥半顶角 $\delta_{c2}$，利用二维平面斜激波关系式计算，得到第二道曲面激波 $O'2$ 段的倾角 $\beta_{O'2}$，以及 $O'2$ 后的流动参数。为了保证足够的准确度，$O'2$ 的长度应该足够地小。

② 连接 $O2$ 得到角度 $\delta_2$，利用锥形流场控制方程计算得到 2 点对应的波前马赫数 $Ma_2$ 及其流动方向角 $\theta_2$。假设 2 点的气流经过第二道激波后，气流仍然转折 $\delta_{c2}$ 角，按斜激波关系式求得激波 23 的倾角 $\beta_{23}$ 及 23 后的气流参数，其中 $\beta_{23}$ 是相对于 2 点的波前流动方向而言的。

③ 按第②步的过程，一段一段地求解下去，即可得到通过激波 $OB$ 上各小段的总压损失，然后按流量平均即可得到通过曲面激波 $O'D$ 的总压损失。

用上述方法得到的通过 $O'D$ 的总压损失是足够准确的，但是 $O'D$ 后的流动方向则有较大误差，因为该流动方向是变化的；不过如果第二级锥锥面 $O'F$ 足够短，即 $F$ 点距离外罩唇口足够近，并且 $CF$ 的长度较半径 $FG$ 也不太大，则用上述方法定出的流线 $DC$ 及 $C$ 点和 $F$ 点的马

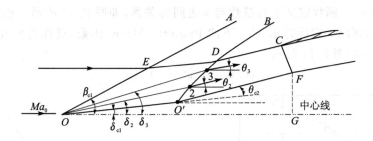

图 2.11　二级锥流场近似求法示意图

赫数仍然是可取的。对于外压式进气道,利用 $C$ 点和 $F$ 点的平均马赫数 $Ma_n$,可以求得唇口正激波的总压恢复系数,从而得到外压式进气道的激波损失。流线 $EDC$ 的形状及其上的压力分布也可求得,进而得到进气道的附加阻力 $D_A$。图 2.12 给出了马赫数分别为 3.5 和 2.5 情形下,第一、二级锥半顶角分别为 20.7° 和 27.2° 的两级锥体形成的流场的激波系,可以发现:第二级激波都是曲线激波;在较低的马赫数下,第一、二级锥体激波在较高马赫数时交汇于点 $C$ 的前方。

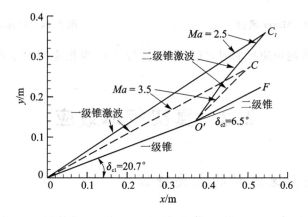

图 2.12　二级锥流场算例计算结果

## 2.1.5　膨胀波

膨胀波(expansion wave)也叫稀疏波,是指超声速气流经过膨胀而导致气流速度增高、密度下降的现象。当气流绕过一个有限的外折角时,会形成一系列膨胀波,称为膨胀波束,这样的流动也称为 Prandtl - Mayer 流动,可以通过 Prandtl - Mayer 函数 $\nu$ 求解:

$$\nu(Ma) = \sqrt{\frac{\gamma+1}{\gamma-1}}\arctan\sqrt{\frac{\gamma-1}{\gamma+1}(Ma^2-1)} - \arctan\sqrt{Ma^2-1} \tag{2.36}$$

　　Prandtl - Mayer 函数定义了马赫数与 ν 之间的关系,如图 2.13 所示。已知来流 $Ma_1$ 和外折角 δ,就可以利用下式计算出 $Ma_2$ 下的 Prandtl - Mayer 函数,进而得到经过外折角 δ 的气流马赫数 $Ma_2$,如图 2.14 所示。

$$\nu(Ma_2) - \nu(Ma_1) = \delta \tag{2.37}$$

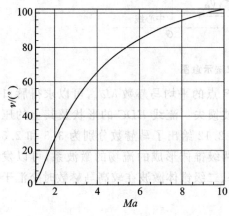

图 2.13　Prandtl - Mayer 函数

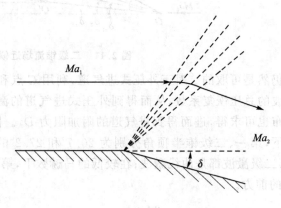

图 2.14　膨胀波束

　　例如,在设计二维超声速风洞时,气流马赫数为 3.0,则相应的 Prandtl - Mayer 函数 ν 值为 49.76°。

# 2.2　真实气体效应

## 2.2.1　高超声速流动的主要特征

　　通常把飞行马赫数大于 5 的流动称为高超声速流动,但并不以马赫数 5 为严格的界限。总的来说,高超声速流动具有以下特点(见图 2.15)。

　　① 薄激波层。飞行器在以超声速飞行时,飞行器与气流相遇的前缘产生激波,激波与飞行器表面之间的流场称为激波层。当飞行马赫数很高时,激波层很薄。假如考虑真实气体效应,激波角更小,激波层更薄。在 $Re$ 很低时,粘性附面层很厚,整个激波层内都必须考虑粘性。高 $Re$ 时,激波层本质上是无粘的,根据激波层理论,可以采用无粘流的近似方法分析。

　　② 无粘流与附面层的相互干扰。以高超声速飞行时,附面层内的温度很高,导致粘性系数增加,使附面层厚度 δ 变得很大,这将改变物体的有效外形。在流动中存在粘性附面层和无粘流动的强相互作用,以及粘性附面层和激波层的强相互作用。

　　③ 存在熵层。高超声速飞行器都做成钝头体,将头部钝化可以减轻热载荷。因此,在飞

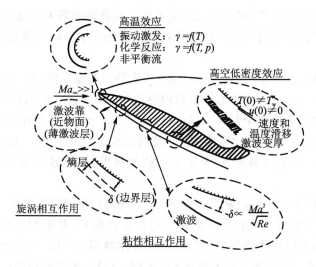

**图 2.15　高超声速流动的典型流态**

行中产生弓形激波,在前缘的轴线附近,激波角接近 90°。经过这段激波的流线,在激波后的熵值增加。往下游时,激波角逐渐减小,激波后的熵增减小。因此,在飞行器接近前缘的一段区域内,垂直飞行器表面的方向存在很大的熵梯度。这种熵梯度很大的区域叫做熵层。附面层外缘不同位置流线的熵值不同,附面层外缘特性受到熵层的影响。

④ 高温效应。当高超声速气流通过激波压缩或粘性阻滞而减速时,气体的部分动能在附面层中转化为分子内能,使得附面层的温度非常高,气体将可能发生离解甚至电离。

飞行器在高超声速状态下飞行时,流场十分复杂,不仅包括湍流、激波和激波的相互干扰、激波与附面层的相互作用,还包括了多组分气体的化学反应等问题。因为在高超声速飞行条件下,飞行器表面与流体有很强的相互作用,所以高超声速飞行器表面的摩擦阻力和气动加热需要特别地关注。

由于来流的马赫数高,高超声速飞行器有很强的气动加热。来流的滞止温度即总温 $T^*$ 将达到几千 K 以上,在驻点区物面上形成较大的温度梯度;同时,在高超声速粘性附面层内,由于强的滞止作用,在很薄的附面层内将存在大的温度梯度。在激波和物面的强干扰区域内,气动加热现象也变得十分严重。采用吸气式超燃冲压发动机的高超声速飞行器,一般都飞行在 $30\sim50$ km 的高空,在这个范围以高超声速飞行,由于来流气体相对稠密,其气动加热将更加严重。

## 2.2.2　真实气体

所谓真实气体包括高压真实气体和高温真实气体两方面的含义。在高压时需要考虑分子间的内聚力和分子本身的体积,如范德瓦尔斯气体。在高温时需要考虑分子的离解、电离和其他化学反应,气体成为多元混合气体,物性参数发生变化。本书涉及的主要是指高温条件下的真实气体效应。

先来介绍几个概念。完全气体(perfect gas),是指不考虑气体分子体积和分子间作用力,满足状态方程的气体。为了与流体力学中的理想气体(ideal gas,即无粘气体)相区别,本书采用完全气体这个名称。量热完全气体(calorically perfect gas),是指在一定温度条件下,分子只有平动和转动,比热容和比热比为常值,不随温度而变化的气体。热完全气体(thermally perfect gas),是指在一定温度条件下,分子振动能被激发,比热容不再是常数,但仍满足状态方程的气体。

一般地,在温度低于 600 K 的常温条件下,把空气看作量热完全气体,其比热比 $\gamma$ 为常数。当温度高于 600 K 时,空气中气体分子的振动自由度被激发,甚至发生电离,使得 $c_p$ 和 $c_V$ 成为温度的函数。以同温层气体为例(见图 2.16),气体静温为 216.7 K,随着飞行马赫数的提高,气流总温逐渐上升。当气流总温上升到 850 K 时,气体分子的振动能被激发,成为热完全气体;当气流总温上升到 2 500 K 时,氧气分子开始离解;当气流总温上升到 4 000 K 时,氮气分子开始离解;当气流总温上升到 8 000 K 时,空气中开始电离出电子,成为等离子体。

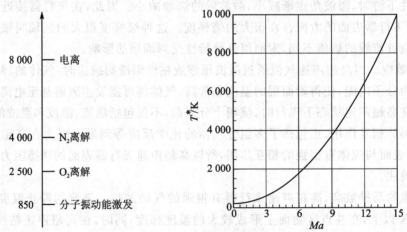

图 2.16　飞行马赫数与气流总温

研究高温气体动力学问题,应当考虑其中的真实气体效应。比如,考虑物性参数随温度的变化。如果更进一步,还应考虑物性参数随环境压强的变化。

## 2.2.3　热完全气体模型

一种比较简单可行的模拟高温真实气体效应的方法是,采用热完全气体模型来代替通常的完全气体(相区别而言称为量热完全气体)模型,来模拟真实气体流动。其基本思路是,认为

空气的比热比 $\gamma$、焓 $h$ 等是温度的函数,根据空气热力性质大气表数据,采用多项式拟合出不同温度下的空气热力学物性参数。认为空气仍然满足完全气体状态方程。参考文献[1]对热完全气体模型进行了研究。在高超声速流动数值模拟中,取得了较好的效果。

下面来介绍热完全气体相关模型。

**1. 热力学参数的计算**

参考文献[1]采用温度的 5 次多项式,来近似表示空气的焓与温度的函数关系式,并根据一般气体动力学教材后的大气参数表,在 50~3 000 K 的温度范围内,拟合出了系数如下:

$$h = B_0 + B_1 T + B_2 T^2 + B_3 T^3 + B_4 T^4 + B_5 T^5 \tag{2.38}$$

式中,系数为

$B_0 = 1.817\ 160 \times 10^3,\qquad B_1 = 9.890\ 504 \times 10^2,\qquad B_2 = -9.595\ 592 \times 10^{-3},$

$B_3 = 1.041\ 469 \times 10^{-4},\qquad B_4 = -4.433\ 065 \times 10^{-8},\qquad B_5 = 5.879\ 263 \times 10^{-12}$

进一步根据热力学关系式,由式(2.38)可以得到单位质量热完全气体的内能 $e$、比定压热容 $c_p$、比定容热容 $c_V$ 和比热比 $\gamma$ 与温度的函数关系式,分别为

$$e = h - RT = B_0 + (B_1 - R)T + B_2 T^2 + B_3 T^3 + B_4 T^4 + B_5 T^5 \tag{2.39}$$

$$c_p = \mathrm{d}h/\mathrm{d}T = B_1 + 2B_2 T + 3B_3 T^2 + 4B_4 T^3 + 5B_5 T^4 \tag{2.40}$$

$$c_V = \mathrm{d}e/\mathrm{d}T = (B_1 - R) + 2B_2 T + 3B_3 T^2 + 4B_4 T^3 + 5B_5 T^4 \tag{2.41}$$

$$\gamma = \frac{c_p}{c_V} = \frac{B_1 + 2B_2 T + 3B_3 T^2 + 4B_4 T^3 + 5B_5 T^4}{(B_1 - R) + 2B_2 T + 3B_3 T^2 + 4B_4 T^3 + 5B_5 T^4} \tag{2.42}$$

对于以上拟合关系式,参考文献[1]通过计算表明,与大气表中所提供的空气物性参数相比,温度在 200 K 以上范围内误差很小,而在 200 K 以下范围内误差通常在 4%~5% 以内。

应该指出:当温度高于 2 000 K 时,空气比热比同时是温度和压强的函数,用热完全气体模型来模拟真实气体流动,也会带来一定的误差。如果再考虑压强对热力学参数的影响,则关系更为复杂。图 2.17 显示了比热比随温度和压强的变化。

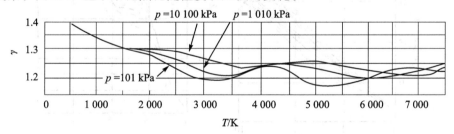

**图 2.17 比热比随温度和压强的变化**

**2. 输运参数的计算**

在计算流体力学(CFD)中,通常求解 NS 方程或其简化形式(如 PNS 方程),需要知道动

量输运过程中的粘性系数 $\mu$,以及能量输运过程中的传热系数 $\lambda$。参考文献[1]指出,当温度 $T<3\,500$ K 时,空气的粘性系数可以用 Sutherland 公式计算:

$$\mu = 1.458\,7 \times 10^{-6} \frac{T^{1.5}}{T + 110.4 \text{ K}} \tag{2.43}$$

而关于热传导系数 $\lambda$,参考文献[1]根据已知温度点上的 $\lambda/\lambda_0$ 值,在 $500 \sim 3\,000$ K 温度范围内,拟合出了其关于温度的函数:

$$\lambda/\lambda_0 = A_0 + A_1 T + A_2 T^2 + A_3 T^3 + A_4 T^4 \tag{2.44}$$

式中

$$\lambda_0 = 1.994 \times 10^{-3} \frac{T^{1.5}}{T + 112 \text{ K}} \tag{2.45}$$

$$A_0 = 1.217\,333\,6, \qquad A_1 = -1.066\,418\,8 \times 10^{-3}, \qquad A_2 = 1.858\,056\,4 \times 10^{-6}$$

$$A_3 = -1.145\,407\,8 \times 10^{-9}, \qquad A_4 = 2.393\,333\,9 \times 10^{-13}$$

图 2.18 给出 101 kPa(1 个大气压)下空气的粘性系数和导热系数,不同编号的曲线代表了不同研究者的结果。从图中可以看到,随着气流温度升高,空气粘性系数增大;在 6 000 K 以下,空气导热系数也是随温度升高而增大的。在更高的温度下,空气导热系数并不一定随温度单调增大。

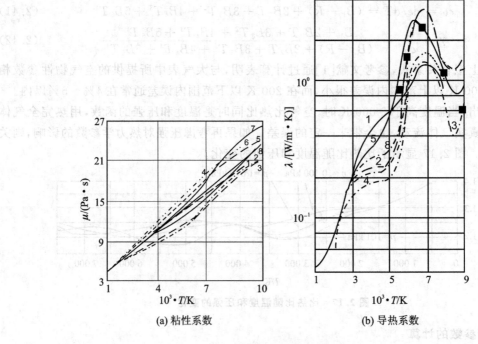

(a) 粘性系数          (b) 导热系数

**图 2.18  空气的输运性质**

**3. 气动参数的计算**

由于各热力参数均假设成了温度的函数,热完全气体的总温 $T^*$ 和总压 $p^*$ 不像完全气体那样,采用对应的静态参数与马赫数 $Ma$ 之间的简单关系来求解。在静温 $T$、静压 $p$ 以及马赫数 $Ma$ 已知的前提下,可以求出空气的总焓值:

$$h^* = h + V^2/2 \tag{2.46}$$

式中

$$V = Ma\sqrt{\gamma RT} \tag{2.47}$$

而 $h$ 和 $\gamma$ 分别由式(2.38)和式(2.42)计算得到。由式(2.46)得到总焓以后,代入式(2.38),通过牛顿迭代法,可以求得总温 $T^*$。

为了求得总压 $p^*$,采用先求解压强比 $p^*/p$ 的思路,即对于等熵过程,有如下关系:

$$\frac{\mathrm{d}p}{p} = \frac{\mathrm{d}h}{RT} = \frac{c_p}{RT}\mathrm{d}T \tag{2.48}$$

从温度 $T_0$ 到 $T$ 积分式(2.48),并且将 $c_p$ 关于温度的关系式(2.40)代入,可以得到对于两个温度下的压强的比值:

$$\ln \pi = \ln\left(\frac{p}{p_0}\right) = \frac{1}{R}\int_{T_0}^{T}\frac{1}{T}c_p\mathrm{d}T =$$
$$\frac{1}{R}\left(B_1\ln T + 2B_2 T + \frac{3}{2}B_3 T^2 + \frac{4}{3}B_4 T^3 + \frac{5}{4}B_5 T^4 + B_6\right) \tag{2.49}$$

将总温 $T^*$ 和对应的静温 $T$ 代入式(2.24),并把所得结果相减,即可得到压强比:

$$\frac{p^*}{p} = \exp\left[\ln\left(\frac{p^*}{p}\right)\right] = \exp\left[\ln\left(\frac{p^*}{p_0}\right) - \ln\left(\frac{p}{p_0}\right)\right] = \exp(\ln \pi^* - \ln \pi) \tag{2.50}$$

## 2.2.4　真实气体效应影响算例分析

图 2.19 给出了圆柱绕流流场计算结果[1],计算条件是:圆柱半径 $r = 0.1$ m,来流马赫数 $Ma_\infty = 8.03$,密度 $\rho_\infty = 0.4135$ kg/m³,压力 $p_\infty = 26\,500$ Pa,温度 $T_\infty = 223.25$ K,单位雷诺数 $Re/L = 68.187 \times 10^6$ m⁻¹。

由图 2.19 可以看出,采用热完全空气模型计算出来的脱体激波比量热完全空气情况下的激波更贴近圆柱表面。这主要是由于热完全空气经激波压缩后的密度比量热完全空气的值高,流动所需的面积变小,因此热完全空气的激波脱体距离比量热完全空气的小。热完全空气模型的温度值明显低于量热完全空气的结果。这主要是由于热完全空气经过激波压缩时受真实气体效应的影响,波前的动能除了像量热完全空气那样转换成波后空气分子的平动能和转动能以外,还有一部分能量将被空气分子振动能和电子能的激发等过程吸收。此外,热完全空气壁面上的压强同来流压强的比值与量热完全空气的差别不大,这是由于压强主要取决于流体动力学过程,且受热力学过程的影响较小的缘故。

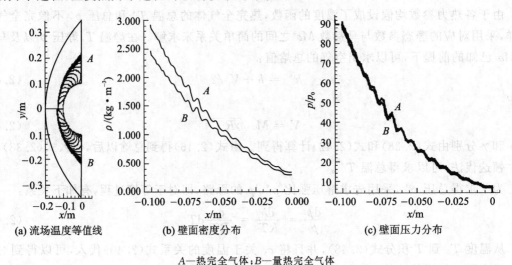

(a) 流场温度等值线　　(b) 壁面密度分布　　(c) 壁面压力分布

A—热完全气体;B—量热完全气体

**图 2.19　不同气体模型计算所得到的圆柱绕流场结果[1]**

真实气体效应会严重影响超高速飞行器的飞行动力学特性。如图 2.20 所示是美国航天飞机轨道器的俯仰力矩系数,根据真实气体和完全气体模型计算得到的数据相差很大。

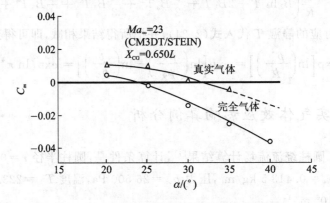

**图 2.20　航天飞机轨道器的俯仰力矩系数[2]**

高超声速飞行器的流场和气动特性(如升力、阻力、力矩等参数)均受到真实气体效应的显著影响。例如:阿波罗(Apollo)的飞行实验结果表明,其指挥舱的配平攻角比风洞实验的预测值在高马赫数时要大 2°～4°。而据最新报道,美国用无化学反应气体和有化学反应气体两种模型分别计算了 Apollo 指挥舱的配平攻角,其差别和风洞预测结果与飞行实验结果的差别一致,从而说明了研究真实气体效应流动的重要性。

# 2.3　一维气体动力学

如果不考虑冲压发动机的具体构型，把它当成一个一维管道来考虑，则可以运用较为简单的一维气体动力学方程来求解冲压发动机内部的流动。超燃冲压发动机的燃烧室近似为一维扩张型管道，特别适合采用一维气体动力学方法来研究。

一维气体动力学方程采用如下基本假设：气体为完全气体，流动为定常流动，考虑喷入的燃料质量流率、壁面摩擦、燃烧释热、通道面积变化等因素。该方法又称为"冲量分析法"（Impulse Analysis Method，IAM）。不同文献来源的"冲量分析法"包含的方程（未知量）数目并不完全相同，这里给出的是一种较为完全的形式。

针对具体应用场合的不同，冲量分析法又分为正方法和逆方法两种形式。正方法是指已知冲压发动机的各种几何参数、燃料喷射和放热情况，求解冲压发动机的其他流动参数，如马赫数、静压、静温、冲量等。逆方法是指已知发动机的几何参数和压力分布（通常通过试验测量获得），求解其他参数，包括马赫数、温度和放热等，进而得出燃烧效率。逆方法通常用在冲压发动机实验数据的分析中。

## 2.3.1　正方法

正方法的控制方程包括如下几种。

状态方程：
$$\mathrm{d}p/p - \mathrm{d}\rho/\rho - \mathrm{d}T/T = 0 \tag{2.51}$$

速度马赫数方程：
$$\mathrm{d}T/T - 2\mathrm{d}V/V + \mathrm{d}Ma^2/Ma^2 = 0 \tag{2.52}$$

连续方程：
$$\mathrm{d}\rho/\rho + \mathrm{d}V/V = \mathrm{d}\dot{m}/\dot{m} - \mathrm{d}A/A \tag{2.53}$$

动量方程：
$$\mathrm{d}p/p + \gamma Ma^2 \times \mathrm{d}V/V = E + F \tag{2.54}$$

总温方程：
$$\mathrm{d}T/T + (\gamma-1)Ma^2/(2\varphi) \times \mathrm{d}Ma^2/Ma^2 - \mathrm{d}T^*/T^* = 0 \tag{2.55}$$

冲量方程：
$$-\mathrm{d}p/p - \gamma Ma^2/(1+\gamma Ma^2) \times \mathrm{d}Ma^2/Ma^2 + \mathrm{d}\phi/\phi = \mathrm{d}A/A \tag{2.56}$$

总压方程：
$$-\mathrm{d}p/p + \mathrm{d}p^*/p^* - \gamma Ma^2/(2\varphi) \times \mathrm{d}Ma^2/Ma^2 = 0 \tag{2.57}$$

能量方程：

$$\varphi/(\gamma-1)\times \mathrm{d}T^*/T^* = \mathrm{d}Q/a^2 \tag{2.58}$$

上述方程可根据计算需要选取。将上述方程组写成矩阵形式：

$$BX = Y \tag{2.59}$$

式中

$$X = \left[\begin{array}{cccccccc} \dfrac{\mathrm{d}p}{p} & \dfrac{\mathrm{d}\rho}{\rho} & \dfrac{\mathrm{d}T}{T} & \dfrac{\mathrm{d}V}{V} & \dfrac{\mathrm{d}Ma^2}{Ma^2} & \dfrac{\mathrm{d}p^*}{p^*} & \dfrac{\mathrm{d}\phi}{\phi} & \dfrac{\mathrm{d}T^*}{T^*} \end{array}\right]^{\mathrm{T}}$$

$$Y = \left[\begin{array}{cccccccc} 0 & 0 & \dfrac{\mathrm{d}\dot{m}}{\dot{m}} - \dfrac{\mathrm{d}A}{A} & E+F & 0 & \dfrac{\mathrm{d}A}{A} & 0 & \dfrac{\mathrm{d}Q}{a^2} \end{array}\right]^{\mathrm{T}}$$

$$B = \begin{bmatrix} 1 & -1 & -1 & 0 & 0 & 0 & 0 & 0 \\ 0 & 0 & 1 & -2 & 0 & 0 & 0 & 0 \\ 0 & 1 & 0 & 1 & 0 & 0 & 0 & 0 \\ 1 & 0 & 0 & \gamma Ma^2 & 0 & 0 & 0 & 0 \\ 0 & 0 & 0 & \dfrac{\gamma-1}{2\varphi}Ma^2 & 0 & 0 & & -1 \\ -1 & 0 & 0 & 0 & \dfrac{-\gamma Ma^2}{1+\gamma Ma} & 0 & 1 & 0 \\ -1 & 0 & 0 & 0 & \dfrac{-\gamma Ma}{2\varphi} & 1 & 0 & \\ 0 & 0 & 0 & 0 & 0 & 0 & 0 & \dfrac{\varphi}{\gamma-1} \end{bmatrix}$$

式中，$E = -\dfrac{\gamma Ma^2}{2}C_{\mathrm{f}}\dfrac{\mathrm{d}S_{\mathrm{w}}}{A}$，$F = -\gamma Ma^2(1-\bar{y}_{\mathrm{i}})\dfrac{\mathrm{d}\dot{m}}{\dot{m}}$，$\varphi = 1+\dfrac{\gamma-1}{2}Ma^2$，$S_{\mathrm{w}}$ 代表通道湿润面积，$\bar{y}_{\mathrm{i}}$ 是燃料在主流流动方向上的分速度与气流流速之比，$C_{\mathrm{f}}$ 是摩擦系数。

为了求解上述方程组，需要求解出 $B$ 矩阵的逆阵。$B$ 矩阵的逆阵如下所示：

$$B^{-1} = \begin{bmatrix} \dfrac{\gamma Ma^2}{Ma^2-1} & \dfrac{\gamma(\gamma-1)Ma^4}{2(1-Ma^2)} & \dfrac{\gamma Ma^2}{Ma^2-1} & \dfrac{1+(\gamma-1)Ma^2}{Ma^2-1} & \dfrac{\gamma Ma^2\varphi}{Ma^2-1} & 0 & 0 & \dfrac{\gamma(\gamma-1)Ma^2}{Ma^2-1} \\[2mm] \dfrac{1}{Ma^2-1} & \dfrac{(\gamma-1)Ma^2}{2(1-Ma^2)} & \dfrac{Ma^2}{Ma^2-1} & \dfrac{-1}{Ma^2-1} & \dfrac{\varphi}{Ma^2-1} & 0 & 0 & \dfrac{\gamma-1}{Ma^2-1} \\[2mm] \dfrac{(\gamma-1)Ma^2}{Ma^2-1} & \dfrac{(\gamma-1)Ma^2(\gamma Ma^2-1)}{2(1-Ma^2)} & \dfrac{(\gamma-1)Ma^2}{Ma^2-1} & \dfrac{(\gamma-1)Ma^2}{Ma^2-1} & \dfrac{(\gamma Ma^2-1)\varphi}{Ma^2-1} & 0 & 0 & \dfrac{(\gamma-1)(\gamma Ma^2-1)}{Ma^2-1} \\[2mm] \dfrac{-1}{Ma^2-1} & \dfrac{(\gamma-1)Ma^2}{2(Ma^2-1)} & \dfrac{-1}{Ma^2-1} & \dfrac{1}{Ma^2-1} & \dfrac{-\varphi}{Ma^2-1} & 0 & 0 & \dfrac{1-\gamma}{Ma^2-1} \\[2mm] \dfrac{-2\varphi}{Ma^2-1} & \dfrac{(\gamma Ma^2-1)\varphi}{Ma^2-1} & \dfrac{-2\varphi}{Ma^2-1} & \dfrac{2\varphi}{Ma^2-1} & \dfrac{(\gamma Ma^2+1)\varphi}{1-Ma^2} & 0 & 0 & \dfrac{(\gamma-1)(\gamma Ma^2+1)}{1-Ma^2} \\[2mm] 0 & \dfrac{\gamma Ma^2}{2} & 0 & 1 & -\dfrac{\gamma Ma^2}{2} & 0 & 1 & \dfrac{\gamma(1-\gamma)Ma^2}{2\varphi} \\[2mm] \dfrac{\gamma Ma^2}{\gamma Ma^2+1} & \dfrac{\gamma Ma^2}{\gamma Ma^2+1} & \dfrac{\gamma Ma^2}{\gamma Ma^2+1} & \dfrac{1}{\gamma Ma^2+1} & \dfrac{\gamma Ma^2}{\gamma Ma^2+1} & 1 & 0 & 0 \\[2mm] 0 & 0 & 0 & 0 & 0 & 0 & 0 & \dfrac{\gamma-1}{\varphi} \end{bmatrix}$$

$$\tag{2.60}$$

当已知加热量 $q(x)$、燃油喷注质量流率 $\dot{m}(x)$、面积变化 $A(x)$、摩擦系数 $C_f$ 和比热比 $\gamma$ 时，对上述方程组进行数值求解，可以得出一组包含压力信息的流场解。实际上，如果要得到所有参数沿燃烧室长度的分布，则将上述方程两端同时对 $x$ 求导，然后采用 Runge‐Kutta 法（单步法）或 Adams 法（多步法）沿 $x$ 进行积分即可。

运用正方法求解问题时会遇到一个困难：$\boldsymbol{B}^{-1}$ 矩阵的分母中有 $Ma^2 - 1$ 项，在求解跨声速问题时会出现"奇点"，使计算发散。出现这一数学问题的物理原因是，当气流由超声速变至亚声速时，信息传递方式发生了变化。气流为超声速流动时，燃烧室上游信息影响下游，而下游信息不能传递到上游，这时采用从上游到下游的推进格式进行求解是合适的；而当流动发生壅塞（主要原因是燃烧释热），出现亚声速区域时，下游信息会影响上游流动，如果仍然采用从上游到下游的推进方式求解，就违背了流动的物理本质，计算就会出现问题。参考文献[3]中介绍了一种方法，其核心思想是：首先根据流动的几何和物理条件（最主要是释热条件），确定流动通道中可能存在的壅塞位置（$Ma = 1$）；如果存在壅塞点，则从壅塞点向燃烧室上游计算，直至燃烧室入口（隔离段出口）。其中还用到等压燃烧假设、隔离段激波串长度模型、压升模型等，具体可见参考文献[3]。

### 2.3.2　逆方法

逆方法的控制方程包括如下几种。
状态方程：
$$\mathrm{d}\rho/\rho + \mathrm{d}T/T = \mathrm{d}p/p \tag{2.61}$$
速度马赫数方程：
$$\mathrm{d}T/T - 2\mathrm{d}V/V + 2\mathrm{d}Ma/Ma = 0 \tag{2.62}$$
连续方程：
$$\mathrm{d}\rho/\rho + \mathrm{d}V/V = \mathrm{d}\dot{m}/\dot{m} - \mathrm{d}A/A \tag{2.63}$$
动量方程：
$$\gamma Ma^2 \times \mathrm{d}Ma/Ma + \gamma Ma^2/2 \times \mathrm{d}T/T = E + F - \mathrm{d}p/p \tag{2.64}$$
总温方程：
$$\mathrm{d}T^*/T^* - \mathrm{d}T/T - (\gamma - 1)Ma^2/\varphi \times \mathrm{d}Ma/Ma = 0 \tag{2.65}$$
冲量方程：
$$-2\gamma Ma^2/(1 + \gamma Ma^2) \times \mathrm{d}Ma/Ma + \mathrm{d}\phi/\phi = \mathrm{d}A/A + \mathrm{d}p/p \tag{2.66}$$
总压方程：
$$\mathrm{d}p^*/p^* - \gamma Ma^2/\varphi \times \mathrm{d}Ma/Ma = \mathrm{d}p/p \tag{2.67}$$
将上述方程组写成矩阵形式：
$$\boldsymbol{CX} = \boldsymbol{Y} \tag{2.68}$$

式中

$$X = \left[ \begin{array}{ccccccc} \dfrac{\mathrm{d}T^*}{T^*} & \dfrac{\mathrm{d}\rho}{\rho} & \dfrac{\mathrm{d}T}{T} & \dfrac{\mathrm{d}V}{V} & \dfrac{\mathrm{d}Ma}{Ma} & \dfrac{\mathrm{d}p^*}{p^*} & \dfrac{\mathrm{d}\phi}{\phi} \end{array} \right]^{\mathrm{T}}$$

$$Y = \left[ \begin{array}{ccccccc} 0 & \dfrac{\mathrm{d}\dot{m}}{\dot{m}} - \dfrac{\mathrm{d}A}{A} & -\dfrac{\mathrm{d}p}{p} + E + F & \dfrac{\mathrm{d}p}{p} & 0 & \dfrac{\mathrm{d}p}{p} & \dfrac{\mathrm{d}p}{p} + \dfrac{\mathrm{d}A}{A} \end{array} \right]^{\mathrm{T}}$$

$$C = \begin{bmatrix} 1 & 0 & -1 & 0 & \dfrac{-(\gamma-1)}{\varphi}Ma^2 & 0 & 0 \\ 0 & 1 & 0 & 1 & 0 & 0 & 0 \\ 0 & 0 & \dfrac{\gamma Ma^2}{2} & 0 & \gamma Ma^2 & 0 & 0 \\ 0 & 1 & 0 & 1 & 0 & 0 & 0 \\ 0 & 0 & \dfrac{1}{2} & -1 & 1 & 0 & 0 \\ 0 & 0 & 0 & 0 & \dfrac{-\gamma Ma^2}{\varphi} & 1 & 0 \\ 0 & 0 & 0 & 0 & \dfrac{-2\gamma Ma^2}{1+\gamma Ma^2} & 0 & 1 \end{bmatrix}$$

为了求解上述方程组，需要求解出系数矩阵 $C$ 的逆阵。$C$ 的逆阵如下所示：

$$C^{-1} = \begin{bmatrix} 1 & \dfrac{-1}{\varphi} & \dfrac{1+(\gamma-1)Ma^2}{\gamma\varphi Ma^2} & \dfrac{1}{\varphi} & \dfrac{-1}{\varphi} & 0 & 0 \\ 0 & 1 & \dfrac{-1}{\gamma Ma^2} & & 1 & 0 & 0 \\ 0 & -1 & \dfrac{1}{\gamma Ma^2} & 1 & -1 & 0 & 0 \\ 0 & 0 & \dfrac{1}{\gamma Ma^2} & 0 & -1 & 0 & 0 \\ 0 & \dfrac{1}{2} & \dfrac{1}{2\gamma Ma^2} & -\dfrac{1}{2} & \dfrac{1}{2} & 0 & 0 \\ 0 & \dfrac{\gamma Ma^2}{2\varphi} & \dfrac{1}{2\varphi} & \dfrac{-\gamma Ma^2}{2\varphi} & \dfrac{\gamma Ma^2}{2\varphi} & 1 & 0 \\ 0 & \dfrac{\gamma Ma^2}{1+\gamma Ma^2} & \dfrac{1}{1+\gamma Ma^2} & \dfrac{-\gamma Ma^2}{1+\gamma Ma^2} & \dfrac{\gamma Ma^2}{1+\gamma Ma^2} & 0 & 1 \end{bmatrix} \quad (2.69)$$

当已知压力分布 $p$、质量流率 $\dot{m}(x)$、面积变化 $A(x)$、摩擦系数 $C_f$ 和比热比 $\gamma$ 时，对上述方程组进行数值求解，可以解出包含燃气总温 $T^*$ 在内的流场参数。有了总温，就可以得到燃烧室内的释热情况，进而计算出燃烧效率。

不论是正方法还是逆方法，通常都把通道面积 $A$ 的变化当成已知量来处理，也就是把冲量分析法作为燃烧室性能计算的工具。原则上讲，也可把 $A$ 作为未知量，在已知放热量和压强

变化的条件下计算 $A$ 的变化,就成了超燃燃烧室的设计工具了。不过,超燃冲压发动机燃烧室内的燃烧流动极其复杂,很难精确给出放热量和压强的变化关系,因此在超燃冲压发动机燃烧室的设计中,并不采用这样的做法。

# 2.4　瑞利(Rayleigh)流理论

冲压发动机的燃烧室往往是等截面(或者微扩)通道,燃料在其中燃烧释放热量;整个过程实际上是在等截面管流中加热的过程,燃烧释热是整个流动的主导因素。因此,可以用一维等截面加热管流即瑞利流理论,来研究冲压发动机燃烧室内的流动问题。

## 2.4.1　瑞利流物理模型

如图 2.21 所示,定比热容可压缩完全气体在一维等截面直管道中的定常流动,不考虑摩擦的影响,而仅仅讨论换热对流动过程的影响规律。气流由进口(1 截面)流经整个通道到达出口(2 截面)的过程中,由于燃烧等物理化学过程形成内热源而导致热量加入气流之中,同时壁面冷却等过程也会造成气流与外界环境具有热交换。在这种流动过程中,热交换是气流压力、密度和温度变化的主要影响因素,相比较而言,粘性的影响可以忽略。因此,可以将该流动处理成单纯换热过程。又因为单纯换热过程在热力学上是可逆的,故加热将导致气流的熵增加,冷却将致使熵减少。这就是瑞利(Rayleigh)流模型。虽然这种流动模型在实际应用中并不存在,但是在包括冲压发动机在内的众多发动机燃烧室内,化学反应放热是整个流动的最关键影响因素。此时,瑞利流模型是很好的近似,可以用来分析发动机的循环过程(详见本教材第 3 章)。

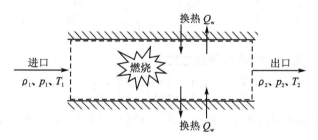

**图 2.21　一维加热等截面直管流及控制体**

## 2.4.2　控制方程及其解

若记流道横截面积为 $A$,在从进口到出口的整个流动过程中,总加热量和单位质量气流加

热量分别用 $Q$ 和 $q$ 表示。在图 2.21 虚线所示的控制体上,根据质量守恒、动量守恒和能量守恒,可以建立瑞利流控制方程如下:

质量守恒:
$$\dot{m} = \rho_1 V_1 A = \rho_2 V_2 A \tag{2.70}$$

动量守恒:
$$\dot{m}V_1 + p_1 A = \dot{m}V_2 + p_2 A \tag{2.71}$$

能量守恒:
$$c_p T_1^* + q = c_p T_2^* \tag{2.72}$$

又由状态方程可得
$$\frac{p_1}{\rho_1 T_1} = \frac{p_2}{\rho_2 T_2} \tag{2.73}$$

在式(2.70)~式(2.73)中,如果已知进口参数,就可以求出口参数;反之亦然。

显然,式(2.71)表明进出口截面的气流冲量 $\phi$ 为常数,于是根据冲量的定义式(2.6)
$$\phi = \dot{m}V + pA = pA(1 + \gamma Ma^2)$$

可以得到进出口静压之比为
$$\frac{p_2}{p_1} = \frac{1 + \gamma Ma_1^2}{1 + \gamma Ma_2^2} \tag{2.74}$$

进一步由状态方程可以将静温之比表示为
$$\frac{T_2}{T_1} = \frac{p_2}{p_1} \frac{\rho_1}{\rho_2} \tag{2.75}$$

又由质量守恒方程式(2.70)可得
$$\frac{\rho_1}{\rho_2} = \frac{V_2}{V_1} = \frac{\dfrac{V_2}{\sqrt{\gamma R T_2}} \sqrt{\gamma R T_2}}{\dfrac{V_1}{\sqrt{\gamma R T_1}} \sqrt{\gamma R T_1}} = \frac{Ma_2}{Ma_1} \sqrt{\frac{T_2}{T_1}} \tag{2.76}$$

于是,联立式(2.74)~式(2.76)可得静温之比为
$$\frac{T_2}{T_1} = \left( \frac{1 + \gamma Ma_1^2}{1 + \gamma Ma_2^2} \right)^2 \left( \frac{Ma_2}{Ma_1} \right)^2 \tag{2.77}$$

根据静参数与滞止参数之间的关系(即 2.1 节所述气动函数),可以很容易得到进出口总参数之比为
$$\frac{p_2^*}{p_1^*} = \frac{p_2}{\pi(Ma_2)} \frac{\pi(Ma_1)}{p_1} = \frac{1 + \gamma Ma_1^2}{1 + \gamma Ma_2^2} \left[ \frac{2 + (\gamma - 1)Ma_2}{2 + (\gamma - 1)Ma_1} \right]^{\frac{\gamma}{\gamma - 1}} \tag{2.78}$$

$$\frac{T_2^*}{T_1^*} = \frac{T_2}{T_1} \frac{\tau(Ma_1)}{\tau(Ma_2)} = \left( \frac{1 + \gamma Ma_1^2}{1 + \gamma Ma_2^2} \right)^2 \left( \frac{Ma_2}{Ma_1} \right)^2 \left[ \frac{2 + (\gamma - 1)Ma_2}{2 + (\gamma - 1)Ma_1} \right] \tag{2.79}$$

根据热力学第二定律,可以得到进出口气流的无量纲熵增为

$$\frac{s_2 - s_1}{c_p} = \ln \frac{T_2}{T_1} - \frac{\gamma - 1}{\gamma} \ln \frac{p_2}{p_1} =$$

$$2\ln\left[\frac{(1 + \gamma Ma_1^2)Ma_2}{(1 + \gamma Ma_2^2)Ma_1}\right] + \frac{\gamma - 1}{\gamma} \ln\left(\frac{1 + \gamma Ma_2^2}{1 + \gamma Ma_1^2}\right) \qquad (2.80)$$

在已知进口参数和加热量 $q$ 的情况下,可以由式(2.72)求得总温比,然后由式(2.79)迭代求解得到出口截面马赫数 $Ma_2$,最后由式(2.74)～式(2.80)可以很容易确定出口流动参数。

## 2.4.3　换热过程对流动的影响

由能量方程式(2.72)可知,总温的变化直接反映了热交换量的大小和变化方向,因此可以用总温的变化来研究热交换对流动的影响。在式(2.74)～式(2.80)中,固定进口 1 状态的参数,将出口 2 状态的流动变量作为变量,则可以得到如下关系:

$$\frac{dMa}{Ma} = \frac{(1 + \gamma Ma^2)[2 + (\gamma - 1)Ma^2]}{4(1 - Ma^2)} \frac{dT^*}{T^*} \qquad (2.81)$$

$$\frac{dV}{V} = \frac{2 + (\gamma - 1)Ma^2}{2(1 - Ma^2)} \frac{dT^*}{T^*} \qquad (2.82)$$

$$\frac{dp}{p} = -\frac{[2 + (\gamma - 1)Ma^2]\gamma Ma^2}{2(1 - Ma^2)} \frac{dT^*}{T^*} \qquad (2.83)$$

$$\frac{d\rho}{\rho} = -\frac{2 + (\gamma - 1)Ma^2}{2(1 - Ma^2)} \frac{dT^*}{T^*} \qquad (2.84)$$

$$\frac{dT}{T} = \frac{(1 - \gamma Ma^2)[2 + (\gamma - 1)Ma^2]}{2(1 - Ma^2)} \frac{dT^*}{T^*} \qquad (2.85)$$

$$\frac{dp^*}{p^*} = -\frac{\gamma Ma^2}{2} \frac{dT^*}{T^*} \qquad (2.86)$$

$$\frac{ds}{c_p} = \left(1 + \frac{\gamma - 1}{2} Ma^2\right) \frac{dT^*}{T^*} \qquad (2.87)$$

由式(2.81)～式(2.87)可以分析热交换对气流参数的影响,如表 2.1 所列。

**表 2.1　热交换对气流参数的影响**

| 热交换 \ 气流参数 | | $T^*$ | $p^*$ | $p$ | $V$ | $Ma$ | $T$ | $\rho$ | $s$ |
|---|---|---|---|---|---|---|---|---|---|
| 加热 | $Ma<1$ | ↑ | ↓ | ↓ | ↑ | ↑ | ① | ↓ | ↑ |
| | $Ma>1$ | ↑ | ↓ | ↑ | ↓ | ↓ | ↑ | ↑ | ↑ |
| 冷却 | $Ma<1$ | ↓ | ↑ | ↑ | ↓ | ↓ | ② | ↑ | ↓ |
| | $Ma>1$ | ↓ | ↑ | ↓ | ↑ | ↑ | ↓ | ↓ | ↓ |

① $Ma < 1/\sqrt{\gamma}$ 时增大,$Ma > 1/\sqrt{\gamma}$ 时减小;

② $Ma < 1/\sqrt{\gamma}$ 时减小,$Ma > 1/\sqrt{\gamma}$ 时增大。

由表 2.1 可以发现,无论是超声速还是亚声速流动,加热都会使得气流的总压下降,这一物理现象称为热阻;而且,加热量越大,总压下降也越大;气流马赫数越大,总压下降也越大。因此,为了减少加热时造成的总压损失,应该尽量减小气流的马赫数。另外,从理论上来说,冷却过程可以使气流总压增大,但是在实际应用中由于摩擦等因素的存在,这是很难实现的。

### 2.4.4 瑞利线

以上讨论表明,在进口参数给定的情况下,出口截面流动参数是由加热量 $q$ 的取值唯一确定的。下面进一步讨论加热量 $q$ 对流动参数的影响规律。为了便于研究换热量对流动的影响规律,可以进一步将控制方程进行变形。定义单位截面积上的质量流量为流量密度,记为 $G$,则由式(2.70)可知

$$G = \frac{\dot{m}}{A} = \text{const} \tag{2.88}$$

即在瑞利管流中,流动截面的流量密度 $G$ 为恒定值。如果进一步引入比体积 $v=1/\rho$,则截面流动速度可以表示为 $V=Gv$。于是,由动量方程式(2.71)可得

$$p + G^2 v = \frac{\phi}{A} = \text{const} \tag{2.89}$$

对于给定的进口流量密度 $G$ 和单位截面积气流冲量 $\phi/A$,式(2.89)确定了压强 $p$ 和比体积 $v$(即密度 $\rho$ 的倒数)间的唯一关系。在 $p$-$v$ 图中,式(2.89)是一条斜率为 $-G^2$、$p$ 轴截距为 $\phi/A$ 的直线,称为瑞利线。

由于温度 $T$、焓 $h$ 和熵 $s$ 都可以表示为压力 $p$ 和比体积 $v$ 的函数,因此又常常在 $T$-$s$ 图和 $h$-$s$ 图中画出瑞利线。根据热力学知识,单位质量气流加热量 $q$ 与温度 $T$、熵 $s$ 之间满足关系式 $\delta q=Tds$,更适合分析加热量对流动的影响。因此,本书重点给出 $T$-$s$ 图中表示的瑞利线,如图 2.22 所示。结合该图对瑞利流动做如下几点说明:

① 对于给定流量密度 $G$ 和单位截面冲量 $\phi/A$ 的瑞利流,在 $T$-$s$ 图中存在如图 2.22 所示的瑞利线。在热交换过程中,气流参数将改变。在热交换量 $q$ 不足以使得进口发生溢流而改变进口流量密度 $G$ 和单位截面冲量 $\phi/A$ 的前提下,出口流动状态将在同一条瑞利线上移动;反之,当热交换导致进口条件(如发生溢流等)改变时,出口流动状态将跃至新的瑞利线上。当流量密度 $G$ 减小时,新的瑞利线将相对于原瑞利线向 $T$-$s$ 图的右上方移动。

② 在同一条瑞利线上,存在一个熵值最大点(见图 2.22 中 $C$ 点),其对应马赫数为1,该点常被称为壅塞点。壅塞点将瑞利线分成亚声速分支和超声速分支,分别对应于图中上半支和下半支。无论进口流动是超声速的还是亚声速的,加热都将使得出口马赫数趋于1,而冷却则使得马赫数向离开1的方向变化。

③ 对于该可逆换热过程,根据 $\delta q=Tds$ 可知,单位质量气流换热量 $q$ 等于相应的瑞利

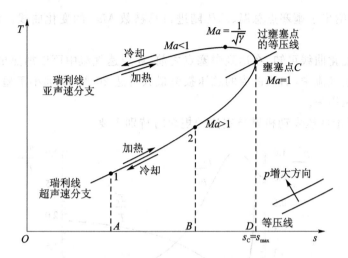

**图 2.22 $T-s$ 图中瑞利线**

段与横坐标 $s$ 间围成的封闭多边形的面积。比如,在图 2.22 中,如果进口处于图中的超声速分支上的状态 1 点,当向管道加入热量 $q$,使得出口移动到状态 2 点时,则单位质量气流加热量 $q$ 的大小等于多边形 $AB21$ 的面积。对于进口状态处于亚声速分支的情况,有相同的结论。很显然,在导致相同熵增的条件下,需要向亚声速气流中加入更多的热量。

④ 无论进口流动是超声速的还是亚声速的,当加热量足够大时,都可以使得出口流动状态点移至 $C$ 点(即状态 2 点与 $C$ 点重合),即达到壅塞状态,此时气流的熵 $s$ 到达该条瑞利线的最大值 $s_{max}$。超声速情形对应的最大加热量 $q_{max}$ 等于多边形 $ADC1$ 的面积。壅塞点的马赫数 $Ma_C=1$,该点的其他流动参数(加以下标 $C$ 表示),可以根据进口条件(即状态点 1)通过式(2.74)~式(2.80)(令 $Ma_2=1$)来确定。具体结果如下:

$$\frac{p_C}{p_1} = \frac{1+\gamma Ma_1^2}{1+\gamma} \tag{2.90}$$

$$\frac{T_C}{T_1} = \frac{1}{Ma_1^2}\left(\frac{1+\gamma Ma_1^2}{1+\gamma}\right)^2 \tag{2.91}$$

$$\frac{\rho_1}{\rho_C} = \frac{V_C}{V_1} = \frac{1}{Ma_1}\sqrt{\frac{T_C}{T_1}} \tag{2.92}$$

$$\frac{p_C^*}{p_1^*} = \frac{1+\gamma Ma_1^2}{1+\gamma}\left[\frac{\gamma+1}{2+(\gamma-1)Ma_1^2}\right]^{\frac{\gamma}{\gamma-1}} \tag{2.93}$$

$$\frac{T_C^*}{T_1^*} = \frac{(1+\gamma Ma_1^2)^2}{(1+\gamma)Ma_1^2[2+(\gamma-1)Ma_1^2]} \tag{2.94}$$

$$\frac{s_C-s_1}{c_p} = \ln\frac{T_C}{T_1} - \frac{\gamma-1}{\gamma}\ln\frac{p_C}{p_1} = 2\ln\left[\frac{(1+\gamma Ma_1^2)}{(1+\gamma)Ma_1}\right] + \frac{\gamma-1}{\gamma}\ln\left[\frac{1+\gamma}{1+\gamma Ma_1^2}\right] \tag{2.95}$$

⑤ 图 2.23 给出了壅塞点总温、总压随进口马赫数 $Ma_1$ 的变化曲线。由该图可以得出两点重要结论：

● 从总温变化曲线可知，在达到壅塞点之前，亚声速气流中可以加热更多的热量。

● 在亚声速气流中，加热造成的总压损失最大可达 20 %，要远小于超声速气流中加热造成的总压损失。

这两点在讨论冲压发动机燃烧室流动规律时特别重要。

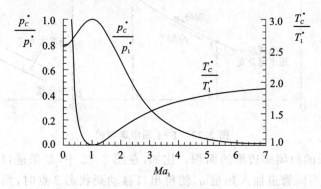

**图 2.23　壅塞点总温、总压随进口马赫数 $Ma_1$ 的变化**

⑥ 当加热量达最大值 $q_{max}$ 而致使出口流动达到壅塞状态时，如果进一步增大加热量 $q$，瑞利流动将如何变化呢？一般来说，如果进口初始流动为亚声速，则当加热量超过 $q_{max}$ 时，壅塞导致的气流压力上升，直接影响到管道进口，致使进口马赫数下降而减小流量密度 $G$，从而使得出口流动状态转移至另外一条瑞利线。如图 2.24 中的虚线所示，流量密度 $G$ 减小而产生的新瑞利线将向右上方移动。如果进口初始流动为超声速流动，则当加热量 $q$ 稍微大于 $q_{max}$

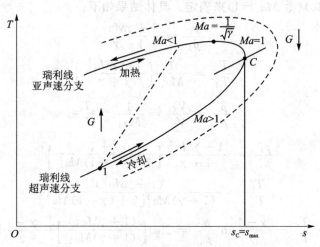

**图 2.24　加热量超过最大值后的瑞利流**

（即超出一个微元小量 $\delta q$）时，通常会在通道里形成正激波，使得流动状态先由超声速分支跳跃至同一瑞利线的亚声速分支（见图 2.24 中的点画线），然后沿亚声速分支向壅塞点 $C$ 靠近，使得出口流动为壅塞状态。如果 $q$ 超过 $q_{max}$ 一个有限大小值，则正激波将被推出管道而在进口之前形成脱体激波，这时整个直管内的流动完全变成亚声速流动。这些结论在讨论冲压发动机（尤其是双模态冲压发动机）的流动机理时，特别有用。

## 2.5　计算流体力学在冲压发动机研究中的应用

当今，计算流体力学（CFD）在冲压发动机研究中正在发挥着日益重要的作用。CFD 可以揭示流场的细节，帮助研究人员认识冲压发动机燃烧与流动的本质；CFD 可以弥补试验研究的不足，减少盲目试验，加速冲压发动机研究进程；CFD 可以应用于冲压发动机设计优化，提高设计水平，避免低水平重复。针对所研究发动机部件的不同，以及所涉及问题类型的不同，可以采用不同的计算流体力学模型来研究冲压发动机中的流动。

虽然流场的直接数值模拟（DNS）、大涡模拟（LES）等先进的模拟手段近年来得到迅速发展，但目前工程上普遍应用的还是以雷诺平均 NS 方程（RANS）为基础的流场模拟方法，这里也是介绍以 RANS 为基础的模型和方法。

### 2.5.1　单一气体模型

单一气体模型是 CFD 计算的基本模型。在冲压发动机研究中，进气道内的流动经常采用单一气体模型来计算。单一气体模型的控制方程为

$$\frac{\partial \boldsymbol{U}}{\partial t} + \frac{\partial \boldsymbol{F}}{\partial x} + \frac{\partial \boldsymbol{G}}{\partial y} + \frac{\partial \boldsymbol{H}}{\partial z} = \frac{\partial \boldsymbol{F}_v}{\partial x} + \frac{\partial \boldsymbol{G}_v}{\partial y} + \frac{\partial \boldsymbol{H}_v}{\partial z} \tag{2.96}$$

式中

$$\boldsymbol{U} = \begin{bmatrix} \rho \\ \rho u \\ \rho v \\ \rho w \\ \rho e \end{bmatrix}, \quad \boldsymbol{F} = \begin{bmatrix} \rho u \\ \rho u^2 + p \\ \rho u v \\ \rho u w \\ (\rho e + p) u \end{bmatrix}, \quad \boldsymbol{G} = \begin{bmatrix} \rho v \\ \rho u v \\ \rho v^2 + p \\ \rho v w \\ (\rho e + p) v \end{bmatrix}, \quad \boldsymbol{H} = \begin{bmatrix} \rho w \\ \rho u w \\ \rho v w \\ \rho w^2 + p \\ (\rho e + p) w \end{bmatrix},$$

$$\boldsymbol{F}_v = \begin{bmatrix} 0 \\ \tau_{xx} \\ \tau_{xy} \\ \tau_{xz} \\ \tau_{xx} u + \tau_{xy} v + \tau_{xz} w - q_x \end{bmatrix}, \quad \boldsymbol{G}_v = \begin{bmatrix} 0 \\ \tau_{xy} \\ \tau_{yy} \\ \tau_{yz} \\ \tau_{xy} u + \tau_{yy} v + \tau_{yz} w - q_y \end{bmatrix},$$

$$
\boldsymbol{H}_{\mathrm{v}} = \begin{bmatrix} 0 \\ \tau_{xx} \\ \tau_{yx} \\ \tau_{zx} \\ \tau_{xx}u + \tau_{yx}v + \tau_{zx}w - q_x \end{bmatrix}
$$

式中,各应力项为

$$
\tau_{xx} = -\frac{2}{3}\mu\left(\frac{\partial u}{\partial x} + \frac{\partial v}{\partial y} + \frac{\partial w}{\partial z}\right) + 2\mu\frac{\partial u}{\partial x}
$$

$$
\tau_{yy} = -\frac{2}{3}\mu\left(\frac{\partial u}{\partial x} + \frac{\partial v}{\partial y} + \frac{\partial w}{\partial z}\right) + 2\mu\frac{\partial v}{\partial y}
$$

$$
\tau_{zz} = -\frac{2}{3}\mu\left(\frac{\partial u}{\partial x} + \frac{\partial v}{\partial y} + \frac{\partial w}{\partial z}\right) + 2\mu\frac{\partial w}{\partial z}
$$

$$
\tau_{xy} = \tau_{yx} = \mu\left(\frac{\partial u}{\partial y} + \frac{\partial v}{\partial x}\right)
$$

$$
\tau_{xz} = \tau_{zx} = \mu\left(\frac{\partial u}{\partial z} + \frac{\partial w}{\partial x}\right)
$$

$$
\tau_{yz} = \tau_{zy} = \mu\left(\frac{\partial v}{\partial z} + \frac{\partial w}{\partial y}\right)
$$

热流项为

$$
q_x = -\lambda\frac{\partial T}{\partial x}, \qquad q_y = -\lambda\frac{\partial T}{\partial y}, \qquad q_z = -\lambda\frac{\partial T}{\partial z}
$$

式中,$\mu$ 和 $\lambda$ 为总粘性系数和总导热系数,包含层流与湍流两部分之和:

$$
\mu = \mu_1 + \mu_t, \qquad \lambda = \lambda_1 + \lambda_t
$$

对空气经常采用 Sutherland 公式计算分子(层流)粘性系数,而湍流粘性系数由湍流模型给出,最常用的是 $k-\varepsilon$ 和 $k-\omega$ 两方程模型,见 2.5.3 小节。

有了粘性系数,导热系数利用"三传"(传热、传质以及粘性导致的动量传递)类比的原则计算:

$$
\lambda_1 = \frac{c_p \mu_1}{Pr}, \qquad \lambda_t = \frac{c_p \mu_t}{Pr_t}
$$

式中,层流普朗特数 $Pr$ 取 0.72,湍流普朗特数 $Pr_t$ 取 0.9。

计算中还要用到的其他关系式有

完全气体状态方程:

$$
p = \rho RT \tag{2.97}
$$

单位质量的总能量:

$$
e = \frac{p}{\rho(\gamma-1)} + \frac{u^2 + v^2 + w^2}{2} \tag{2.98}
$$

在应用单一气体模型时,如果流场温度变化范围较大,则应考虑比热比的变化,即空气的真实气体效应,比如,用式(2.42)计算比热比。

## 2.5.2　多组分化学动力学模型

在研究冲压发动机燃烧室内燃烧流动的时候,不可避免地会涉及多种不同的燃烧组分,以及这些组分由于反应带来的生成或消耗。为了描述这种带有组分变化的燃烧流动,应当采用多组分、化学动力学模型进行计算。

包含有限速率化学反应的多组分三维 NS 方程在直角坐标系下的形式为

$$\frac{\partial \boldsymbol{U}}{\partial t}+\frac{\partial \boldsymbol{F}}{\partial x}+\frac{\partial \boldsymbol{G}}{\partial y}+\frac{\partial \boldsymbol{H}}{\partial z}=\frac{\partial \boldsymbol{F}_v}{\partial x}+\frac{\partial \boldsymbol{G}_v}{\partial y}+\frac{\partial \boldsymbol{H}_v}{\partial z}+\boldsymbol{S} \quad (2.99)$$

式中

$$\boldsymbol{U}=[\rho_1,\rho_2,\cdots,\rho_{ns},\rho u,\rho v,\rho w,\rho e]^{\mathrm{T}}$$
$$\boldsymbol{F}=[\rho_1 u,\rho_2 u,\cdots,\rho_{ns}u,\rho u^2+p,\rho uv,\rho uw,(\rho e+p)u]^{\mathrm{T}}$$
$$\boldsymbol{G}=[\rho_1 v,\rho_2 v,\cdots,\rho_{ns}v,\rho uv,\rho v^2+p,\rho vw,(\rho e+p)v]^{\mathrm{T}}$$
$$\boldsymbol{H}=[\rho_1 w,\rho_2 w,\cdots,\rho_{ns}w,\rho uw,\rho vw,\rho w^2+p,(\rho e+p)w]^{\mathrm{T}}$$
$$\boldsymbol{F}_v=[-\rho_1 u_i,-\rho_2 u_i,\cdots,-\rho_{ns}u_i,\tau_{xx},\tau_{xy},\tau_{xz},\tau_{xx}u+\tau_{xy}v+\tau_{xz}w-q_x]^{\mathrm{T}}$$
$$\boldsymbol{G}_v=[-\rho_1 v_i,-\rho_2 v_i,\cdots,-\rho_{ns}v_i,\tau_{xy},\tau_{yy},\tau_{yz},\tau_{xy}u+\tau_{yy}v+\tau_{yz}w-q_y]^{\mathrm{T}}$$
$$\boldsymbol{H}_v=[-\rho_1 w_i,-\rho_2 w_i,\cdots,-\rho_{ns}w_i,\tau_{xz},\tau_{yz},\tau_{zz},\tau_{xz}u+\tau_{yz}v+\tau_{zz}w-q_z]^{\mathrm{T}}$$
$$\boldsymbol{S}=[\dot{\omega}_1,\dot{\omega}_2,\cdots,\dot{\omega}_{ns},0,0,0,0]^{\mathrm{T}}$$
$$\tau_{xx}=-\frac{2}{3}\mu\left(\frac{\partial u}{\partial x}+\frac{\partial v}{\partial y}+\frac{\partial w}{\partial z}\right)+2\mu\frac{\partial u}{\partial x}$$
$$\tau_{yy}=-\frac{2}{3}\mu\left(\frac{\partial u}{\partial x}+\frac{\partial v}{\partial y}+\frac{\partial w}{\partial z}\right)+2\mu\frac{\partial v}{\partial y}$$
$$\tau_{zz}=-\frac{2}{3}\mu\left(\frac{\partial u}{\partial x}+\frac{\partial v}{\partial y}+\frac{\partial w}{\partial z}\right)+2\mu\frac{\partial w}{\partial z}$$
$$\tau_{xy}=\tau_{yx}=\mu\left(\frac{\partial u}{\partial y}+\frac{\partial v}{\partial x}\right)$$
$$\tau_{xz}=\tau_{zx}=\mu\left(\frac{\partial u}{\partial z}+\frac{\partial w}{\partial x}\right)$$
$$\tau_{yz}=\tau_{zy}=\mu\left(\frac{\partial v}{\partial z}+\frac{\partial w}{\partial y}\right)$$
$$q_x=-\lambda\frac{\partial T}{\partial x}+\sum_{i=1}^{n}I_i\rho_i u_i$$
$$q_y=-\lambda\frac{\partial T}{\partial y}+\sum_{i=1}^{n}I_i\rho_i v_i$$

$$q_z = -\lambda \frac{\partial T}{\partial z} + \sum_{i=1}^{n} I_i \rho_i w_i$$

$\rho_i$ 代表第 $i$ 种组分浓度；$Y_i$ 代表第 $i$ 种组分质量分数；$I_i$ 代表第 $i$ 种组分的总焓；$D_i$ 代表第 $i$ 种组分在混合气中的扩散系数，与粘性系数及导热系数一样，它包括层流与湍流两部分：

$$D_i = D_{il} + D_{it} \tag{2.100}$$

$u_i$、$v_i$、$w_i$ 代表第 $i$ 种组分在 $x$、$y$、$z$ 方向上的扩散速度。根据 Fick 定律，则

$$\rho_i u_i = -\rho D_i \frac{\partial Y_i}{\partial x}, \qquad \rho_i v_i = -\rho D_i \frac{\partial Y_i}{\partial y}, \qquad \rho_i w_i = -\rho D_i \frac{\partial Y_i}{\partial z}$$

在多组分系统中，层流粘性系数随着组分的不同而变化，没有类似 Sutherland 公式那样专门针对多组分系统的粘性系数计算公式，需要首先计算出各种组分的粘性系数，然后将各种组分混合成为多组分系统。

组分 $i$ 的粘性系数 $\mu_i$ 用 Enskog-Chapman 的公式得出：

$$\mu_i = 2.669\,3 \times 10^{-6} \frac{\sqrt{M_i T}}{\sigma_i^2 \Omega_i} \tag{2.101}$$

式中，$\Omega_i = 1.147(T^*)^{-0.145} + (T^* + 0.5K)^{-2.0}$，$T^* = \dfrac{T}{T_{\varepsilon i}}$；$M_i$ 为组分 $i$ 的相对分子质量；$T_{\varepsilon i} = \dfrac{\varepsilon_i}{R_0}$ 为 Lennard-Jones 常数（单位为 K），是与组分 $i$ 有关的一个特征值；$\sigma_i$ 和 $\Omega_i$ 分别为分子碰撞直径和碰撞积分，$\sigma_i$ 的单位为 Å（埃）。$\dfrac{\varepsilon_i}{R_0}$ 和 $\sigma_i$ 可从参考文献[4,5] 查阅。

混合气的粘性系数 $\mu_1$ 用以下公式计算：

$$\mu_1 = \sum_{i=1}^{n} \frac{\mu_i}{1 + \dfrac{1}{X_i} \sum_{\substack{j=1 \\ j \neq i}}^{n} X_j \varphi_{ij}} \tag{2.102}$$

式中的 $\varphi_{ij}$ 用 Wilke 的公式计算：

$$\varphi_{ij} = \frac{\left[ 1 + \sqrt{\dfrac{\mu_i}{\mu_j} \left( \dfrac{M_j}{M_i} \right)^{1/4}} \right]^2}{\sqrt{8 \left( 1 + \dfrac{M_i}{M_j} \right)}} \tag{2.103}$$

组分 $i$ 的导热系数 $\lambda_i$ 用以下公式得出，即

$$\lambda_i = \frac{\mu_i R_0}{M_i} \left( \frac{5}{4} + c_{p_i} \frac{M_i}{R_0} \right) \tag{2.104}$$

混合气的导热系数 $\lambda_1$ 为

$$\lambda_1 = \sum_{i=1}^{n} \frac{\lambda_i}{1 + \dfrac{1}{X_i} \sum_{\substack{j=1 \\ j \neq i}}^{n} X_j \varphi_{ij}^n} \tag{2.105}$$

式中，$\varphi_{ij}^n = 1.065\varphi_{ij}$。

组分 $i$、$j$ 之间的传质系数 $D_{ij}$ 用以下公式得出，即

$$D_{ij} = \frac{1.858 \times 10^{-7} T^{3/2} \sqrt{\frac{1}{M_i} + \frac{1}{M_j}}}{p\sigma_{ij}^2 \Omega_D} \tag{2.106}$$

式中，碰撞积分：

$$\Omega_D = 1.0(T^*)^{-0.145} + (T^* + 0.5\text{ K})^{-2.0} \tag{2.107}$$

$$T^* = \frac{T}{\sqrt{T_{\varepsilon i} T_{\varepsilon j}}} \tag{2.108}$$

$\sigma_{ij}$ 为平均碰撞直径，$\sigma_{ij} = \frac{1}{2}(\sigma_i + \sigma_j)$。注意式（2.106）中 $p$ 的单位是大气压（atm）。

组分 $i$ 在混合物中的传质系数 $D_i$ 为

$$D_i = \frac{1 - X_i}{\sum\limits_{\substack{j=1 \\ j \neq i}}^{n} \frac{X_j}{D_{ij}}} \tag{2.109}$$

以上为层流（分子）粘性系数、导热系数、传质系数的计算。对于湍流流动而言，湍流的粘性系数、导热系数、传质系数不是物性参数，只能借助于各种模型来计算。通常都是利用湍流模型计算湍流粘性系数 $\mu_t$，然后类比得到湍流导热系数和传质系数：

$$\lambda_t = c_p \frac{\mu_t}{Pr_t}, \qquad D_t = \frac{\mu_t}{\rho Sc}$$

式中，$Pr_t$ 为湍流 Prandtl 数，$Sc$ 为湍流 Schmidt 数。

计算中还用到其他一些公式，包括状态方程：

$$p = \sum p_i = R_0 T \sum \frac{\rho_i}{M_i} \tag{2.110}$$

总能量、比定压热容：

$$e = \sum h_i Y_i - \frac{P}{\rho} + \frac{u^2 + v^2 + w^2}{2} \tag{2.111}$$

$$c_p = \sum_{i=1}^{n} c_{p_i} Y_i \tag{2.112}$$

组分 $i$ 的比定压热容和总焓的计算分别采用经验公式：

$$c_{p_i}/R_i = a_1 + a_2 T + a_3 T^2 + a_4 T^3 + a_5 T^4 \tag{2.113}$$

$$I_i/(R_i T) = a_1 + \frac{a_2}{2}T + \frac{a_3}{3}T^2 + \frac{a_4}{4}T^3 + \frac{a_5}{5}T^4 + \frac{a_6}{T} \tag{2.114}$$

式中，$R_i$ 为组分 $i$ 的气体常数，$R_i = R_0/M_i$。其中的系数可参见参考文献[4,5]，或参考燃烧气体动力学软件 Chemkin 提供的数据。

多组分系统中的源项 $S$ 代表物质在化学反应过程中的生成或消耗，称为化学反应源项，

是某一物质在其所参与的所有基元化学反应中的质量生成率或消耗率的总和。所谓基元化学反应是指反应物分子在一次碰撞过程中完成的反应,是最基本的反应形式。基元化学反应可以表述成以下通式:

$$\sum_{i=1}^{ns} \nu_{ij}^{f} R_i \Leftrightarrow \sum_{i=1}^{ns} \nu_{ij}^{b} R_i \tag{2.115}$$

式中,下标 $i$ 代表组分,总数为 $ns$;$j$ 代表反应,总数为 $nr$。$R_i$ 为反应物(或生成物)的分子式,$\nu$ 代表反应化学计量系数。上标 f 代表正向反应,b 代表逆向反应。对于上述形式的反应,有

$$\dot{\omega}_{ij} / (\nu_{ij}^{b} - \nu_{ij}^{f}) = \dot{\omega}_{kj} / (\nu_{kj}^{b} - \nu_{kj}^{f}) \tag{2.116}$$

式中,$\dot{\omega}_{ij}$ 为组分 $i$ 在反应 $j$ 中的摩尔浓度生成率。定义反应 $j$ 的反应速率:

$$\omega_j = \dot{\omega}_{ij} / (\nu_{ij}^{b} - \nu_{ij}^{f}) = \dot{\omega}_{kj} / (\nu_{kj}^{b} - \nu_{kj}^{f}) \tag{2.117}$$

根据质量作用定律:

$$\omega_j = k_j \prod_{l=1}^{ns} X_l^{\nu_{lj}^{f}} \tag{2.118}$$

可得组分 $i$ 在反应 $j$ 的摩尔生成率:

$$\dot{\omega}_{ij} = (\nu_{ij}^{b} - \nu_{ij}^{f}) \left( k_j^{f} \prod_{l=1}^{ns} X_{lj}^{\nu_{lj}^{f}} - k_j^{b} \prod_{l=1}^{ns} X_{lj}^{\nu_{lj}^{b}} \right) \cdot \text{Third}_j \tag{2.119}$$

式中,$k_j$ 为反应速率常数;$X_l$ 为摩尔浓度;三体效应 $\text{Third}_j = \sum_{i=1}^{ns} \alpha_{ij} X_i$,$\alpha_{ij}$ 为三体系数,反映出组分 $i$ 在反应 $j$ 中的"催化"效率。

正、逆反应速率常数运用 Arrhenius 公式计算:

$$k_j^{f} = A_{fj} T^{B_{fj}} e^{-\frac{C_{fj}}{T}} \tag{2.120}$$

$$k_j^{b} = A_{bj} T^{B_{bj}} e^{-\frac{C_{bj}}{T}} \tag{2.121}$$

Arrhenius 公式中的三个常数分别为指前因子 $A$、温度指数 $B$ 和活化能 $C$,可参阅参考文献[6]。

最终可得在一个反应体系中组分 $i$ 的质量生成率:

$$\dot{\omega}_i = M_i \sum_{j=1}^{nr} \dot{\omega}_{ij} \tag{2.122}$$

上式为通常应用的化学反应速率表达式。在某些条件下,一些基元反应受到高压和低压条件的限制,接近高压和低压限时有着不同的反应速率,从而形成所谓的依赖压力的"fall off"反应,其反应速率常数具有如下形式:

$$k = k_{\infty} \left( \frac{Pr}{1 + Pr} \right) F \tag{2.123}$$

式中,$k_0$ 为低压反应速率,$k_{\infty}$ 为高压反应速率,$Pr = \frac{k_0}{k_{\infty}} X$,$X = \sum_{l=1}^{ns} X_l$。$F$ 的取值不同,代表了不

同类型的压力依赖反应,主要有 Lindemann、Troe 和 SRI 类型的反应,具体可参见参考文献[7]。

上述方程的求解困难在于:① 如果研究的反应体系很复杂,比如煤油的燃烧,涉及到的反应组分有上百种,基元反应上千步,则需要求解的方程数目众多,计算量极大。② 化学反应源项具有很强的刚性,即化学反应的特征时间往往比流动的特征时间小得多,如果计算按照化学反应的特征时间进行,则计算过程将极其缓慢,难以推进;如果按照流动的特征时间进行,化学反应体系变化过大,则导致计算发散。有效的解决办法是将化学反应源项进行点隐式处理,可以极大地消除源项的刚性,使计算顺利进行下去[5]。

以欧拉方程为例,时间隐式格式的一般形式为

$$U^{n+1} = U^n - \beta\Delta t[D_x F(U^{n+1}) + D_y G(U^{n+1}) + D_z H(U^{n+1}) - S(U^{n+1})] -$$
$$(1-\beta)\Delta t[D_x F(U^n) + D_y G(U^n) + D_z H(U^n) - S(U^n)] \quad (2.124)$$

如果 $\beta$ 为 1,则为全隐式格式;如果 $\beta$ 为 0,则为全显式格式;如果 $\beta$ 为 1/2,则为半隐式格式。

定义各对流通量和源项对守恒变量的雅可比矩阵: $A = \dfrac{\partial F}{\partial U}$, $B = \dfrac{\partial G}{\partial U}$, $C = \dfrac{\partial H}{\partial U}$, $Z = \dfrac{\partial S}{\partial U}$, $\delta U = U^{n+1} - U^n$,局部线化后为

$$F(U^{n+1}) = F(U^n) + A\delta U$$
$$G(U^{n+1}) = G(U^n) + B\delta U$$
$$H(U^{n+1}) = H(U^n) + C\delta U$$
$$S(U^{n+1}) = S(U^n) + Z\delta U$$

可得

$$[I + \beta\Delta t(D_x A + D_y B + D_z C - Z)]\delta U = -\Delta t RHS \quad (2.125)$$

上式左边为源项点隐式处理后的一般形式,可参照任意求解格式离散。右边为显式部分, $RHS = D_x F(U^n) + D_y G(U^n) + D_z H(U^n) - S(U^n)$;对于 NS 方程,还应包括粘性通量。

$Z = \dfrac{\partial S}{\partial U}$ 反映了源项的变化率,与反应特征时间的倒数成正比 $\left(\sim \dfrac{1}{\tau_i}\right)$,其具体形式为

$$Z = \frac{\partial S}{\partial U} = \begin{vmatrix} \dfrac{\partial \dot\omega_1}{\partial \rho_1} & \dfrac{\partial \dot\omega_1}{\partial \rho_2} & \cdots & \dfrac{\partial \dot\omega_1}{\partial \rho_{ns}} & \dfrac{\partial \dot\omega_1}{\partial \rho u} & \dfrac{\partial \dot\omega_1}{\partial \rho v} & \dfrac{\partial \dot\omega_1}{\partial \rho w} & \dfrac{\partial \dot\omega_1}{\partial \rho e} \\[2mm] \dfrac{\partial \dot\omega_2}{\partial \rho_1} & \dfrac{\partial \dot\omega_2}{\partial \rho_2} & \cdots & \dfrac{\partial \dot\omega_2}{\partial \rho_{ns}} & \dfrac{\partial \dot\omega_2}{\partial \rho u} & \dfrac{\partial \dot\omega_2}{\partial \rho v} & \dfrac{\partial \dot\omega_2}{\partial \rho w} & \dfrac{\partial \dot\omega_2}{\partial \rho e} \\[2mm] \vdots & \vdots & \vdots & \vdots & \vdots & \vdots & \vdots & \vdots \\[2mm] \dfrac{\partial \dot\omega_{ns}}{\partial \rho_1} & \dfrac{\partial \dot\omega_{ns}}{\partial \rho_2} & \cdots & \dfrac{\partial \dot\omega_{ns}}{\partial \rho_{ns}} & \dfrac{\partial \dot\omega_{ns}}{\partial \rho u} & \dfrac{\partial \dot\omega_{ns}}{\partial \rho v} & \dfrac{\partial \dot\omega_{ns}}{\partial \rho w} & \dfrac{\partial \dot\omega_{ns}}{\partial \rho e} \\[2mm] 0 & 0 & \cdots & 0 & 0 & 0 & 0 & 0 \\ 0 & 0 & \cdots & 0 & 0 & 0 & 0 & 0 \\ 0 & 0 & \cdots & 0 & 0 & 0 & 0 & 0 \\ 0 & 0 & \cdots & 0 & 0 & 0 & 0 & 0 \end{vmatrix} \quad (2.126)$$

式中

$$\frac{\partial \dot{\omega}_i}{\partial \rho_j} = \frac{\partial \dot{\omega}_i}{\partial \rho_j}\bigg|_T + \frac{\partial \dot{\omega}_i}{\partial T}\frac{\partial T}{\partial \rho_j}\bigg|_{\rho_j, j=1, ns, j \neq i} =$$

$$M_i \sum_{k=1}^{nr} (\nu_{ik}^b - \nu_{ik}^f) \cdot \text{Third}_k \left( k_k^f \prod_{l=1}^{ns} X_l^{\nu_{jk}^f} \frac{\nu_{jk}^f}{\rho_j} - k_k^b \prod_{l=1}^{ns} X_l^{\nu_{ik}^b} \frac{\nu_{jk}^b}{\rho_j} \right) - \frac{e_j}{\rho c_V} \frac{\partial \dot{\omega}_i}{\partial T}$$

$$\frac{\partial \dot{\omega}_i}{\partial \rho u} = -\frac{u}{\rho c_V} \frac{\partial \dot{\omega}_i}{\partial T}, \qquad \frac{\partial \dot{\omega}_i}{\partial \rho v} = -\frac{v}{\rho c_V} \frac{\partial \dot{\omega}_i}{\partial T}$$

$$\frac{\partial \dot{\omega}_i}{\partial \rho w} = -\frac{w}{\rho c_V} \frac{\partial \dot{\omega}_i}{\partial T}, \qquad \frac{\partial \dot{\omega}_i}{\partial \rho e} = -\frac{1}{\rho c_V} \frac{\partial \dot{\omega}_i}{\partial T}$$

式中

$$\frac{\partial \dot{\omega}_i}{\partial T} = M_i \sum_{k=1}^{nr} (\nu_{ik}^b - \nu_{ik}^f) \cdot \text{Third}_k \left[ \frac{k_k^f}{T} \left( B_{fk} + \frac{C_{fk}}{T} \right) \prod_{l=1}^{ns} X_l^{\nu_{kl}^f} - \frac{k_k^b}{T} \left( B_{bk} + \frac{C_{bk}}{T} \right) \prod_{l=1}^{ns} X_l^{\nu_{kl}^b} \right]$$

$c_V$ 为比定容热容，$e_j = I_i - R_i T$。

**【应用示例 1】** 源项点隐式处理对计算过程收敛的影响。

算例描述：冲压发动机燃烧室流场计算，空气流量为 29.5 kg/s，静温为 800 K，静压为 $5.85 \times 10^5$ Pa，煤油当量比为 1。图 2.25 显示整个计算过程，横轴为迭代步数，左纵轴为各项残差的 2 范数，右纵轴为进出口流量。首先计算无反应的掺混过程，计算进行到一定程度开始点火，所产生的扰动造成计算残差迅速放大，期间采取温度上限控制(temperature - limited)，以免计算过程很快发散。采取了温度控制后，计算过程稳定，残差逐渐下降。计算进行到一定程度后，将上述温度限制去除，计算过程继续进行，残差下降到一定水平趋于不变。这时加入源项的点隐式处理，加大计算步长，残差快速下降，直到满足精度要求为止。

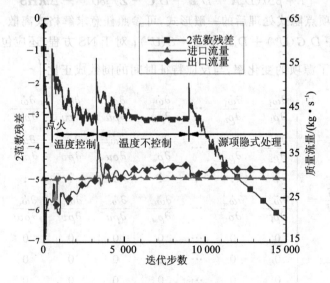

图 2.25 计算收敛史

【应用示例 2】　采用多组分方程模拟超声速气流中横向喷流掺混流场。

算例描述:来流空气静压为 $3.6 \times 10^4$ Pa,静温为 170 K,马赫数为 2.06,垂直喷射加碘空气静压为 $8.1 \times 10^4$ Pa,静温为 240 K,马赫数为 1.0。实验中测量喷射空气质量分数 1 ‰处为射流边界,如图 2.26 中符号所示,基本上落在计算得到的 1 ‰～5 ‰等值线之间,两者符合较好。

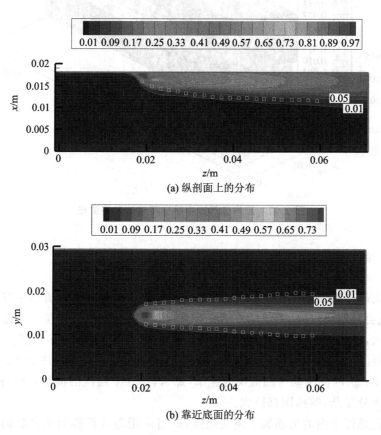

(a) 纵剖面上的分布

(b) 靠近底面的分布

**图 2.26　超声速气流中横向喷流掺混流场**

【应用示例 3】　采用多组分方程模拟超声速气流中横向喷流反应流场。

算例描述:来流空气静压为 $1.013 \times 10^5$ Pa,静温为 1 300 K,马赫数为 4.0,垂直喷射氢气静压为 $8.0 \times 10^5$ Pa,静温为 700 K,马赫数为 1.0。

图 2.27 是氢气/空气反应流场中 OH 的质量分数分布。从中可以看到,氢气喷入超声速来流后,在氢气与空气的接触面上,OH 大量生成。OH 是氢氧反应重要的中间产物,经常被用来作为点火的判据和燃烧激光测量的对象。

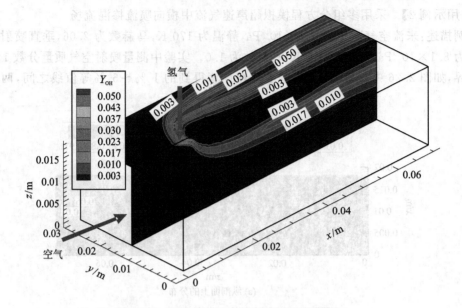

**图 2.27　超声速气流中横向喷氢的燃烧流场**

## 2.5.3　湍流燃烧

　　自然界绝大部分的流动是发生在湍流状态下的,燃烧也是如此。流动中参数的脉动形成了湍流,而湍流会和燃烧组分、燃烧温度的变化发生关联,形成湍流燃烧。湍流燃烧速率比层流燃烧速率更大,湍流射流火焰面也比层流火焰面更短、更宽,存在许多皱褶。

　　如果把燃烧的数值模拟分为三个层次:① 层流流动+层流反应速率;② 湍流流动+层流(时均)反应速率;③ 湍流流动+湍流反应速率,那么,第③个层次的模型无疑是最合理的。但湍流燃烧机理十分复杂,模拟困难极大。

　　冲压发动机燃烧室内的流动属于湍流燃烧,应当采用适合模拟湍流燃烧的方法进行模拟计算。经验表明,湍流与燃烧的耦合作用会对燃烧的发生产生明显的影响,缩短点火延迟期。在冲压发动机,尤其是超燃冲压发动机燃烧室中,燃烧是在高速气流中完成的,点火是其中的关键问题。能否正确模拟点火,是正确预测燃烧效率的关键。

　　进行湍流燃烧模拟的第一步是正确解出湍流流场。目前应用最多的湍流模型是 $k-\varepsilon$ 湍流模型[8]及 $k-\omega$ 湍流模型[9]。以 $k-\varepsilon$ 模型为例:

$$\frac{\partial \rho k}{\partial t}+\frac{\partial \rho u k}{\partial x}+\frac{\partial \rho v k}{\partial y}+\frac{\partial \rho w k}{\partial z}=$$

$$\frac{\partial}{\partial x}\left[\left(\frac{\mu_{\mathrm{t}}}{\sigma_k}+\mu_1\right)\frac{\partial k}{\partial x}\right]+\frac{\partial}{\partial y}\left[\left(\frac{\mu_{\mathrm{t}}}{\sigma_k}+\mu_1\right)\frac{\partial k}{\partial y}\right]+\frac{\partial}{\partial z}\left[\left(\frac{\mu_{\mathrm{t}}}{\sigma_k}+\mu_1\right)\frac{\partial k}{\partial z}\right]+P-\rho\varepsilon \quad (2.127)$$

$$\frac{\partial \rho \varepsilon}{\partial t} + \frac{\partial \rho u \varepsilon}{\partial x} + \frac{\partial \rho v \varepsilon}{\partial y} + \frac{\partial \rho w \varepsilon}{\partial z} =$$

$$\frac{\partial}{\partial x}\left[\left(\frac{\mu_t}{\sigma_\varepsilon} + \mu_1\right)\frac{\partial \varepsilon}{\partial x}\right] + \frac{\partial}{\partial y}\left[\left(\frac{\mu_t}{\sigma_\varepsilon} + \mu_1\right)\frac{\partial \varepsilon}{\partial y}\right] + \frac{\partial}{\partial z}\left[\left(\frac{\mu_t}{\sigma_\varepsilon} + \mu_1\right)\frac{\partial \varepsilon}{\partial z}\right] + \frac{\varepsilon}{k}(c_1 f_1 P - c_2 f_2 \rho \varepsilon)$$

$$\tag{2.128}$$

求解上述方程可得到湍流动能 $k$ 和湍流动能耗散率 $\varepsilon$，通过下式计算可得湍流粘性系数：

$$\mu_t = c_\mu \frac{\rho k^2}{\varepsilon} \tag{2.129}$$

式中，$c_\mu$ 为一常数，一般取值为 0.09。

在计算得到湍流流场之后，就可以着手考虑湍流与燃烧的耦合作用了。下面介绍的模型是当前工程应用的一些类型。

EBU 模型(Eddy Bread Up Model)，即由 Spalding 提出的涡旋破碎模型。它认为掺混决定反应，适用于快速发生的单步反应，对于燃烧反应是一个合理的近似。未燃气体微团因为湍流作用破碎成更小的气体微团，燃烧反应的速率取决于微团破碎的速率，即涡的耗散速率，从而反应的速率与湍动能的耗散速率成比例。该模型的优点是概念明确、计算简单，缺点是只适用于简单一步总包反应的计算。

EDC 模型(Eddy Dissipation Concept Model)，与 EBU 同属经验性质的反应模型，被视为是 EBU 模型在应用详细化学反应机理时的扩展。基于这样的考虑建模：反应只发生在分子水平的混合程度上，即只有流体中的一部分体积充分发生化学反应。这部分流体体积只是全部流体体积的一部分，其密度大小与湍流中的最小涡尺度有关，在这一尺度上湍动能因分子粘性而耗散，同时发生化学反应，每个空间点上的反应过程被视为一个反应器进行计算。作为 EBU 模型的推广，EDC 模型的优点是可用于计算详细化学反应机理，缺点是计算量比较大。

层流火焰面模型，从对火焰结构的认识出发，认为湍流燃烧火焰在微观上是由一组层流小火焰组成的。这种方法首先将火焰面结构中的空间坐标变换为混合物分数(所谓 Crocco 变换)，可通过实验或是通过计算小火焰方程，建立以火焰面拉伸率和混合物分数为坐标的数表以表示火焰面结构，即所谓的层流火焰面数据库。然后在湍流流场中求解混合物分数和拉伸率的输运方程，再通过插值或是概率平均，并利用一维火焰面数据库的相关信息计算得到相应的组分浓度或是反应速率。这种方法在低速流动条件下得到了较好的应用，但是由于一维火焰面的建模过程中不能考虑可压流体速度变化与温度的转化关系，故不能适用于高速流动的燃烧计算。

关联矩方法，从输运方程中推导出组分浓度之间，以及组分浓度与温度之间的关联矩输运方程，这是一组类似于湍流模型的封闭方程，以各种相关量为求解变量直接求解。时均的化学反应速率是用各种关联矩的数值直接代入化学反应速率的展开式得到的。其缺点是对于详细化学反应机理的情况，相关矩输运方程过多，输运方程中包含的模型项过多，限制了这种方法计算复杂化学反应机理的能力。

　　简化概率密度函数(Probability Density Function,PDF)方法,借鉴概率密度函数的概念,假设湍流燃烧所服从的概率密度函数的形式,用少量的低阶统计矩确定概率密度函数中的若干待定参数,并结合湍流模型,以封闭湍流化学反应方程组。简化 PDF 方法至少要结合一个二阶矩的输运方程,才能具体确定简化的概率密度函数的形式。这种方法中,因为流场参数的脉动,实际流场中的组分浓度和温度是随机变量,因而可用概率函数的方法计算化学反应速率的时均项。之所以称为简化 PDF 方法(或称为假定 PDF 方法),是因为此方法并不求解速率、浓度、温度的联合概率密度函数,以避免巨大的计算量,而是根据物理推理及少量流场信息得到这些量的联合概率密度函数的形式,用概率积分的方式表达反应速率时均值,如下式所示:

$$\tilde{q} = \int q(T,Y_1,Y_2,\cdots,Y_s)P(T,Y_1,Y_2,\cdots,Y_s)\mathrm{d}T\mathrm{d}Y_1\mathrm{d}Y_2,\cdots,\mathrm{d}Y_s \qquad (2.130)$$

式中,$P(T,Y_1,Y_2,\cdots,Y_s)$ 为温度和组分浓度的联合概率密度函数。简化 PDF 方法的主要问题是如何找到一种联合概率密度函数 $P(T,Y_1,Y_2,\cdots,Y_s)$ ,以模拟实际的联合概率分布。这种方法没有对流动情况的限制,适用于复杂化学反应机理的计算,在以往的研究中也得到了与实验相一致的计算结果,是比较有前途的一种方法。

　　简化 PDF 方法的关键是找到合适的 PDF 函数。比如,有人用高斯分布研究温度的脉动,用 $\beta$ 分布研究湍流混合过程,取得了一定的效果[10]。

　　【应用示例4】　层流反应与湍流反应模型计算得到同轴射流火焰[11]。

　　算例描述:同轴喷嘴流场如图 2.28 所示,燃烧加热的空气温度为 1 250 K,含有 17.5 % 的水蒸气,马赫数为 2.0(外侧环形喷嘴);氢气马赫数为 1.0,温度为 545 K(中心喷嘴)。两股气流在喷嘴出口下游发生燃烧反应,计算着火点的位置和燃烧流场分布。

　　假设温度脉动服从截尾高斯分布,反应机理为 Jachimowski 提出的 7 组分、7 步氢气/空气反应模型[12]。

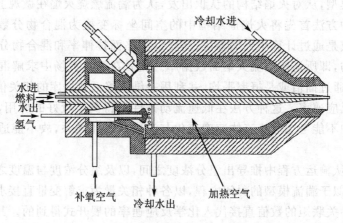

**图 2.28　同轴喷嘴流场示意图**

从层流反应速率和 PDF 反应速率计算结果的对比(见图 2.29)可以看出:

① PDF 计算结果的着火点位置更加靠近喷嘴出口。实验得到的着火点反应速率约为 $x/D=25$,层流反应速率约为 $x/D=35$,PDF 结果与实验结果较为接近。

② PDF 计算结果中火焰核心区 OH 的浓度更高。以上算例显著地说明考虑了湍流对化学反应的耦合作用后,燃烧得到了一定程度的加强。

③ 着火点下游 OH 的浓度分布,PDF 结果要优于层流反应速率的计算结果。

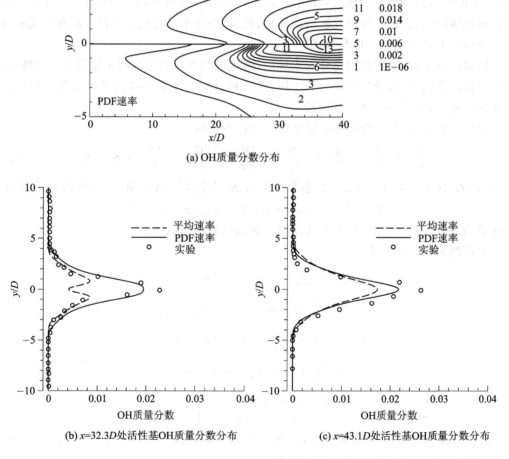

(a) OH质量分数分布

(b) $x=32.3D$处活性基OH质量分数分布　　　(c) $x=43.1D$处活性基OH质量分数分布

**图 2.29　层流反应模型和 PDF 模型计算超声速点火结果对比**

### 2.5.4 两相燃烧

除了需要考虑湍流因素对燃烧的影响外,还应当考虑两相燃烧的问题,因为对于大多数亚燃和超燃冲压发动机来说,使用的是液体碳氢燃料——煤油,燃料是以液态形式射入燃烧室的,燃烧发生前需要经历雾化、蒸发、掺混等多个过程,其燃烧较之气态燃料更加困难。

研究两相燃烧采用两相流模拟方法,目前采用的两相流模型主要分为双流体模型和轨道模型。双流体模型将液体燃料视为和空气一样的拟流体,采用相似的控制方程和算法进行计算,适用于把握燃料流动的宏观效果;轨道模型采用颗粒(液滴)描述液体燃料的行为,适用于了解燃料液滴的流动细节,对研究液滴的雾化、蒸发、碰撞很有好处。两种方法各有优缺点,这里简单介绍一下轨道模型的基本思路。

在轨道模型中,气相和液相是分别求解的,通过气相方程中的源项实现耦合。液体颗粒经过一个气相计算网格时,受到气动力的作用,其质量、动量、能量均可能发生变化,同时也会影响气相计算网格内的质量、动量和能量。

考虑多种成分的气-液两相燃烧流动的气相控制方程为

$$\frac{\partial \mathbf{U}}{\partial t} + \frac{\partial \mathbf{F}}{\partial x} + \frac{\partial \mathbf{G}}{\partial y} + \frac{\partial \mathbf{H}}{\partial z} = \frac{\partial \mathbf{F}_v}{\partial x} + \frac{\partial \mathbf{G}_v}{\partial y} + \frac{\partial \mathbf{H}_v}{\partial z} + \mathbf{S}_r + \mathbf{S}_\varphi \qquad (2.131)$$

式中,$\mathbf{U}$、$\mathbf{F}$、$\mathbf{G}$、$\mathbf{H}$、$\mathbf{F}_v$、$\mathbf{G}_v$、$\mathbf{H}_v$ 同 2.5.2 小节中相同,$\mathbf{S}_r$ 为化学反应源项,$\mathbf{S}_\varphi$ 为气液作用源项:

$$\mathbf{S}_\varphi = [S_{\varphi,1}, 0, 0, \cdots, 0, S_{\varphi,u}, S_{\varphi,v}, S_{\varphi,w}, S_{\varphi,e}]^T$$

这里约定,气相第一种组分与液滴是同一种物质的不同状态。

各源项的具体表达式为

$$S_{\varphi,1} = \sum_k \dot{n}_k [(m_p)_{in} - (m_p)_{out}]/J$$

$$S_{\varphi,u} = \sum_k \dot{n}_k [(m_p u_p)_{in} - (m_p u_p)_{out}]/J$$

$$S_{\varphi,v} = \sum_k \dot{n}_k [(m_p v_p)_{in} - (m_p v_p)_{out}]/J$$

$$S_{\varphi,w} = \sum_k \dot{n}_k [(m_p w_p)_{in} - (m_p w_p)_{out}]/J$$

$$S_{\varphi,e} = \sum_k \dot{n}_k \left[ m_p \left( h_p + \frac{u_p^2 + v_p^2 + w_p^2}{2} \right)_{in} - m_p \left( h_p + \frac{u_p^2 + v_p^2 + w_p^2}{2} \right)_{out} \right]/J$$

式中,$\dot{n}_k$ 为液滴数通量;$k$ 为液滴分组;in 代表网格入口;out 代表网格出口;下标 p 代表液相的值;$J$ 为网格的雅可比,即网格单元的体积。

液相控制方程包括以下几种。

(1) 液滴质量方程,即液滴蒸发速率方程

通常情况下,当温度较低的液滴进入相对高温的气体环境中后,首先经历一个不平衡蒸发

阶段,同时液滴温度不断上升;当液滴温度上升到某一个值后,进入液滴的热量刚好用于支付液体的蒸发潜热以及将蒸汽加热到环境气体的温度,而液滴的温度保持不变,称为温度平衡阶段。这时液滴将一直稳定蒸发直至全部蒸发完毕。不同的蒸发阶段将使用不同的计算公式。不平衡蒸发阶段,采用以下的蒸发速率公式:

$$\dot{m}_v = \pi d_p \rho_g D \cdot Sh \ln(1 + B_m) \tag{2.132}$$

式中,$d_p$ 为液滴直径,$\rho_g$ 为气体密度,$D$ 为混气双元质量扩散系数,$Sh$ 为 Sherwood 数。$Sh = \dfrac{\alpha_m L}{D}$,$\alpha_m$ 为对流传质系数。$B_m$ 为传质数,$B_m = \dfrac{Y_\infty - Y_s}{Y_s - 1}$,$Y$ 为质量分数,$\infty$ 代表环境,s 代表液滴表面。

稳定蒸发阶段的蒸发速率可以采用以下公式计算:

$$\dot{m}_v = \pi d_p \frac{\lambda Nu}{c_{p,g}} \ln(1 + B_T) \tag{2.133}$$

式中,$\lambda$ 为气体热传导系数;$Nu$ 为 Nusselt 数,$Nu = \dfrac{\alpha L}{\lambda}$,$\alpha$ 为对流换热系数;$c_{p,g}$ 为气体比定压热容;$B_T$ 为传热数,$B_T = \dfrac{c_{p,g}(T_g - T_p)}{\Delta H_v}$;$T_g$ 为环境气体温度;$T_p$ 为液滴温度;$\Delta H_v$ 为蒸发潜热。

（2）液滴动量方程

$$\frac{du_{pi}}{dt} = \frac{u_i - u_{pi}}{\tau_{rk}} + \frac{\dot{m}_v(u_i - u_{pi})}{m_p} \tag{2.134}$$

式中,$u_{pi}$ 为液滴在 $i$ 方向的速度;$u_i$ 为气流速度;$m_p$ 为液滴质量;$\tau_{rk}$ 为速度弛豫时间,$\tau_{rk} = \dfrac{4 d_p^2 \rho_p}{3 \mu C_D Re}$,$Re$ 为相对运动的雷诺数;$C_D$ 为阻力系数,可应用经验公式确定。

（3）液滴能量方程

$$\frac{dh_p}{dt} = c_{p,g} \frac{T_g - T_p}{\tau_{tk}} - \frac{\dot{m}_v}{m_p}[\Delta H_v + c_{p,v}(T_g - T_p)] \tag{2.135}$$

能量方程也可写成温度的形式:

$$\frac{dT_p}{dt} = \frac{c_{p,g}}{c_{p,p}} \frac{T_g - T_p}{\tau_{tk}} - \frac{\dot{m}_v}{m_p c_{p,p}}[\Delta H_v + c_{p,v}(T_g - T_p)] \tag{2.136}$$

式中,$\tau_{tk}$ 为热平衡时间,$\tau_{tk} = \dfrac{\rho_p d_p^2 Pr}{6 Nu \mu}$;$c_{p,p}$ 为液滴比定压热容,$c_{p,v}$ 为液滴蒸汽比定压热容。

（4）液滴运动方程

根据不同时刻的液滴运动速度进行积分,就可以得到液滴的运动轨迹。

$$x_{pi} = \int_0^t u_{pi} dt \tag{2.137}$$

液体燃料由喷嘴喷出后,经过一次雾化,破碎成为大的液块;液块进一步破碎成为细小的液滴,称为二次雾化。关于雾化的机理,可参阅相关的文献。冲压发动机燃烧室的两相流计算,一般都是从二次雾化的结果开始进行的,即液相计算的入口条件是液滴二次雾化的结果。液滴雾化的结果包括液滴平均直径及其分布规律,比如 $R$-$R$ 分布。进行两相流计算时,从液滴分布曲线上选出代表的粒子直径进行分组,根据粒子分布确定每个分组内液滴的粒子数,跟踪各组粒子,就可获得液相流动的细节。

液滴分组的方法大致分成两种:一种是将液滴分成质量相等的 $n$ 组,每组按照分布规律计算其平均直径;另一种是先选择有代表性的液滴直径,然后按照分布规律确定其所代表的液滴质量。两种方法各有方便之处,具体应用效果差别不大。

按照上述方法确定粒子轨道的方法有时也称为确定轨道模型。考虑到流动中的湍流因素,粒子(尤其是直径比较小的粒子)的运行轨迹会受到湍流的作用,呈现出一定的随机性,到达采用确定轨道模型计算到达不了的盲区,应当采用随机轨道模型来解决[13]。

**【应用示例 5】** 圆管内离心喷嘴逆向喷雾。

算例描述:圆管内离心喷嘴逆向喷雾算例来源于参考文献[14]。在直径为 150 mm、长为 800 mm 的轴对称圆管中,离心喷嘴从轴线上距离入口 200 mm 处逆向来流空气喷射煤油,初始雾化方向在雾化角的基础上向两边各呈 5°角张开,液滴直径的初始分布符合 $R$-$R$ 分布规律。共计算了有、无蒸发中的三种工况,如表 2.2 所列。图 2.30 显示的是其中的工况 2。

表 2.2　圆管内离心喷嘴逆向喷雾计算条件

| 流动参数 | 工况 1:有蒸发 | 工况 2:无蒸发 | 工况 3:无蒸发 |
|---|---|---|---|
| 来流空气速度/(m·s$^{-1}$) | 86 | 58 | 75 |
| 来流空气温度/K | 473 | 323 | 323 |
| 煤油流量/(kg·s$^{-1}$) | $8.63\times10^{-3}$ | $5.3\times10^{-3}$ | $5.3\times10^{-3}$ |
| 煤油温度/K | 318 | 323 | 323 |
| 雾化压力/Pa | $2.0\times10^{5}$ | $5.0\times10^{5}$ | $20.0\times10^{5}$ |
| 雾化角/(°) | 82 | 60 | 60 |
| 喷孔直径/mm | 1.2 | 0.8 | 0.8 |
| 液滴初始分布 | $\exp\left[-\left(\dfrac{d}{70\ \text{mm}}\right)^{1.84}\right]$ | $\exp\left[-\left(\dfrac{d}{44\ \text{mm}}\right)^{1.78}\right]$ | $\exp\left[-\left(\dfrac{d}{44\ \text{mm}}\right)^{1.78}\right]$ |

图 2.31 显示了工况 2 下三种直径液滴的运动轨迹。由于初始雾化方向向两边各呈 5°张开,因此计算得到的液滴轨迹为一个分布带。图上的符号为实验点。从中可以看出,实验点基本上都落在相应直径液滴轨迹的分布带内,说明计算对液滴运动轨迹的模拟是准确的。

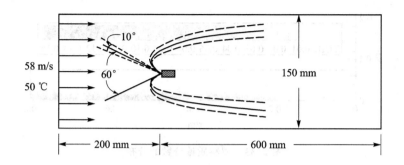

图 2.30　两相流动计算示意图

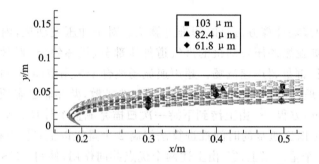

图 2.31　不同直径液滴的运动轨迹

图 2.32 显示了工况 3 的计算结果与实验结果的对比。图中显示的是喷嘴下游 28 mm 和 90 mm 处的速度剖面。从中可以看到,由于液相喷嘴的存在,导致轴线附近的气相速度产生明显的亏损。

图 2.33 给出了工况 1 燃料蒸汽的分布。从图中可以看到:① 在轴线附近,燃料的浓度较大;靠近管壁处,燃料的浓度较低。因为直径较小的液滴的运动轨迹靠近轴线,而小液滴组具有更大的表面积,有利于蒸发,因此轴线处燃料浓度较高。② 随着流动向下游发展,蒸发过程不断进行,燃料浓度不断增加。

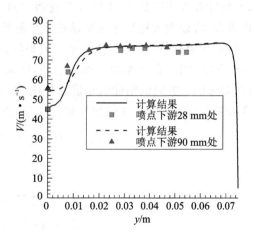

图 2.32　喷嘴下游的速度剖面

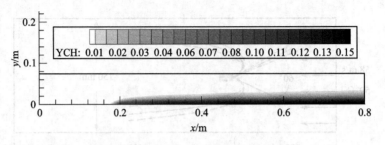

图 2.33　燃料质量分数的分布

## 2.5.5　时间推进与空间推进方法

目前普遍采用的流场计算方法是时间推进算法。对于冲压发动机,内外流场很大一部分处于超声速状态下,如亚燃冲压发动机的进气道外压部分、机体绕流、喷管流动。超燃冲压发动机的绝大部分流场,都是超声速流场。超声速流场适合于采用空间推进的方法进行求解,即将 NS 方程抛物化处理,忽略流动方向的粘性扩散和热扩散,抛弃非稳态项,得到 PNS(Parab-olized Navier‑Stokes)方程[15],由上游到下游一次扫描完成整个计算。空间推进有很大的优势:① 计算效率高,可以比通常的时间推进算法提高 2 个量级以上;② 内存消耗小,可以比通常的时间推进降低 1 个量级以上;③ 由上述两个优点共同作用,使得 PNS 方法可以应用比通常计算密得多的计算网格进行流场计算,更好地模拟粘性、激波、气动热等。PNS 方法的缺点是,不能计算亚声速流动,不能计算流动方向的回流(分离)。将空间推进方法与时间推进方法合理组合,可以大大提高冲压发动机流场解算的效率。

将直角坐标系 $(x,y,z)$ 变换至一般坐标系 $(\xi,\eta,\zeta)$ 下,假定 $\xi$ 方向为近似主流方向,在三维 NS 方程组中,① 忽略时间非稳态项,即流动是定常的;② 忽略 $\xi$ 方向的粘性扩散和热扩散作用,对 $\eta$ 和 $\zeta$ 方向的粘性通量进行扩散"抛物化"处理,即在计算粘性项及热流密度时,认为速度分量和温度对坐标 $\xi$ 的偏导数均为零,得到守恒形式的三维 PNS 方程组:

$$\frac{\partial \hat{F}_i}{\partial \xi} + \frac{\partial (\hat{G}_i - \hat{G}_v)}{\partial \eta} + \frac{\partial (\hat{H}_i - \hat{H}_v)}{\partial \zeta} = 0 \qquad (2.138)$$

式中

$$\hat{F}_i = (\xi_x F_i + \xi_y G_i + \xi_z H_i)/J$$

$$\hat{G}_i = (\eta_x F_i + \eta_y G_i + \eta_z H_i)/J$$

$$\hat{H}_i = (\zeta_x F_i + \zeta_y G_i + \zeta_z H_i)/J$$

$$\hat{G}_v = (\eta_x F_v + \eta_y G_v + \eta_z H_v)/J$$

$$\hat{H}_v = (\zeta_x F_v + \zeta_y G_v + \zeta_z H_v)/J$$

雅可比行列式 $J$ 为

$$J = \begin{vmatrix} x_\xi & x_\eta & x_\zeta \\ y_\xi & y_\eta & y_\zeta \\ z_\xi & z_\eta & z_\zeta \end{vmatrix}$$

通常选择计算网格是均匀分布的，如果 $\Delta\xi = \Delta\eta = \Delta\zeta = 1$，则 $x_\xi$ 等可通过有限差分获得，$\xi_x$ 等可通过以下变换关系得到，即

$$\xi_x = (y_\eta z_\zeta - y_\zeta z_\eta)/J, \qquad \xi_y = (z_\eta x_\zeta - z_\zeta x_\eta)/J, \qquad \xi_z = (x_\eta y_\zeta - x_\zeta y_\eta)/J$$
$$\eta_x = (y_\zeta z_\xi - y_\xi z_\zeta)/J, \qquad \eta_y = (z_\zeta x_\xi - z_\xi x_\zeta)/J, \qquad \eta_z = (x_\zeta y_\xi - x_\xi y_\zeta)/J$$
$$\zeta_x = (y_\xi z_\eta - y_\eta z_\xi)/J, \qquad \zeta_y = (z_\xi x_\eta - z_\eta x_\xi)/J, \qquad \zeta_z = (x_\xi y_\eta - x_\eta y_\xi)/J$$

需要强调的是，粘性应力 $\tau$ 及热流密度 $q$ 与式（2.96）中的表达一致，只是其中的速度偏导数和温度偏导数求解公式需要更改，忽略速度 $u$、$v$、$w$ 和温度 $T$ 对主流方向坐标 $\xi$ 的偏导数。

即使在超声速占优的流场中，也不可避免地存在亚声速区域，如壁面附近的附面层流动。如何恰当处理亚声速区域是空间推进法成功的关键。在实际应用中，往往只保留在这些区域的部分压力梯度，以换取计算的稳定性。

【应用示例 6】　时间推进与空间推进求解得到的超声速进气道流场。

算例描述：三维顶压——侧压高超声速进气道，来流马赫数为 5.8，来流静温为 245.43 K，来流静压为 1 862.09 Pa，来流攻角为 2°。图 2.34 对比给出了纵剖面上的压强分布。

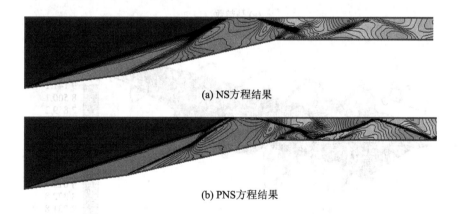

(a) NS方程结果

(b) PNS方程结果

**图 2.34　不同方法计算得到的进气道流场**

表 2.3 为进行上述计算所采用的计算网格、计算时间和计算所需内存的对比。由此可以看出，采用 PNS 方法计算同等规模的问题，计算耗时可下降 2 个量级，内存消耗可下降 1 个量级。

表 2.3　PNS 与 NS 方法的计算消耗对比

| 方　法 | 计算网格数/个 | 耗　时 | 当量耗时 | 内存消耗/MB | 当量内存消耗 |
|---|---|---|---|---|---|
| PNS | 3 533 805 | 54 min | 1 | 98 | 1 |
| NS | 308 253 | 17 h | 216.54 | 117 | 13.69 |

【应用示例 7】　类 X-43A 高超声速飞行器。

　　计算条件为：飞行马赫数 $Ma=7.08$，飞行高度 $H=28.956$ km，攻角和侧滑角均为 0°。采用 PNS 方法对其进行求解，总的网格单元数目约为 1 825 万个，在单台微机上计算一次流场耗时约 2 h，计算结果如图 2.35 所示。

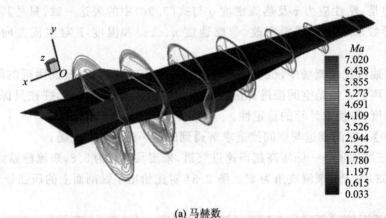

(a) 马赫数

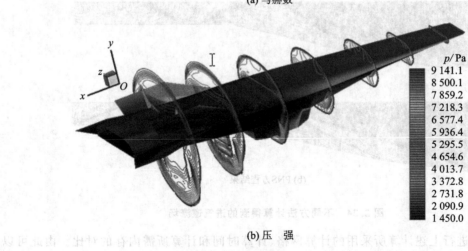

(b) 压　强

图 2.35　运用 PNS 方法计算得到的类 X-43A 飞行器绕流流场

## 2.5.6　一体化流场计算的模型和方法

在工程实际中经常碰到这样的问题,作为一个整体,冲压发动机的各个部件在结构上是紧密相连的,在气动特性上是密切相关的,或称为耦合的。只有进行冲压发动机一体化流场(包括进气道、燃烧室和喷管流场)的计算,才能获得发动机的整体性能。一体化流场计算时往往会面临这样的困难:进气道流场需要求解单一气体的 NS 方程,而燃烧室流场必须求解多组分 NS 方程,并考虑其中的化学动力学等因素。虽然不同部件对应的计算流体力学模型不一样,方程组中方程的数目也不一致,但通过在连接界面处合理设计传递参数的方式,可以耦合在一起求解。

参考文献[16]中给出了一种在冲压发动机进气道、燃烧室之间传递参数,实现发动机一体化流场耦合计算的方法。

进气道/燃烧室耦合流场计算采取如下方法:

① 为进气道计算指定一个背压 $p_{b,inlet}$。该值不能过大,否则会导致进气道人为不起动;

② 将 $p_{b,inlet}$ 作为进气道出口背压,计算进气道流场 $N_1$ 步,得到初步收敛解;

③ 将进气道出口的气流流量、方向角和静温作为燃烧室入口边界条件,计算燃烧室流场 $N_2$ 步,得到燃烧室初步收敛流场,计算出燃烧室入口处外推的平均压力 $p_{en,comb}$;

④ 设定新的进气道背压 $p_{b,inlet} = (p_{b,inlet} + p_{en,comb})/2$,重复执行②。

重复循环②→③→④,计算 $\Delta p = |p_{b,inlet} - p_{en,comb}|$,直至 $\Delta p/[(p_{b,inlet} + p_{en,comb})/2] < \varepsilon$,停止计算。其中 $\varepsilon$ 是一个控制收敛精度的小值。

图 2.36 显示的是上述计算的收敛过程,可以看到,经过不多的几次迭代,燃烧室和进气道界面处压强趋于一致。

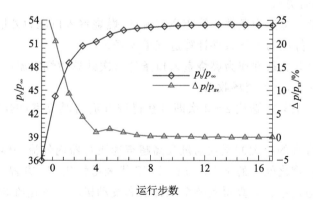

**图 2.36　耦合计算收敛过程**

　　图 2.37 是运用上述方法得到的冲压发动机一体化流场。在燃烧室和进气道的界面处,马赫数等值线衔接光滑,说明上述耦合计算方法的精度较高。

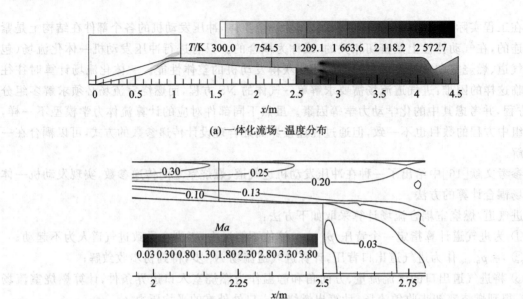

(a) 一体化流场-温度分布

(b) 耦合界面附近的流场等值线

**图 2.37　冲压发动机一体化流场**

　　该方法是计算进气道和燃烧室流场耦合的通用方法,运用该方法原则上可计算得到进气道出现大溢流(不起动)状态下的流场。如果计算时能够确定进气道处于起动状态,那么可采用另外一种简化的耦合方式:

　　① 以进气道流量和总温为条件计算燃烧室流场,燃烧室入口压力外推;
　　② 以燃烧室入口静压为背压条件计算进气道流场;
　　③ 以进气道出口湍流条件作为燃烧室入口条件再次计算燃烧室流场;
　　④ 重复循环②→③,直到流场收敛。

　　采用上述方法,一般只需迭代 2～3 次即可获得进气道与燃烧室耦合的一体化流场,计算效率很高。

　　图 2.38 为一种合理的超燃冲压发动机及高超声速飞行器内外流一体化流场计算模型,其中的 FNS 代表未经抛物化处理的全 NS 方程,PNS 代表抛物化 NS 方程。不同的区域可以选择不同的计算模型,通过耦合计算得到整个飞行器和发动机的一体化流场,最大限度地提高计算的效率。

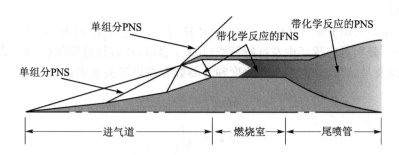

图 2.38　超燃冲压发动机内外流一体化计算模型

## 2.5.7　特征线法(MOC)

在冲压发动机的进气道和尾喷管设计时,将会用到特征线法(MOC,Method Of Characteristics),这里简要介绍一下。特征线法是求解双曲型偏微分方程的数值方法,也是该类问题的精确解法。其求解的基本思想是沿着特征线将偏微分方程化为全微分方程进行求解。超声速流动是典型的双曲型方程控制的流动,流场中的特征线就是马赫线。应用特征线法可求解定常二维超声速流动、定常二维等熵超声速流动、非定常一维流动,甚至三维及非定常二维等熵流动等问题,并可以考虑无旋和有旋流动的情形,这里给出无旋流动的 MOC 方法。

### 1. 控制方程及数值方法

可压缩流体定常二维无旋超声速流动的控制方程包括:气体动力学方程、无旋性条件和声速关系式,分别依次给出如下:

$$(u^2 - a^2)u_x + (v^2 - a^2)v_y + 2uvu_y - \delta \frac{a^2 v}{y} = 0 \tag{2.139}$$

$$u_y - v_x = 0 \tag{2.140}$$

$$a = a(V) = a(u,v) \quad (\text{全流场}) \tag{2.141}$$

在方程(2.139)中,$\delta = 0$ 或 $\delta = 1$ 分别表示平面流动和对轴对称流动。方程(2.141)是根据流体的热力学性质得到的,可以是代数式(如完全气体和量热完全气体的方程),或者是以表格形式给出。对于完全气体,方程(2.141)可写成如下形式:

$$a = \sqrt{\gamma R T^* - \frac{\gamma - 1}{2}(u^2 + v^2)} \tag{2.142}$$

根据方程(2.139)和方程(2.140)可以推导出 MOC 法的特征线方程和相容性方程。

特征线方程:

$$\left(\frac{\mathrm{d}y}{\mathrm{d}x}\right)_{\pm} = \lambda_{\pm} = \tan(\theta \pm \alpha) \tag{2.143}$$

相容性方程：

$$(u^2-a^2)\mathrm{d}u_\pm + [2uv-(u^2-a^2)\lambda_\pm]\mathrm{d}v_\pm - (\delta a^2 v/y)\mathrm{d}x_\pm = 0 \qquad (2.144)$$

式中，"＋"和"－"分别对应流场中左行特征线（用 $C_+$ 表示）和右行特征线（用 $C_-$ 表示）；$\theta$ 和 $\alpha$ 分别代表流动角及马赫角，这两个角与速度和马赫数存在以下关系式：

$$\tan\theta = \frac{v}{u} \qquad (2.145)$$

$$\sin\alpha = \frac{1}{Ma} \qquad (2.146)$$

图 2.39 给出了定常二维无旋超声速流中特征线与流线的关系。

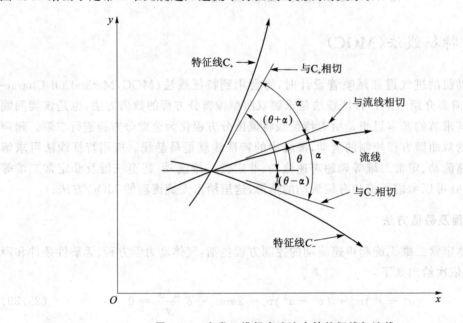

**图 2.39　定常二维超声速流中的特征线与流线**

　　方程(2.143)和方程(2.144)都是非线性全微分方程，可以用有限差分法进行求解。事实上，方程(2.143)定义了通过流场中每一点的两条特征线，方程(2.144)给出了各条特征线上速度分量 $u$ 和 $v$ 的关系。为对 $u$ 和 $v$ 进行求解，必须在流场中各点建立起关于 $u$ 和 $v$ 的两个独立的关系式。任取流场中两个相近的点 1 和点 2，过点 1 的右行特征线与过点 2 的左行特征线交于点 4，如图 2.40 所示，则在线段 1—4 和 2—4 之间就形成了有限差分网格，点 4 处可写出点 1 的 $C_-$ 相容性方程及点 2 的 $C_+$ 相容性方程。若点 1 和点 2 的流动参数已知，就可以联立求解两个相容性差分方程，得到点 4 的流动参数。

　　结合图 2.40 所示的有限差分网格，在微分方程中分别用差分 $\Delta x$、$\Delta y$、$\Delta u$ 和 $\Delta v$ 去代替微分 $\mathrm{d}x$、$\mathrm{d}y$、$\mathrm{d}u$ 和 $\mathrm{d}v$ 之后，就得到了有限差分方程：

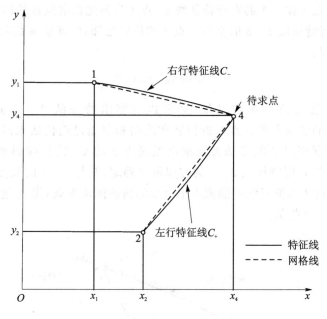

**图 2.40　有限差分网格示意图**

$$
\begin{aligned}
&\Delta y_{\pm} = \lambda_{\pm}\ \Delta x_{\pm} \\
&Q_{\pm}\ \Delta u_{\pm} + R_{\pm}\ \Delta v_{\pm} - S_{\pm}\ \Delta x_{\pm} = 0 \\
&\lambda_{\pm} = \tan(\theta \pm \alpha) \\
&Q = u^2 - a^2 \\
&R = 2uv - Q\lambda \\
&S = \delta\,\frac{a^2 v}{y}
\end{aligned}
\right\} \qquad (2.147)
$$

**2. 流场中各类流动点的求解**

在轴对称尾喷管整个流场内,所有的流场点分为三种类型:内点、壁面点与轴线点。内点指除边界外流场内部的点,采用内点处理方法进行求解。壁面点指紧贴壁面边界上的点,采用逆置方法求解。轴线点指落在对称轴上的点,采用轴线点处理方法求解。

图 2.40 给出了内点的求解过程。其中点 1、2 参数已知,称为初值点;点 4 为待求点。现在要做的是根据初值点的位置和流动参数确定待求点的位置和流动参数。求解过程是:① 积分两个特征线方程,得到特征线 1—4 和 2—4;② 积分两个相容性方程,这两个相容性方程分别沿特征线 1—4 和 2—4 成立;③ 联立求解 4 个差分方程,得到内点 4 的位置和流动参数。

对于壁面点,采用逆置法进行求解。这种方法沿着壁面预先指定待求点的位置,再应用特征线法来确定这些预定的壁面点上的流动参数。如图 2.41 所示,点 1 和点 3 为初值点,位置及流动参数已知,且点 3 在点 1 的右行特征线上,点 4 为预先指定位置的待求点,点 2 为过点 4 的左行特征线与右行特征线 1—3 的交点。点 4 的位置已知,但流动参数未知。根据固壁边界条件可补充一个方程:

$$\frac{\mathrm{d}y}{\mathrm{d}x} = \tan\theta = \frac{v}{u} \tag{2.148}$$

　　如果点 2 的位置及流动参数已知,则可以根据沿特征线 2—4 的相容性方程及方程(2.148)求出点 4 的流动参数。点 2 的位置和流动参数通过迭代法来确定:① 假设点 2 流动参数与点 3 相同,利用点 3 的流动参数求出通过点 2 的 $C_+$ 特征线斜率 $\lambda_+ = \tan(\theta+\alpha)$; ② 设该特征线通过点 4,则特征线 2—4 的方程可以确定,其与 1—3 的交点即为点 2 的位置;③ 根据此时求出的点 2 的位置线性插值求出点 2 的新的流动参数;④ 通过相同的方法再求点 2 的位置,如此迭代直到收敛。

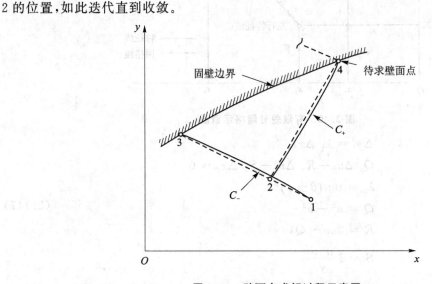

**图 2.41　壁面点求解过程示意图**

　　图 2.42 给出了一个典型的轴线点。假如点 1 是通过点 4 的右行特征线上的一个点,那么图 2.42 表明必然可以在对称轴线下确定一个点 2,其左行特征线通过点 4,且点 2 是点 1 的镜像点。然而实际求解轴对称流场时并不考虑轴线以下的点,故对于点 4 的求解仅有 1—4 一条特征线。注意到轴线上的点满足条件 $y_4 = v_4 = 0$,这样就减少了两个未知数,因此仅特征线 1—4 的两个方程(特征线方程和相容性方程)足以确定之。

【应用示例 8】　轴对称最大推力喷管流场。

喷管入口燃气参数:马赫数 $Ma=1.5$,静温 $T=2\,344$ K,静压 $p=71\,705$ Pa,比热比 $\gamma=1.19$,气体常数 $R=341.1$ J/(kg·K)。轴对称最大推力喷管的几何尺寸为:进口半径为 100 mm,出口半径为 370 mm,喷管长为 1 000 mm。用特征线法(MOC)计算得到的流场如图 2.43 所示。

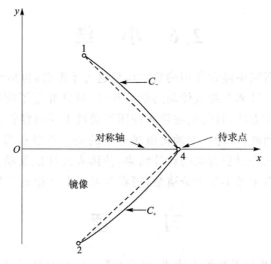

**图 2.42　对称轴点求解过程示意图**

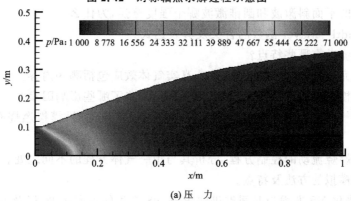

(a) 压　力

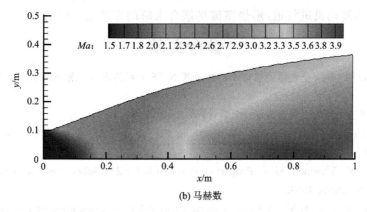

(b) 马赫数

**图 2.43　MOC 计算得到的最大推力喷管流场**

# 2.6　小　结

　　本章将冲压发动机研究中经常使用的数学模型进行了汇总,包括气体动力学函数、激波与膨胀波、真实气体效应、一维和多维气体动力学方程等,特别介绍了应用于冲压发动机流场计算的计算流体力学模型和方法,目的是在进入冲压发动机主要内容的讲解之前,使读者对气体动力学的基本知识进行回顾,对冲压发动机流场分析的基本手段有所了解。其中给出的算例结果都是与冲压发动机工作过程有关的计算结果,使读者对冲压发动机工作特点有初步的认识。如果有些结果目前看来还不是十分清楚,可在学习了本书相关章节以后再回过头来阅读。

# 习　题

　　1. 写出流量函数和冲量函数的表达式,以马赫数 $Ma$ 为自变量绘制其曲线。

　　2. 同等角度的平面斜激波和圆锥激波哪个强度更强,为什么?

　　3. 简述 Prandtl – Mayer 函数的含义及其表达式。

　　4. 高超声速流动有哪些特点?

　　5. 什么是热完全气体、量热完全气体? 真实气体效应包括哪些内容?

　　6. 用瑞利流模型来研究冲压发动机燃烧室时,忽略了哪些影响因素?

　　7. 运用一维气体动力学方法模拟冲压发动机燃烧室流动时,模拟燃烧有哪些途径,各有什么优缺点?

　　8. 写出模拟燃烧流动的控制方程,分析其与单一气体方程的不同之处。

　　9. 湍流燃烧模拟的方法及特点。

　　10. 简述抛物化 NS 方程与时间推进法求解 NS 方程的不同之处,以及各自的特点。

　　11. 进行冲压发动机进气道/燃烧室流场耦合求解的方法是怎样的?

## 参考文献

[1] 梁德旺,李博,容伟. 热完全气体的热力学特性及其 N－S 方程的求解. 南京航空航天大学学报,2003,35(4):424-429.

[2] 黄志澄. 高超声速飞行器空气动力学. 北京:国防工业出版社,1995.

[3] Heiser W H, Pratt D T. Hypersonic Airbreathing Propulsion. AIAA Education Series, AIAA Pub., Washington DC, 1994.

[4] McBride B J, et al. Thermodynamic Properties to 6 000 K for 210 Substances Involving the First 18 Elements. NASA-SP-3001, 1963.

[5] Bussing T R A, Murman E M. A Finite Volume Method for the Calculation of Compressible Chemically Reacting Flows. AIAA Journal, 1988, 26(9).

［6］Francis Westley. 化学反应速度常用手册. 罗孝良，戴元声，译. 成都：四川科学技术出版社，1985.

［7］Reaction Design Cooperation. GAS-PHASE KINETICS Core Utility Manual. 2003.

［8］Launder B E，Spalding B E. The Numerical Computation of Turbulence Flows. Computer Methods In Applied Mechanics and Engineering，1974，3：269-289.

［9］Wilcox D C，Rubesin W M. Progress in Turbulence Modeling for Complex Flow Fields Including Effects of Compressibility. NASA-TP-1517，1980.

［10］Narayan J R，Girimaji S S. Turbulent Reacting Flow Computations Including Turbulence-chemistry Interactions. AIAA-92-0342，1992.

［11］陈志辉，徐旭. 用简化 PDF 方法分析温度脉动在超声速湍流燃烧中的作用，燃烧科学与技术，2008，14(5).

［12］Jachimowshi C J. An Analytic Study of Hydrogen-Air Reaction Mechanism with Application to Scramjet Combustion. NASA TP 2791，Feb. 1988.

［13］刘静，徐旭. 随机轨道模型在喷管两相流计算中的应用. 固体火箭技术，2006，29(5).

［14］周力行，等，圆管内离心喷嘴逆向喷射的液雾两相流数值计算. 燃烧科学与技术，1984(3).

［15］陈兵，徐旭，蔡国飙. 一种求解抛物化 Navier - Stokes 方程的空间推进算法. 力学学报，2008，40(2).

［16］石喜勤，陈兵，徐旭，等. 冲压发动机进气道/燃烧室/尾喷管耦合流场计算. 推进技术，2008，29(5).

［17］潘锦珊主编. 气体动力学基础. 北京：国防工业出版社，1979.

［18］Sanford G，Bonnie J M. Computer Programs for Calculation of Complex Chemical Equilibrium Compositions，Rocket Performance. Incident and Reflected Shocks，and Chapman-Jouguet Detonation，NASA-SP-273，1971.

［19］Anderson J D. Hypersonic and high temperature gas dynamics. McGraw-Hill Book Company，1989.

［20］Zucrow M J，Hoffman J D. Gas Dynamics(Vol. 1 & Vol. 2). John Wiley & Sons Inc. ，1976.

第 2 章 冲压发动机的基础知识

# 第 3 章 冲压发动机的循环过程

本章介绍冲压发动机的流动过程及工作原理。重点讨论冲压发动机的循环过程,以此为基础介绍能量转换、循环效率,以及发动机的推力等性能指标。应用第 2 章介绍的气体动力学知识,详细讨论亚燃冲压发动机内的流动过程,揭示发动机推力产生的流动机理。最后,介绍高超声速飞行情况下,从亚燃冲压发动机到超燃冲压发动机的必然过渡,简述超燃冲压发动机循环过程中的特殊问题。

## 3.1 冲压发动机的循环过程及性能指标

根据热力学第二定律可知,虽然热量和功都是能量的一种存在形式,但是二者并不能完全等同。也就是说,所有的功都可以转化为热量,但并不是所有的热量都可以转化为功。因此,对于所有的热能机械来说,并不是向气流中加入的所有热量都可以转化为机械功。这体现在冲压发动机上,需要回答两个问题:① 燃料化学能通过燃烧所释放的热量,究竟有多大比例能够转换为机械能? ② 在所有由热量释放所转化成的机械能中,又有多大的比例能够转换为飞行器的动能? 要回答这两个问题,必须对冲压发动机的热力循环过程有一个深刻的认识,厘清其工作过程中的能量转换过程。

### 3.1.1 热力循环过程及热效率

#### 1. Brayton 循环

如 1.2.1 小节所述,冲压发动机的循环过程主要由进气道的压缩过程、燃烧室燃烧释热过程和尾喷管中燃气膨胀过程组成。就理想冲压发动机而言,若不考虑动能和热量的损失,其进气道是等熵压缩过程,燃烧室是等压加热过程,尾喷管则是等熵膨胀过程,此时整个发动机热力循环过程称为 Brayton 循环。Brayton 循环可以在压容($p$-$v$)图和温熵($T$-$s$)图中给出,如图 3.1 所示。按照本书的统一约定,图中 0、2、4 和 6 状态点分别代表自由流、进气道出口(即燃烧室进口)、燃烧室出口(即喷管入口)和喷管出口的流动状态。图中 0—2 对应于空气在进气道中的等熵压缩过程,总压不变,$p_2^* = p_0^*$;2—4 对应于燃烧室等压加热过程,$p_4 = p_2$,单位质量油气混合物燃烧释放的热量为 $q_2$,致使总温由 $T_2^*$ 上升到 $T_4^*$;4—6 则为燃气工质在尾喷管内的等熵膨胀过程,$p_6^* = p_4^*$;6—0 为燃气工质离开发动机后在大气环境中的等压冷却过程,$p_6 = p_0$,单位质量燃气工质向环境释放热量 $q_1$。

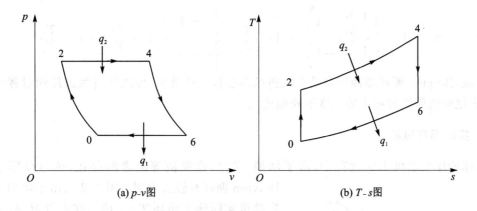

(a) $p$-$v$图　　　　　　　　　　(b) $T$-$s$图

**图 3.1　冲压发动机理想循环——Brayton 循环**

根据热力学知识,在冲压发动机理想循环即 Brayton 循环(0—2—4—6—0)过程中,单位质量燃气所作的功(用 $w$ 表示)即由燃烧释热量所转化成的机械功为

$$w = q_2 - q_1 \tag{3.1}$$

一般地,定义循环功与所加热量之比为循环热效率,用 $\eta_{th}$ 表示,则

$$\eta_{th} = \frac{w}{q_2} \tag{3.2}$$

很显然,$\eta_{th}$ 的大小表示总加热量转换为机械功的比例的大小,是衡量发动机热力循环过程好坏的重要指标。

由热力学第一定律可知,加热量可以表示成

$$\delta q = \mathrm{d}E + p\mathrm{d}v = \mathrm{d}h - v\mathrm{d}p$$

由于在 Brayton 循环中,2—4 和 6—0 均是等压过程,因此 $q_1$ 和 $q_2$ 可以由相应的焓差来确定,即

$$q_1 = h_6 - h_0 \tag{3.3}$$

$$q_2 = h_4 - h_2 \tag{3.4}$$

联立式(3.1)～式(3.4)可以进一步将 Brayton 循环的热效率表示为

$$\eta_{th} = 1 - \frac{h_6 - h_0}{h_4 - h_2} \tag{3.5}$$

如果将燃气工质当做比热恒定的理想气体处理,则图 3.1 中 4 个状态点的参数之间满足如下关系:

$$\frac{h_0}{h_2} = \frac{T_0}{T_2} = \left(\frac{p_0}{p_2}\right)^{\frac{\gamma-1}{\gamma}} = \left(\frac{p_6}{p_4}\right)^{\frac{\gamma-1}{\gamma}} = \frac{T_6}{T_4} = \frac{h_6}{h_4}$$

于是式(3.5)可以进一步化简为

$$\eta_{\text{th}} = 1 - \frac{h_0\left(\dfrac{h_6}{h_0}-1\right)}{h_2\left(\dfrac{h_4}{h_2}-1\right)} = 1 - \frac{T_0}{T_2}\frac{\dfrac{T_6}{T_0}-1}{\dfrac{T_4}{T_2}-1} = 1 - \frac{T_0}{T_2} = 1 - \frac{T_6}{T_4} \tag{3.6}$$

也就是说，Brayton 循环即冲压发动机理想循环过程的热效率，取决于进气道压缩过程中的温升(或者尾喷管膨胀过程中的温度下降幅度)。

**2. 实际循环过程**

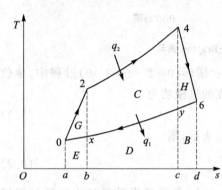

图 3.2　冲压发动机实际循环 $T$ - $s$ 图

实际冲压发动机工作过程中，由于摩擦、激波、膨胀波等因素的存在，热力循环过程与 Brayton 循环有较大差别。图 3.2 给出了典型的冲压发动机实际热力循环 $T$ - $s$ 图。在进气道中，由于以激波和摩擦为主要因素的各种损失的存在，气流在进气道中的流动过程是一个熵增过程，用图中 0—2 表示。在燃烧室中，由于粘性等因素的存在，往往不再是等压过程，而是压力逐渐增大的过程，用图中 2—4 表示。在尾喷管中，同样由于粘性、化学反应等因素的作用，4—6 过程也是一个熵增过程。6—0 过程仍然可以用等压过程来近似。

一般来说，冲压发动机燃烧室的截面积沿流向变化比较缓慢，并且由于在冲压发动机燃烧室内，燃料燃烧放热所造成的熵增占主导地位，因此在分析燃烧室流动过程时，可以将其近似成无粘等截面加热管流问题，即可以用瑞利流模型来分析燃烧室的流动规律。

## 3.1.2　能量转换

下面结合图 3.2 来分析冲压发动机循环过程中的能量转化问题。用瑞利流模型来近似燃烧室的流动过程，即不考虑摩擦等因素的影响，认为 2—4 是瑞利线(见图 2.22)上的一段。对于亚燃冲压发动机而言，2—4 处于瑞利线的亚声速(即上半)分支；对超燃冲压发动机而言，2—4 则处于超声速(即下半)分支。由于瑞利流是一个可逆的换热过程，因此由热力学知识可知，换热量 $q$ 可以表示为

$$q = \int_{s_2}^{s_4} T\mathrm{d}s \tag{3.7}$$

即在 $T$ - $s$ 图中，换热量等于其与横坐标 $s$ 轴间围成的多边形的面积。在图 3.2 中，$B$、$C$、$D$、$E$、$G$ 和 $H$ 分别表示不同多边形的面积，则多边形 $2bc4$ 的面积大小代表单位质量油气混合物在燃烧室内燃烧所释放的热量 $q_2$，即 $q_2 = C + D$。同理，燃气工质离开发动机后通过 6—0 过程

向环境散热量也可以表示成多边形 $0ad6$ 的面积,即 $q_1 = E+B+D$。图中 $G$ 代表进气道内熵增产生热量的大小,$H$ 代表尾喷管内熵增产生热量的大小,二者都是通过摩擦、激波等因素不可逆地消耗机械能产生热能。因此,发动机循环功为 $w = C-(B+E)$。如果发动机的燃料质量流量为 $\dot{m}$,则发动机燃烧室总散热量 $Q_1$ 和加热量 $Q_2$,以及循环功 $W$ 分别为

$$Q_1 = \dot{m}q_1, \qquad Q_2 = \dot{m}q_2, \qquad W = \dot{m}w \qquad (3.8)$$

而循环热效率为

$$\eta_{th} = \frac{w}{q_2} = \frac{W}{Q_2} = \frac{\dot{m}[C-(B+E)]}{\dot{m}(C+D)} = \frac{C-(B+E)}{C+D} \qquad (3.9)$$

如果在地面坐标系(见图 3.3(a))中考虑问题,并且假定发动机壁面为绝热壁,则气流经过冲压发动机的热力循环过程,致使发动机产生了推力,其必然会对整个飞行器作功。另一方面,进入发动机的空气流和燃料流,最终转化为燃气流离开发动机,相当于将空气流和燃料流同时从各自的初始动能水平增加到了对应的燃气流动能水平,即空气流和燃料流的动能都得到了增大。因此,冲压发动机循环功主要转换为三部分能量:① 发动机推力对整个飞行器所作的功(使得飞行器的动能增加),用 $\Delta E_{kv}$ 表示;② 空气流的动能增量,用 $\Delta E_{ka}$ 表示;③ 燃料动能增量,用 $\Delta E_{kf}$ 表示。于是

$$W = \dot{m}[C-(B+E)] = \Delta E_{kv} + \Delta E_{ka} + \Delta E_{kf} \qquad (3.10)$$

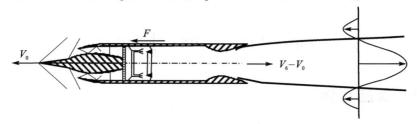

(a) 固定在地面的坐标系

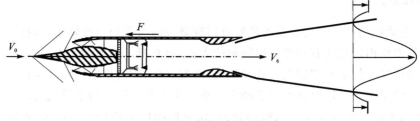

(b) 固定在发动机的坐标系

**图 3.3　不同参考坐标系中的冲压发动机流动**

如图 3.3(a)所示,在地面坐标系中,冲压发动机随飞行器一起以速度 $V_0$ 向左飞行,静止的空气被从进气道进口吞入,在燃烧室中燃料燃烧放热,产生的高焓燃气在尾喷管中膨胀,以速度 $V_6-V_0$ 向右流动。在此过程中,发动机产生的推力 $F$ 作用于飞行器。很显然,发动机对

飞行器所作的功（功率）为

$$\Delta E_{kv} = FV_0 \tag{3.11}$$

如果用 $\dot{m}_a$ 表示流入发动机的空气质量流量，则空气流的动能增量为

$$\Delta E_{ka} = \frac{1}{2}\dot{m}_a[(V_6 - V_0)^2 - 0] = \frac{1}{2}\dot{m}_a(V_6 - V_0)^2 \tag{3.12}$$

燃料喷入发动机之前在油箱里具有初速度 $V_0$，离开发动机的末速度为燃气速度 $V_6 - V_0$，如果用 $\dot{m}_f$ 表示喷入发动机的燃料质量流量（很显然 $\dot{m} = \dot{m}_a + \dot{m}_f$），则燃料流的动能增量为

$$\Delta E_{kf} = \frac{1}{2}\dot{m}_f[(V_6 - V_0)^2 - V_0^2] \tag{3.13}$$

如果在固定在发动机的坐标系中考虑问题，如图 3.3(b) 所示，则此时冲压发动机是静止的，自由来流以速度 $V_0$ 流进发动机，在燃烧室中燃料燃烧放热，产生的高焓燃气在尾喷管中膨胀，以速度 $V_6$ 离开发动机出口截面。在此过程中，发动机的能量平衡方程可以表示为

$$\dot{m}_f h_f = (\dot{m}_a + \dot{m}_f)h_6^* - \dot{m}_a h_0^* \tag{3.14}$$

式中，$h_f$ 表示燃料的热值（单位质量燃料燃烧释放的热量），$h^*$ 表示气体的总焓。式(3.14)的物理意义是：燃料燃烧释放的总热量，等于燃气进出口总焓之差。虽然发动机同样产生推力，但是由于发动机是静止的，因此推力不对外作功，故发动机热循环功全部转化为燃气的动能增量，即

$$W = \frac{1}{2}(\dot{m}_a + \dot{m}_f)V_6^2 - \frac{1}{2}\dot{m}_a V_0^2 \tag{3.15}$$

## 3.1.3 性能指标

### 1. 推力和阻力

一般地，发动机的推力定义为发动机所有固壁湿表面所受的力在轴线方向的合力，这里湿表面既包括发动机内通道所有与燃气流接触的表面，也包括与环境大气接触的发动机壳体外表面。由于冲压发动机属典型的吸气式发动机，两端开口，故其推力的计算与火箭发动机稍有不同。图 3.4 给出了典型轴对称冲压发动机的推力定义示意图。为了简化发动机流道中的整流器、喷注器和火焰稳定器等复杂结构的处理，建立如图所示的控制体：0 截面为自由流管入口，0—1 之间的虚线代表流入发动机的自由流管，1—6 为发动机内表面，6 截面为喷管出口截面。很显然，自由流管 0—1 内表面和发动机内通道所有湿壁表面所受的力在轴线方向具有向左的合力，记为 $F_{in}$，则该控制体内的流体将在轴线方向受到一个大小相等、方向相反的作用力。如果以水平向左为正方向，则由动量定理，气体在轴向的动量变化率等于气体所受的外力的合力，即作用力与反作用力：

$$(\dot{m}_\mathrm{a} + \dot{m}_\mathrm{f})(-V_6) - \dot{m}_\mathrm{a}(-V_0) = -F_\mathrm{in} - p_0 A_0 + p_6 A_6 \qquad (3.16)$$

因此

$$F_\mathrm{in} = (\dot{m}_\mathrm{a} + \dot{m}_\mathrm{f})V_6 - \dot{m}_\mathrm{a}V_0 - p_0 A_0 + p_6 A_6 \qquad (3.17)$$

也就是说，自由流管内表面及发动机内通道所受的轴向合力 $F_\mathrm{in}$，等于出口截面气流冲量 $\phi_6$ 与自由流管进口冲量 $\phi_0$ 之差。这里进出口冲量分别为

$$\phi_0 = \dot{m}_\mathrm{a}V_0 + p_0 A_0 \qquad (3.18)$$

$$\phi_6 = (\dot{m}_\mathrm{a} + \dot{m}_\mathrm{f})V_6 + p_6 A_6 = (1+f)\dot{m}_\mathrm{a}V_6 + p_6 A_6 \qquad (3.19)$$

式中，$f = \dot{m}_\mathrm{f}/\dot{m}_\mathrm{a}$ 表示油气比。

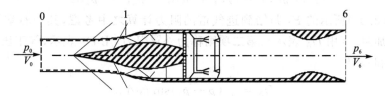

**图 3.4　冲压发动机推力定义参考控制体**

再来计算自由流管外表面以及发动机壳体外表面所受的轴向合力，用 $F_\mathrm{out}$ 表示。显而易见，该合力可以表示为

$$F_\mathrm{out} = \int_0^6 (p\sin\theta + \tau)\mathrm{d}A_\mathrm{out} = \int_0^1 p\sin\theta\mathrm{d}A_\mathrm{out} + \int_1^6 (p\sin\theta + \tau)\mathrm{d}A_\mathrm{out} \qquad (3.20)$$

式中，$p$ 表示表面的当地压力；$\mathrm{d}A_\mathrm{out}$ 表示微元表面的面积；$\theta$ 表示微元表面 $\mathrm{d}A_\mathrm{out}$ 的切向与发动机轴线的夹角，故 $\sin\theta\mathrm{d}A_\mathrm{out}$ 则表示微元表面 $\mathrm{d}A_\mathrm{out}$ 在轴向方向的面积投影；$\tau$ 表示表面摩擦应力，在自由流管外表面由于无法向速度梯度而导致 $\tau$ 取值恒为 0。很显然，轴向投影面积分与自由流管进口面积 $A_0$ 和尾喷管出口面积 $A_6$ 之间满足如下关系：

$$A_6 - A_0 = \int_0^6 \sin\theta\mathrm{d}A_\mathrm{out} = \int_0^1 \sin\theta\mathrm{d}A_\mathrm{out} + \int_1^6 \sin\theta\mathrm{d}A_\mathrm{out} \qquad (3.21)$$

如果要精确求解式(3.20)的积分，则必须知道自由流管外表面的当地压力 $p$、发动机壳体外表面的当地压力 $p$ 和摩擦应力 $\tau$ 的详细分布。对于几何一定的发动机而言，这些分布量与具体的工作条件有关，比如外压激波系(如图 3.4 所示的外压锥激波)等，计算起来十分复杂。对于吸气式发动机来说，更一般的做法是将 $F_\mathrm{out}$ 分成两部分：

$$F_\mathrm{out} = F_1 + F_2 = \int_0^1 p_0\sin\theta\mathrm{d}A_\mathrm{out} + \int_1^6 p_0\sin\theta\mathrm{d}A_\mathrm{out} +$$
$$\int_0^1 (p - p_0)\sin\theta\mathrm{d}A_\mathrm{out} + \int_1^6 [(p - p_0)\sin\theta + \tau]\mathrm{d}A_\mathrm{out} \qquad (3.22)$$

即

$$F_1 = \int_0^1 p_0\sin\theta\mathrm{d}A_\mathrm{out} + \int_1^6 p_0\sin\theta\mathrm{d}A_\mathrm{out} \qquad (3.23)$$

$$F_2 = \int_0^1 (p - p_0)\sin\theta \mathrm{d}A_{\mathrm{out}} + \int_1^6 [(p - p_0)\sin\theta + \tau]\mathrm{d}A_{\mathrm{out}} \tag{3.24}$$

不难发现,由式(3.23)可以直接积分得到 $F_1 = p_0(A_6 - A_0)$,而 $F_2$ 则需要根据具体的流动情况求解。很显然 $F_{\mathrm{out}}$ 的方向是水平向右,即通常是阻力。

为了方便起见,在包括冲压发动机在内的吸气式发动机研究领域,通常将式(3.17)所示的 $F_{\mathrm{in}}$(水平向左)与式(3.23)所示的 $F_1$(水平向右)的合力定义为发动机的推力 $F$:

$$F = F_{\mathrm{in}} - F_1 = (\dot{m}_a + \dot{m}_f)V_6 - \dot{m}_a V_0 - p_0 A_0 + p_6 A_6 - p_0(A_6 - A_0)$$

即

$$F = \dot{m}_a(1 + f)V_6 + p_6 A_6 - \dot{m}_a V_0 - p_0 A_6 \tag{3.25}$$

一般将式(3.24)所示的 $F_2$ 归结到进气道的阻力计算之中考虑,其中右端第一项通常叫做进气道的附加阻力(用 $D_A$ 表示),第二项则称为外罩阻力(用 $D_C$ 表示,等于压差阻力和摩擦阻力两部分之和),即

$$D_A = \int_0^1 (p - p_0)\sin\theta \mathrm{d}A_{\mathrm{out}} \tag{3.26}$$

$$D_C = \int_1^6 [(p - p_0)\sin\theta + \tau]\mathrm{d}A_{\mathrm{out}} \tag{3.27}$$

关于进气道阻力的详细定义和计算,详见本书第 4 章。

$F_2$ 一般被称为进气道的外阻力。相应地,通常称发动机内通道所受的阻力为内阻力。很显然,在式(3.25)所示的发动机推力定义中,内阻力已经被扣除。

最后需要强调的是,虽然通常采用式(3.25)所示的发动机推力定义来研究冲压发动机推力性能,但是发动机随飞行器在某一特定条件下飞行时,发动机提供给飞行器的实际推力应该为 $F - D_A - D_C$。因此,有时又将式(3.25)所定义的推力 $F$ 叫做冲压发动机的名义推力,而将 $F - D_A - D_C$ 称为净推力。

## 2. 比冲和单位燃料消耗量

比冲即比冲量,按照定义是指燃烧单位质量的燃料所产生的冲量,用 $I_s$ 表示。冲压发动机在时间 $\mathrm{d}t$ 内产生的冲量可以表示为 $F\mathrm{d}t$,而在此时间间隔内消耗的燃料质量为 $\dot{m}_f \mathrm{d}t$,因此发动机的瞬态比冲为

$$I_s = \frac{F\mathrm{d}t}{\dot{m}_f \mathrm{d}t} = \frac{F}{\dot{m}_f} \tag{3.28}$$

可见,比冲在数值上等于单位时间内消耗单位质量燃料所产生的推力,因此比冲通常又可以叫做比推力。在冲压发动机研究领域,有时也用单位时间内吸入单位质量空气所产生的推力定义空气比冲,或单位推力。

单位燃料消耗量定义为获得单位推力所需要消耗的燃料质量流量,是衡量发动机经济性的重要指标,用 SFC(Specific Fuel Consumption)表示。SFC 在数值上等于比冲的倒数,即

$$\text{SFC} = \frac{\dot{m}_\text{f}}{F} \tag{3.29}$$

**3. 发动机效率**

定义发动机对飞行器所作的功 $\Delta E_\text{kv}$ 与燃料燃烧总放热量 $Q_2$ 之比为发动机的总效率，即

$$\eta_\text{ov} = \frac{\Delta E_\text{kv}}{Q_2} = \frac{FV_0}{Q_2} \tag{3.30}$$

式中，$\eta_\text{ov}$ 表示燃料总放热量转化为飞行器有用功的比例。很显然，影响 $\eta_\text{ov}$ 取值的主要因素有两个，即热力学因素和气动因素。也就是说，冲压发动机作为一种热机，其工作效率由热效率和推进效率两部分构成。

为了衡量热力学因素对发动机总效率的影响，可以定义发动机热效率，即式(3.2)所定义的 $\eta_\text{th}$，表示所加总热量中转化为循环功(即发动机吸热量与散热量之差)的比例，将式(3.2)重新写出如下：

$$\eta_\text{th} = \frac{w}{q_2} = \frac{W}{Q_2}$$

相应地，为了考察气动因素对发动机总效率的影响，可以定义推进效率 $\eta_\text{pr}$，即发动机对飞行器所作的有效功占总循环功的比例

$$\eta_\text{pr} = \frac{\Delta E_\text{kv}}{W} = \frac{FV_0}{Q_2 - Q_1} = \frac{FV_0}{\Delta E_\text{kv} + \Delta E_\text{ka} + \Delta E_\text{kf}} \tag{3.31}$$

于是，总效率可以表示为热效率和推进效率的乘积，即

$$\eta_\text{ov} = \frac{\Delta E_\text{kv}}{Q_2} = \frac{\Delta E_\text{kv}}{W} \frac{W}{Q_2} = \eta_\text{th} \eta_\text{pr} \tag{3.32}$$

将式(3.11)~式(3.13)代入推进效率定义式即式(3.31)中，可以得到

$$\eta_\text{pr} = \frac{FV_0}{FV_0 + \frac{1}{2}\dot{m}_\text{a}(V_6 - V_0)^2 + \frac{1}{2}\dot{m}_\text{f}[(V_6 - V_0)^2 - V_0^2]} \tag{3.33}$$

如果燃气在发动机尾喷管得到完全膨胀，即达到 $p_6 = p_0$，并且忽略燃料质量流量(即认为油气比 $f \ll 1$)，则上式可以进一步化简为

$$\eta_\text{pr} = \frac{2V_0}{V_6 + V_0} \tag{3.34}$$

上式表明，对于吸气式发动机而言，在燃料消耗量一定且燃气在尾喷管内得到完全膨胀的条件下，为了获得尽可能大的推进效率 $\eta_\text{pr}$，应该尽量保证：① 让发动机吸入尽可能多的空气(以满足 $f \ll 1$)；② 气流进出发动机流道的速度差尽可能小，即使得 $V_6$ 尽可能接近 $V_0$。在极限情况下，$f \ll 1$ 和 $V_6 = V_0$ 得到同时满足，于是由式(3.34)可知，对应的推进效率取最大值 $\eta_\text{pr} = 1$，此时发动机的总效率只由热效率 $\eta_\text{th}$ 决定。这一重要结论，成为众多推进装置设计的重要理论基础，广泛地应用于诸如涡扇喷气发动机的涡扇、直升机的旋翼等重要部件的设计之中。

**4. 航程公式**

虽然航程不是发动机的性能指标,但是其直接体现了发动机的经济性,为了考察发动机效率对航程的影响,这里仍然将其与发动机性能放在一起来介绍。通常有多种模型来计算飞行器的航程,在此介绍著名的 Breguet 航程公式,即在升阻比 $L/D$ 一定的条件下,计算燃烧一定量燃料飞行器所能飞行的最大距离(即航程)。

如果用 $R$ 表示飞行器的航程,则易知

$$R = \int V_0 \, \mathrm{d}t = \int \frac{\dot{m}_\mathrm{f} h_\mathrm{f} \eta_\mathrm{ov}}{F} \mathrm{d}t \tag{3.35}$$

很显然,发动机消耗的燃料流量 $\dot{m}_\mathrm{f}$ 与整个飞行器的结构质量 $M$ 间具有如下关系:

$$\dot{m}_\mathrm{f} = -\frac{\mathrm{d}M}{\mathrm{d}t} \tag{3.36}$$

为了达到最大飞行距离,应该在整个飞行过程中保证发动机推力 $F$ 等于飞行器阻力 $D$,飞行器升力 $L$ 等于飞行器结构质量 $M$,因此

$$F = D = \left(\frac{D}{L}\right)L = \left(\frac{D}{L}\right)M \tag{3.37}$$

如果假定飞行器的起飞结构质量和降落结构质量分别为 $M_\mathrm{i}$ 和 $M_\mathrm{f}$,则将式(3.36)和式(3.37)代入式(3.35)可得最大航程

$$R = \int \frac{\dot{m}_\mathrm{f} h_\mathrm{f} \eta_\mathrm{ov}}{F} \mathrm{d}t = \int \left(-\frac{\mathrm{d}M}{\mathrm{d}t} h_\mathrm{f} \eta_\mathrm{ov} \frac{L}{D} \frac{1}{M}\right) \mathrm{d}t$$

即

$$R = \left(-h_\mathrm{f} \eta_\mathrm{ov} \frac{L}{D} \frac{1}{M}\right) \int_{M_\mathrm{i}}^{M_\mathrm{f}} \frac{\mathrm{d}M}{M} = \eta_\mathrm{ov} h_\mathrm{f} \left(\frac{L}{D}\right) \ln \frac{M_\mathrm{i}}{M_\mathrm{f}} \tag{3.38}$$

从 Breguet 航程公式可以发现,飞行器航程 $R$ 的影响因素有:发动机的总效率 $\eta_\mathrm{ov}$、燃料热值 $h_\mathrm{f}$、飞行器升阻比 $L/D$,以及消耗的燃料质量 $m_\mathrm{f} = M_\mathrm{i} - M_\mathrm{f}$。

# 3.2　冲压发动机的流动过程分析

为了进一步深入理解冲压发动机的循环过程,本节分析冲压发动机的理想一维流动过程及主要影响因素。图 3.5 给出了分析采用的模型发动机,该轴对称发动机由内压式进气道(其定义见第 4 章)、等截面燃烧室和尾喷管三个主要部件组成。除了进气道喉道截面编号用 1.5 表示以外,其他各特征截面的编号沿用本书的统一约定规则。

在本节的讨论中,做如下一些假设:

① 进气道内表面光滑过渡,其内部的流动是绝热等熵过程,气流与外界无热量和功的交换;

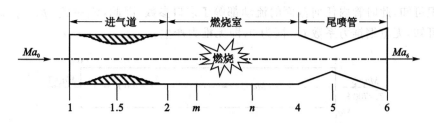

**图 3.5　冲压发动机流动过程分析模型**

② 在燃烧室内,忽略燃料质量流量,仅考虑在等截面燃烧室内燃烧放热,即可以认为燃烧室内的流动为瑞利流;

③ 为了描述的方便,假定燃烧室集中放热区位于 $m$ 和 $n$ 截面之间;

④ 尾喷管内的流动为绝热等熵过程;

⑤ 整个发动机通道内为一维定常流动,且忽略气流与管壁间的摩擦作用;

⑥ 气体为定比热容的完全气体,即不考虑燃烧对气体物性的影响,认为比热容为常数,取空气比热比 $\gamma=1.4$,比定压热容 $c_p=1\,004.7\ \text{J/(kg·K)}$;

⑦ 燃料燃烧释热过程在燃烧室内彻底完成,在喷管内无化学反应导致的放热或吸热。

由于忽略燃气质量流量,且不计燃烧带来的气体物性参数的变化,故 $f=0$,且 $\gamma$ 为常数。于是,由式(2.6)和式(3.25)可知,此时推力 $F$ 可以表示为

$$F=\gamma Ma_6^2 A_6 p_6-\gamma Ma_0^2 A_0 p_0+(p_6-p_0)A_6 \tag{3.39}$$

进一步将推力 $F$ 用自由来流的动压 $\rho_0 V_0^2/2$ 和流管截面积 $A_0$ 的乘积无量纲化,称为推力系数,用 $C_F$ 表示,则

$$C_F=\frac{F}{\dfrac{1}{2}\rho_0 V_0^2 A_0}=\frac{F}{\dfrac{\gamma}{2}Ma_0^2(p_0 A_0)}=2\left(\frac{V_6}{V_0}-1\right)+\frac{2}{\gamma Ma_0^2}\frac{A_6}{A_0}\left(\frac{p_6}{p_0}-1\right) \tag{3.40}$$

## 3.2.1　冲压发动机的理想流动过程

为了详细分析图 3.5 所示冲压发动机的一维流动规律,揭示进气道、燃烧室和尾喷管的作用,尤其是燃料燃烧放热量对发动机流动过程的影响,以及推力的产生过程,分如下 8 步来介绍冲压发动机的理想流动的建立过程。不失一般性,在下文的讨论中,选定具体的进口参数为:马赫数 $Ma_0=3.0$,总温 $T_0^*=700\ \text{K}$,则可以根据总温和静温的关系式确定静温为 $T_0=250\ \text{K}$。另外,选定燃料为 JP - 4,其燃烧热值为 $h_f=4.28\times10^7\ \text{J/kg}$。

### 1. 第一步:均匀等截面管流

首先来看如图 3.6 所示的均匀等截面直管流动。很显然,流动为绝能等熵流动。由气体

动力学知识可知,此时管内任何截面的流动都等于进口参数,因此,$V_6=V_0$,$p_6=p_0$。于是,由式(3.40)可知,无量纲推力系数 $C_F$ 恒为 0,即无推力产生。

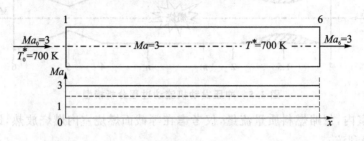

图 3.6　冲压发动机流动过程分析——第一步

### 2. 第二步:加入进气道

在上一步的基础上,在管道进口部分增加一收缩扩张通道即进气道(见图 3.7),用来压缩进入的空气,进气道的喉道和出口截面分别用 1.5 和 2 来表示。进气道内型面光滑过渡,且具有与来流方向相切的尖前缘和后缘。设计面积比 $A_1/A_{1.5}=2.419$,此时可以保证空气在进气道收缩段(1—1.5 之间)等熵压缩,马赫数从进口 $Ma_0=3$ 连续降低至喉道 $Ma_{1.5}=2$,然后气流在扩张段(1.5—2 之间)膨胀加速,到达 2 截面时马赫数达到 $Ma_2=3$,最后气流在 2—6 之间做一维绝能等熵流动。图 3.7 给出了马赫数沿整个流动通道轴线的分布情况,很显然,此时进出口的流动参数相等,因此加入进气道后仍然没有产生推力。

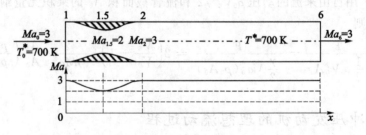

图 3.7　冲压发动机流动过程分析——第二步

### 3. 第三步:超声速燃烧状态 1(出口超声)

再来向 2—6 之间的等截面通道加入燃料。假定燃料喷射在 $m$ 截面之前完成,然后其与经过进气道引入的空气掺混后,在 $m$—$n$ 之间点火,在超声速气流中燃烧(称为超声速燃烧),释放热量致使 $n$ 截面之后的燃气总温上升至 $T^* < 1\,070$ K 的某个值。由于忽略摩擦等因素而仅考察燃烧放热对流动的影响,因此 $m$—$n$ 之间的流动相当于在等截面超声速流中加热的问题。由瑞利流理论可知,加热将使得超声速气流马赫数降低,趋向 1。当加热量不足以使流动壅塞时,出口马赫数 $Ma_6$ 取值将介于 1~3 之间,其流动马赫数 $Ma$ 沿轴向分布如

图 3.8 所示。

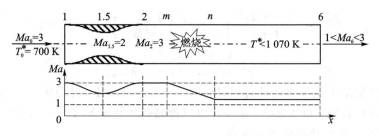

**图 3.8　冲压发动机流动过程分析——第三步**

根据流量公式,可以在 $m$ 和 $n$ 截面之间建立质量守恒方程

$$K_m \frac{p_m^*}{\sqrt{T_m^*}} A_m q(Ma_m) = K_n \frac{p_n^*}{\sqrt{T_n^*}} A_n q(Ma_n) \tag{3.41}$$

由于忽略燃烧对气体物性参数的影响,且 2—6 为等截面直管,故 $K_m = K_n$,且 $A_m = A_n$。于是质量方程(3.41)可以进一步化简为

$$\frac{p_m^*}{\sqrt{T_m^*}} q(Ma_m) = \frac{p_n^*}{\sqrt{T_n^*}} q(Ma_n) \tag{3.42}$$

式中,左端项由来流条件决定,为已知量,而右端项则由加热量 $Q$ 确定。同理,根据 1 截面和 $n$ 截面的质量守恒方程也可以得到

$$\frac{p_0^*}{\sqrt{T_0^*}} q(Ma_0) = \frac{p_n^*}{\sqrt{T_n^*}} q(Ma_n) \tag{3.43}$$

**4. 第四步:超声速燃烧状态 2(出口壅塞)**

如果相对于第三步而言,进一步增加燃料喷入量,从而释放足够多的热量 $Q_{max}$,使得气流马赫数从 $m$ 截面的 $Ma_m = 3$ 降低至 $n$ 截面的 $Ma_n = 1$,即燃烧放热致使超声速气流达到热壅塞状态,则其马赫数沿轴向分布如图 3.9 所示。

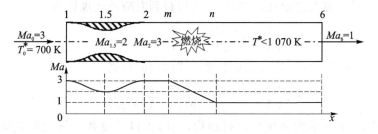

**图 3.9　冲压发动机流动过程分析——第四步**

由瑞利流理论可知,由于燃烧放热的影响,燃烧室内流动从截面 $m$ 到截面 $n$ 的流动状态变化过程,相当于沿着图 2.22 所示瑞利线上超声速分支(即下半支)移动到壅塞点 $C$。又因为

$Ma_m = 3$,因此可由式(2.93)和式(2.94)确定 $m$ 和 $n$ 截面的总压比和总温比分别为

$$\frac{p_n^*}{p_m^*} = \frac{1 + \gamma Ma_m^2}{1 + \gamma}\left[\frac{\gamma + 1}{2 + (\gamma - 1)Ma_m^2}\right]^{\frac{\gamma}{\gamma - 1}} = 0.292 \qquad (3.44)$$

$$\frac{T_n^*}{T_m^*} = \frac{(1 + \gamma Ma_m^2)^2}{(1 + \gamma)Ma_m^2[2 + (\gamma - 1)Ma_m^2]} = 1.529 \qquad (3.45)$$

又因为 $m$ 截面之前是绝能等熵流动过程,故 $T_m^* = T_0^* = 700$ K,发动机出口与进口的总温比和总压比也分别为 1.529 和 0.292。进一步可以得到燃气总温为 $T_n^* = 1.529T_0^* = 1\,070$ K。由式(3.14),可以建立发动机的能量平衡

$$\dot{m}_f h_f = (\dot{m}_a + \dot{m}_f)h_6^* - \dot{m}_a h_0^*$$

于是,油气比 $f$ 为

$$f = \frac{\dot{m}_f}{\dot{m}_a} = \frac{h_6^* - h_0^*}{h_f - h_6^*} = \frac{T_6^*/T_0^* - 1}{h_f/(c_p T_0^*) - T_6^*/T_0^*} = \frac{T_n^*/T_m^* - 1}{h_f/(c_p T_m^*) - T_n^*/T_m^*} = 8.917 \times 10^{-3} \qquad (3.46)$$

可以发现,$f$ 确实远小于 1,即燃料质量流量相对于空气质量流量而言,可以忽略不计。

下面来考察发动机是否能够产生推力。由于 $m$ 截面之前的流动和 $n$ 截面之后的流动都是绝能等熵流动,因此 $T_m^* = T_0^*$,$p_m^* = p_0^*$,且 $T_n^* = T_6^*$,$p_n^* = p_6^*$。又由于出口流动达到壅塞,即出口马赫数为 $Ma_6 = 1$,因此由总压与静压的关系式(2.1)、总温与静温的关系式(2.2),以及式(3.44)和式(3.45),可得发动机进出口参数比

$$\frac{p_6}{p_0} = \frac{p_6^*}{p_0^*}\left[\frac{1 + \frac{1}{2}(\gamma - 1)Ma_0^2}{1 + \frac{1}{2}(\gamma - 1)Ma_6^2}\right]^{\frac{\gamma}{\gamma - 1}} = 5.666 \qquad (3.47)$$

$$\frac{T_6}{T_0} = \frac{T_6^*}{T_0^*}\left[\frac{1 + \frac{1}{2}(\gamma - 1)Ma_0^2}{1 + \frac{1}{2}(\gamma - 1)Ma_6^2}\right] = 3.568 \qquad (3.48)$$

于是,根据进出口马赫数及静温比式(3.47),可以得到对应的速度比为

$$\frac{V_6}{V_0} = \frac{Ma_6}{Ma_0}\sqrt{\frac{T_6}{T_0}} = 0.630 \qquad (3.49)$$

进一步将式(3.48)和式(3.49)代入无量纲推力式(3.40)可得

$$C_F = 2\left(\frac{V_6}{V_0} - 1\right) + \frac{2}{\gamma Ma_0^2}\frac{A_6}{A_0}\left(\frac{p_6}{p_0} - 1\right) = 0 \qquad (3.50)$$

这说明,对于如图 3.9 所示的冲压发动机结构,当向进口马赫数为 3 的等截面燃烧室加入燃料,燃料燃烧释放的热量达到超声速瑞利线的最大值,而致使其出口达到壅塞状态时,发动机仍然没有产生推力。也就是说,发动机推进效率为零,即燃料燃烧所释放的热量完全转化成了燃气的动能;也可以理解为,燃料燃烧加入热量,所产生的发动机推力被燃烧热阻完全抵消

掉了。

　　为什么向发动机中加入燃料进行燃烧以后,发动机的推力仍然为零呢?这其实从发动机结构及流动情况来分析也容易理解,因为在如图 3.9 所示的发动机中,只有进气道内表面在发动机轴向有投影面积,该投影面积与当地静压的积分构成了轴向力。但是,在进气道内是超声速气流的等熵流动,其收缩段和扩张段的压力分布是对称的,故该轴向力的合力(即推力)为零。因此,从这个角度来说,要想获得推力,必须改变进气道内的流场结构,破坏收缩段和扩张段压力分布的对称性,使得其壁面压力积分的轴向分量不为零。这可以通过进一步向燃烧室内喷入更多的燃料(即加入更多的热量)来实现。

### 5. 第五步:亚声速燃烧状态 1(进气道出口有正激波)

　　在上一步的基础上,进一步增大燃料喷入量。当燃料流量的增量 $\Delta \dot{m}_f$ 是一个无穷小量时,$n$ 截面的总温 $T_n^*$ 将稍微有所上升,$p_n^*$ 总压稍微有所下降,但是由 $Ma_n = 1$ 可知,流量函数 $q(Ma_n)$ 达到最大值 1 而不能继续增加,由 $m$ 和 $n$ 截面的质量守恒方程(3.42),即

$$\frac{p_m^*}{\sqrt{T_m^*}} q(Ma_m) = \frac{p_n^*}{\sqrt{T_n^*}} q(Ma_n)$$

可知,此时发动机 $m$ 截面的流动必须相对于第四步发生改变,使得 $p_m^* q(Ma_m)$ 相应减小,才能保证该质量守恒方程成立。事实上,根据瑞利流理论,此时将在发动机燃烧室进口(即进气道出口)形成正激波,在其之后的亚声速等截面直管流中燃烧(称为亚声速燃烧)放热,至燃烧室出口达到壅塞状态($Ma_n = 1$),在 $m$—$n$ 截面之间,燃气流动状态沿着瑞利线的亚声速分支(即图 2.22 中的上半支)移动至壅塞点 $C$,其流动如图 3.10 所示。

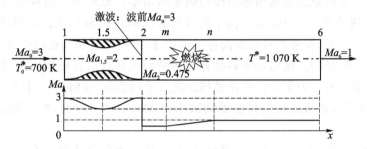

**图 3.10　冲压发动机流动过程分析——第五步**

　　由于相对于第四步而言,燃料流量的增量 $\Delta \dot{m}_f$ 是一个无穷小量,因此发动机燃烧室的加热量增量也是一个无穷小量,因此 $n$ 截面之后的燃气总温仍为 $T_n^* = 1\,070\,\mathrm{K}$,总压也不变。也就是说,对于图 3.10 所示发动机流动状态,气流总参数之比仍然分别为

$$\frac{T_n^*}{T_0^*} = 1.529, \qquad \frac{p_n^*}{p_0^*} = 0.292 \tag{3.51}$$

它们的取值与超声速壅塞(即第四步)的情形相同。但是,此时总压的损失是由两个因素造成

的：① 进气道出口的正激波；② $m$—$n$ 截面之间的加热损失。很显然，正激波波前马赫数为 $Ma_u = 3$，于是由正激波关系式可以求得波后马赫数为

$$Ma_2 = \sqrt{\frac{Ma_u^2 + 2/(\gamma - 1)}{2\gamma Ma_u^2/(\gamma - 1) - 1}} = 0.475 \tag{3.52}$$

而波后与波前总压之比为

$$\frac{p_2^*}{p_0^*} = \frac{p_m^*}{p_0^*} = \frac{\left[\dfrac{(\gamma + 1)Ma_u^2}{2 + (\gamma - 1)Ma_u^2}\right]^{\frac{\gamma}{\gamma - 1}}}{\left(\dfrac{2\gamma}{\gamma + 1}Ma_u^2 - \dfrac{\gamma - 1}{\gamma + 1}\right)^{\frac{1}{\gamma - 1}}} = 0.328\ 5 \tag{3.53}$$

而根据瑞利流理论，当通过加热使得 $Ma_m = 0.475$ 的亚声速气流加速达到声速即 $Ma_n = 1$ 时，总压比为

$$\frac{p_n^*}{p_m^*} = \frac{1 + \gamma Ma_m^2}{1 + \gamma}\left[\frac{\gamma + 1}{2 + (\gamma - 1)Ma_m^2}\right]^{\frac{\gamma}{\gamma - 1}} = 0.889\ 3 \tag{3.54}$$

很显然，由式（3.53）和式（3.54）可知

$$\frac{p_n^*}{p_0^*} = \frac{p_n^*}{p_m^*}\frac{p_m^*}{p_0^*} = 0.889\ 3 \times 0.328\ 5 = 0.292 \tag{3.55}$$

这与式（3.51）的分析结果完全一致。由于相对于上一步而言，图 3.10 所示流动并没有改变进气道内部的压力分布，因此发动机的推力仍然为零。

### 6. 第六步：亚声速燃烧状态 2（进气道扩张段有正激波）

再来讨论进一步向燃烧室增加燃料即加热量的情形。假定由于燃料的增加，使得燃烧室出口的总温上升到了 $T_n^* = 2\ 100$ K。由于出口马赫数 $Ma_n$ 仍为 1，因此对应的出口静温、总压和静压都会上升。于是，正激波将被推向进气道扩张段，使得波前马赫数降低至 $Ma_u < 3$ 的某个值，激波的总压损失降低，这恰好能够弥补加热量增大导致的总压损失，并保证燃烧室出口总压比第五步有所上升。为了降低激波被推出进气道的危险，应将进气道喉道截面缩小，使得 $Ma_0 = 3$ 的气流在进气道收缩段恰好被等熵减小到 $Ma_{1.5} = 1$。此时，整个发动机流动示意图如图 3.11 所示。

由瑞利流理论可知，对于亚声速气流而言，如果要增大气流达到壅塞时的加热量，则必须降低管道入口的马赫数，即 2 截面的马赫数 $Ma_2$ 必须相对于第五步有所降低。下面来检验一下。由于 2 截面与 $m$ 截面流动参数相同，且总温都等于来流值，因此 $T_n^*/T_m^* = 3$。于是，根据瑞利流亚声速分支的壅塞点总温比式（2.94），可以求得 $m$ 截面马赫数 $Ma_m = Ma_2 = 0.292\ 62$。很显然，$Ma_2$ 确实相对于第五步（$Ma_2 = 0.475$）有所下降。可以进一步计算得到激波截面位置（以 $A/A_{1.5}$ 表示）、波前波后的马赫数，这作为课后习题留给读者来完成。

下面来计算发动机的推力。由于 6 截面的流动参数与 $n$ 截面参数相同，因此根据质量守

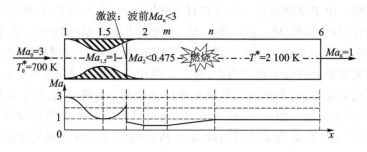

**图 3.11　冲压发动机流动过程分析——第六步**

恒方程(3.43)，可以得到

$$\frac{p_6^*}{p_0^*} = q(Ma_0)\sqrt{\frac{T_6^*}{T_0^*}} = 0.409 \tag{3.56}$$

于是，可以得到发动机出口与进口的静压比、静温比和速度比分别为

$$\frac{p_6}{p_0} = \frac{p_6^*}{p_0^*}\left[\frac{1+\frac{1}{2}(\gamma-1)Ma_0^2}{1+\frac{1}{2}(\gamma-1)Ma_6^2}\right]^{\frac{\gamma}{\gamma-1}} = 7.94 \tag{3.57}$$

$$\frac{T_6}{T_0} = \frac{T_6^*}{T_0^*}\left[\frac{1+\frac{1}{2}(\gamma-1)Ma_0^2}{1+\frac{1}{2}(\gamma-1)Ma_6^2}\right] = 7 \tag{3.58}$$

$$\frac{V_6}{V_0} = \frac{Ma_6}{Ma_0}\sqrt{\frac{T_6}{T_0}} = 0.882 \tag{3.59}$$

将式(3.57)～式(3.59)代入推力式(3.40)，可以得到发动机推力系数

$$C_F = 2\left(\frac{V_6}{V_0}-1\right)+\frac{2}{\gamma Ma_0^2}\frac{A_6}{A_0}\left(\frac{p_6}{p_0}-1\right) = 0.865\,1 \tag{3.60}$$

至此，发动机获得了较大的正推力。从发动机内通道表面的压力分布来看，由于进气道收缩段和扩张段的压力分布不对称，扩张段激波后的部分要比前者对应部分大，因此获得了向前的正推力。对于图 3.11 所示的冲压发动机而言，仔细分析式(3.60)可以发现，由于速度比 $V_6/V_0$ 小于 1、压比 $p_6/p_0$ 大于 1，使得第一项为负值(阻力)，而推力主要是由第二项产生的。这也意味着，如果要增大推力，可以从两方面来入手：① 在速度比 $V_6/V_0$ 不变的条件下进一步增大压比 $p_6/p_0$；② 增大速度比 $V_6/V_0$ 的取值。这可以通过在图 3.11 所示的发动机的基础上，于燃烧室之后分别增加收缩喷管和拉瓦尔喷管来实现。下面来讨论这个问题。

**7. 第七步：加入收缩喷管**

先来讨论加入收缩喷管的情形，即在图 3.11 所示的发动机工作状态的基础上，在燃烧室之后加入收缩喷管。由于燃烧室出口压力相对于环境压力 $p_0$ 足够高,在喷管出口截面逐步缩小的过程中,喷管出口马赫数 $Ma_6$ 将一直维持 1(相当于第 6 章所述的收缩喷管的超临界状态)。在此过程中,2—4 截面之间的压力将会逐步升高,从而将进气道扩张段内的正激波逐步推向上游。当激波被推到进气道喉道截面(即 1.5 截面)时,由于 $Ma_{1.5}=1$,故激波消失,此时尾喷管出口截面达到最小值;如果进一步减小出口截面积 $A_6$,将会在进气道进口之前形成脱体激波,造成进气道不起动。图 3.12 给出了 $A_6$ 达到最小值时的发动机流动,来流空气在进气道收缩段压缩,在 1.5 截面流动马赫数降为 1,然后气流进一步在进气道扩张段减速增压,到达进气道出口截面即 2 截面时气流为亚声速。可以列出 1 截面和 2 截面的质量守恒方程

$$K_0 \frac{p_0^*}{\sqrt{T_0^*}} A_1 q(Ma_0) = K_2 \frac{p_2^*}{\sqrt{T_2^*}} A_2 q(Ma_2) \tag{3.61}$$

由于 1—2 之间的流动为绝热等熵流动,且 $A_1 = A_2$,因此上式可转化为 $q(Ma_2) = q(Ma_0)$。于是可以确定进气道出口马赫数为 $Ma_2 = 0.138$。

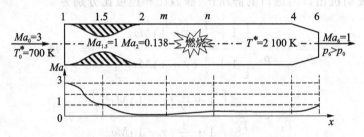

**图 3.12 冲压发动机流动过程分析——第七步**

相对于图 3.11 所示发动机而言,图 3.12 所示发动机的燃烧室进口马赫数 $Ma_2$ 较小,但是二者气流质量流量和加热量相同,因此由瑞利流理论可知,图 3.12 所示发动机的燃烧室出口截面马赫数 $Ma_4$ 必然小于 1,其具体取值可以根据总温比取值 $T_4^*/T_0^* = 3$ 并由式(2.79)迭代求解得到,为 $Ma_4 = 0.252\,5$。也就是说,由于加热作用的影响,气流马赫数在 $m$ 和 $n$ 截面之间,由 0.138 增大到了 0.252 5。然后,气流在收缩喷管内加速到 $Ma_6 = 1$。因此根据 4 截面和 6 截面的质量守恒,可以求得面积比 $A_6/A_4$:

$$\frac{A_6}{A_0} = \frac{A_6}{A_4} = q(Ma_4) = 0.404\,53 \tag{3.62}$$

由于相对于第六步而言,图 3.12 所示的发动机出口流动总温和马赫数都不变,因此发动机进出口的温升和速度比也都不变,分别为 7 和 0.882。为了得到 $p_6/p_0$,有必要获得发动机进出口的总压比值。很显然,在整个发动机内只有燃烧室内燃烧造成总压损失,于是由瑞利管流的进出口总压比式(2.78),可以得到

$$\frac{p_6^*}{p_0^*} = \frac{p_4^*}{p_2^*} = \frac{1 + \gamma Ma_2^2}{1 + \gamma Ma_4^2} \left[ \frac{2 + (\gamma-1)Ma_4}{2 + (\gamma-1)Ma_2} \right]^{\frac{\gamma}{\gamma-1}} = 0.972\,25 \tag{3.63}$$

于是可以得到静压比

$$\frac{p_6}{p_0} = \frac{p_6^*}{p_0^*} \left[ \frac{1 + \frac{1}{2}(\gamma-1)Ma_0^2}{1 + \frac{1}{2}(\gamma-1)Ma_6^2} \right]^{\frac{\gamma}{\gamma-1}} = 18.867 \tag{3.64}$$

根据 1.5 截面与 6 截面的质量守恒方程，可以得到 $A_6/A_{1.5}$：

$$\frac{A_6}{A_{1.5}} = \frac{q(Ma_{1.5})p_{1.5}^*}{q(Ma_6)p_6} \sqrt{\frac{T_6^*}{T_{1.5}^*}} = \frac{p_0^*}{p_6^*} \sqrt{\frac{T_6^*}{T_0^*}} = 1.781 \tag{3.65}$$

即收缩喷管的喉道截面积小于进气道喉道截面积。最后，将式(3.59)、式(3.62)和式(3.64)代入推力式(3.40)，可以得到发动机推力系数

$$C_F = 2\left(\frac{V_6}{V_0} - 1\right) + \frac{2}{\gamma Ma_0^2} \frac{A_6}{A_0}\left(\frac{p_6}{p_0} - 1\right) = 0.911\,1 \tag{3.66}$$

与式(3.60)对比可以发现，加上收缩喷管以后，推力系数公式中的第一项没有发生变化，虽然压比 $p_6/p_0$ 由 7.94 增大至 18.867，但同时面积比 $A_6/A_0$ 由 1 下降到 0.404 53，因此推力增幅仅为约 5.3 %，提高幅度并不大。

### 8. 第八步：加入扩张喷管

最后，在收缩喷管之后加上扩张段，使得燃气在喷管内得到完全膨胀（即 $p_6 = p_0$），如图 3.13 所示。此时喷管喉道之前的流动情况与上一步相同，故 $Ma_5 = 1$，且 $p_5/p_0 = 18.867$，$p_5^* = p_6^*$。于是可知

$$\frac{p_5}{p_6} = \frac{p_5}{p_0} = \frac{p_5^*}{p_6^*}\left( \frac{1 + \frac{\gamma-1}{2}Ma_6^2}{1 + \frac{\gamma-1}{2}Ma_5^2} \right)^{\frac{\gamma}{\gamma-1}} = 18.867 \tag{3.67}$$

由此可以求得发动机出口马赫数 $Ma_6$ 为 2.981。

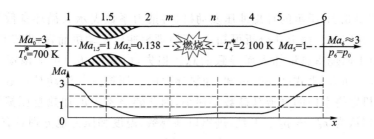

图 3.13　冲压发动机流动过程分析——第八步

再来计算发动机的推力。根据进出口马赫数及总温取值，可以得到发动机温升和速度比分别为

$$\frac{T_6}{T_0} = \frac{T_6^*}{T_0^*} \left[ \frac{1 + \frac{1}{2}(\gamma - 1) Ma_0^2}{1 + \frac{1}{2}(\gamma - 1) Ma_6^2} \right] = 3.024 \tag{3.68}$$

$$\frac{V_6}{V_0} = \frac{Ma_6}{Ma_0} \sqrt{\frac{T_6}{T_0}} = 1.728 \tag{3.69}$$

注意到 $p_6 = p_0$，于是将式(3.69)代入推力式(3.40)，可以得到发动机推力系数

$$C_F = 2\left(\frac{V_6}{V_0} - 1\right) + \frac{2}{\gamma Ma_0^2} \frac{A_6}{A_0}\left(\frac{p_6}{p_0} - 1\right) = 1.456\,3 \tag{3.70}$$

相对于上一步而言，在收缩喷管之后加入扩张喷管使得燃气达到完全膨胀，可以使推力提高约 59.8 %。

如果在推力计算中不忽略燃料质量流量(即 $f \neq 0$)，而仅仅忽略燃料质量加入造成的燃气总压损失，则发动机的推力式(3.39)和推力系数式(3.40)分别为

$$F = \gamma(1 + f) Ma_6^2 A_6 p_6 - \gamma Ma_0^2 A_0 p_0 + (p_6 - p_0) A_6 \tag{3.71}$$

$$C_F = 2\left[(1 + f)\frac{V_6}{V_0} - 1\right] + \frac{2}{\gamma Ma_0^2} \frac{A_6}{A_0}\left(\frac{p_6}{p_0} - 1\right) \tag{3.72}$$

由发动机能量平衡方程式(3.45)，可以得到油气比 $f$ 为

$$f = \frac{\dot{m}_f}{\dot{m}_a} = \frac{T_6^*/T_0^* - 1}{h_f/(c_p T_0^*) - T_6^*/T_0^*} = 0.034\,6 \tag{3.73}$$

于是考虑油气比 $f$ 的发动机推力系数为

$$C_F = 2\left[(1 + f)\frac{V_6}{V_0} - 1\right] + \frac{2}{\gamma Ma_0^2} \frac{A_6}{A_0}\left(\frac{p_6}{p_0} - 1\right) = 1.575\,6 \tag{3.74}$$

可见，忽略燃料质量流量造成推力偏小约 8.2 %。

## 3.2.2　理想冲压发动机循环参数优化

下面针对如图 3.13 所示的理想冲压发动机，将推力系数表示为循环参数的函数，以分析推力系数的最优化问题。由上述分析可知，对于该理想冲压发动机而言，发动机通道内的唯一总压损失就是由于燃烧室热量加入而导致的总压损失，由式(3.63)可知该损失小于 2.8 %。事实上对于瑞利流而言，由式(2.86)可知，加热导致的总压损失与流动马赫数的平方成正比。一般来说，发动机燃烧室内的气流马赫数都很小，因此燃烧室内的加热总压损失通常都很小，近似可以忽略，即认为 $p_6^* = p_0^*$。于是，进出口马赫数、温度和压力也分别具有如下关系：

$$Ma_6 = Ma_0 \tag{3.75}$$

$$\frac{T_6^*}{T_6} = \frac{T_0^*}{T_0} \tag{3.76}$$

$$p_6 = p_0 \tag{3.77}$$

将式(3.75)~式(3.77)代入推力系数 $C_F$ 表达式(3.72),可得到忽略燃烧室热阻后的推力系数为

$$C_F = 2\left[(1+f)\frac{V_6}{V_0} - 1\right] = 2\left[(1+f)\frac{Ma_6}{Ma_0}\sqrt{\frac{T_6}{T_0}} - 1\right] = 2\left[(1+f)\sqrt{\frac{T_6}{T_0}} - 1\right]$$

(3.78)

又由发动机能量平衡方程(3.14)可得

$$1+f = 1 + \frac{h_6^* - h_0^*}{h_f - h_6^*} = 1 + \frac{T_6^* - T_0^*}{h_f/c_p - T_6^*} = \frac{h_f/c_p - T_0^*}{h_f/c_p - T_6^*} = \frac{h_f/(c_p T_0) - T_0^*/T_0}{h_f/(c_p T_0) - T_6^*/T_0}$$

(3.79)

如果令 $\tau_r = T_0^*/T_0$，$\tau_\lambda = T_6^*/T_0$，$\tau_f = h_f/(c_p T_0)$，则式(3.79)可以进一步表示为

$$1+f = \frac{\tau_f - \tau_r}{\tau_f - \tau_\lambda}$$

(3.80)

将式(3.80)代入式(3.78),可以得到用循环变量表示的完全膨胀理想冲压发动机的推力系数为

$$C_F = 2\left(\frac{\tau_f - \tau_r}{\tau_f - \tau_\lambda}\sqrt{\frac{\tau_\lambda}{\tau_r}} - 1\right)$$

(3.81)

很显然,无量纲参数 $\tau_r$ 由飞行马赫数 $Ma_0$ 确定,$\tau_f$ 由燃料热值确定,而 $\tau_\lambda$ 则由燃烧室加热量(即油气比 $f$ 和化学反应机理等)、燃烧室结构热载荷约束等因素确定。对于图 3.13 所示理想冲压发动机,$\tau_r = 2.8$,$\tau_\lambda = 8.4$,$\tau_f = 172$。

为了分析 $\tau_\lambda$(即加热量)一定的情况下,$\tau_r$ 即飞行马赫数 $Ma_0$ 对发动机推力的影响,对式(3.81)做如下变形:

$$\frac{F}{p_0 A_0} = C_F \cdot \frac{\gamma Ma_0^2}{2} = \frac{2\gamma}{\gamma - 1}(\tau_r - 1)\left(\frac{\tau_f - \tau_r}{\tau_f - \tau_\lambda}\sqrt{\frac{\tau_\lambda}{\tau_r}} - 1\right)$$

(3.82)

注意,式(3.82)左端项是理想冲压发动机无量纲推力。在该发动机中,超声速来流在进气道收缩段等熵压缩,至进气道喉道截面达到声速;空气在进气道扩张段等熵压缩至进气道出口到达亚声速;燃料在等截面燃烧室内燃烧释放热量,造成的总压损失可以忽略;燃气在收缩-扩张的拉瓦尔喷管中等熵膨胀,出口气流达到完全膨胀。图 3.14 给出了不同加热量即不同 $\tau_\lambda$ 取值情形下,以 JP - 4 为燃料($\tau_f = 172$)的理想冲压发动机,无量纲推力 $F/(p_0 A_0)$ 随飞行马赫数 $Ma_0$ 的变化曲线。

由图 3.14 可以发现:

① 当飞行马赫数小于 1 时,超声速进气道无法起动,推力为 0。而对于每一个 $\tau_\lambda$ 取值,当 $\tau_r = \tau_\lambda$ 时,必须关机,否则即使喷入燃料也无法获得正推力。

② 对于每一个 $\tau_\lambda$ 取值,存在一个最佳飞行马赫数 $Ma_{0\text{opt}}$,使得无量纲推力 $F/(p_0 A_0)$ 取最大值,$Ma_{0\text{opt}}$ 可以由式(3.82)求解 $\partial(F/p_0 A_0)/\partial Ma_0$,并令其等于 0 求得。比如,当 $\tau_\lambda$ 取 8.4

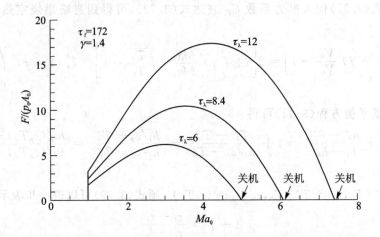

**图 3.14 理想冲压发动机推力随飞行马赫数 $Ma$ 的变化曲线**

时的最佳飞行马赫数应该为 $Ma_0 = 3.53$,而不是图 3.13 所示的 $Ma_0 = 3$。

③ 随着 $\tau_\lambda$ 取值的增大,最佳飞行马赫数 $Ma_{0opt}$ 也会增大。

④ 从理论上来说,在高超声速($Ma_0 > 5$)飞行时,可以通过增大 $\tau_\lambda$ 的取值,使得最佳飞行马赫数增大到 $Ma_{0opt} = Ma_0$,从而使得亚燃冲压发动机能够满足高超声速飞行的要求。但是, $\tau_\lambda$ 的取值受到结构热载荷的约束和燃料化学反应的影响,往往不能取得太高。比如,当 $\tau_\lambda$ 取 12 时,对于环境温度 $T_0 = 250$ K 的飞行来说,意味着燃烧室出口总温将高达 3 000 K,在如此高总温的气流中通过燃烧加入热量存在很大的困难,并且会给结构热防护带来巨大的挑战。因此要在高超声速飞行条件下采用亚燃冲压发动机,是不现实的。

同样,可以再来研究比冲的变化情况。由比冲的定义式(3.28),可以得到

$$\frac{I_s}{a_0} = \frac{F}{(f\rho_0 V_0 A_0)a_0} = \sqrt{\frac{2}{\gamma - 1}(\tau_r - 1)\left(\frac{\tau_f - \tau_\lambda}{\tau_\lambda - \tau_r}\right)}\left(\frac{\tau_f - \tau_r}{\tau_f - \tau_\lambda}\sqrt{\frac{\tau_\lambda}{\tau_r}} - 1\right) \quad (3.83)$$

式中,$a_0$ 为来流声速。图 3.15 给出了不同加热量即不同 $\tau_\lambda$ 取值情形下,以 JP - 4 为燃料($\tau_f = 172$)的理想冲压发动机,无量纲比冲 $I_s/a_0$ 随飞行马赫数 $Ma_0$ 的变化曲线。由图可见,对应于某一确定的 $\tau_\lambda$ 取值,也存在一个最佳飞行马赫数 $Ma_{0opt}$ 使得比冲最大,但是当飞行马赫数 $Ma_0$ 大于 $Ma_{0opt}$ 后,比冲下降相对比较缓慢。此外,随着 $\tau_\lambda$ 取值的增大,比冲有所下降。

由式(3.83)可知,对于特定的燃料(即 $\tau_f$ 取常值)的理想冲压发动机而言,当 $\tau_r = \tau_\lambda$ 时, $I_s/a_0$ 无定义;当 $\tau_r > \tau_\lambda$ 时,$I_s/a_0 < 0$,即当 $\tau_r \geqslant \tau_\lambda$ 时,发动机不产生推力。也就是说,对于加热量一定的理想冲压发动机而言,当飞行马赫数高于某个值后,将无法产生推力;如果要在高飞行马赫数下产生推力,则必须加入更多热量(即增大 $\tau_\lambda$ 取值)。但是,随着飞行马赫数的增大,冲压发动机燃烧室内能够加入的热量是有限的。下面将详细讨论这个问题。

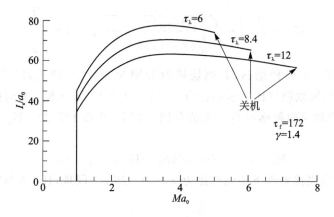

**图 3.15　理想冲压发动机比冲随飞行马赫数 $Ma$ 的变化曲线**

# 3.3　超燃冲压发动机的循环过程

### 3.3.1　从亚燃冲压发动机到超燃冲压发动机

为了说明在高超声速飞行条件下,从亚燃冲压发动机到超燃冲压发动机的转换是必然的,这里来进一步分析亚燃冲压发动机的性能随飞行马赫数的变化特性。由于对完全膨胀理想冲压发动机而言,流道内无任何损失,且 $Ma_6 = Ma_0$,因此由式(3.78)可以进一步将发动机推力系数表示成油气比和总温比的函数

$$C_F = 2\left[(1+f)\sqrt{\frac{T_6^*}{T_0^*}} - 1\right] \tag{3.84}$$

很显然,推力系数主要由燃料燃烧后的总温升幅所决定。但是,由于在高超声速飞行条件下,来流空气的总温 $T_0^*$ 本身就比较高,因此很难通过燃烧达到大的总温升幅。下面来讨论这个问题。

如前所述,$T_6^*$ 受到发动机结构热强度以及燃料喷射、掺混、油气比和化学反应等诸多因素的影响或限制。如果忽略这些因素,认为加入的燃料热值全部转换为燃气的焓,并且固定油气比为化学恰当比时的取值(用 $f_{st}$ 表示),则由冲压发动机能量平衡方程(3.14)可以得到

$$\frac{T_6^*}{T_0^*} = \left(\frac{f_{st}\tau_f}{1+f_{st}}\right)\left[\frac{1}{1 + \frac{1}{2}(\gamma-1)Ma_0^2}\right] + \frac{1}{1+f_{st}} \tag{3.85}$$

将式(3.85)代入式(3.84)可以得到发动机推力系数

$$C_F = 2\left[\sqrt{\frac{f_{st}(1+f_{st})\tau_f}{1+\frac{1}{2}(\gamma-1)Ma_0^2}+f_{st}+1}-1\right] \tag{3.86}$$

考虑氢气（$H_2$）和 JP - 4 两种燃料，其燃烧热值分别为 $h_{f,H_2}=12.1\times10^7$ J/Kg 和 $h_{f,JP-4}=4.28\times10^7$ J/Kg。如果取燃气比定压热容为 $c_p=1\,004.7$ J/(kg·K)，发动机工作点的环境温度为 $T_0=216$ K，则对应两种燃料的 $\tau_f$ 取值分别为 557.56 和 197.22。$H_2$ 与空气燃烧的总包化学反应方程为

$$H_2+0.5O_2+1.864N_2 \rightarrow H_2O+1.864N_2$$

由此可得化学恰当比条件下的油气比为 $f_{st}=0.029\,5$。同理，JP - 4 与空气燃烧的总包化学反应为

$$CH_{1.94}+1.485O_2+5.536N_2 \rightarrow CO_2+0.97H_2O+5.536N_2$$

对应化学恰当比条件下的油气比为 $f_{st}=0.068\,9$。

将 $f_{st}$ 和 $\tau_f$ 的取值代入式(3.85)和式(3.86)，即可以建立发动机总温升、推力系数随飞行马赫数的关系。对上述两种燃料，图 3.16 和图 3.17 分别给出了它们随飞行马赫数的变化曲线。由图可以发现：

① 由于 $H_2$ 的热值大于 JP - 4，因此在相同的飞行马赫数 $Ma_0$ 下，以 $H_2$ 为燃料的发动机总温比更大，对应的推力系数也更大。

② 随着飞行马赫数 $Ma_0$ 的增大，$T_6^*/T_0^*$ 逐渐降低，推力系数也降低。也就是说，飞行马赫数越大，越难向冲压发动机燃烧室内加热热量。

③ 当飞行马赫数约大于 7 以后，推力系数 $C_F$ 将小于 1；当 $Ma_0 \rightarrow \infty$ 时，$C_F \rightarrow f_{st}$。但是根据飞行器气动分析知识，当飞行马赫数 $Ma_0 \rightarrow \infty$ 时，细长体飞行器的阻力系数 $C_D$ 往往趋向于某个常数。这就意味着，飞行器的飞行马赫数越大，采用亚燃冲压发动机为动力，越难产生足够的正推力。

此外，在高超声速飞行时，如果继续采用亚燃冲压发动机，则在燃烧室进口的空气流的静温很高，燃料燃烧后的产物往往会离解为原子和自由基。由于燃烧产物离解过程是一个吸热过程，因此大量燃烧产物离解往往会导致燃烧释放的热量被消耗掉，严重时有可能导致燃烧后温度反而比燃烧室进口空气流低。虽然在喷管内有部分离解能被回收，但是往往有大部分无法回收，而导致发动机能量"丢失"。

以上分析表明，在高超声速飞行条件下，由于来流总温很高，很难在理想亚燃冲压发动机内通过燃烧燃料加入更多的热量以产生推力，此时必须对发动机气动型面进行重新设计。通常的做法是，改变发动机型面，使得高超声速来流空气在进气道内压缩，到达燃烧室时仍然是超声速的，然后在燃烧室内采用大油气比的富燃喷油方案加入燃料，燃料在超声速气流中燃烧（即超声速燃烧），而后燃气在扩张喷管内膨胀产生推力。这就是超燃冲压发动机，其典型结构如图 3.18 所示。

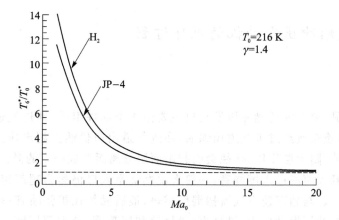

**图 3.16　理想冲压发动机在定油气比情形下的总温曲线**

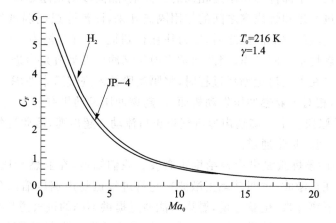

**图 3.17　理想冲压发动机在定油气比情形下的推力系数曲线**

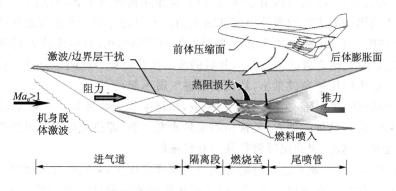

**图 3.18　典型超燃冲压发动机/机体一体化构型**

### 3.3.2　超燃冲压发动机的循环过程

**1. 流动特点**

由图 3.18 可见,典型的超燃冲压发动机主要由 4 个部件组成,即进气道、隔离段、燃烧室和尾喷管。高超声速来流经过进气道压缩后,在进气道出口仍然为超声速。该超声速气流进入隔离段,由于激波/附面层作用,往往会引起附面层分离而形成一定的激波串结构(也叫预燃激波串)。气流离开隔离段进入燃烧室,一般来说燃烧室入口仍然为超声速,燃料在等截面或者微扩燃烧室里喷入,与超声速空气流掺混后燃烧,最后燃气在扩张喷管里膨胀,发动机产生推力。因此,在超燃冲压发动机中,进气道、燃烧室和尾喷管,分别起压缩、加热、膨胀的作用,这与亚燃冲压发动机三个部件的作用是相同的。但是,隔离段则是超燃冲压发动机特有的,其作用是从气动上将进气道和燃烧室之间的作用隔离开来,即消除或削弱进气道和发动机之间的耦合关系。由于气流经过隔离段之后,压力往往得到提升,有时候为了研究的方便,将隔离段并入进气道或者燃烧室一同考虑,因此通常也说超燃冲压发动机是由进气道、燃烧室和尾喷管三个部件组成的。在下文讨论循环过程时,将隔离段并入进气道来考虑。

从结构上来说,相对于亚燃冲压发动机而言,超燃冲压发动机有三大不同:

① 进气道无扩张段。由于高超声速进气道出口流动为超声速,因此进气道出口之后一般为等截面的隔离段,而无扩张通道。

② 以隔离段内的预燃激波串代替结尾正激波。我们知道,在亚燃冲压发动机中,进气道扩张通道内往往存在正激波(也叫结尾正激波),它将进气道超声速压缩部分与燃烧室燃烧之间的相互耦合作用隔离开来;也就是说,燃烧只能通过提供不同的进气道出口反压来改变结尾激波的位置,但是只要结尾激波没有被推出进气道,燃烧就无法改变正激波之前的流动。而对于超燃冲压发动机而言,隔离段内由于激波/边界层作用而形成的预燃激波串,扮演着这个角色,即燃烧室内的燃烧无法影响激波串之前的流动。不同的燃烧室和进气道压比,会改变隔离段内的激波串结构。比如,图 3.18 所示为典型的斜激波串结构,其后流动为超声速;而图 3.19 所示则为正激波串(也叫 λ 激波串)结构,其后的流动往往是亚声速的。当然,过高的燃烧室压力,也会将进气道内的压缩激波推出,从而引起进气道不起动。

③ 以热力喉道取代拉瓦尔喷管的几何喉道,即尾喷管无收缩段。一般来说,在超燃冲压发动机燃烧室内,由于热量的加入,通常会形成热壅塞截面(即热力喉道),燃烧室出口(即尾喷管进口)流动是超声速的,因此尾喷管往往只有扩张段。

超燃冲压发动机与高超声速飞行器之间具有强耦合作用,必须进行发动机/机体一体化设计。机体/推进一体化具有两层含义:① 在性能优化时兼顾机体的气动性能和发动机的推进性能,应考虑二者的相互影响;② 在结构上将机体和发动机设计为一体。其分别反映的是优

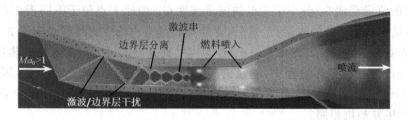

**图 3.19　超燃冲压发动机隔离段的正激波($\lambda$)串结构**

化设计思想和整体设计思想。无论从哪一层次来看,超燃冲压发动机进排气部件即高超声速进气道和尾喷管都扮演着极其重要的角色。从第一层次来看,飞行器前体下表面和后体下表面分别是进气道压缩面和尾喷管膨胀面的一部分,进气道和尾喷管是发动机和飞行器间直接发生耦合干涉的两大部件,因此机体与发动机的一体化设计主要体现在飞行器前体与进气道的一体化设计,以及飞行器后体与尾喷管一体化设计上。这将分别在第 4 章和第 6 章进一步阐述。

**2. 循环过程**

　　超燃冲压发动机的进气道(包括进气道和隔离段)、燃烧室和尾喷管,分别起到压缩空气、燃烧加热和膨胀燃气的作用。这与亚燃冲压发动机三个部件的作用是相同的,因此如果在理想情况下,忽略各部件的损失,则超燃冲压发动机的循环过程仍然是图 3.1 所示的 Brayton 循环。如果考虑进气道和尾喷管的损失,并认为燃烧室是等压加热过程,则其循环过程如图 3.2 所示,这也与亚燃冲压发动机相同。仍然用瑞利流理论来近似分析发动机燃烧室,由于发动机燃烧室气流为超声速,因此加热会使流动马赫数降低,并且在加热量相同的情况下,造成的总压损失会更大(即热阻更大)。

　　图 3.20 给出了亚燃和超燃冲压发动机的循环过程对比,其中超燃冲压发动机循环对应于 0—2—4—6—0,而亚燃冲压发动机对应于 0—2—7—2′—4′—6′—6—0。这里假设两个发动机进气道的超声速压缩部分相同,都对应于 0—2。然后,超燃燃烧室对应于瑞利线超声速分支上的 2—4 过程,即在超声速气流中燃烧,最后燃气在扩张喷管中的膨胀过程对应于 4—6 过程。但是,对于亚燃冲压发动机来说,超声速压缩至状态 2 后,在进气道扩张段形成正激波,沿着 2—7 过程使得波

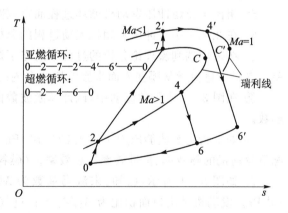

**图 3.20　亚燃和超燃冲压发动机的循环过程对比**

后流动跃至同一瑞利线的亚声速分支(即达到状态 7),紧接着波后气流在进气道亚声速扩张段进一步压缩,至进气道出口到达图中 2′状态。相对于激波截面而言,进气道出口截面积更

大,于是 $2'$ 点的流量密度 $G_{2'}$ 会小于 $7$ 点的流量密度 $G_7$,因此 $2'$ 点位于不同于 $7$ 点的另外一条瑞利线上(参见 2.2.4 小节的讨论)。然后,亚声速燃烧室内的燃烧过程对应于 $2'-4'$,而尾喷管的流动过程对应于 $4'-6'$。图中 $6'-6-0$ 为燃气离开发动机之后的等压散热过程。

在超燃冲压发动机循环过程中,能量的转换过程与亚燃冲压发动机类似,因此可以结合图 3.2 定义循环效率(热效率、推进效率和总效率)。发动机的推力、阻力和比冲等性能参数的定义与亚燃冲压发动机相同。

# 3.4 小　结

本章介绍了冲压发动机的热力循环过程,分析了发动机的能量转化过程,定义了冲压发动机的性能参数;分析了理想亚燃冲压发动机的流动过程,重点讨论了进气道压缩、燃烧室放热以及尾喷管型面对发动机性能的影响机理;最后,讨论了在高超声速情况下,亚燃冲压发动机性能的变化规律,并在此基础上给出了超燃冲压发动机的循环过程和流动特点。

# 习　题

1. 对比分析 Brayton 循环(见图 3.1)和冲压发动机实际循环过程(见图 3.2)的特点。

2. 概述冲压发动机内的能量转化过程。

3. 冲压发动机的热效率、推进效率和总效率的定义是什么? 它们之间有什么联系?

4. 为什么在高超声速飞行时不宜采用亚燃冲压发动机而要采用超燃冲压发动机作为动力装置?

5. 相比于亚燃冲压发动机循环过程而言,超燃冲压发动机循环有什么不同?

6. 在 3.2.1 小节冲压发动机流动过程的分析中,回答或计算:

① 在采用瑞利流理论分析的过程中忽略了燃料质量流量的影响,试分析这会带来哪些偏差? 燃料质量流量从哪些方面来影响燃烧室内的流动?

② 在图 3.11 所示的流动中,试计算激波截面位置(以 $A/A_{1.5}$ 表示)、波前马赫数和波后马赫数。

③ 如果给定来流静压为 $p_0 = 4.27 \times 10^4$ Pa,试计算图 3.9、图 3.11~图 3.13 所示四种工况下发动机的热效率、推进效率和总效率。(燃料为 JP-4。)

7. 如图 3-1 所示,已知:来流马赫数为 $Ma_0 = 3$,静温为 $T_0 = 216$ K,静压为 $p_0 = 2 \times 10^4$ Pa。发动机进出口面积比为 $A_1/A_6 = 2$,进气道处于起动状态,并且正激波位于进气道扩张段,燃烧室出口总温为 $T_4^* = 1512$ K,试计算发动机的无量纲推力 $F/p_0 A_0$。

8. 如图 3-2 所示,已知:来流马赫数为 $Ma_0 = 3$,静温为 $T_0 = 216$ K,静压为 $p_0 = 2 \times 10^4$ Pa。发动机进出口面积比为 $A_1/A_8 = 1.75$,进气道处于起动状态,并且正激波位于进气道

**图 3-1　习题 7 用图**

扩张段,燃烧室出口总温为 $T_4^* = 1\,512$ K,燃气在尾喷管达到完全膨胀状态,即 $p_6 = p_0$。燃料热值为 $h_f = 4.28 \times 10^7$ J/kg。

① 试计算发动机的无量纲推力 $F/p_0 A_0$。

② 如果 $T_4^*$ 稍微有所降低,试判断激波前马赫数、燃烧室进出口马赫数,以及发动机出口压力如何变化。

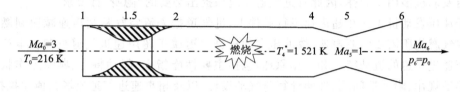

**图 3-2　习题 8 用图**

# 参考文献

[1] 潘锦珊主编. 气体动力学基础. 北京:国防工业出版社,1979.

[2] 黄志澄. 高超声速飞行器空气动力学. 北京:国防工业出版社,1995.

[3] Heiser W H, Pratt D T. Hypersonic Airbreathing Propulsion. AIAA Education Series, AIAA Pub., Washington DC, 1994.

[4] Cantwell B J. Aircraft and rocket propulsion. Stanford University, AA283 course note, 2007.

[5] Anderson J D. Hypersonic and high temperature gas dynamics. McGraw-Hill Book Company, 1989.

[6] 石喜勤,陈兵,徐旭,等. 冲压发动机进气道/燃烧室/尾喷管耦合流场计算. 推进技术, 2008, 29(5).

[7] Zucrow M J, Hoffman J D. Gas Dynamics. John Wiley & Sons, Inc., 1976,1(2).

[8] Corin Segal. The scramjet engine: processes and characteristics. Cmbridge University Press, 2009.

[9] Curran E T, Murthy, S N B. Scramjet Propulsion. Progress in Astronautics and Aeronautics, AIAA, Washington, D. C., 2001.

[10] 刘陵,等. 超音速燃烧与超音速燃烧冲压发动机. 西安:西北工业大学出版社,1993.

# 第4章 冲压发动机的进气道

冲压发动机属于典型的吸气式动力系统,进气道是指发动机流管中位于燃烧室入口之前的部分,它担负着为发动机从大气中引入足够流量空气的任务。由于以冲压发动机为动力装置的导弹飞行马赫数较高,因此进气道还起着将低压超声速来流减速增压的作用,从而使进入燃烧室的空气流动速度与燃烧室中火焰传播的速度相适应。对进气道的基本要求是:在减速增压的过程中,总压损失要尽可能小;在所有飞行条件和发动机工作状态下,进气道的增压过程中要尽量避免过大的空间和时间上的气流不均匀性;进气道造成的外阻力要足够小。此外,由于冲压发动机多用于导弹,因此对进气道还应该提出必要的"隐身"性要求。

由于冲压发动机工作在超声速飞行条件下,进气道把来流空气从超声速减速到燃烧室内燃料与空气燃烧所需要的亚声速,故冲压发动机进气道属于超声速进气道范畴。本章将主要介绍超声速进气道的流动特点和工作原理,包括主要性能指标、起动特性、典型工作状态及工作点的移动规律、附面层问题、性能计算与气动设计,以及超声速进气道流场数值模拟技术等;最后给出了高超声速进气道的结构特点及相关特殊问题。

## 4.1　超声速进气道的主要类型及热力循环过程

### 4.1.1　超声速进气道的主要类型及流动特点

按照对气流压缩形式的不同,大致可以将超声速进气道分为以下4种主要类型:皮托式进气道、内压式进气道、外压式进气道和混压式进气道。本小节将在不考虑气流粘性的前提下,逐个讨论它们的主要流动特点,阐述各自对来流空气的压缩过程。

#### 1. 皮托式进气道

图4.1给出了皮托(Pitot)式超声速进气道的典型结构示意图。从几何构型上来看,皮托式超声速进气道类似于测总压的皮托管,即为带尖唇口的扩张管道,其典型流动状态如图中所示。由于进气道下游发动机的节流作用,使得超声速来流在进口附近经正激波突降为亚声速流动,然后在扩张管道中继续减速增压(也叫扩压)。需要说明的是,当飞行状态发生改变时,冲压发动机的工作状态也相应地发生改变,使得发动机需求的空气流量发生改变,即进气道出口反压将发生改变。对于一定的来流条件,当进气道亚声速出口的反压增大时,进气道进口附近的激波将被向上游推动。因此,皮托式进气道进口激波的位置,取决于发动机的工作状态,

激波恰好贴于进口位置只是其中一种典型状态。

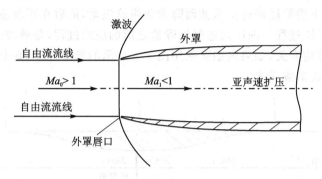

**图 4.1　皮托式超声速进气道结构示意图**

　　皮托式超声速进气道的总压损失,主要由进口附近的正激波造成,如图 4.2 所示。可以发现,正激波的总压损失将随着激波前马赫数 $Ma_0$ 的增加而迅速增大,当 $Ma_0<1.4$ 时,总压损失小于 4.2 %;而当 $Ma_0>1.4$ 时,波前马赫数 $Ma_0$ 每增大 0.1,总压损失就会增大约 4.0 %,近乎直线上升。因此,皮托式进气道一般只适用于飞行马戏赫数 $Ma_0<1.4$ 的飞行器,如超声速飞机等。

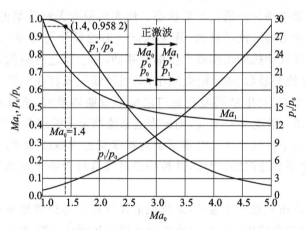

**图 4.2　正激波前后的参数分布(取比热比 $\gamma=1.4$)**

**2. 内压式进气道**

　　图 4.3 给出了内压式超声速进气道的典型结构示意图。可以发现,其横截面积变化规律类似于拉瓦尔(Laval)喷管,即沿着轴线方向先减小后增大。但是,由于进气道进口前的来流为超声速气流,因此内压式进气道内的流动规律与拉瓦尔喷管内的流动有着本质的差别。众所周知,拉瓦尔喷管内的流动是增速降压的膨胀过程,但内压式超声速进气道内的流动规律却

是降速增压过程,即超声速来流在进气道进口之后的内通道内,经过一系列激波或微弱压缩波而减速增压,在喉道下游附近经过正激波而降为亚声速流动,最后在正激波之后的扩张管道内进一步进入亚声速扩压过程。内压式进气道喉道之前的压缩过程,是激波还是微弱压缩波,与内收缩型面的具体结构有关,如果内型面采用图 4.3 所示的光滑过渡,则喉道之前的流动以微弱压缩波为主,否则将形成激波。

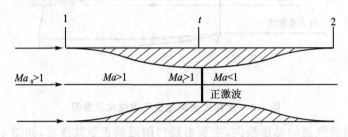

**图 4.3　内压式超声速进气道结构示意图**

　　从无粘流理论角度来说,在精心设计的"收缩-扩张"型内通道内,超声速气流可以等熵地被减速,在喉道截面达到声速(即 $Ma_t = 1$),再在扩张段将气流进一步减速到所需要的亚声速,即形成"倒拉瓦尔喷管"流动,整个压缩过程中不会形成激波,气流的总压不会有任何损失。内压式进气道的这种理想流动称为最佳流动状态。然而即使在无粘等熵的理想状态下,这种流动也只是对应于某个特定的来流马赫数(称为该进气道的设计马赫数,记为 $Ma_D$),由于飞行状态等因素而造成冲压发动机的工作点产生细微移动,都会使进气道的流动状态偏离理想流动状态。比如,如果来流马赫数 $Ma_0$ 稍微减小,则超声速气流将在喉道之前即可减小为声速(喉道截面积"显得过小"),发生壅塞而在进口之前形成脱体激波,造成进入进气道的流量减少;如果来流马赫数 $Ma_0$ 稍微大于 $Ma_D$,则超声速来流减速至喉道截面时仍为超声速流动(喉道截面积"显得过大"),于是气流将在喉道下游的扩张管道内继续加速。况且,进气道内实际流动中,气体的粘性是不容忽略的,因此,这种理想进气道对于冲压发动机来说是没有现实意义的。

　　一种切实可行的内压式进气道流动,是将喉道设计得比理想喉道面积稍大,在喉道(或喉道稍下游)以一道正激波来结束内压式超声速进气道的超声速压缩,波后的亚声速气流在扩张通道内进一步减速增压,如图 4.3 所示。对于几何一定的内压式进气道而言,正激波在喉道下游的具体位置,由飞行状态(马赫数、攻角等)和进气道出口的反压条件来共同决定。当内压式进气道出口反压足够高时,将会把正激波推出进气道进口而在进气道外形成脱体弓形激波,而一旦激波被推出进口,要再次将其自动吸入,需要进气道内收缩比、来流马赫数和出口反压满足一定的条件(4.3 节将对这个问题做详细讨论)。称内压式进气道激波处于进口前的流动状态为不起动状态,而起动状态就是指进气道的最小截面(即喉道)处建立了超声速流动的工作状态。需要说明的是,正激波在收缩管道内是无法稳定下来的,读者可以自行分析其原因。

内压式进气道最大的优点就是外阻力和总压损失通常都很小,这是因为其外罩倾角很小,可以设计成与来流方向大致平行。其最大的缺陷就是,由于内压式进气道的几何面积内收缩一般比较大,往往存在所谓"起动"问题。正是由于存在严重的起动问题,因此内压式进气道还没有得到实际应用。

**3. 外压式进气道**

与内压式超声速进气道相反,在外压式超声速进气道中,对来流的超声速压缩部分是在进气道进口之前完成的。如图 4.4 所示,超声速来流在进气道进口截面之前,经过一系列斜激波(或弱压缩波)减速增压,然后在进气道进口截面处经过一道正激波而降为亚声速气流;最后,亚声速气流进入进气道,在扩张通道内进一步压缩,直到进气道出口流动状态与燃烧室进口的需求条件相匹配。当冲压发动机工作点发生移动时,进气道出口的反压条件将会发生变化,那么对应的进口前波系也会发生变化。例如,当由于工作点发生变化而造成反压增大时,进口处的正激波将被向上游推动而远离进气道进口截面。

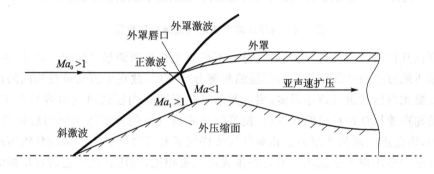

**图 4.4 外压式超声速进气道结构示意图**

与内压式进气道相比较而言,达到相同的压缩程度,外压式进气道需要较大的外部压缩转角,那么为了使气流在进气道进口处产生正激波,外罩内表面在二维情形下必须与外部压缩面的最后方向平行。这样,就会使得外罩外表面相对于来流的倾角较大,于是将产生很大的外罩波阻。当飞行马赫数较高时,为了降低总压损失,必须降低唇口正激波波前马赫数,于是需要增大斜激波压缩的程度,同样需要增大外部压缩面转角,此时进气道的外阻力会更大。因此,外压式超声速进气道的缺点是外阻力较大,总压恢复也相对较低。但是,由于外压式进气道没有内部收缩通道,结构简单,故不存在起动问题,一般可以在飞行马赫数 $Ma_0 = 2.0 \sim 2.5$ 范围内使用。

**4. 混压式进气道**

顾名思义,混压式超声速进气道兼有外部超声速压缩和内部超声速压缩,即超声速来流在进气道进口之前只经过一系列斜激波(或弱压缩波)压缩而在唇口截面形成斜激波,使得气流在进气道进口仍然保持超声速流动,然后在进气道进口之后的一段收缩通道内经过一系列激波(或弱压缩波)继续进行超声速压缩;气流马赫数在喉道截面处减速到大于1的某个值,然后在扩张管道内紧靠喉道的下游某个位置形成正激波,波后亚声速流动在扩张通道内进行亚声速压缩。通常将超声速进气道内最后一道正激波叫做结尾正激波,意味着超声速压缩部分结束。混压式超声速进气道进口之后的内通道截面积变化规律与内压式超声速相同,即先收敛后扩张。图4.5给出了混压式超声速进气道的典型几何构型及波系结构。

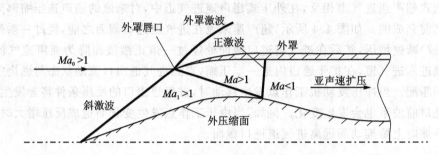

**图 4.5　混压式超声速进气道结构示意图**

　　由于存在几何内收缩段,混压式进气道也不可避免地会遇到起动问题。但是,由于来流空气的超声速压缩过程由外部压缩和内部压缩两部分来完成,故在来流马赫数相同的情形下,内部压缩程度要比内压式进气道小得多,因此其起动过程要比内压式进气道容易得多。也正是因为气流的超声速压缩过程分两步进行,使得混压式进气道的外部压缩面的总转角比外压式进气道要小,因此进气道的外阻力也相对外压式进气道有所降低。由于采用分级压缩过程,故混压式进气道的总压损失也较小。但与外压式进气道相比,混压式进气道的外压缩面较长,这必然会导致进入进气道进口的气流附面层较厚,并且内压通道内一般还存在复杂的激波反射及激波-附面层干扰作用,结果使得混压式进气道出口流动的均匀性较差。总体来说,混压式进气道兼有外压式和内压式进气道的优点,并缓和或部分地弥补了二者的缺陷,即通常外阻较小,总压损失较小,起动问题也比较容易解决。混压式进气道一般适用于 $Ma_0 > 2.0$ 的较高飞行马赫数情形。

## 4.1.2　超声速进气道的热力循环过程

　　在图3.2所示的冲压发动机热力循环 $T-s$ 图中,过进气道出口状态点即2点的等熵线,与6—1等压散热线的交点为 $x$,进气道的热力学过程对应于图中0—2—$x$—0,其中0—1为外压部分,1—2为内压部分。与理想的 Brayton 循环不同,由于激波和摩擦损失,进气道内存在熵增。进气道热力循环过程对分析其压缩效率很有用(见4.2.2小节)。

# 4.2　超声速进气道的主要性能指标

超声速进气道担负着为冲压发动机提供燃烧室内燃料燃烧所需要的空气的任务。所谓"所需要的空气"其实包含两层含义：首先是为燃烧室提供足够质量流量的空气，以满足燃料有效燃烧所需要的氧气；其次是进入燃烧室的空气的状态参数还应该满足一定的条件，且要求气流品质（如均匀性等）足够高。

从第一个层面来考虑，衡量进气道提供的空气流量多少的性能指标是流量系数，通常用 $\varphi$ 表示。从第二个层面来考虑，由于进入燃烧室的空气中，很大比例的惰性气体（如氮气等）在燃烧室内被加热，最终也随燃气一起通过冲压发动机的喷管喷出外界，膨胀作功而形成推力，这就要求进入燃烧室的空气自身的作功能力要尽可能高。通常认为，气流的总压是气流能量可利用程度的度量，它表征着气流作功能力的大小，因此要求进入燃烧室空气作功能力尽可能高即是要求进气道出口气流总压应该足够高，可以用总压恢复系数来衡量，以 $\sigma$ 来表示。不仅如此，空气总压的高低，以及总压等气流参数的均匀性，还会影响燃烧室内的燃烧过程。衡量气流均匀性的高低常常用流动畸变指数来表征。此外，进气道出口的空气还应该具有足够高的静压和静温，以保证燃烧室内燃料的高效燃烧，分别用压升 $p_r$ 和温升 $\psi$ 来表示；进气道出口空气的流动速度还应该与燃烧室内火焰传播速度相适应，冲压发动机进气道出口马赫数 $Ma_2$ 的典型取值一般在 0.1~0.4 之间。

由于进气道直接处于自由来流之中，会形成一定的阻力 $D$，影响整个发动机的净推力，常用阻力系数 $C_D$ 来表示。此外，还可以从热力循环的角度定义进气道的压缩效率，包括绝热压缩效率 $\eta_c$、动能效率 $\eta_{kE}$、有效动能效率 $\eta_{kEeff}$ 和熵增 $\Delta s$ 等，用来从宏观的角度衡量进气道整个压缩过程效率的高低。在所有这些参数中，总压恢复系数 $\sigma$、流量系数 $\varphi$ 和阻力系数 $C_D$，是表征一个进气道好坏的三个基本性能指标。

## 4.2.1　基本性能指标

### 1. 总压恢复系数

总压恢复系数简称总压恢复，是指进气道出口截面空气总压和自由流总压的比值，即

$$\sigma = \frac{p_2^*}{p_0^*} \tag{4.1}$$

式中　$p_0^*$——自由流的总压；

$p_2^*$——进气道出口截面空气总压。

总压恢复系数表示总压损失的大小，$\sigma$ 越大则损失越小。总压损失对冲压发动机推力影

响很大。当总压损失增大即总压恢复系数减小时，发动机所有特征截面的气流总压将减小。尾喷管进口气流总压及其可用膨胀比都将降低，这就使得进入发动机的空气流量减少，喷管喉道的流通能力降低，结果发动机的推力减小，而单位耗油率 SFC 却提高。一般地，当总压损失1 %时，将造成推力损失 1.5 %～2.0 %，耗油率提高 0.3 %～0.5 %，实际的损失量视具体发动机而略有差异。可以证明，进气道有损失时名义推力与无损失时的理想名义推力之比为

$$\frac{F}{F_0} = 1 - (1-\sigma)\left(1 + \frac{p_0 A_6}{F_0}\right) \tag{4.2}$$

式中　　$F$ ——发动机实际名义推力，$F = \dot{m}(V_6 - V_0) + (p_6 - p_0)A_6$；

$F_0$ ——发动机的理想名义推力；

$p_0$ ——自由流的静压；

$V_0$ ——自由流的气流速度；

$p_6$ ——发动机出口截面的静压；

$V_6$ ——发动机出口截面的气流速度；

$A_6$ ——发动机出口截面的面积；

$\dot{m}$ ——发动机出口燃气质量流量。

进气道总压损失主要有粘性摩擦损失和激波损失两种。激波损失可以根据正激波或斜激波的气动关系式（见第 2 章）加以估算。但是，只有简单的附体激波的总压恢复系数可以比较准确地估算，而进气道内激波形式多样，并且具有复杂的激波-附面层干扰，用激波关系式并不能准确地计算进气道的总压恢复系数。进气道中的粘性损失很难估算，往往需要进行试验测量或高精度的计算流体力学（CFD）模拟才能获得。进气道总压恢复的一个重要问题是，进气道出口截面的气流参数的均匀程度，尤其是在有攻角情况工作时，亚声速区可能出现分离区，即使平均总压恢复系数较高，流动的不均匀性也可能使得燃烧的效率很低，甚至造成燃烧室熄火。

除了以上两种主要总压损失外，超声速进气道内还可能存在突扩损失、掺混损失等。在诸多总压损失因素中，激波损失占绝对优势，因此合理地设置进气道的压缩波系，是提高进气道总压恢复系数的关键所在。此外，采取附面层控制（如附面层泄除等）措施，也是提高进气道总压恢复系数的重要手段。

### 2. 质量流量系数

质量流量系数，是指进入进气道的实际空气质量流量，与进口前自由流不经任何扰动直接可以进入进气道的空气质量流量之比。图 4.6 给出了飞行马赫数 $Ma_0$ 较小而外压激波打到唇口之前的流动情形。结合此图，进气道质量流量系数可以表示为

$$\varphi = \frac{\dot{m}}{\dot{m}_c} = \frac{\rho_0 V_0 A_0}{\rho_0 V_0 A_c} = \frac{A_0}{A_c} \tag{4.3}$$

式中　$\dot{m}$ ——进气道实际空气质量流量；

$\dot{m}_c$——自由流不经任何扰动直接可以进入进气道的空气质量流量;

$\rho_0$——来流空气密度;

$A_0$——进气道的实际空气质量流量所对应的自由流流管横截面积,也叫进气道的捕获面积;

$A_c$——进气道唇口截面在自由流垂直方向的截面积。

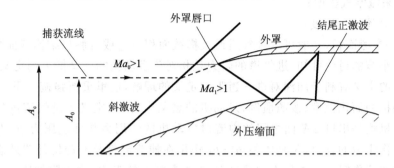

**图 4.6 超声速进气道流量系数的定义**

由式(4.3)可以发现,超声速进气道的质量流量系数 $\varphi$,实际上就是实际捕获的空气所对应的自由流管截面积 $A_0$ 与唇口结构截面积 $A_c$ 之比,故质量流量系数也叫捕获面积比。

质量流量系数反映了进气道入口前的气流波系结构相对于外罩唇口的位置,与飞行马赫数 $Ma_0$、进气道出口背压 $p_{b2}$ 和飞行攻角 $\alpha$ 有关。当反压足够大而将结尾激波推出进口时,将产生溢流而使流量系数降低;在反压较小而不足以将进气道结尾正激波推出进气道的前提下,当飞行马赫数 $Ma_0$ 足够小而使外压激波打到唇口之前时,质量流量系数 $\varphi$ 小于 1;随着 $Ma_0$ 的增大,外压激波向唇口靠近,质量流量系数 $\varphi$ 增大,直到 $Ma_0$ 大于一定的值而使得外压激波打到唇口或之后时,质量流量系数 $\varphi$ 等于 1。对于定几何超声速进气道而言,当飞行攻角增大时,一般也会降低进气道的质量流量系数。但是无论如何,超声速进气道的质量流量系数 $\varphi$ 也不会超过 1。这就给进气道与发动机之间的流量匹配带来了一定的困难,在 4.4 节中将对该问题做比较详细的讨论。

一般地,将进气道外压激波系恰好打到外罩唇口所对应的飞行马赫数叫做封口马赫数(或者额定马赫数),记为 $Ma_s$。在初步设计阶段,通常在设计马赫数下尽可能地追求进气道的质量捕获面积为 1,外压激波恰好打到外罩唇口,因此习惯上往往将进气道的设计马赫数 $Ma_D$ 与封口马赫数 $Ma_s$ 不做区分。但是为了保证非设计状态和有攻角的情况下进气道能有比较好的性能,通常要求进气道在设计状态下具有一定的溢流量,即设计点质量流量系数 $\varphi_D < 1$。此时进气道的封口马赫数 $Ma_s$ 与设计马赫数 $Ma_D$ 并不相等,即 $Ma_s \neq Ma_D$。

**3. 阻力系数**

进气道的阻力系数 $C_D$ 是衡量进气道性能的重要指标之一。如果进气道的总阻力为 $D$,则定义进气道的阻力系数为阻力与自由流动压和参考面积乘积之比:

$$C_D = \frac{D}{\frac{1}{2}\rho_0 V_0^2 A_{\text{ref}}} \tag{4.4}$$

式中　$D$——进气道总阻力；

　　　$\rho_0$——来流空气密度；

　　　$V_0$——来流空气速度；

　　　$A_{\text{ref}}$——参考面积，一般可取进气道最大横截面积 $A_{\max}$ 或者唇口结构截面积 $A_c$。

由 3.1.3 小节的讨论可知，进气道的阻力是相对于发动机的名义推力而定义的。因此，了解发动机推力的定义有利于加深对进气道阻力定义的理解，这里重新强调一下。图 4.7(a) 给出了冲压发动机的简化模型，按照惯例，发动机的名义推力 $F_0$ 定义为进气道进口前自由流管截面 0 至发动机喷管出口 e 截面之间的内流对发动机的作用力与环境压力 $p_0$ 对自由流管和发动机外表面作用力的合力，于是压差 $p-p_0$ 作用在捕获流管及发动机外罩外表面上的力的逆流分量都应该算作阻力。作用在自由流流管外表面上的阻力，称为附加阻力，用 $D_A$ 表示；作用在外罩外表面上的阻力称为外罩阻力，记为 $D_C$，由摩擦阻力 $D_{Cf}$ 和波阻 $D_{Cw}$ 构成。也就是说，进气道的阻力 $D$ 主要由附加阻力 $D_A$ 和外罩阻力 $D_C$ 组成，各部分阻力的计算比较复杂。在 0 和 e 两个截面使用动量定理，即可得到发动机的名义推力 $F_0$（相对式(3.25)而言，忽略了 $F$ 的影响）：

$$F_0 = \dot{m}V_e + A_e(p_e - p_0) - \dot{m}V_0 \tag{4.5}$$

式中，各物理量的含义与式(4.3)相同。但是飞行器机身所承受的发动机的实际推力 $F$ 为

$$F = F_0 - D_C - D_A \tag{4.6}$$

一般情况下，名义推力 $F_0$ 与实际推力 $F$ 并不相等。如图 4.7(b) 所示，如果用 $dA$ 表示与来流垂直的面积微元，则由式(3.26)可知 $D_A$ 可以进一步表示为

$$D_A = \int_{A_0}^{A_1} (p - p_0)\,dA = \int_{A_0}^{A_c} (p - p_0)\,dA \tag{4.7}$$

由于进气道的附加阻力是作用在捕获流管外表面上的压差力的逆流分量，因此当进气道正激波被推出进气道进口产生亚声速溢流或者来流马赫数 $Ma_0$ 较小而产生超声速溢流时，流量系数 $\varphi$ 小于 1，附加阻力随溢流量的增加而迅速增加；当外压激波打到唇口或唇口之后，且反压不足以将结尾正激波推出进气道进口时，进气道质量流量系数 $\varphi$ 恒等于 1，无溢流产生，附加阻力 $D_A$ 为零。图 4.8 给出了进气道阻力的组成及其随质量流量系数 $\varphi$ 的典型变化规律。

进气道的外罩阻力计算比较复杂，特别是摩擦阻力 $D_{Cf}$ 的计算。一般可以根据进气道外罩的压差阻力来考察外罩阻力特性，即定义作用于外罩外表面的静压差在唇口截面至最大截面面积处的积分在轴向的分量为压差阻力(用 $D_p$ 表示)，即

$$D_p = \int_{A_c}^{A_{\max}} (p - p_0)\,dA \tag{4.8}$$

式中　$A_c$——进气道外罩唇口截面在来流垂直方向的面积；

$A_{\max}$——最大截面面积。

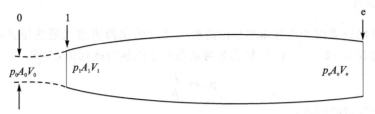

(a) 发动机推力及进气道附加阻力的定义

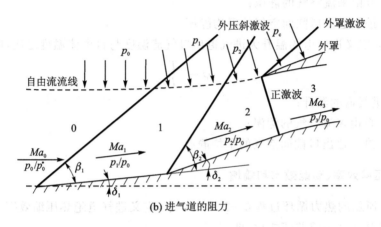

(b) 进气道的阻力

**图 4.7   冲压发动机推力及进气道阻力的定义**

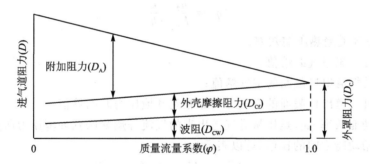

**图 4.8   超声速进气道阻力的组成部分及其随质量流量系数的典型变化规律**

## 4.2.2   进气道的效率及其他性能指标

进入燃烧室的空气的平均流动参数,以及流动的均匀性,主要取决于进气道的压缩过程。为了衡量进气道压缩过程的好坏,可以从进气道出口平均参数和进气道的压缩效率等方面着手,并结合进气道的热力循环过程来分析。

### 1. 压升和温升

定义进气道出口截面平均静压与自由流静压之间的比值为进气道的压升,即在图 3.2 所示的热力循环过程 0—2—$x$—0 中,状态 2 与状态 0 之间压力的比值,亦即

$$p_{\mathrm{r}} = \frac{p_2}{p_0} \tag{4.9}$$

式中　$p_{\mathrm{r}}$——进气道的压升;
　　　$p_0$——自由来流空气的静压;
　　　$p_2$——进气道出口截面空气的平均静压。

同样,可以定义进气道的温升为进气道出口气流温度与自由流温度之比,即

$$\psi = \frac{T_2}{T_0} \tag{4.10}$$

式中　$\psi$——进气道的温升;
　　　$T_0$——自由来流空气的静温;
　　　$T_2$——进气道出口截面空气的平均静温。

### 2. 绝热压缩效率、动能效率和熵增

在图 3.2 所示的热力循环过程 0—2—$x$—0 中,定义进气道绝热压缩效率为状态 2 分别相对于状态 $x$ 和状态 0 的焓差值之比,即

$$\eta_{\mathrm{c}} = \frac{h_2 - h_x}{h_2 - h_0} \tag{4.11}$$

式中　$\eta_c$——进气道绝热压缩效率;
　　　$h_0$——自由流空气的焓值;
　　　$h_2$——进气道出口截面的空气焓值;
　　　$h_x$——进气道出口截面的空气等熵膨胀到环境压力时的焓值。

进气道的动能效率 $\eta_{\mathrm{kE}}$,是指从进气道出来的气流等熵膨胀到环境压力所能获得的动能与自由来流的初始动能之间的比值,可以表示为

$$\eta_{\mathrm{kE}} = \frac{V_x^2}{V_0^2} = \frac{V_0^2 - 2c_p(T_x - T_0)}{V_0^2} \tag{4.12}$$

式中　$\eta_{\mathrm{kE}}$——进气道的动能效率;
　　　$c_p$——空气的比定压热容;
　　　$V_{0,x}$——自由流速度和状态 $x$ 气流速度;
　　　$T_{0,x}$——自由流温度和状态 $x$ 气流温度。

而有效动能效率则是在动能效率的基础上,综合考虑阻力、溢流量等因素的导出量,其定义式为

$$\eta_{kEeff} = \eta_{kE} - \frac{C_D \sqrt{\eta_{kE}}}{\varphi} + \frac{C_D^2}{4\varphi^2} \tag{4.13}$$

式中　$\eta_{kEeff}$——进气道的有效动能效率;

　　　　$\eta_{kE}$——进气道的动能效率;

　　　　$C_D$——进气道的阻力系数;

　　　　$\varphi$——进气道的质量流量系数。

由式(4.13)可以发现,进气道有效动能效率 $\eta_{kEeff}$ 将进气道的质量捕获面积比(质量流量系数)$\varphi$ 和阻力系数 $C_D$ 有机地结合起来了,实质上是进气道基本性能好坏的一个综合指标。

在进气道的压缩过程中,进气道的熵增 $\Delta s$ 可以按下式计算,即

$$\Delta s = s_3 - s_0 = s_x - s_0 = \int_{h_0}^{h_x} \frac{dh}{T} = \int_{T_0}^{T_x} c_p \frac{dT}{T} = c_p \ln \frac{T_x}{T_0} \tag{4.14}$$

式中　$s_0$——自由流空气具有的熵值;

　　　　$s_2$——进气道出口流空气具有的熵值;

　　　　$\Delta s$——进气道出口流空气相对于自由流空气的熵增;

　　　　$c_p$——空气的比定压热容;

　　　　$T_{0,x}$——自由流空气温度和状态 $x$ 气流温度。

### 3. 畸变指数

进气道的流场畸变主要是指进气道出口截面上气流流动参数的不均匀分布。通常着重讨论的是进气道出口截面气流总压的不均匀性,用总压畸变指数来表征,以 $D_p$ 来表示。流场畸变一般是随时间变化的,其在一段时间内的平均值称为稳态畸变;在某一时刻的畸变称为动态畸变。畸变指数有多种定义,其中最简单的总压畸变指数定义为

$$D_p = \frac{p_{max}^* - p_{min}^*}{\bar{p}^*} \tag{4.15}$$

式中　$p_{max}^*$——进气道出口截面上的最大总压;

　　　　$p_{min}^*$——进气道出口截面上的最小总压;

　　　　$\bar{p}^*$——进气道出口截面上的平均总压。

进气道出口流场产生畸变的原因主要有进气道内型面转弯和扩张、激波-附面层干扰、大攻角飞行引起气流分离等。过大的进气道出口流场畸变,将降低燃烧室内燃料的燃烧效率,还可能引发进气道的喘振,降低进气道的稳定裕度。

### 4. 稳定裕度

当超声速外压式(或混压式)进气道的质量流量系数小于某个值时,将出现喘振现象。所谓喘振,是指进气道的结尾正激波被周期性地吸入和推出进气道进口的一种低频振动不稳定

工作状态。喘振造成进气道的空气质量流量间歇性变化,从而引起进气道和燃烧室内的压力忽大忽小,造成燃烧室内燃烧效率降低,严重时会导致发动机熄火。为了避免喘振,必须使得进气道的正常工作流量系数大于开始喘振时的流量系数,即应该留一定的稳定性裕度:

$$\Delta K_a = \frac{\varphi - \varphi_b}{\varphi_b} \times 100\ \% \tag{4.16}$$

式中　$\Delta K_a$——进气道的稳定性裕度;

$\varphi$——进气道质量流量系数;

$\varphi_b$——进气道开始发生喘振时的质量流量系数。

## 4.2.3　各性能参数间的关系

以上给出了超声速进气道的多个性能指标,它们之间并不是完全独立的。在将进气道压缩过程 0—2—x—0 处理成绝热过程(忽略冷却等因素的影响)的前提下,进气道的总压恢复系数 $\sigma$、绝热压缩效率 $\eta_c$、动能效率 $\eta_{kE}$ 和无量纲熵增 $\Delta s/c_p$ 四个参数,只要知道其中一个,就可以求出其他三个。比如,进气道的绝热压缩效率 $\eta_c$ 和压升 $p_r$ 可以进一步展开为

$$\eta_c = \frac{h_2 - h_x}{h_2 - h_0} = \frac{c_p T_2 - c_p T_x}{c_p T_2 - c_p T_0} = \frac{\psi - T_x/T_0}{\psi - 1} \tag{4.17}$$

$$p_r = \frac{p_2}{p_0} = \left(\frac{T_2}{T_x}\right)^{\gamma/(\gamma-1)} = \left(\psi \frac{T_0}{T_x}\right)^{\gamma/(\gamma-1)} \tag{4.18}$$

联立式(4.17)和式(4.18)可以得到压升

$$p_r = \left[\frac{\psi}{\psi(1-\eta_c) + \eta_c}\right]^{\gamma/(\gamma-1)} \tag{4.19}$$

于是,进气道的总压恢复系数 $\sigma$ 可以变换为

$$\sigma = \frac{p_2^*}{p_0^*} = \frac{p_2}{p_0} \frac{\left(1 + \frac{\gamma-1}{2}Ma_2^2\right)^{\gamma/(\gamma-1)}}{\left(1 + \frac{\gamma-1}{2}Ma_0^2\right)} = p_r\left(\frac{1}{\psi}\right)^{\gamma/(\gamma-1)} = \left[\frac{1}{\psi(1-\eta_c)+\eta_c}\right]^{\gamma/(\gamma-1)}$$

$$\tag{4.20}$$

表 4.1 列出了其他一些关系式,其推导过程留给读者自己来完成。

表 4.1　绝热压缩效率、总压恢复系数、动能效率和无量纲熵增四个参数之间的关系

| 已知量 | 待求量 | 公　式 |
|---|---|---|
| $\eta_c$ | $\sigma$ | $\left[\dfrac{1}{\psi(1-\eta_c)+\eta_c}\right]^{\gamma/(\gamma-1)}$ |
| | $\eta_{kE}$ | $1 - \dfrac{2}{(\gamma-1)Ma_0^2}(\psi-1)(1-\eta_c)$ |
| | $\Delta s/c_p$ | $\ln\left[\psi(1-\eta_c)+\eta_c\right]$ |

| 已知量 | 待求量 | 公 式 |
|---|---|---|
| $\sigma$ | $\eta_c$ | $\dfrac{\psi - (1/\sigma)^{(\gamma-1)/\gamma}}{\psi - 1}$ |
| | $\eta_{kE}$ | $1 - \dfrac{2}{(\gamma-1)Ma_0^2}\left[\left(\dfrac{1}{\sigma}\right)^{(\gamma-1)/\gamma} - 1\right]$ |
| | $\Delta s/c_p$ | $\dfrac{\gamma-1}{\gamma}\ln\dfrac{1}{\sigma}$ |
| $\eta_{kE}$ | $\eta_c$ | $1 - \dfrac{\gamma-1}{2}Ma_0^2\left(\dfrac{1-\eta_{kE}}{\psi-1}\right)$ |
| | $\sigma$ | $\left[1 + \dfrac{\gamma-1}{2}Ma_0^2(1-\eta_{kE})\right]^{-\gamma/(\gamma-1)}$ |
| | $\Delta s/c_p$ | $\ln\left[1 + \dfrac{\gamma-1}{2}Ma_0^2(1-\eta_{kE})\right]$ |
| $\Delta s/c_p$ | $\eta_c$ | $\dfrac{1}{\psi-1}\left[\psi - e^{\Delta s/c_p}\right]$ |
| | $\sigma$ | $\exp\left(-\dfrac{\gamma}{\gamma-1}\dfrac{\Delta s}{c_p}\right)$ |
| | $\eta_{kE}$ | $1 - \dfrac{2}{(\gamma-1)Ma_0^2}\left[e^{\Delta s/c_p} - 1\right]$ |

# 4.3　超声速进气道的起动特性

由于内压式超声速进气道存在较大的内收缩比,当飞行马赫数 $Ma_0$ 低于一定的值或者进气道出口反压足够高时,都可能在进气道进口之前形成脱体激波而使进气道处于不起动状态。本节将在忽略反压过高因素的条件下,讨论进气道喉道建立超声速流动的可能性,即自起动特性。也就是说,假定进气道喉道下游的流通能力足够高,凡是能够通过进气道喉道的气流就一定能够流出进气道,并且不考虑攻角等因素的影响。此时,进气道能否自起动只与进气道的内收缩比及来流马赫数有关。

## 4.3.1　内压式超声速进气道的起动特性

### 1. 内压式进气道的面积比及起动

图 4.9 给出了内压式进气道的最佳流动状态,即超声速气流在喉道之前的内通道经微弱压缩波减速增压,在喉道恰好达到声速,然后在扩张管道进一步减速压缩,变成亚声速流动。整个流动通道无激波产生,这种流动状态对应进气道的设计马赫数,记 $Ma_{01} = Ma_D$。此时可以由进口截面 1 与喉道截面 $t$ 之间的质量守恒,得到进气道的面积内收缩比

$$\frac{A_t}{A_1} = q(\lambda_{01}) \tag{4.21}$$

式中　$A_t$——喉道截面 $t$ 的面积；

　　　$A_1$——进口截面 1 的面积；

　　　$q$——气动流量函数；

　　　$\lambda_{01}$——自由流马赫数为 $Ma_{01}$ 时所对应的速度系数。

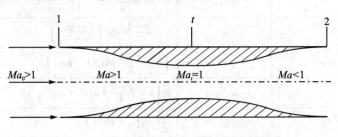

**图 4.9　内压式超声速进气道的最佳流动状态**

按式(4.21)计算得到的面积比,称为最佳(等熵)面积比。由于气动函数 $q(\lambda)$ 在超声速范围内,是关于 $Ma$ 的单调减函数,故最佳面积比 $A_t/A_1$ 与设计马赫数 $Ma_{01}$ 是一一对应的。如果飞行马赫数 $Ma_0$ 增大到 $Ma_{02} > Ma_{01}$,则收缩段不足以将气流减速到声速,喉道马赫数 $Ma_t > 1$,此时喉道截面显得"过大"。如果飞行马赫数 $Ma_0$ 减小到 $Ma_{03} < Ma_{01}$,则喉道截面积"过小",将会发生壅塞而在进口之前发生脱体激波。一旦在进气道口外形成激波,则由于激波损失,将减小进气道喉道的流通能力,此时即使将来流马赫数 $Ma_0$ 重新增大到 $Ma_{01}$,也不能将激波再次吸入,即无法"再起动"。当进气道的 $Ma_D$ 较小时,可以通过进一步增大来流马赫数 $Ma_0$ 的值到 $Ma_3$ 来起动进气道,但是需要 $Ma_3$ 比设计马赫数 $Ma_D$ 大很多,$Ma_3$ 的具体数值由以下气动函数关系式决定,即

$$\theta(\lambda_3) = q(\lambda_D) \tag{4.22}$$

式中　$\lambda_D$ 和 $\lambda_3$——来流马赫数为 $Ma_D$ 和 $Ma_3$ 时所对应的速度系数；

　　　$\theta$——气动函数(见 2.1.2 小节),其定义式重新写出如下：

$$\theta(\lambda) = \left(\frac{\gamma+1}{2}\right)^{\frac{1}{\gamma-1}} \frac{1}{\lambda} \left(1 - \frac{\gamma-1}{\gamma+1} \frac{1}{\lambda^2}\right)^{\frac{1}{\gamma-1}} = q\left(\frac{1}{\lambda}\right), \qquad \lambda \geqslant 1 \tag{4.23}$$

由于气流马赫数 $Ma$ 与速度系数 $\lambda$ 有一一对应的函数关系,故有时候也将气动函数 $\theta$ 和 $q$ 表示成马赫数的函数,分别记为 $\theta(Ma)$ 和 $q(Ma)$。表 4.2 给出了一系列设计马赫数 $Ma_D$ 和采用增大来流马赫数来起动进气道的 $Ma_3$ 值,可以发现,当设计马赫数 $Ma_D$ 超过 1.98 时,无法通过提高来流马赫数的方法来起动内压式进气道。

如果要求进气道在设计马赫数 $Ma_D$ 下能够自起动,则不能按最佳面积比式(4.21)来确定进气道的内收缩比,而必须放大进气道的喉道截面积到 $A_{t3}$,其值由下式确定,即

$$\frac{A_{t3}}{A_1} = \theta(\lambda_D) \tag{4.24}$$

式中　$A_{t3}$——进气道在马赫数 $Ma_D$（对应速度系数 $\lambda_D$）能自起动的喉道截面积；

　　　$A_1$——进气道进口截面积。

**表 4.2　内压式进气道设计马赫数与采用提高来流马赫数来起动进气道所对应的马赫数值**

| $Ma_D$ | 1.2 | 1.4 | 1.59 | 1.75 | 1.908 | 1.98 |
|---|---|---|---|---|---|---|
| $Ma_3$ | 1.24 | 1.59 | 2.12 | 2.98 | 5.6 | $\infty$ |

结合式(4.23)和式(4.24)，以及正激波速度系数关系式、等熵流面积关系式，不难发现，气动函数 $\theta$ 实际上是代表着以下物理含义：假定在来流马赫数 $Ma_D$ 下，在进气道进口发生正激波，波后亚声速气流在进口截面 1 至喉道截面 $t$ 之间加速，在喉道恰好达到声速 $Ma_t = 1$。通常将进气道自起动收缩比的限制关系式(4.24)称为 Kantrowitz 极限面积比公式。图 4.10 给出了内压式进气道的最佳面积比和起动面积比随设计马赫数的变化曲线。可以发现，在每个设计马赫数下，极限面积比要比最佳面积比大，且随着 $Ma_D$ 的增大，二者差别更大。另外，当 $Ma_D$ 趋近无穷大时，两条面积比曲线都将变得平缓，取值各自趋近于某个常数。

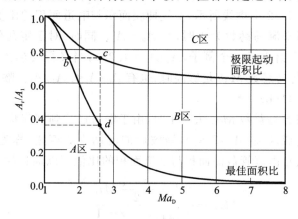

**图 4.10　内压式进气道的最佳面积比和起动面积比（比热比 $\gamma = 1.4$）**

对于定几何内压式进气道而言，内收缩面积比 $A_t/A_1$ 恒定，飞行器沿着 $b \to c$ 从马赫数 $Ma_b$ 加速到 $Ma_c$ 时，激波一直在进气道唇口外面，直到加速到 $Ma_c$ 时激波才被吸入；相反，如果沿着 $c \to b$ 减速，则激波一直是被吸入的，直到减速至 $Ma_b$ 时激波才脱体。这就是内压式进气道的起动"滞后效应"，即在 $bc$ 段进气道的工作特点，存在激波被吸入和脱体两种情形。极限起动面积比和最佳面积比两条曲线将坐标平面分为三个区：最佳面积比曲线以下的 $A$ 区，进气道进口前有脱体激波，进气道不能自起动；在起动面积比以上的 $C$ 区，激波不吐出，进气道能够自起动；在介于两条曲线之间的 $B$ 区内，进气道进口之前有可能有脱体激波，也有可能没有脱体激波，取决于是加速过程还是减速过程。由于激波不可能在收敛段稳定下来，因此一般总是使激波停在喉部下游不远处,总压损失小,工作稳定。

**2. 内压式进气道的起动过程**

在飞行器从较低的亚声速加速飞行到超临界工况的过程中,要依次经过图 4.11(a)~图 4.11(f)所示的 6 个典型工作状态。讨论中,假定进气道喉道下游的流通能力足够大,即通过喉道的流量都能够顺利地从进气道出口流出;进气道中的气体为完全气体,且为一维流动。

**状态 1**　当飞行马赫数 $Ma_0$ 为很低的亚声速时,整个进气道内部的流动均为亚声速。需要指出的是,在这种工作状态下,如果下游流量需求大,则进气道的空气捕获面积比有可能大于 1(即 $A_0 > A_1$),比如涡轮喷气发动机经常是这种情形,如图 4.11(a)所示。

**状态 2**　当飞行马赫数增加到某一特定值(但仍然是亚声速)时,进入进气道的亚声速气流在进气道收缩段加速,在喉道处恰好达到声速,即喉道达到壅塞状态,类似于拉瓦尔喷管收缩段的流动。在这种工作状态下,由于喉道下游流通能力足够,整个进气道内不存在激波,流动面积比由一维等熵流面积比公式给定:

$$\frac{A_0}{A_t} = \frac{1}{Ma_0} \left[ \frac{2}{\gamma+1} \left( 1 + \frac{\gamma-1}{2} Ma_0^2 \right) \right]^{\frac{\gamma+1}{2(\gamma-1)}} \tag{4.25}$$

将式(4.25)作图,如图 4.12 中虚线所示,空气捕获面积与喉道面积的比值 $A_0/A_t$ 随着来流马赫数的增加而下降,当来流马赫数为 1 时,有 $A_0 = A_t$。同时,对于定几何进气道而言,$A_1/A_t$ 为一个定值(图 4.12 中给出了一个例子,$A_1/A_t = 1.23$),当飞行马赫数 $Ma_0$ 足够低时,将有 $A_0/A_t > A_1/A_t$;当飞行马赫数 $Ma_0$ 足够高时,也有 $A_0/A_t < A_1/A_t$。喉道前的内通道全部为亚声速流动,参看图 4.11(b)。

**状态 3 和 4**　当飞行马赫数 $Ma_0$ 大于 1 时,由于喉道已达到壅塞状态,将在进气道进口前形成脱体弓形激波,造成溢流($A_0 < A_1$),激波后的流动为亚声速,称为亚临界工作状态,见图 4.11(c)。空气捕获自由流管截面面积与喉道面积的比值可以通过如下两步来求解:

$$Ma_s = \left( \frac{1 + \frac{\gamma-1}{2} Ma_0^2}{\gamma Ma_0^2 - \frac{\gamma-1}{2}} \right)^{1/2} \tag{4.26}$$

$$\frac{A_0}{A_t} = \frac{1}{Ma_s} \left[ \frac{2}{\gamma+1} \left( 1 + \frac{\gamma-1}{2} Ma_s^2 \right) \right]^{\frac{\gamma+1}{2(\gamma-1)}} \tag{4.27}$$

即假定按来流 $Ma_0$ 下的正激波关系式求解波后马赫数 $Ma_s$,然后,波后亚声速流等熵流动到喉道恰好达到声速。图 4.12 中的双点画线给出了式(4.27)的曲线。可以看出,当飞行马赫数 $Ma_0$ 从 1 增加时,面积比 $A_0/A_t$ 将增大,这意味着脱体激波将向进气道进口移动,直到 $A_0/A_t = A_1/A_t$ 时,正激波恰好贴合于进气道的进口,见图 4.11(d)。此时 $A_0 = A_1$,进气道无溢流。究竟有多大的来流马赫数时,正激波贴合于进气道进口截面,要视进气道的结构面积比 $A_1/A_t$ 而定(参见式(4.21)和表 4.2)。例如,图 4.12 中给出的进气道 $A_1/A_t = 1.23$,对应的正激波贴

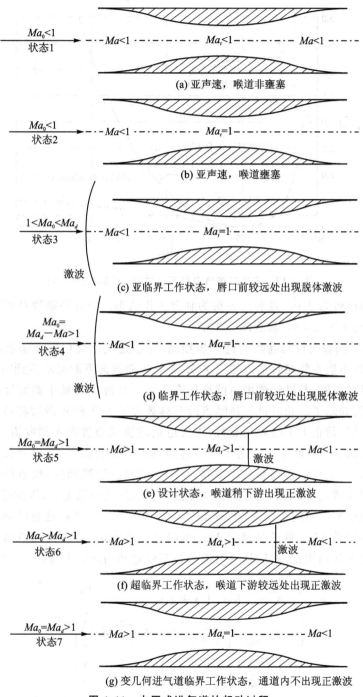

$Ma_0<1$
状态1
$Ma<1$　　　$Ma_t<1$　　　$Ma<1$

(a) 亚声速，喉道非壅塞

$Ma_0<1$
状态2
$Ma<1$　　　$Ma_t=1$

(b) 亚声速，喉道壅塞

$1<Ma_0<Ma_d$
状态3
$Ma<1$　　　$Ma_t=1$

激波

(c) 亚临界工作状态，唇口前较远处出现脱体激波

$Ma_0=$
$Ma_d-Ma>1$
状态4
$Ma<1$　　　$Ma_t=1$

激波

(d) 临界工作状态，唇口前较近处出现脱体激波

$Ma_0=Ma_d>1$
状态5
$Ma>1$　　　$Ma_t>1$　　　$Ma<1$

激波

(e) 设计状态，喉道稍下游出现正激波

$Ma_0>Ma_d>1$
状态6
$Ma>1$　　　$Ma_t>1$　　　$Ma<1$

激波

(f) 超临界工作状态，喉道下游较远处出现正激波

$Ma_0=Ma_d>1$
状态7
$Ma>1$　　　$Ma_t=1$　　　$Ma<1$

(g) 变几何进气道临界工作状态，通道内不出现正激波

**图 4.11　内压式进气道的起动过程**

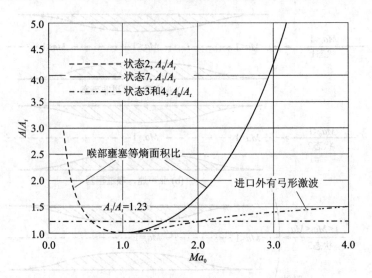

**图 4.12　内压式进气道的起动过程(比热比 γ=1.4)**

合时的自由流马赫数为 2.0。这种状态称为临界工作状态。临界马赫数对面积比 $A_1/A_t$ 十分敏感,其取值永远小于 1.666,参看图 4.10。

　　**状态 5 和 6**　随着飞行马赫数的进一步提高,贴于进气道进口的正激波将被吸入进气道内部,由于正激波不能在收缩管道内稳定下来,于是正激波向下游运动直到喉道下游。正激波在喉道下游的具体位置,与进气道出口的反压有关。一旦进气道最小截面处建立了超声速流动,即表明进气道起动了。此时进气道喉道的马赫数大于 1,下游正激波将造成总压损失。事实上,只要飞行马赫数稍大于临界马赫数,进气道正激波就会被吸入到喉道或喉道下游,此时进气道就处于超临界工作状态了。为了减小内通道正激波的损失,在设计状态应将进气道的正激波设置在喉道,并且喉道马赫数尽量接近于 1(前面已经提到过,喉道马赫数等于 1 的进气道无实际应用价值)。又由于正激波在喉道的工作状态是不稳定的,因此通常在设计状态将正激波设置在喉道稍下游的扩张段,见图 4.11(e)。图 4.11(f)是深度超临界工作状态。对于一个起动临界马赫数 $Ma_0$,喉道马赫数 $Ma_t$ 可以这样来确定,由式(4.26)和式(4.27)求得可以起动的进气道几何面积比,然后从进气道进口到喉道利用连续方程即可得喉道马赫数:

$$\frac{A_1}{A_t} = \frac{A_0}{A_t} = \frac{1}{Ma_s}\left[\frac{2}{\gamma+1}\left(1+\frac{\gamma-1}{2}Ma_s^2\right)\right]^{\frac{\gamma+1}{2(\gamma-1)}} \tag{4.28}$$

$$\frac{A_0}{A_{cr}} = \frac{1}{Ma_0}\left[\frac{2}{\gamma+1}\left(1+\frac{\gamma-1}{2}Ma_0^2\right)\right]^{\frac{\gamma+1}{2(\gamma-1)}} \tag{4.29}$$

$$\frac{A_t}{A_{cr}} = \frac{1}{Ma_t}\left[\frac{2}{\gamma+1}\left(1+\frac{\gamma-1}{2}Ma_t^2\right)\right]^{\frac{\gamma+1}{2(\gamma-1)}} \tag{4.30}$$

联立式(4.26)~式(4.30)可以求得喉道马赫数 $Ma_t$。如果进一步假设正激波恰好发生在喉

道,则内压式进气道的总压恢复系数(只计正激波的总压损失)为

$$\sigma = \sigma_n = \left[ \frac{(\gamma+1)Ma_t^2}{2+(\gamma-1)Ma_t^2} \right]^{\frac{\gamma}{\gamma-1}} \cdot \left[ \frac{2\gamma}{\gamma+1}Ma_t^2 - \frac{\gamma-1}{\gamma+1} \right]^{-\frac{1}{\gamma-1}} \tag{4.31}$$

图 4.13 给出了内压式进气道喉道马赫数 $Ma_t$ 及绝热压缩效率 $\eta_c$ 随飞行马赫数 $Ma_0$ 的变化曲线,可以发现,如果设计状态将正激波设置在喉道下游,则随着飞行马赫数的增加,压缩效率降低,正激波前马赫数更高,激波损失更大,因此一般内压式进气道的起动马赫数应该小于 4。另外,当在严重超临界马赫数飞行时,进气道的性能将更差。

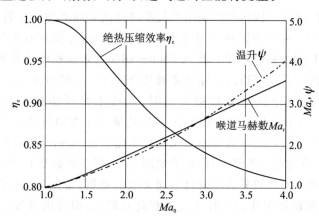

**图 4.13 内压式进气道喉道马赫数、绝热压缩效率和温升随飞行马赫数的变化**

**状态 7** 以上分析表明,采用放大喉道面积的方法来起动的内压式进气道,喉道马赫数比较大,造成的激波损失大大降低了进气道压缩效率和总压恢复系数。为了解决这一问题,可以采用几何可调进气道,即在进气道起动以后,减小进气道喉道截面积,从而降低喉道马赫数,极限状态是喉道流动为声速,而将正激波设置在喉道下游无限小的距离处。但是,由于将气流减速到声速、激波无限接近喉道都是不稳定的,很容易转化为状态 4,因此实际应用中这种理想状态是很难达到的,往往需要将进气道喉道的马赫数设计成超过声速足够多,激波设置在喉道下游足够远处。图 4.11(g)对应的理想状态的面积比如图 4.12 中实线所示。由图可知,当飞行马赫数 $Ma_0 = 2.0$ 时,能自起动的进气道的面积比为 $A_1/A_t = 1.23$,而理想面积比则为$(A_1/A_t)_{ideal} = 1.72$。理想状态面积比约是起动面积比的 1.40 倍,并且随着 $Ma_0$ 的增大,这种差别会越来越大。

## 4.3.2 混压式超声速进气道的起动特性

混压式进气道的起动过程与内压式进气道类似,但也有不同,必须充分考虑外压部分的斜激波或锥形激波对正激波波前参数大小的影响,同时还得细致地研究进气道附面层对进气道

内压缩部分的流动的影响。由于这些因素的影响,使得混压式进气道的起动问题比较复杂。在相同的飞行马赫数下,由于外压激波的作用,使得正激波前的马赫数比内压式进气道的低,正激波后的马赫数较高,对应的面积比 $A_0/A_t$ 就比图 4.12 给出的结果要低。这就意味着在相同的结构面积比 $A_0/A_t$ 条件下,混压式进气道的起动临界马赫数要比内压式高。附面层使得正激波前的平均马赫数更低,从而使得这种起动滞后更严重;附面层分离,使得进气道内通道的湿面积减小,进气道进口和喉道面积减小,这些因素都将影响混压式进气道的起动过程。

在初步研究阶段,通常可以简单地采用进气道进口截面的平均马赫数 $Ma_1$ 取代内压式进气道的来流马赫数 $Ma_0$,来考察混压式进气道的自起动内通道面积收缩比,即以设计马赫数 $Ma_D$ 下所对应的进口平均马赫数 $Ma_1$,代入 Kantrowitz 极限面积比公式来确定进气道的起动面积比。但是,由于混压式进气道内收缩通道通常会转过一定的角度,并且外压楔面在进口具有粘性附面层,使得进气道结尾激波被推出时,往往不是严格的正激波而是斜激波(见图 4.14),总压损失相对于正激波的情形要小,即喉道流通能力的降低幅度比内压式进气道要小,这就使得混压式进气道的实际起动面积比往往要比 Kantrowitz 极限约束宽松得多。美国在对大量数据进行总结研究的基础上,给出了如图 4.15 所示的典型的混压式进气道起动面积比取值的分布情况,其中不同符号表示来自不同文献的数据,包括起动极限面积比、脉冲起动面积比、最大收缩面积比和工作面积比 4 类。在此基础上,拟合出进气道起动面积比的经验公式:

$$\frac{A_1}{A_t} = \frac{1}{0.05 - 0.52/Ma_0 + 3.56/Ma_0^2}, \qquad 2.5 < Ma_0 < 10.0 \qquad (4.32)$$

式中　　$A_1$——进气道进口截面积;

　　　　$A_t$——进气道喉道截面积;

　　　　$Ma_0$——自由来流马赫数。

可以发现,根据实际进气道起动收缩比值而拟合的经验曲线,靠近最佳面积比,而与 Kantrowitz 极限面积比相差较远。

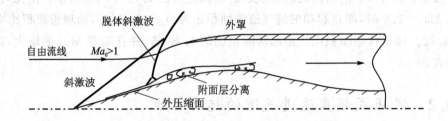

**图 4.14　混压式超声速进气道不起动状态典型流动**

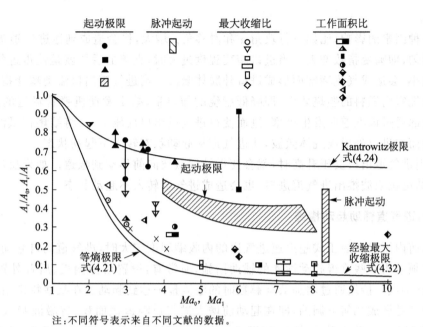

注:不同符号表示来自不同文献的数据。

**图 4.15　典型超声速进气道起动面积比**

## 4.3.3　影响进气道起动的主要因素及常用辅助起动措施

### 1. 影响进气道起动的主要因素

　　当内压式或混压式超声速进气道起动以后,一般主要有三种因素可以造成进气道重新转入不起动状态:① 飞行马赫数 $Ma_0$ 减小;② 各种因素的影响导致进气道进口或出口流动畸变严重;③ 发动机工作状态发生变化而使得进气道出口的背压足够高。

　　对于一个几何恒定的内压式或混压式进气道而言,通常称进气道能够自起动的最低来流马赫数 $Ma_0$ 为该进气道的起动马赫数,以 $Ma_{st}$ 表示。在加速飞行过程中,当飞行马赫数 $Ma_0 \geqslant Ma_{st}$ 时,进气道能够自起动;当 $Ma_0 < Ma_{st}$ 时,进气道喉道过小,将会把结尾激波推出进气道进口而形成溢流,进气道不能自起动。于是,当进气道已经处于起动状态(即 $Ma_0 \geqslant Ma_{st}$)时,一旦飞行马赫数 $Ma_0$ 减小到比起动马赫数 $Ma_{st}$ 还小 $\Delta Ma$ 时,可以使进气道从起动状态转入不起动状态。其中,$\Delta Ma$ 在无粘条件下可以由图 4.10 来确定,比如当某进气道的起动马赫数 $Ma_{st} = Ma_c$ 时,对应的马赫数差量为 $\Delta Ma = Ma_c - Ma_b$。应当指出的是,通常要求进气道在一个比较宽广的马赫数范围内工作,此时起动马赫数 $Ma_{st}$ 与进气道的设计马赫数 $Ma_D$ 并不相等,$Ma_{st}$ 要比 $Ma_D$ 小很多。此外,进气道的外压封口马赫数 $Ma_s$ 也不一定要与设计马赫数 $Ma_D$ 相等,例如,为了获得较好的攻角特性,往往在设计马赫数下仍然具有少量的溢流,即

$Ma_s < Ma_D$。

由于各种因素的影响,比如飞行攻角 $\alpha$ 和滑移角 $\beta$ 增大,将会造成到达进气道进口和出口的流动不均匀,即畸变指数增大。当进口畸变程度过大时,直接的后果就是使得进气道有效流通截面积减小,会造成气流堵塞而形成进口外脱体激波。当进气道出口流动畸变指数过大时,将会降低燃烧室内燃料的燃烧效率,即降低燃烧的加热量,减小发动机喷管喉道的总压,引起燃气不能全部通过该喉道而发生壅塞,进而使得进气道出口反压上升,将结尾正激波推出进气道内收缩段而在进口外形成脱体激波,使进气道从起动状态转入不起动状态。

此外,当进气道出口反压升高时,就会使得结尾激波向前移动到喉道。如果反压进一步增高,就会把结尾正激波推出进气道进口,也会造成进气道转入不起动状态。

**2. 常用进气道辅助起动措施**

当定几何内压式和混压式超声速进气道的内收缩程度较大时,进气道的自起动比较困难,实际应用中须采用一些改善起动性能的辅助措施,通常有:设置后掠侧板、后置外罩唇口和壁面开缝等,直接或间接地通过增加低马赫数时的溢流量来达到起动。在某些特殊情况下,甚至不得不将进气道做成几何可调的,即在起动前增大进气道喉道截面积,将激波吸入进气道,然后缩小喉道面积,使喉道处马赫数接近 1。本书主要讨论几何不可调即定几何进气道。图 4.16 为壁面开孔进气道的示意图,即在进气道收缩壁按一定规律开许多孔。当进气道未起动时,口外近似为正激波,收缩段内为亚声速气流,与外界压差大而使得相对于喉道流通能力而言多出的空气从小孔泄除,进而将口外激波吸收,进气道起动。一旦激波被吸入进气道收敛段后,波前为超声速流动,与外界压差降低,空气泄除量将降低,因此壁面开口应该保持一定的规律,以使激波处于进气道收缩段任何位置时,剩余的空气量均能通过进气道喉道。壁面开孔泄除部分流量的缺点是,会造成一定的泄除阻力,但是会附带一个好处,即在进气道起动后正常工作时,泄除孔可以进一步起到附面层泄除的作用,这对进气道的附面层分离控制是有好处的(参见 4.4.3 小节)。

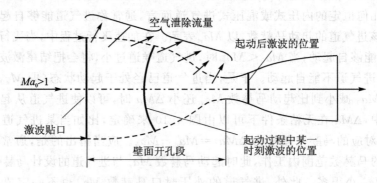

**图 4.16　壁面开孔的内压式超声速进气道**

# 4.4　超声速进气道的典型工作状态及其影响因素

从内外压缩波系结构的角度来考虑,超声速进气道的工作状态主要由两方面因素来决定,即结尾激波与喉道截面的相对位置,以及进气道外压激波与进气道唇口的相对位置。一方面,根据结尾正激波与喉道截面的相对位置,可以将进气道的工作状态分为亚临界状态、临界状态和超临界状态。其中,临界状态是指结尾正激波恰好位于进气道最小截面即喉道截面的工作状态;亚临界状态是指结尾正激波位于进气道喉道之前的工作状态,由于正激波无法在收缩通道内停留,因此亚临界状态时结尾正激波一般在进气道进口之前;超临界状态是指结尾正激波位于喉道下游的工作状态。另一方面,根据进气道外压激波与进气道唇口的相对位置,可以将(外压式或混压式)超声速进气道的工作状态分为额定状态、亚额定状态和超额定状态,分别对应于外压激波恰好打到外罩唇口上、外罩唇口之前和外罩唇口之后的工作状态。

显然,对于几何固定的超声速进气道来说,在不考虑攻角等因素影响的前提下,进气道处于哪一个工作状态,主要由飞行马赫数 $Ma_0$ 和进气道出口反压 $p_b$ 来共同决定。外压激波是否封口,可以根据飞行马赫数 $Ma_0$ 与进气道的设计封口马赫数 $Ma_s$ 之间的大小关系来判别,即进气道是处于额定状态、亚额定状态还是超额定状态,判断起来比较容易。但是,结尾正激波的位置判断相对比较复杂,这主要是因为冲压发动机工作时,燃烧室对进气道出口的反压作用,事实上是通过进气道与燃烧室之间的流量匹配关系(通常称为进-发流量匹配),来自动调节而发生的,在此过程中很难直接地给出进气道出口的反压大小。因此,可以根据进-发流量的匹配关系,来更直观地判断进气道是处于亚临界状态、临界状态还是超临界状态。

## 4.4.1　进气道-发动机流量匹配过程

表面上来看,进气道与发动机之间的流量匹配,似乎是指进气道提供的空气质量流量与发动机燃烧室燃烧所需要的空气质量流量之间的关系。可以想象,当超声速进气道的流量系数小于1(即存在溢流)时,如果发动机需要的空气流量增大,则可以通过提高进气道的流量系数 $\varphi$ 来增加进入进气道的空气质量流量,以满足发动机对空气流量的需求。但是,当进气道流量系数 $\varphi=\varphi_{max}=1$(即不存在溢流)时,如果发动机需求空气流量进一步增大,进气道可以进入的空气质量流量却不能进一步增大,那么此时进气道该如何满足发动机对空气流量进一步增大的需求呢?

为了分析这个问题,必须进一步弄清进-发流量匹配的本质。事实上,发动机对空气流量的需求,不仅仅是质量流量,还需要进入燃烧室的空气具有一定的总压和总温水平。试想一下以下两种情形:进入燃烧室的空气质量流量相同,但是总压和总温分别具有不同的值,这就必然促使发动机下游喷管截面的总压和总温不相等,即喷管截面的最大流通能力不相等。在其他条件一定的情形下,燃烧室进口总压高且总温低的工况,对应喷管喉道截面的总压高且总温低,即喷管流通能力大;反之,喷管流通能力就小。这就给在 $\varphi=1$ 情形下,进气道和发动机流量匹配提供了另外一种途径,即此时可以通过降低进气道出口的总压(绝热压缩中进气道出口总温恒定)来达到降低喷管流通能力,从而达到进-发流量平衡。也就是说,在进气道捕获的空气质量流量达到最大值后,如果发动机进一步需要增大空气流量,则只能是通过被动地降低喷管的流通能力,即降低发动机对进气道出口总压取值水平的"需求",从而达到进-发流量匹配。

　　以上分析表明,发动机燃烧室需求的空气流量实际上不仅仅是简单的空气质量流量,而应该是具有一定总压和总温水平的空气质量流量。航空发动机研究中常采用换算流量(corrected mass flow)来表达这一特性,即将空气的质量流量与其具有的总压和总温水平组合成一个整体量,在冲压发动机进-发流量匹配研究中仍然可以沿用此概念。换算流量的定义为

$$\dot{m}_{\text{crt}} = \frac{\dot{m}\sqrt{\theta}}{\delta} \tag{4.33}$$

式中　$\dot{m}_{\text{crt}}$ ——换算流量;

　　　$\dot{m}$ ——流经发动机的空气质量流量;

　　　$\theta$ ——无量纲总温,即 $\theta = T_2^*/T_{\text{ref}}$,其中 $T_2^*$ 为进气道出口总温,$T_{\text{ref}}$ 为参考状态温度,常取标准状态温度为 298.15 K;

　　　$\delta$ ——无量纲总压,即 $\delta = p_2^*/p_{\text{ref}}$,其中 $p_2^*$ 为进气道出口总压,$p_{\text{ref}}$ 为参考状态压力,常取标准状态压力为 101 325 Pa。

　　因此,发动机需求的空气流量事实上是换算流量,即进气道和发动机之间的流量匹配本质上是通过换算流量相等来实现的。而换算流量相等既包含了质量流量相等,也包含了发动机需求的 $\sqrt{\theta}/\delta$ 与进气道提供的 $\sqrt{\theta}/\delta$ 相等。通常记发动机需求的空气换算流量和进气道提供的空气换算流量分别为 $\dot{m}_{\text{crt,req}}$ 和 $\dot{m}_{\text{crt,spl}}$。称进气道临界状态所提供的换算流量为进气道临界换算流量,表示为 $\dot{m}_{\text{crt,cr}}$。那么,进气道与发动机达到流量平衡即进-发流量匹配时,有

$$\dot{m}_{\text{crt,req}} = \dot{m}_{\text{crt,spl}} \tag{4.34}$$

注意到进气道提供的空气质量流量,可以由自由流管截面参数表示,故进-发流量匹配时,式(4.34)可以进一步化简为

$$\dot{m}_{\text{crt,req}} = \dot{m}_{\text{crt,spl}} = K \frac{p_0^*}{\sqrt{T_0^*}} A_0 q(Ma_0) \frac{\sqrt{T_2^*/T_{\text{ref}}}}{p_2^*/p_{\text{ref}}}$$

由于进气道内绝热压缩时,总温恒定,$T_2^* = T_0^*$,且捕获面积与流量系数间存在关系式 $A_0 = \varphi A_c$,于是上式可以进一步化简成

$$\dot{m}_{\text{crt,req}} = \frac{K p_{\text{ref}}}{\sqrt{T_{\text{ref}}}} \frac{\varphi}{\sigma} A_c q(Ma_0) \tag{4.35}$$

显然,在进气道几何恒定且飞行马赫数 $Ma_0$ 不变的前提下,式(4.35)右端只有流量系数 $\varphi$ 和总压恢复系数 $\sigma$ 两个可变量。那么当由于其他因素(如飞行高度发生变化或喷油量变化等)使得发动机的需求换算流量增大时:① 如果进气道本身已经工作在亚临界状态(结尾激波被推出口外),总压恢复系数可变范围很小,则进气道主要通过不断吸入结尾正激波,增大流量系数 $\varphi$ 来使式(4.35)右端项增大达到进-发流量匹配。在此流量匹配过程中,进气道工作点从亚临界状态逐步向临界状态移动;② 当结尾正激波被完全吸入而达到临界状态后,流量系数达到最大值 $\varphi_{\max}$,如果发动机需求换算流量进一步增大,则只能通过降低总压恢复系数 $\sigma$ 的值,以达到等式右端项增大而与左端项相等,此时进气道通过结尾正激波向喉道下游移动,提高波前马赫数而增大总压损失,从而实现进-发流量匹配。在此流量匹配过程中,进气道工作点从临界状态逐步向超临界状态移动。这就说明,发动机需求换算流量增大,意味着发动机将迫使进气道朝结尾正激波向下游移动的方向来调整工作状态。

显然,可以用进气道的临界换算流量与发动机需求换算流量的大小关系来判断进气道的工作状态,即存在以下三种情况:

① 当 $\dot{m}_{\text{crt,req}} < \dot{m}_{\text{crt,cr}}$ 时,进气道处于亚临界状态,此时进气道主要通过产生超声速或亚声速溢流的方式,来改变空气质量流量系数 $\varphi$ 的取值,从而建立进-发流量匹配;

② 当 $\dot{m}_{\text{crt,req}} = \dot{m}_{\text{crt,cr}}$ 时,进气道处于临界状态,此时进气道流量系数和总压恢复系数等于其在该飞行马赫数 $Ma_0$ 下的临界值,即 $\varphi = \varphi_{\text{cr}}$,$\sigma = \sigma_{\text{cr}}$;

③ 当 $\dot{m}_{\text{crt,req}} > \dot{m}_{\text{crt,cr}}$ 时,进气道处于超临界状态,此时进气道主要通过调整结尾正激波在喉道下游的位置,来改变进气道总压恢复系数 $\sigma$ 的取值,从而建立进-发流量匹配。

由上面的讨论可知,总压恢复系数 $\sigma$ 和质量流量系数 $\varphi$ 是反映进气道工作状态及性能的两个重要参数,在一定的飞行马赫数 $Ma_0$ 下,进气道的 $\sigma$ 与 $\varphi$ 的关系曲线称为进气道的总压-流量特性曲线,是进气道的主要特性曲线之一。

## 4.4.2　超声速进气道的典型工作状态

### 1. 皮托式进气道和内压式进气道

由于皮托式和内压式超声速进气道没有外部压缩,也就无所谓外压激波封口与否,即不存在亚额定、额定和超额定状态,而只有以结尾激波位置为标识的亚临界、临界和超临界状态。图 4.17 给出了皮托式进气道的三种典型工作状态。其中图 4.17(a)表示亚临界状态,由于发动机需求换算流量小于进气道的临界换算流量,将结尾正激波推出进气道进口而在离开进口一定距离的位置形成脱体激波。此时进气道流量系数 $\varphi < 1$,即产生了溢流,由于波后流动为亚声速,因此称这种情形下的溢流为亚声速溢流。正是由于存在溢流,故此时进气道存在附加阻力 $D_A$。随着脱体激波离开进口的距离的变化,进气道的总压恢复系数 $\sigma$ 变化很小,与临界

状态基本相同。图 4.17(b)为临界状态,激波恰好贴于进口,流量系数 $\varphi=1$,附加阻力为 0。图 4.17(c)为超临界状态,结尾激波被吸入进口之内,流量系数 $\varphi$ 与临界状态相同,无附加阻力,但总压恢复系数 $\sigma$ 较临界状态时的值要低。图 4.18 给出了皮托式进气道的 $\sigma$-$\varphi$ 特性曲线。

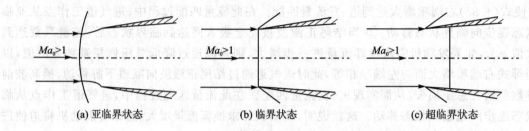

(a) 亚临界状态　　　　　　(b) 临界状态　　　　　　(c) 超临界状态

**图 4.17　皮托式超声速进气道的三种典型工作状态**

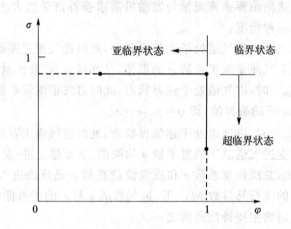

**图 4.18　皮托式超声速进气道的总压-流量特性曲线**

　　图 4.19 给出了内压式超声速进气道的三种典型工作状态,结尾激波分别位于进口外、喉道截面和喉道下游的扩张通道,即分别为亚临界、临界和超临界状态。与皮托式进气道相类似,在亚临界状态存在亚声速溢流,流量系数小于 1,而附加阻力较大。临界和超临界状态流量系数为 1,无附加阻力。虽然在亚临界工作状态,激波位置发生变化,总压恢复系数仍然变化很小,但是要比临界状态对应总压恢复低得多。这主要是因为激波被吸入到喉道截面时,收缩段对气流减速,而使得喉道马赫数 $Ma_t$ 比来流马赫数 $Ma_0$ 低得多,喉道激波损失要比口外脱体激波损失小。

　　由于内压式进气道存在起动滞回环(见图 4.10),使得发动机在需求换算流量增大和减小两个过程中,进气道的流动状态变化轨迹并不重合,同样存在滞后作用。图 4.20 给出了两个过程中,内压式进气道性能参数的变化。图中 1 状态换算流量较大,进气道处于深度超临界状态;5 状态处于深度亚临界状态,换算流量小。当发动机需求换算流量从 5 增大到 1 时,结尾

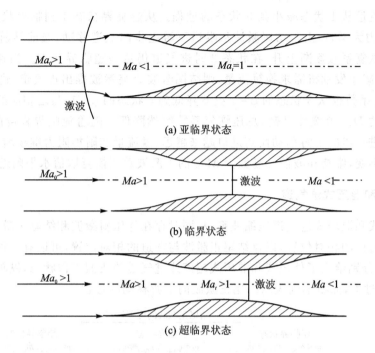

图 4.19　内压式超声速进气道三种典型工作状态

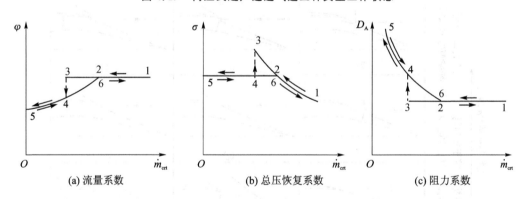

1—深度超临界状态;2—超临界状态;3—临界状态;4—亚临界状态;5—深度亚临界状态;6—激波恰好贴于进口

图 4.20　给定 $Ma_0$ 条件下内压式超声速进气道的理想特性曲线

激波由进口外逐步向进口移动,直到增加到 6 状态时,激波贴于唇口。如果进一步增大发动机需求换算流量,激波将被吸入进气道进口,停留在喉道下游而达到超临界状态 1。在此过程中,无法建立临界状态,此过程中进气道性能的变化规律是:在从 5 状态到 6 状态的过程中,由于激波逐渐靠近进口,溢流逐渐减小,流量系数 $\varphi$ 逐步增大,附加阻力逐步下降,总压恢复基本不变;在 6 到 1 的过程中,流量系数保持为 1,附加阻力为零,总压恢复逐渐降低。再来考察发动机需求换算流量从 1 状态减小到 5 状态的过程。从超临界状态 1 到临界状态 3,流量系数恒为 1,附加阻力为零,但由于结尾激波从喉道下游逐步向喉道移动,波前马赫数逐渐减小而使进气道总压恢复系数逐渐上升,在状态 2 时进气道仍然是超临界状态。当达到临界状态 3 后,如果进一步减小发动机需求换算流量,则结尾激波会突然被推出进气道,进气道转入亚临界状态 4。流量系数也从 3 状态的 $\varphi=1$ 突然降低到 4 状态的 $\varphi<1$,与之相应的进气道的附加阻力从 3 状态的 $D_A=0$ 突然升高,总压恢复系数突然降低。随着亚临界程度的进一步加深,结尾正激波会进一步向上游移动而离进口越来越远,溢流量和附加阻力继续增加,而总压恢复系数基本保持不变,维持在波前马赫数为 $Ma_0$ 的正激波总压恢复取值水平附近。

**2. 外压式和混压式进气道**

由于外压式和混压式进气道压缩波系中,同时存在外压斜激波和结尾正激波,于是根据外压激波与外罩唇口的相对位置,以及结尾正激波与喉道的相对位置,可以有 9 种工作状态。图 4.21 和图 4.22 分别给出了外压式和混压式超声速进气道的典型工作状态,纵轴表示飞行马赫数 $Ma_0$ 的增大过程,而横轴则表示结尾正激波向下游移动的过程。

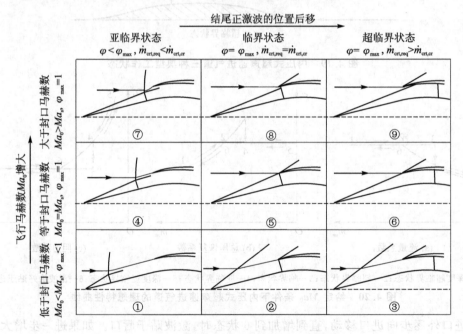

**图 4.21　外压式超声速进气道 9 种典型工作状态**

对比图 4.21 和图 4.22 可以发现,外压式和混压式超声速进气道的 9 种工作状态流动波系结构相似,唯一的不同是外压式进气道的喉道截面即为进气道进口,而混压式超声速进气道喉道则处于进气道进口之后,外压式进气道的临界状态(见图 4.21 中②、⑤和⑧)结尾正激波恰好贴于进气道进口，而混压式进气道的临界状态（见图 4.22 中②、⑤和⑧），结尾正激波恰好在进口之内的喉道。在亚临界状态（见图 4.21、图 4.22 中①、④和⑦），对于外压式和混压式进气道而言，结尾正激波都被推出到进口之前，形成脱体激波和多波系相交结构。此时进气道存在亚声速溢流，附加阻力会比较大。而在超临界状态，外压式进气道（见图 4.21 中③、⑥和⑨）结尾正激波位于进气道进口内的扩张段，而混压式进气道（见图 4.22 中③、⑥和⑨）结尾正激波位于进气道喉道截面下游的扩张段内。当飞行马赫数 $Ma_0$ 小于封口马赫数 $Ma_s$ 时，外压式和混压式进气道的最大流量系数 $\varphi_{max}$ 都小于 1，在该马赫数范围内的临界状态②和超临界状态③，进气道会产生溢流，但是溢流部分流动均为超声速的，因此称之为超声速溢流，此时溢流附加阻力一般比亚声速溢流的情形要小得多。而 $Ma_0 \geqslant Ma_s$ 时，$\varphi_{max}$ 可以达到 1。但是在 $Ma_0 > Ma_s$ 的临界和超临界状态，都会有自由流直接进入进气道，激波干扰强，掺混损失较大。

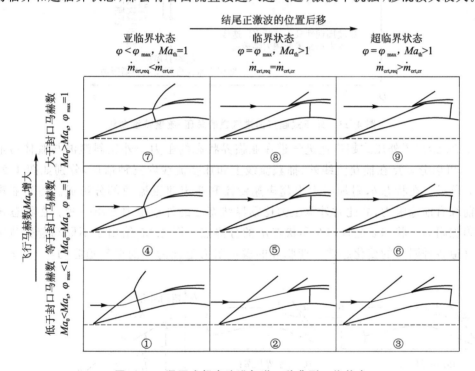

图 4.22　混压式超声速进气道 9 种典型工作状态

　　图 4.23 定性地给出了外压式超声速进气道总压-流量特性曲线。与皮托式超声速进气道的特性曲线（见图 4.18）类似，当进气道处于临界工作状态时，进气道流量系数 $\varphi = \varphi_{max}$。但是临界状态的流量系数不一定为 1，与飞行马赫数 $Ma_0$ 相对封口马赫数 $Ma_s$ 的大小有关，当 $Ma_0 < Ma_s$ 时，进气道产生超声速溢流而使 $\varphi_{max}$ 小于 1，存在附加阻力。当进气道的工作点从临界状态向亚临界移动时，结尾激波向上游移动，进气道产生亚声速溢流，流量系数迅速减小，附加阻力急剧增加；当亚临界程度足够深，使得进气道的流量系数 $\varphi$ 与喘振起始质量流量系数

$\varphi_b$ 相等时,进气道将转入不稳定工作状态——亚临界喘振,即结尾激波会被周期性地吸入和吐出,导致进气道出口压力及流量作低频大振幅的振荡。当工作点从临界状态向超临界状态移动时,进气道流量系数保持在 $\varphi=\varphi_{\max}$ 不变,在 $Ma_0<Ma_s$ 时进气道同样存在超声速溢流和附加阻力,总压恢复系数急剧下降。如果超临界程度过深,将会导致结尾激波在扩张通道内出现高频率的小幅度振荡,即进气道转入超临界痒振不稳定工作状态。

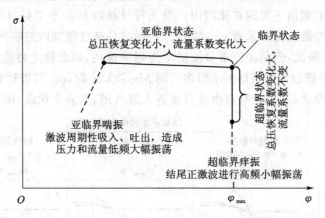

**图 4.23　外压式超声速进气道的总压-流量特性曲线**

图 4.24 给出了外压式超声速进气道在亚临界状态的阻力。外压斜激波与脱体弓形激波交于点 $a$,可以分 $a$ 点在捕获流线外、捕获流线上和捕获流线内三种情形,分别如图 4.24(b)、(c)和(d)所示。在状态 $b$,附加阻力由超声速溢流和亚声速溢流两部分组成。由于亚声速气流绕过前缘有前缘吸力,故此时外罩阻力比临界状态 $a$ 的外罩阻力要小一些。在状态 $d$ 只有亚声速附加阻力。状态 $c$ 是状态 $b$ 和状态 $d$ 的分界点。图 4.25 给出了不同马赫数范围内外压式进气道各种阻力的变化趋势。亚临界的溢流阻力定义为当前进气道阻力与 $\varphi=\varphi_{\max}$ 时进

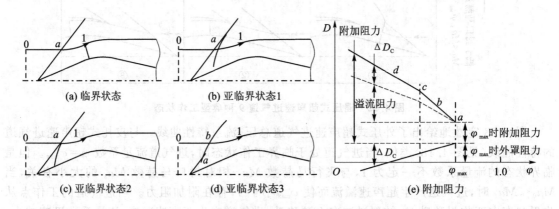

**图 4.24　外压式超声速进气道在亚临界状态的阻力**

气道阻力的差值,等于两种状态下外罩阻力增量 $\Delta D_\mathrm{C}$ 与附加阻力增量 $\Delta D_\mathrm{A}$ 之和,即 $D_\mathrm{spill}=\Delta D_\mathrm{C}+\Delta D_\mathrm{A}$。值得一提的是,由于在亚临界状态时,亚声速溢流有前缘吸力,而使得外罩阻力增量 $\Delta D_\mathrm{C}$ 为负值。

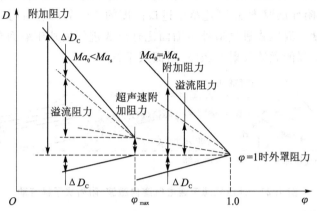

图 4.25　不同马赫数范围内外压式进气道各种阻力的变化趋势

混压式进气道的特性曲线与内压式进气道类似,同样存在起动滞回环,也会发生亚临界喘振和超临界痒振,如图 4.26 所示。

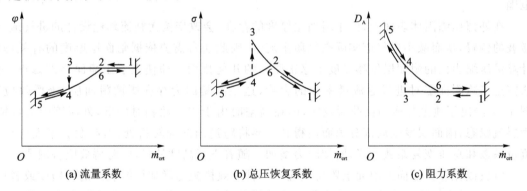

(a) 流量系数　　　　　(b) 总压恢复系数　　　　　(c) 阻力系数

1—超临界状态;2—超临界状态;3—临界状态;4—亚临界状态;5—亚临界程度较深;6—激波恰好贴于进口

图 4.26　混压式超声速进气道的特性曲线

### 4.4.3　超声速进气道的附面层问题及不稳定工作状态

**1. 附面层问题及其控制**

由于粘性作用,超声速进气道压缩面和内通道固壁表面往往会形成相当厚度的附面层,该附面层与进气道内气流的逆压梯度相互作用,情况严重时会引起附面层分离。图 4.27 给出了外压式超声速进气道外压缩表面、喉道区域及亚声速扩压通道内的粘性附面层厚度的典型分布,在进气道的扩张管道内出现了附面层分离,并且在喉道区域结尾,正激波与附面层相互作用,形成了激波串结构。附面层的厚度与具体的进气道几何型面及来流条件有关。在一定条件下,进气道进口的附面层厚度 $\delta_1$ 可达整个进口高度的 50 %,严重时(如高马赫数飞行时)甚至可达整个进口高度。混压式进气道外压缩面比外压式进气道外压缩面要长,故附面层更厚,且内压通道内存在更强的激波反射及激波-附面层干扰。

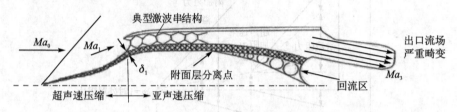

**图 4.27　外压式超声速进气道内激波-附面层干扰流动**

附面层对进气道的性能,包括质量流量系数、总压恢复系数、阻力系数等,具有重要影响,并且激波-附面层干扰流动会加剧进气道出口流场的不均匀性,增大进气道的流场畸变指数。进气道的附面层,还会进一步影响进气道的亚临界喘振和超临界痒振,缩小进气道稳定工作的范围。

在外部压缩固体表面上,由于附面层厚度的存在,会改变按无粘流理论设计的进气道外压激波的位置,从而减小进气道实际空气质量流量,因此通常需要依据附面层厚度的有关理论,计算沿压缩表面的附面层位移厚度来修正原来的几何型面。即使做了压缩面型面修正,也无法完全消除附面层对进气道流量系数的影响,这主要是因为存在所谓附面层"跨桥效应"。图 4.28 给出了典型外压缩面跨桥效应,即在高空时由于雷诺数相对较低,外压缩面上可能全为层流状态,附面层发生局部分离而使得其边界将跨过压缩面转折处,引起激波系发生变化,流量系数和总压恢复系数下降,附加阻力增加。随着飞行高度的降低,跨桥效应将减弱。

解决或克服压缩面上附面层跨桥效应的一种有效措施是增加压缩表面的粗糙度或者设置扰流环,通过增加流动扰动的方式来促使流动提前转捩成湍流。这主要是因为湍流附面层分离前,抗反压能力要比相同条件下的层流附面层强的缘故。图 4.29 给出了几种压缩面上的典型扰流器结构。

另外一种办法是在压缩面交接处设置一系列小孔来泄除附面层。附面层泄除系统的确切位置和泄除量,很难准确给定,常常依赖于实验。对于外压式进气道而言,附面层泄除的最佳位置往往在压缩面转弯的几何肩部紧靠结尾正激波根部的下游;而对于混压式进气道而言,附面层问题显得更为重要,通常仍然采用泄除孔或泄除槽来进行附面层泄除。相比而言,采用泄除孔措施可以依靠打开或关闭部分泄除孔,使泄除部位及泄除量得到合理调节,使用范围更广。进气道肩部的泄除槽通常有风斗式和齐平式两种。采用开孔或开槽的方式,来泄除低能

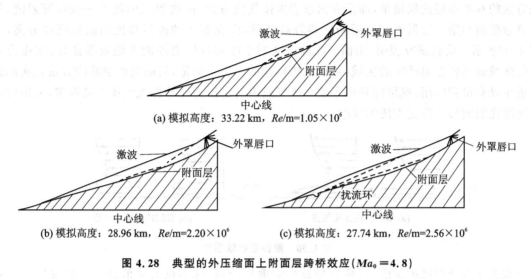

(a) 模拟高度：33.22 km，$Re/m=1.05\times10^{6}$

(b) 模拟高度：28.96 km，$Re/m=2.20\times10^{6}$　　(c) 模拟高度：27.74 km，$Re/m=2.56\times10^{6}$

**图 4.28　典型的外压缩面上附面层跨桥效应($Ma_0=4.8$)**

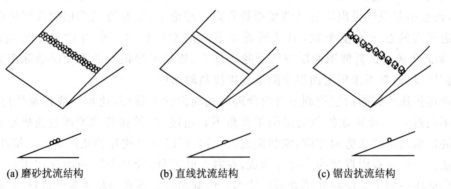

(a) 磨砂扰流结构　　　　(b) 直线扰流结构　　　　(c) 锯齿扰流结构

**图 4.29　压缩面上的典型扰流器结构**

附面层,将会产生泄除阻力,包括不能恢复的排气流动量损失、附面层泄除出口处局部外罩表面压力增大,以及附面层泄除出口喷管的底部阻力等。在巡航马赫数下,通常溢流阻力很小或为零,于是附面层泄除阻力将会成为进气道阻力的重要组成部分。附面层泄除系统的设计,必须在满足附面层控制性能要求的前提下,尽量减小泄除阻力,这就要求附面层泄除孔或泄除槽具有良好的气动性能。在进气道的喉道区域,由于通常离外罩出口和进口较近,从进口到喉道气流折转过快,也易发生附面层分离,此时仍然可以采用附面层泄除方法,泄除量一般约占主流的 1 %。

一般来说,附面层泄除措施都是将附面层内的低能气流,通过一定的措施从进气道捕获到的空气主流中除去。与附面层泄除相反,实际上还可以采用向低能附面层内吹入高能气流的方法,来扩大进气道稳定工作的范围和改善进气道总压恢复性能,此即所谓附面层吹除方法。

该方法的基本原理比较简单,即沿着固壁表面按气流方向,向边界层内注入一股高速射流,使得靠近壁面的附面层低能气流重新获得较高能量,以克服大的逆压梯度而避免流动分离,如图4.30所示。实验研究表明,附面层吹除方法对于改善进气道性能来说效果良好,在压力较低的区域或某些分离严重的区域,可以发挥特殊的作用。但是,目前附面层吹除方法在实际进气道中没有得到应用,这可能是由于通常进气道内气流压力比外界大气压力高得多,采用附面层泄除比附面层吹除更方便的缘故。

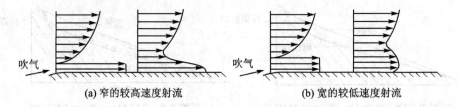

(a) 窄的较高速度射流　　　　　　　　　(b) 宽的较低速度射流

**图 4.30　附面层吹除原理**

在进气道亚声速扩压段,同样容易发生附面层分离,这不仅会降低进气道的总压恢复系数,而且还会引起进气道出口流场畸变指数升高。理论上,仍然可以采用附面层泄除的方式,来提高进气道的总压恢复系数,但是所需要泄除的空气流量一般高达整个流量的 5 %～10 %。如此大流量的低能附面层空气泄除到外界,势必引起很大的附面层泄除阻力,因此在亚声速扩压段,通常不采用附面层泄除措施来控制附面层。

亚声速扩压段的附面层控制通常由合理的气动设计来保证,比如一般控制结尾激波后的马赫数不超过 0.8,亚声速扩压管道的扩张角不宜超过 8°,扩张管道型面过渡要足够光滑,等等。在局部流动条件恶劣的部位,安装旋流发生器,可以获得较好的亚声速扩压特性。旋流发生器一般由一对对有限翼展的小叶片构成,在靠近叶梢处,叶片上下两面存在压差,气流由高压一侧向低压一侧流动而在叶梢处形成旋涡。该旋涡可以不断地将主流的高能气流带入附面层内或分离区,进行动量交换,从而达到改善附面层流动与控制气流分离的目的。

此外,进气道通常可能安装在机体或者翼附近,此时进入进气道的气流是经过机体等部位预压缩过的空气,由于粘性作用而在进入进气道之前附面层就已经充分发展。在这种情况下,必须尽可能地让机体附面层不要进入进气道,通常可以采用分流器(也叫隔道)来完成此功能。但是,此时将造成流量损失,带来一定的额外阻力。图4.31是机体附面层分流器的原理,$\delta$ 为来流附面层厚度,$b$ 为分流器高度。

**2. 亚临界喘振**

超声速外压式和混压式进气道,在临界状态工作时具有良好的性能,但是当其工作在深度亚临界状态即进气道的流量系数 $\varphi < \varphi_b$ 时,进气道将会转入所谓喘振不稳定工作状态。发生喘振时,进气道的气流不稳定现象主要表现为:激波系做周期性的运动,结尾正激波在进气

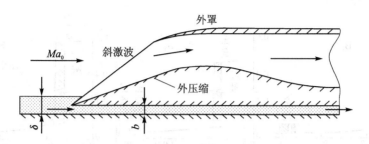

**图 4.31　机体附面层分流器原理**

进口内外反复移动,并伴有刺耳的噪声。这种现象最早是由 Oswatitsch 在 1944 年做轴对称进气道实验时发现的。研究表明,当流量系数从 $\varphi_b$ 减小时,进气道的喘振呈现出小喘和大喘两种典型情况,即流量系数减小不多时,外罩激波开始脱体,同时立即形成结尾正激波高频小幅振荡,发生小喘;当流量系数减小很多时,进气道转入大喘不稳定状态,整个激波系发生低频大幅振荡。而在大喘与小喘之间,进气道可能存在一个稳定工作区域。

图 4.32 给出了进气道喘振发生时,激波系前后极限位置。在发动机出口喉道节流状态一定的条件下,当激波位于前极限时,通过发动机出口喉道的流量大于进入进气道的流量,使得激波向后移动而走向后极限位置;当激波位于后极限时,由于进入进气道的流量大于发动机流出的流量,从而将激波向上游推出。大喘的后极限一般为超临界状态,前极限则有可能是大角度的外压波或者是前体脱体弓形激波,分别对应外压缩面较长和较短的情形。

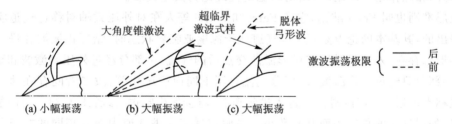

**图 4.32　进气道喘振时的激波振荡模式**

当进气道发生喘振时,激波系的周期性运动将导致进入进气道的空气流量忽大忽小,进气道出口的压强也呈现出低频、大幅度的脉动。图 4.33 给出了参考文献[1]中典型进气道出口压力脉动随流量系数变化的测量结果。喘振的危害是很严重的,其造成的压力脉动幅度可以达到来流总压的 50 ％以上,产生变化不定的气动载荷,可能导致结构破坏。喘振还会引起冲压发动机的不稳定燃烧,甚至造成发动机熄火。因此,必须对喘振的发生原因加以研究,在此基础上积极地采取措施以有效地防止其发生。

分析进气道发生喘振原因的理论主要有:滑流层准则、中心体上气流分离准则、压力变化斜率准则和动态稳定性理论 4 种。大致可以归纳为两类,一类认为喘振是由进气道本身的工作特点所决定的,以滑流层准则为典型代表;另一类认为喘振是由进气道与尾喷管喉道(节流

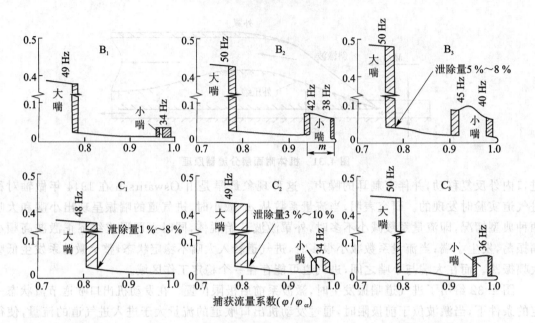

注:该结果来自参考文献[1]的试验测量,其中 $B_1 \sim B_3$ 及 $C_1 \sim C_3$ 代表不同的进气道试验模型。

**图 4.33    进气道喘振时进气道出口压力脉动特征**

截面)之间的相互作用所决定的,以动态稳定性理论为典型代表。

滑流层准则也叫 Ferri 准则,它是 Ferri 和 Nucci 等人在对外压式轴对称进气道实验观察基础上提出的,其基本的论点是:① 进气道处于深度亚临界状态时,结尾正激波在进口前以弓形激波的形态存在,外压斜激波与弓形激波交点后的气流,一部分经过外压斜激波和结尾正激波,而另一部分只经过弓形激波,两部分气流总压不同而静压相等,故二者间存在速度差而形成涡面或称滑流层;② 当该滑流层进入进气道时,将会发生喘振,参看图 4.34。与内层气流相比较而言,外层气流的总压小而马赫数小。在假定气流在进气道内保持相同的扩压程度的前提下,根据一维无粘流的压力变化与面积变化的关系

$$\frac{\Delta p}{p} = \frac{\gamma}{\frac{1}{Ma^2} - 1} \frac{\Delta A}{A} \tag{4.36}$$

可知,靠近外罩唇口内表面的外层气流扩散程度要大于内层气流,即外层气流截面积迅速扩大,在外罩内表面易发生分离,从而限制了内层气流通道面积的变化,甚至发生堵塞,使正激波后的压力增大,弓形激波远离唇口。Ferri 准则得到了许多学者的试验的证实。该准则在飞行马赫数 $Ma_0$ 接近封口马赫数 $Ma_s$,滑流层易进入进气道的情形下,比较适用。

当飞行马赫数 $Ma_0$ 偏离封口马赫数 $Ma_s$ 较远时,进气道喘振与否往往偏离由滑流层准则所得到的结论。Dailey 等人认为此时进气道外压缩面上附面层的流动分离是进气道喘振的根

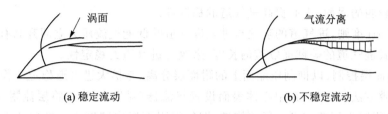

图 4.34　涡面准则示意图

源,当该分离区达到一定尺度时,进气道会发生喘振,参见图 4.35。由激波-附面层干扰流的一般结论,当压缩面上的流动马赫数达到 $Ma > 1.3$ 时,气流易发生分离。气流分离后,分离区的旋涡沿流向逐渐扩大,使主流的有效流通面积减小以致堵塞,从而使结尾正激波前移,发生喘振。此即压缩面气流分离准则。

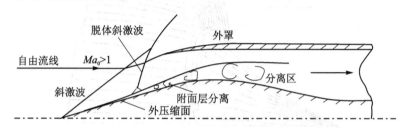

图 4.35　中心体上气流分离压缩主流引起喘振

压力变化率准则认为,进气道进口附近的总压恢复系数相对于捕获面积比的变化率为正值,即

$$\mathrm{d}\left(\frac{p_1^*}{p_0^*}\right) \Big/ \mathrm{d}\left(\frac{A_0}{A_1}\right) > 0 \tag{4.37}$$

时,进气道将发生喘振。这是因为,此时总压恢复系数随流量系数的减小而减小,因而尾喷管喉道会周期性地堵塞与不堵塞,进气道周期性地吞吐结尾正激波。

在动态稳定性理论中,认为进气道的喘振不稳定性现象是弱压力波相对于流道内稳定流以声速向前后两个方向做一维运动的一种动态过程。该弱压力波在进口截面和出口截面不断地来回反射,如果这一系列反射能够不断增强压力波的振幅,则进气道将出现喘振不稳定现象。基于这种理论,喘振不稳定现象实际上不仅与进气道本身的气动特性有关,而且与整个发动机的流动过程有关。

喘振危害十分严重,必须予以防止,以扩大进气道的稳定工作范围。通常有以下几种喘振预防措施:

① 根据 Ferri 准则,合理地设计外压缩面与外罩,选择合适的外罩唇口位置角,使得在飞行包线内激波交点始终处于进气道捕获流管之外,以避免滑流层被吞入进气道。

② 将外压缩面设计成多处转折,以多道弱激波代替一道强外压激波,从而将一个强的涡

面分解成多个较弱的涡面,进而提高进气道的稳定性。

③ 根据 Ferri 准则,进气道的喘振与进入进气道的低能气流压力立即升高有关,因此可以通过增加外压式进气道的等截面喉道的长度,来改善进气道的稳定性。

④ 采用附面层控制,以抑制压缩面上的附面层分离,是扩大进气道稳定工作范围、避免进气道喘振的有效方法。比如,在中心体表面设置扰流器(见图 4.36),将层流附面层变为湍流附面层,从而使得附面层速度型变得更饱满,即使得附面层内速度很小的气流变得很薄,这样可以推迟和减小锥面上的气流分离。另外,附面层泄除和附面层吹除等附面层控制措施,也可以在一定程度上抑制喘振的发生。

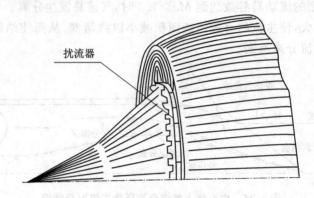

扰流器

**图 4.36　压缩锥面上的扰流器**

⑤ 此外,还可以采用可调进气道,即通过调节中心体的轴向位置或压缩面的角度,防止进气道进入深度亚临界状态,从而避免喘振的发生。

### 3. 超临界痒振

通常在超声速进气道的亚声速扩压段,存在较厚的附面层。当进气道工作在超临界程度较深的状态时,随着结尾正激波向亚声速扩压段下游移动,激波进入附面层相当厚的区域,且波前马赫数也逐渐增大。强度大的激波与厚的附面层相互作用,导致附面层分离,这种分离流动具有强烈的脉动特性,表现为压力的高频低幅周期性变化,结尾正激波在亚声速扩压段作高频振荡。进气道这种不稳定工作状态,叫做超临界痒振。一般地,痒振所带来的进气道压力振荡频率处于 $100\sim250~Hz$,振幅不超过其平均值的 $5~\%\sim15~\%$。超临界状态下的激波振荡本质上是拉瓦尔喷管中的不稳定跨声速流问题。实验表明,亚声速扩压段的扩张角越大,痒振激波振荡的振幅越大。

与喘振相比较而言,痒振的危害并不太大,在一定的条件下允许其存在。超临界痒振带来的一个不良后果是,会增大进气道出口截面的流场动态畸变程度,从而影响燃烧室内燃料的有效燃烧。

## 4.4.4　超声速进气道工作状态和性能的影响因素

对于亚燃冲压发动机而言,由流量公式可以得到燃烧室进口的质量流量为

$$\dot{m}_2 = K_2 \frac{p_2^*}{\sqrt{T_2^*}} q(Ma_2) A_2 \tag{4.38}$$

式中　$p_2^*$——进气道出口即燃烧室入口截面气流总压;

$T_2^*$——燃烧室入口截面气流总温;

$Ma_2$——燃烧室入口截面气流马赫数;

$q$——流量气动函数;

$A_2$——燃烧室入口截面积;

$K_2$——与燃烧室入口截面气体的比热比 $\gamma$ 和气体常数 $R$ 有关的常数。

同理,可以写出流过发动机喷管喉道的质量流量:

$$\dot{m}_5 = K_5 \frac{p_5^*}{\sqrt{T_5^*}} q(Ma_5) A_5 = K_5 \frac{p_5^*}{\sqrt{T_5^*}} A_5 \tag{4.39}$$

式中,喉道马赫数 $Ma_5=1$,对应流量函数 $q(Ma_5)=1$。如果冲压发动机的油气比为 $f$,则由燃烧室进口截面和喉道截面质量守恒方程可得

$$(1+f)K_2 \frac{p_2^*}{\sqrt{T_2^*}} q(Ma_2) A_2 = K_5 \frac{p_5^*}{\sqrt{T_5^*}} A_5 \tag{4.40}$$

进一步,忽略燃烧引起的气体比热比 $\gamma$ 和气体常数 $R$ 的变化,并将燃烧总压采用一阶近似(即 $p_2^* \approx p_5^*$),则可以得到发动机喷管喉道截面与进气道出口截面的面积比为

$$\frac{A_5}{A_2} = (1+f)q(Ma_2)\sqrt{\frac{T_5^*}{T_2^*}} = (1+f) \cdot \left(\frac{A_{cr}}{A}\right)_2 \cdot \sqrt{\frac{T_5^*}{T_2^*}} \tag{4.41}$$

式中,$(A_{cr}/A)_2$ 表示发动机燃烧室进口截面的气流所对应的临界面积比。根据式(4.41)可以得到亚燃冲压发动机进气道工作点随工作条件变化而移动的规律,如表 4.3 所列。结合该表可以分析冲压发动机工作条件(如喷油量)、飞行高度和飞行速度对定几何超声速进气道工作状态的影响,分别讨论如下。

表 4.3　亚燃冲压发动机进气道工作点随工作条件变化而移动的规律

| 移动规律＼参数及工作点移动方向＼输入 | $T_5^*$ | $T_2^*$ | $(A_{cr}/A)_2$ | $Ma_3$ | 工作点移动方向 |
|---|---|---|---|---|---|
| 增加燃料喷入 | 上升 | 不变 | 下降 | 下降 | 向亚临界移动 |
| 飞行马赫数增大 | 不变 | 上升 | 上升 | 上升 | 向超临界移动 |
| 飞行高度增大 | 不变 | 下降 | 下降 | 下降 | 向亚临界移动 |

**1. 发动机工作条件的影响**

冲压发动机的工作状态,对进气道工作状态及其性能的影响,主要体现在发动机燃料喷入量、燃烧过程等影响,其直接反馈给进气道的参数是发动机需求的换算流量,也就是发动机燃烧室进口的马赫数 $Ma_2$(或压比 $p_2/p_2^*$)。因为由换算流量的定义式(4.33)及气体动力学流量公式可知

$$\dot{m}_{crt,req} \sim q(Ma_2) \tag{4.42}$$

即发动机的换算流量与进气道出口马赫数 $Ma_2$ 是一一对应的。又因为对冲压发动机而言 $Ma_2<1$,且在亚声速流动条件下流量函数 $q$ 是马赫数的 $Ma$ 的增函数,可以进一步得知:发动机换算流量增大对应于进气道出口马赫数 $Ma_2$ 增大。

应用式(4.41)、式(4.42),以及 4.4.1 小节所介绍的换算流量与进气道工作状态的关系,可以确定喷油量变化时,进气道工作点的移动规律。具体来说,对定几何进气道来说,面积比 $A_5/A_2$ 不变,当增大燃烧室内的燃料喷入量时,油气比 $f$ 增大,将使得喷管喉道截面的总温 $T_5^*$ 上升,而进气道出口截面总温 $T_2^*$ 不变,要使式(4.41)成立,则必须使流量函数 $q(Ma_2)$ 减小,也就是 $Ma_2$ 减小,亦即发动机需求的换算流量减小,从而使得进气道的工作点向亚临界状态移动。

**2. 飞行速度的影响**

当飞行马赫数 $Ma_0$ 增大时,由于来流总温增大而使得进气道出口截面即燃烧室进口截面的总温 $T_2^*$ 增大,但是喷管喉道截面总温 $T_5^*$ 及油气比 $f$ 均不变,由式(4.41)和式(4.42)可知,进气道出口截面的马赫数 $Ma_2$ 上升,即发动机需求的换算流量增大,将会使得进气道的工作点向超临界状态方向移动。

**3. 飞行高度的影响**

当飞行高度增大时,如果环境温度降低而使得来流总温降低,则使得进气道出口截面的总温 $T_2^*$ 降低,但是喷管喉道截面总温 $T_5^*$ 及油气比 $f$ 均不变,由式(4.41)和式(4.42)可知,进气道出口截面的马赫数 $Ma_2$ 下降,即发动机需求的换算流量减小,将会使得进气道的工作点向亚临界状态方向移动。

由表 4.3 还可以得知,在冲压发动机从地面发射加速爬升过程中,只要适当调整相应的喷油量等参数,进气道仍然可以工作在差不多相同的工作点(如在临界点附近)。另一方面,对于一定的燃料喷入量,冲压发动机自身的加速性是有限的,因为随着飞行速度的增大,进气道工作点向超临界方向移动,总压恢复系数迅速降低,致使发动机的推力减小。

**4. 飞行攻角及侧滑角的影响**

对于头部进气的轴对称超声速进气道而言,飞行攻角和侧滑角对进气道工作状态和性能

的影响规律是一致的,可以统一起来考虑。对于二维楔面压缩超声速进气道而言,飞行攻角和侧滑角对进气道工作状态和性能的影响与压缩面的方位即压缩面是水平还是竖直有关。

参看图 4.37,存在飞行攻角 $\alpha$ 时,轴对称进气道中心体外的流动不再是轴对称的:在设计马赫数下,相对于零攻角飞行而言,进气道中心体上表面即背风面与自由流速度 $V_0$ 方向的夹角减小,激波角也减小,但是中心体转过的角比激波减小的幅度要大,因此外压激波打到唇口之前,从而产生溢流;中心体下表面即迎风面与自由流方向夹角加大,使得激波角加大,同样其加大的幅度小于中心体转过的角度,外压激波将打到唇口内部,使得迎风面唇口附近的流动十分复杂,损失加大。攻角的另一个影响是,使得要进入进气道背风面的流量减小,按零攻角设计的喉道上半部显得过大;相反,迎风面喉道截面显得过小,甚至喉道壅塞进而产生脱体激波。此外,攻角使得背风面中心体表面流动附面层增厚,甚至发生分离,从而减小了背风面喉道的有效流通面积,严重的时候也可以造成背风面喉道壅塞,出现脱体激波。附面层分离、激波脱体,使得总压恢复系数 $\sigma$ 减小,进气道提供的换算流量有可能大于发动机需求的换算流量,会进一步使脱体激波向前移动,甚至引起喘振。

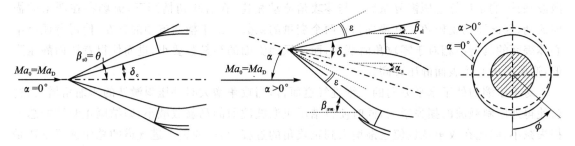

$\alpha$—飞行攻角;$Ma_0$—飞行马赫数;$\alpha_s$—激波轴线倾角;$Ma_D$—设计马赫数;$\varepsilon$—激波偏转角;
$\beta_{s0}$—零攻角时激波角;$\theta_1$—唇口结构角;$\delta_c$—锥体半顶角;$\delta_s$—激波半顶角;$\beta_{sl}$—背风面激波角;$\beta_{sw}$—迎风面激波角
注:认为攻角较小时激波面仍然是圆锥形。

**图 4.37  外压式单锥进气道在设计马赫数下不同攻角飞行时的流动**

对于圆锥中心体,当中体相对来流方向具有攻角 $\alpha$ 时,其附体激波的偏转角 $\varepsilon$ 比 $\alpha$ 要小,即 $\varepsilon/\alpha < 1.0$。激波偏转角 $\varepsilon$ 与攻角 $\alpha$ 的比值,是圆锥半顶角 $\delta_c$ 和飞行马赫数 $Ma_0$ 的函数:$\varepsilon/\alpha = f(\delta_c, Ma_0)$。对于一定的圆锥半顶角,随着飞行马赫数的增大,比值 $\varepsilon/\alpha$ 也增大,即激波偏转角 $\varepsilon$ 与攻角 $\alpha$ 越来越接近;而在一定的飞行马赫数下,当增大圆锥半顶角时,比值 $\varepsilon/\alpha$ 也会增大。关于激波角沿周向的变化,工程上大致可以这样来处理:当攻角不是很大时,认为激波仍然是圆锥激波,即激波面仍然是一个圆锥面,但是圆锥激波面的轴线与自由流的夹角 $\alpha_s$ 要比攻角 $\alpha$ 小得多。由几何关系可以得到有攻角存在情形下的激波半顶角为

$$\delta_s = \frac{\beta_{sw} + \beta_{sl}}{2} \tag{4.43}$$

式中,$\beta_{sl}$ 和 $\beta_{sw}$ 分别是背风面、迎风面激波与自由流方向的夹角,即激波角:

$$\beta_{sl} = \beta_{s0} - \varepsilon \qquad (4.44)$$

$$\beta_{sw} = \beta_{s0} + \varepsilon \qquad (4.45)$$

$$\varepsilon = \alpha \cdot (\varepsilon/\alpha) = \alpha \cdot f(\delta_c, Ma_0) \qquad (4.46)$$

激波轴线与自由流方向的夹角 $\alpha_s$ 为

$$\alpha_s = \frac{\beta_{sw} - \beta_{sl}}{2} \qquad (4.47)$$

如果记圆锥激波的周向角为 $\phi$，则圆锥激波的激波角将是周向角的函数，即 $\beta_s = \beta_s(\phi)$，于是激波的总压恢复系数也是周向角的函数：$\sigma_s = \sigma_s(\phi)$。攻角 $\alpha$ 对总压恢复系数 $\sigma$ 的影响规律，与唇口位置角 $\theta_1$（唇口与中心体锥尖连线和水平方向的夹角）和零攻角下的激波角 $\beta_{s0}$ 的相对大小有关：当 $\beta_{s0} \leqslant \theta_1$ 时，随着攻角 $\alpha$ 的增大，激波进入迎风面唇口的部分就越多，掺混和摩擦损失增大，且使得更多的入口流量只受到一道正激波的压缩，总压恢复系数迅速下降；而 $\beta_{s0} > \theta_1$ 时，总压恢复系数 $\sigma$ 随攻角 $\alpha$ 增加而下降的速度要慢得多。在考察双锥环形进气道的攻角特性时，在飞行攻角不是很大的情形下，可以忽略攻角对第二级锥面产生的曲面激波（称之为次激波）的影响来计算总压恢复系数。与零攻角流动相比，在有攻角情形下，流场存在严重的横向流动，因此流动是极角 $\omega$ 和周向角 $\phi$ 两个变量的函数。由于横向流动的存在，使得背风面中心体表面的马赫数相对于零攻角时要大，而迎风面锥面的马赫数要小，进而使得背风面静压降低，迎风面中心体表面静压升高。

对于压缩面处于水平方向的二维进气道而言，当攻角增大时外压斜激波的压缩角增大，这就使得外压斜激波的损失增大，同时使得结尾正激波波前的马赫数减小，即结尾正激波的总压损失减小，因此在攻角从负值逐渐增大到正攻角的过程中，一般整个进气道的总压恢复系数是先增大而后减小，具体变化规律与其特定的压缩角设置有关。图 4.38 给出了两个典型水平双楔外压式进气道总压恢复系数和波系随攻角变化的曲线。攻角对流量系数的影响规律是，在外压激波脱体之前，水平二维进气道的最大流量系数随攻角的增大而增大，参看图 4.39。

侧滑角对水平二维超声速进气道的影响比较复杂，对总压损失的影响很难估算，通常与进气道是否安装侧板有很大关系。对于进气道两侧安装后掠侧板的情形，由于迎风一侧侧板内表面的流动膨胀加速而使得下一道激波增强，同时后掠前缘处可能有涡脱落并被吸入进气道，使得进气道的总压恢复系数随着攻角的增大而迅速下降。当不安装侧板时，总压恢复系数受攻角的影响程度要小得多。当压缩面为竖直方向的情形时，侧滑角的影响相当于攻角对水平进气道的影响，分析类似，如图 4.40 所示。

## 5. 气动布局的影响

超声速进气道在飞行器机身上的气动布局对进气道性能有很大影响，特别是在飞行攻角和侧滑角较大的时候。通常有头部进气、侧面进气、腹部进气和背部进气。图 4.41 给出了不同进气道气动布局下总压恢复系数随飞行攻角的典型变化规律。对于头部进气道的轴对称

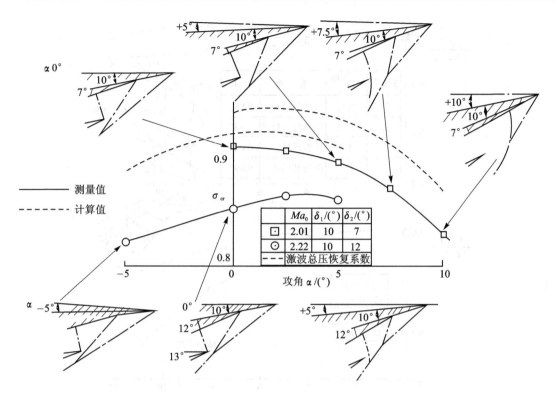

图 4.38　攻角对水平双楔外压式进气道总压恢复系数和波系的影响

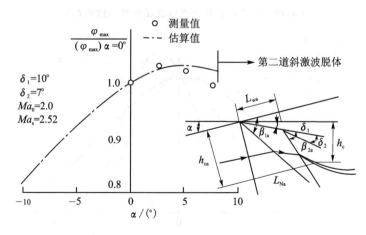

图 4.39　攻角对水平双楔外压式进气道最大流量系数的影响

进气道(见图 4.41 中 1)而言,随着飞行攻角(或侧滑角)的增大,进气道的总压恢复系数下降很快,进气道出口流场的畸变程度增大,流量系数减小,进气道稳定裕度下降。这种头部

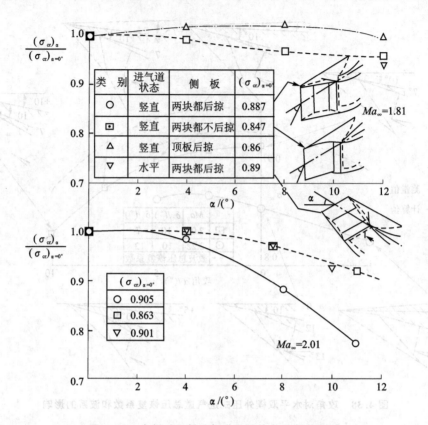

| 类　别 | 进气道状态 | 侧　板 | $(\sigma_{cr})_{\alpha=0°}$ |
|---|---|---|---|
| ○ | 竖直 | 两块都后掠 | 0.887 |
| ⊡ | 竖直 | 两块都不后掠 | 0.847 |
| △ | 竖直 | 顶板后掠 | 0.86 |
| ▽ | 水平 | 两块都后掠 | 0.89 |

$Ma_\infty=1.81$

| $(\sigma_{cr})_{\alpha=0°}$ | |
|---|---|
| ○ | 0.905 |
| □ | 0.863 |
| ▽ | 0.901 |

$Ma_\infty=2.01$

**图 4.40　攻角对双斜进气道总压恢复系数的影响**

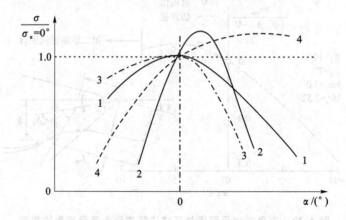

1—头部轴对称进气道；2—侧面进气道；3—背部进气道；4—腹部（或翼下）进气道

**图 4.41　不同气动布局时进气道的总压恢复系数随飞行攻角的变化（$Ma_0=\text{const}$）**

进气轴对称进气道的飞行攻角一般不宜超过 $6°$；当飞行攻角大于 $8°$ 时，进气道的总压近似直线下降。

一般地，对于侧面进气布局的水平二维超声速进气道而言，设计压缩面的折转角略小于最佳折转角以防止过大的气流总折转角。当飞行攻角增大时，进气道压缩面相对于自由来流方向倾角增大，同时由于机身下表面压力大于上表面而形成较大的横向流动，从而使得进气道的压缩角接近最佳折转角，故进气道的总压恢复系数增加。但是当飞行攻角增大到一定程度后，如果继续增大而使得进气道压缩角超过最佳总折转角，则进气道的总压恢复系数将迅速下降。

对于腹部进气道或翼下进气的进气道布局而言，当有正攻角存在时，来流经过机身或机翼的预压缩后，流向基本与进气道前的表面平行，使得进气道进口附近的气流方向角基本不受飞行攻角的影响，因此在较大飞行攻角范围内（$\alpha = 15° \sim 20°$），进气道的总压恢复系数基本不受飞行攻角的影响。当飞行攻角为负值时，进气道进口的马赫数较大，且机身易发生分离，故总压恢复系数相对于 0 攻角时的取值要低。背部进气的气动布局，与腹部进气的气动布局进气道总压恢复系数对攻角的变化规律相反。

## 4.4.5　可调进气道及其控制

如上文所述，当飞行马赫数、飞行高度及供油量等因素发生变化时，都将使得定几何进气的工作点偏离原来的工作点而离开临界状态较远，进而使得进气道的性能下降，包括总压恢复系数下降、流量系数减小和阻力系数增大等。另一方面，适用的飞行器通常都有一个飞行包线，比如从低速低空起动发动机后，进行加速爬升，其间还伴随有喷油量的变化，也就是说，实际应用中不可避免地要存在导致进气道工作点偏离综合性能最佳的临界点的因素。那么，为使得在整个飞行器的飞行包线内，进气道与发动机始终匹配工作在进气道的临界状态附近，一种切实可行的方案就是将进气道设计成几何可调的。比如，对于轴对称进气道而言，可以根据进-发匹配的要求，按一定的规律调节中心体与外罩的相对位置，从而达到调节进气道喉道横截面积的目的；或者单纯改变喉道处型面而改变喉道截面积，进而使得进气道近似工作在临界点附近。对于二元进气道而言，可以采用调节外压楔板相对来流的倾角，或者改变喉道截面积，从而使得进-发匹配工作于进气道的临界点附近。

虽然可调进气道可以根据工作条件变化时进-发匹配的要求来调节工作点，改善进气道的性能，但是这必然会带来一些其他问题。其中最主要的是，进气道的几何结构将变得比较复杂。不仅如此，为了按一定的规律调节进气道的几何型面，还需额外增加对应的控制系统。本书不考虑可调进气道相关的细节问题。

# 4.5　超声速进气道设计及性能计算

## 4.5.1　最佳波系理论

### 1. 无约束最佳波系

超声速进气道设计中,遇到的一个关键问题是如何设计外压激波系,这将用到平面斜激波、正激波和圆锥激波等气体动力学关系式,见 2.1.4 小节。这里再介绍一下最佳波系理论。

所谓最佳波系理论是解决这样一个问题:假设马赫数为 $Ma_1$ 的超声速来流,依次经过 $N-1$ 道斜激波压缩,然后经过一道结尾正激波进一步减速增压,那么每道激波的强度如何分配时能使得整个压缩过程中的总压恢复系数最大呢? 参看图 4.42,Oswatitsch 最早采用带约束的 Lagrange 求极值的方法得到了该问题的解,故最佳波系理论也叫 Oswatitsch 波系理论。

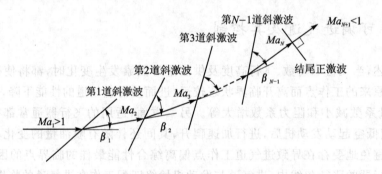

**图 4.42　最佳波系理论的推导示意图**

数学推导表明,取最大总压恢复系数 $\sigma$ 的极值条件是各道斜激波的激波强度相等,即波前的法向马赫数相等:

$$Ma_1 \sin \beta_1 = Ma_2 \sin \beta_2 = \cdots = Ma_{N-1} \sin \beta_{N-1} \qquad (4.48)$$

并且结尾正激波波前马赫数满足以下条件:

$$y_1 = \frac{1}{2}\left(1 + h + \sqrt{1 - \frac{\gamma^2 + 1}{\gamma}h + h^2}\right) \qquad (4.49)$$

式中

$$y_1 = 1 + \frac{\gamma - 1}{2}Ma_1^2 \sin^2 \beta_1$$

$$h = \frac{(\gamma - 1)Ma_N^4 + \dfrac{5 - \gamma}{2}Ma_N^2 - 1}{\dfrac{3\gamma + 1}{2\gamma}Ma_N^2 - 1}$$

数值计算结果发现,对于 $1.5 < Ma_1 < 5$,$N = 2$、$3$、$4$、$\gamma = 1.4$ 的情形,最佳波系中结尾正激波前马赫数约为

$$Ma_N \approx 0.94 Ma_1 \sin \beta_1 \tag{4.50}$$

图 4.43 给出了 $N$ 取 $1$、$2$、$3$ 和 $4$ 时,最佳波系所对应的总压恢复系数随来流马赫数的变化。图 4.44 给出了二维四波系压缩所对应的各道楔面的折转角分布。

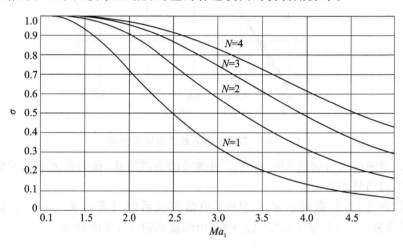

图 4.43 最大总压恢复系数与来流马赫数的关系

## 2. 带约束最佳波系

当自由流马赫数 $Ma_1$ 较大时,根据上述方法确定的最佳波系所对应的气流总折转角一般很大(见图 4.44),为了实现此最佳波系,进气道外罩唇口处的斜率必然太大,于是会产生很大的波阻,甚至使外罩唇口处的斜激波脱体,产生更大的阻力。另一方面,最佳波系的总压恢复系数在总折角附近变化很小,因此可以选取较小的总折角。通常在进气道的最大总压恢复系数和减小进气道外罩倾角以减小外罩波阻之间进行协调。在给定总折转角 $\delta_{t0}$ 的条件下,最佳波系求解如下:

① 对于给定的自由流马赫数 $Ma_1$,假设一个激波角 $\beta_1$(大于自由流马赫角 $\mu_1$),求出对应的 $Ma_1 \sin \beta_1$;

② 用斜激波公式求出第一道激波后的气流折转角 $\delta_1$、总压恢复系数 $\sigma_1$ 和波后马赫数 $Ma_2$;

③ 按 $Ma_2 \sin \beta_2 = Ma_1 \sin \beta_1$ 求出第二道激波的激波角 $\beta_2$;

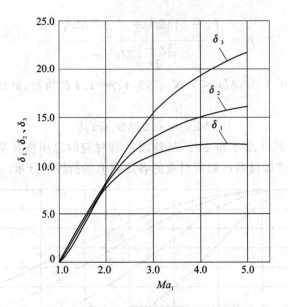

**图 4.44　二维四波系最佳折转角分布**

④ 由第二道激波前马赫数 $Ma_2$ 和第二道激波的激波角 $\beta_2$，按斜激波公式求解 $\delta_2$、总压恢复系数 $\sigma_2$ 和波后马赫数 $Ma_3$；

⑤ 重复③和④过程，直到求出第 $N-1$ 道激波波后的气流折转角 $\delta_{N-1}$、总压恢复系数 $\sigma_{N-1}$ 和波后马赫数 $Ma_N$，并求结尾正激波的总压恢复系数 $\sigma_N$，从而得到

$$\delta_t = \sum_{i=1}^{N-1} \delta_i \quad 和 \quad \sigma = \prod_{i=1}^{N} \sigma_i \qquad (4.51)$$

⑥ 再取一个新的激波角 $\beta_1$，重复上面的计算，直到所求得的 $\delta_t$ 与预先所给定的 $\delta_{t0}$ 相等，所对应的波系即为所求。

### 3．轴对称最佳波系

以上的讨论都是针对二维平面斜激波系进行的，在轴对称进气道设计中，如何配置外压锥的半顶角才能使得外压总压恢复系数最大呢？这就是轴对称流的最佳波系问题。在轴对称进气道设计中，通常第一级锥的半顶角是根据结构强度等因素预先给定，然后用第一级圆锥激波后的平均马赫数 $Ma = (Ma_s + Ma_c)/2$ 取代 $Ma_1$，近似按上面的平面激波最佳波系理论来设计剩下的各锥体的半顶角。由于第一道激波即圆锥激波波后的流动为不均匀的锥形流，使得第二道锥激波为曲面激波，要准确地计算其产生的无粘流场，可以采用特征线法（MOC）计算。一般文献中都给出了轴对称单锥及双锥进气道的最佳折转角随来流马赫数的分布曲线（见图 4.45）。

在混压式进气道设计中，可以按自由流马赫数 $Ma_1$ 和总折转角 $\delta_{t0}$，用带约束的最佳波系理论求解出第 $N-1$ 道外压激波波后的马赫数 $Ma_N$，以此作为进气道内压部分的进口马赫数

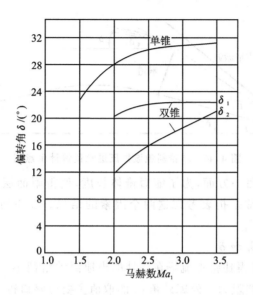

**图 4.45 轴对称单锥及双锥进气道最佳折转角**

$Ma_{\mathrm{entr}} = Ma_N$，然后按混压式进气道的极限收缩比即混压式进气道的起动条件来求解进气喉道与进口截面的面积比，并作适当放大。

## 4.5.2 超声速进气道的型面设计

目前在工程领域，超声速进气道的设计主要是以无粘激波关系式（包括二维激波和圆锥激波等）为基础进行的，并且辅以附面层修正。然后用流场数值模拟或试验来检验所设计的进气道，根据数值计算结果或试验结果来进一步修正进气道的型面；如此反复，直至满足设计部门提出的要求。这里简要叙述一下超声速进气道无粘设计中的一些基本问题。

### 1. 轴对称外压超声速进气道

（1）单锥外压超声速进气道

如图 4.46 所示，单锥扩压进气道的基本设计参数如下：$\delta_s$ 为锥尖半角、$\beta_1$ 为轴线与锥尖和外罩唇口连线的夹角、$\delta_i$ 为外罩唇口内角、$\delta_e$ 为外罩唇口外角。另外，$\beta_s$ 为锥形激波的激波角。内锥体的最大直径、在最大直径处的形状，以及外罩的内外表面的形状也必须加以考虑。以上设计变量通常要综合考虑各方面因素来折衷选定。下面分别对这些因素作比较详细的讨论。

### 1）锥尖半角 $\delta_s$

为了使得进气道工作在较低马赫数时，激波不至于脱体（脱体将引起溢流，从而产生附加

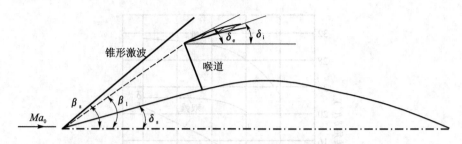

**图 4.46　单锥斜激波扩压进气道设计示意图**

阻力),$\delta_s$ 要选得足够小;另一方面,为了缩短锥体长度,使得附面层不至于过厚,应该使得 $\delta_s$ 足够大,因此锥尖半角通常是折衷考虑这两个因素的结果。在飞行马赫数 $Ma_0 = 1.8 \sim 5.4$ 时,可以选取 $\delta_s = 25° \sim 30°$。

**2) 外罩唇口内外角 $\delta_i$ 和 $\delta_e$**

外罩内角 $\delta_i$ 应该设计得比锥形流场在该处的当地流动角稍小一些,以产生一道微弱压缩波,能够降低外罩上的压差阻力。外罩外角 $\delta_e$ 的取值主要由唇口锐度和结构要求的外罩厚度来确定。保持唇口的锐度,对减小外罩的压差阻力是有好处的,由于强度的要求,一般 $\delta_e - \delta_i = 2° \sim 4°$。大幅度降低外罩唇口角度,能够降低外罩阻力,但是会使得压力恢复系数降低。如果在考虑零攻角和设计马赫数时,设计的进气道使得锥尖形成的斜激波恰好与外罩唇口相贴(此时进气道无附加阻力),内通道设计得使唇口后面的面积略微增大,以使得激波能够稳定在环形唇口上,这就是所谓的 Ferri 扩压器。

**3) 内通道形状以及喉部、内锥体与外罩的相对位置**

进气道内通道截面形状通常应该设计得具有平直的、阻力低的外罩,内型面的内锥体比较平缓,以防止气流分离。一般地,内通道设计成收缩-喉部-扩张型通道,对进气道的起动有利。为了考虑非设计状态的性能,内锥体与外罩的相对位置、内通道的面积比变化必须恰当,必须知道在全部马赫数和攻角下的工作特性,作折衷考虑。喉道区通道截面积变化率应该足够小,通常喉道区有一段等截面的平直段比较好,因为喉道区的激波通常是比较复杂的激波串,而不是通常所简化成的正激波。研究表明,喉道区等直段的长度为喉道高度的 4 倍时,进气道能够获得比较好的综合性能;当内锥体向前移动的时候,对外罩阻力和附加阻力影响比较大,而对压力恢复系数影响相对较小。

**(2) 多锥超声速进气道**

当飞行马赫数 $Ma_0$ 增大时,如果仍然采用单锥外压,则总压恢复系数会很小。为了提高总压恢复系数,可以选择采用双锥或多锥进气道设计方案,以多道弱的斜激波来代替一道强激波,可以减小激波总压损失。在双锥进气道设计时,可以查阅双锥最佳波系图线来确定各级锥半顶角。而在多锥设计时,则可以结合结构等因素确定第一级锥半顶角,然后采用平面最佳波系理论来确定剩下的波系结构。

（3）等熵压缩超声速进气道

如果增加中心锥的数目，采用更多的斜激波来达到相同的压缩程度，则总压恢复系数会更高。极限情况下，当斜激波数目无穷多时，即可得到等熵压缩，此时总压恢复系数最高。实验证明，在来流马赫数达到 2.0 以上时，等熵锥扩器进气道比双锥扩压进气道更具有优越性。

图 4.47 是等熵压缩超声速进气道设计示意图。虽然采用单纯的等熵压缩面可以获得比较高的总压恢复系数，但是为了有效减小中心体的长度（以减小附面层厚度），同时考虑结构等因素，通常在等熵压缩面前设置一段初始锥体。等熵锥进气道应该满足：① 经过初始锥面激波的总压恢复系数为 0.99；② 所有的特征线都汇集到图中的 $C$ 点；③ 在汇集点 $C$ 处，形成零半径的反 Prandtl - Meyer 流动，并且在初始锥面激波上。根据 NACA 报告的介绍，带初始锥体的等熵中心锥体的设计过程如下：

① 由自由流马赫数 $Ma_0$ 及初始圆锥激波总压恢复系数 $\sigma_i$，求解圆锥激波或查阅相关图线，得到初始中心锥的半顶角 $\delta_{si}$ 和激波 $\beta_{si}$；

② 求解锥形流场 II，据此计算结果，求得初始锥面与等熵压缩面交接处的初始特征线 2

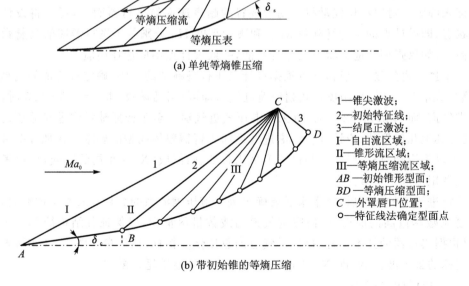

(a) 单纯等熵锥压缩

(b) 带初始锥的等熵压缩

图 4.47 等熵压缩超声速进气道设计示意图

上的流动参数；

③ 在外罩唇口作半径为 0 的 Prandtl - Meyer 流动，且作二维处理；

④ 采用特征线法(MOC)求解等熵压缩区 Ⅲ 流场的流动；

⑤ 沿着从唇口发出的每一条特征线积分得到相应的质量流量 $\dot{m}$，使得其与所要求的进气道空气捕获量相等，从而确定等熵压缩面上的相应点；

⑥ 假定声速线为直线，且声速线附近的流动为一维流动，由 $Ma=1$ 及连续方程即可确定结束点位置 $D$。

等熵锥压缩面的两个设计限制条件是：① 激波结构要求汇集点 $C$ 处形成的涡流面两边的流动方向一致、静压相等；② 外罩唇口激波应该附体，即等熵压缩面的终了倾角不能过大。

应该指出的是，多波系外部压缩存在一个压缩极限，在等熵压缩的情形下，极限压缩时气流的转角等于起始马赫数为 $Ma_0$、终止马赫数为 $Ma_1$（即进气道进口马赫数）的 Prandtl - Meyer 流所转过的角度。另外，由于在超声速进气道中，最终的亚声速出口气流还要转回到轴向，因此，进气道外罩一般会最终与轴向平行。考虑到外罩阻力的因素，往往需要进气道外罩的内外激波始终保持附体状态，因此，外压缩的总折转角还应该受外罩唇口附近激波系附体条件的限制。

### 2. 混压式超声速进气道

（1）设计点、构型及激波数目的选择

进气道的设计点即设计状态所对应的飞行马赫数和飞行高度等，主要依据飞行器的总体技术指标来确定。对以冲压发动机为动力装置的超声速巡航飞行器而言，通常将设计点选择在巡航状态，即设计点的飞行马赫数 $Ma_D$ 和飞行高度 $H_D$ 分别等于飞行器巡航马赫数和巡航高度。但是，如果强调非巡航状态的综合性能，一般设计点不应选在巡航点。

在确定进气道的设计点后，就得根据设计点飞行马赫数的大小，确定进气道的构型。当设计马赫数 $Ma_D < 1.4$ 时，采用皮托式超声速进气道即可；当马赫数 $Ma_D = 2.0 \sim 2.5$ 时，可选用外压式进气道；而当 $Ma_D > 2.0$ 时，宜采用混压式进气道。至于选择轴对称进气道还是二元进气道，或者其他几何形状，应该综合考虑进气道和飞行器整体构型的要求。比如在头部进气的导弹上，可以采用轴对称进气道；当进气道采用腹部、两侧或"X"形布局的时候，可以考虑选择半圆形或者矩形进气道等。

在确定进气道的构型后，接下来需要确定进气道压缩波系的数目。其基本原则是，在保证总压恢复系数尽量高的前提下，使得进气道的波数目尽量少，以保证其结构简单。实际设计时，可以根据飞行器的技术指标，提出进气道的总压恢复指标，然后参考图 4.43 来选择满足总压恢复指标的最小波数 $N$，即 $N-1$ 道外压斜激波和 1 道结尾正激波。

（2）压缩面角度的选择

外压缩角的设置原则上可以依据总压恢复系数最大要求，按最佳波系理论来设计。但是，一般在最佳折转角附近,总压恢复系数随折转角的变化较小,因此为了兼顾总压恢复系数较大和外罩倾角较小(外罩阻力小),通常可以选择较最佳折转角稍小的总折转角。此外,为了使第一级压缩面在低马赫数飞行时激波不致于脱体,同时附面层不要太厚,第一道压缩角往往需要作适当调整。第一级压缩角的选取还应该考虑结构强度等因素的影响。

图 4.48 给出了一种多锥超声速进气道外部压缩段结构简图,用 $A_0$ 和 $A_c$ 分别表示进气道捕获面积和最大捕获面积。为了获得较好的攻角特性,设计状态预留一定溢流量,取溢流系数 $\varphi_{sp}=0.04$,则设计状态空气捕获系数为 $\varphi_D=1-\varphi_{sp}$。考虑到其他空气需求和附面层泄除,放大 $K_c$ 倍,则

$$A_c = \frac{K_c \dot{m}_D \sqrt{T_0^*}}{K \cdot p_0^* q(Ma_0)(1-\varphi_{sp})} \tag{4.52}$$

式中,$\dot{m}_D$ 为设计流量,$T_0^*$、$p_0^*$ 分别为来流总温、总压,$K$ 为流量公式中的常数,$q$ 为气动流量函数。中心锥级数 $n$ 应在满足总压恢复系数要求的前提下尽量小。对于单锥情形,锥体半顶角为 $\delta_{c1}=25°\sim30°$;在多锥情形下,选取一级锥半顶角 $\delta_{c1}$,使得对应的圆锥激波总压恢复系数为 0.99,其他各级锥半顶角根据最佳波系理论进行配置,气流总折转角小于外罩激波脱体折转角。

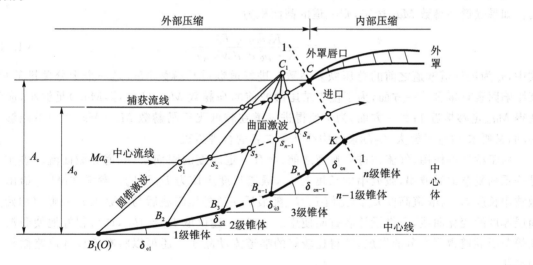

**图 4.48　多锥超声速进气道外部压缩段结构简图**

(3) 外罩唇口角度的选择

外罩唇口角以外罩内外激波不脱体为原则来设计,同时要使得外罩阻力尽量小。对于纯外压式进气道而言,外罩唇口内角一般应该与唇口附近的当地气流角一致,或者稍微有一定的倾角以产生一定压缩,从而减少外罩内外表面的压差。而外罩唇口结构角,即外罩唇口外角与内角的差值,一般在 $2°\sim4°$ 为宜。

　　（4）压缩面相对于唇口的位置

　　一般地，压缩面相对于唇口的位置主要有两种情形，即外罩唇口恰好在外压斜激波的交汇处（称为激波贴口 SOL，Shock－On－Lip）和唇口位于激波交汇点之后。一般考虑到压缩面长度、结构重量、附加阻力和内通道设计，以及亚临界滑流层位置等因素，进气道唇口应位于激波交汇点之后，且将外罩前缘设计成具有一小的圆弧钝体而不是完全尖状。

　　（5）外压缩楔板的宽度

　　对于二元进气道而言，由于侧缘附近的三维流动效应，会形成侧向溢流，进而使得进气道的临界总压恢复系数和最大流量系数较小，尤其是在不带侧板的情况下。实验表明，如果适当加宽进气道的压缩面，就可以改善这个问题。

　　（6）进气道进口截面积 $A_1$ 的选取

　　进气道的主要功能之一，就是在飞行器飞行包线内向发动机提供足够的空气量，同时保证附面层泄除等因素的影响。通常，可以在设计流量确定的情形下按式（4.52）来确定进气道进口截面积 $A_1$。

　　（7）进气道喉道的设计

　　进气道喉道设计的要求是：一方面能够提供发动机所需的空气流量，另一方面能够自行起动。如果喉道马赫数 $Ma_{th}$ 选定，则喉道的截面积为

$$A_{th} = \frac{K_c \dot{m}_D \sqrt{T_{th}^*}}{K \cdot p_0^* \sigma_e q(Ma_{th})} \tag{4.53}$$

式中，$\sigma_e$ 为进气道喉道之前的总压恢复系数。进气道喉道马赫数 $Ma_{th}$ 是一个十分关键的量，其影响因素有很多。一方面，为了使得结尾激波前的马赫数 $Ma_{n1}$（$Ma_{n1} \geqslant Ma_{th}$）足够小，应该使得 $Ma_{th}$ 足够接近 1；另一方面，为了使得进气道在较低飞行马赫数 $Ma_0$（$Ma_0 > 1$）下能够自起动，又要求 $Ma_{th}$ 足够大，实际设计中往往是二者的合理折衷。

　　由于粘性的作用，气流在进入喉道之前，会有一定厚度的附面层，喉道等截面流动事实上是一系列复杂的激波串，激波串的长度为 $L_s$，喉道长度应该为 $L_{th} \geqslant L_s$。参考文献［2］给出了激波串长度 $L_s$ 与喉道高度 $h_{th}$ 的比值 $L_s/h_{th}$ 随最后一道外压激波后马赫数 $Ma_1$ 及喉道初始附面层厚度的变化曲线，可供设计者查阅使用。一般地，建议取 $L_{th} = 4h_{th}$，即可很好地使激波串在等截面喉道得到充分的发展，获得比较好的喉道流动品质。还可以将喉道设计成略微扩张的形状。

　　（8）进气道进口至喉道之间的内压缩通道设计

　　进气道进口截面至喉道之间过渡段的设计，一般应该保证型面光滑过渡。图 4.49 给出了一种内部等熵压缩段设计简图，中心体表面 KL 为圆 O 的一部分，在 K、L 点分别与第 n 级锥和喉道表面相切；外罩内表面 CJ 的设计以保证截面积 $A_\omega$ 关于圆心角 $\omega$ 单调光滑递减为原则，且 $\omega = 0°$ 时，$A_\omega = A_1/\cos(\delta_{cn} - \delta_{c,in})$；$\omega = \delta_{cn}$ 时，$A_\omega = A_{th}$。$\delta_{c,in}$、$\theta_{in}$ 分别为唇口内角和进口平均气流角，$A_{th}$、$h_{th}$ 分别为喉道截面积和高度。应该指出的是，这不是超声速内压缩段的唯一设

计方法。

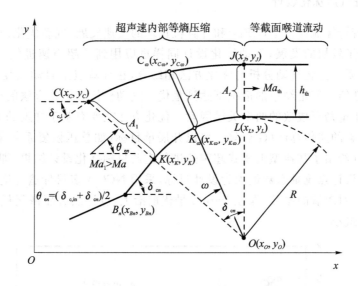

**图 4.49　进气道超声速内压段的设计——圆弧过渡**

（9）亚声速扩压段通道设计

亚声速扩压扩张段的流动比较关键,其设计的原则是最大限度地防止亚声速流动分离,否则将造成较大的总压损失,最大的危害是造成进气道出口的流场品质极度变坏,即发生大的流场畸变,严重影响燃烧室内燃料的燃烧,降低燃烧室的效率,从而损害发动机的综合性能。

一般抑制亚声速扩压段分离的出现,主要是限制两个参数即结尾正激波波后的马赫数 $Ma_{n2}$ 不超过 0.8（波前马赫数约不小于 1.3）,中心体的等效收缩锥体半顶角不超过 8°。实际设计中,可以在控制结尾正激波波前马赫数的前提下,合理地选择中心体的收缩锥角 $\theta_c$,可以选为小于 8° 的某个常值,也可以控制其值按一定的函数分布,如将亚声速扩压段起点 $M$、终点 $P$ 点的锥角分别设为 0° 和 8°,然后按轴线距离单调增加为

$$\theta_c = \frac{8}{x_P - x_M}(x - x_M) \tag{4.54}$$

式中,$\theta_c$ 的单位为度（°）,$x_P$ 和 $x_M$ 分别为亚声速扩压段中心体起始点 $P$ 和终止点 $M$ 的横坐标。进气道出口的截面积由设计状态燃烧室进口的压比或马赫数,结合正激波波后马赫数给定。最后需要说明的是,在进气道总压恢复的计算过程中,在喉道及喉道之前的流动均可以近似按无粘流动处理,而亚声速扩压段的总压损失应该充分考虑摩擦的影响,一般取亚声速扩压的总压恢复系数为 0.90~0.95。而当亚声速扩压段存在较大的附面层分离时,总压恢复系数要比此值小得多。

### 3. 超声速进气道优化设计

近年来,随着计算流体力学(CFD)和计算机技术的飞速发展,气动优化设计方法在航空航天设计领域得到了较快的发展,气动优化设计同样也应用到了超声速进气道的优化设计中。气动优化设计本质上是将气动分析与优化方法相结合,在计算机上自动改变设计对象的气动外形,使其气动性能在满足约束的情况下达到最优。气动分析和优化方法的性质,是影响气动优化设计效率、质量乃至成败的两个关键因素。优化方法主要有基于梯度的方法和罚函数法,以及基于随机搜索的遗传算法(GA)等。可以开展单目标(如总压恢复系数最大)和多目标优化设计。图 4.50 给出了某典型混压式超声速进气道两目标优化设计结果,即以设计点总压恢复系数最大和非设计点流量系数最大为设计目标,采用 NCGA 多目标遗传优化方法。可以发现,两个目标是一对矛盾的参数,即在 Pareto 最优前沿上,设计点总压恢复最大时对应的非设计点流量系数却最小。

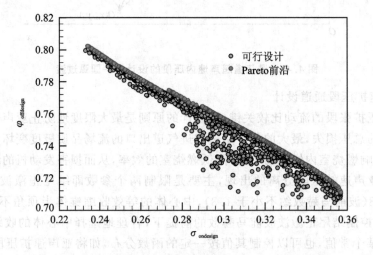

**图 4.50　典型混压式超声速进气道两目标优化设计结果**

【应用示例 1】　设计一个轴对称混压式超声速进气道。

设计高度 $H=25$ km,设计马赫数 $Ma=4.0$,要求:设计点总压恢复系数 $\sigma>0.5$,起动马赫数 $Ma_r=3.0$,飞行马赫数范围为 $3.0\sim4.5$。在设计点零攻角时,进气道捕获流量为 $\dot{m}=13.33$ kg/s。

可按如下步骤来完成该进气道的无粘设计。

(1) 选择压缩形式及外压锥的级数($n_c$)

由于该进气道的工作马赫数范围较大($3.0\sim4.5$),且马赫数较高,故采用单纯外压或者内压,将分别遇到严重的外阻大和自起动困难等技术障碍。因此,宜采用混压式结构。又由于提出的总压恢复指标较高,且通常第一级锥的半顶角根据结构等因素指定,故此处选择三级锥压缩($n_c=3$)，即该进气道采用 $N=4$ 波系压缩结构(3 斜激波＋1 正激波)。由图 4.43 可知，4 波系最佳总压恢复系数在 $Ma<4.5$ 时，均可达到 0.5 以上。需要指出的是，由于外罩外倾角的限制等因素，且起动马赫数 $Ma_r$ 相对于最大马赫数 $Ma$ 而言低很多(即进气道的低马赫数工作范围较大)，往往使得外压缩的总转角不能到达 4 波系的最佳转角，故最终设计的进气道总压恢复系数很有可能低于 0.5。

(2) 指定第一级锥半顶角($\delta_{c1}$)

在 $Ma=3\sim4.5$ 范围内，二维 4 波系的第一道最佳折角为 $\delta_1\approx12°$，考虑到相同压缩角下圆锥激波较二维激波弱，并综合结构、进气道长度(影响附面层厚度)等因素，将第一锥角仍然选为 $\delta_1=12°$。

(3) 确定第一级圆锥激波相关参数

当 $\delta_1=12°$，$Ma_1=4.0$ 时，由圆锥激波计算方法得到激波角为 $\beta_1=19.40°$，波后流动角 $\theta_{1tip}=6.72°$，波后马赫数 $Ma_{2tip}=3.5168$，锥面马赫数 $Ma_{2c}=3.3953$，激波总压恢复系数 $\sigma_1=0.974057$。第二道激波波前平均马赫数近似采用算术平均法为

$$\overline{Ma}_2 = \frac{Ma_{2tip}+Ma_{2c}}{2} = 3.4561$$

第二道激波波前平均流动角采用流量平均法(见 2.1.4 小节)计算得

$$\bar{\theta}_2 = 8.66° < \frac{\theta_{1tip}+\delta_1}{2} = 9.36°$$

(4) 外罩唇口位置确定

由于在飞行马赫数 $Ma_0=4.0$、飞行高度 $H=25$ km(对应大气压力 $p_0=2549.2$ Pa，温度 $T_0=221.55$ K)时，进气道捕获流量为 $\dot{m}=13.33$ kg/s，于是有外罩唇口对应迎风面积

$$A_c = \frac{\dot{m}}{\rho_0 Ma_0\sqrt{\gamma R T_0}} = 0.278697 \text{ m}^2$$

唇口半径可以根据流量公式确定为

$$R_c = \sqrt{\frac{\dot{m}}{\pi\rho_0 Ma_0\sqrt{\gamma R T_0}}} = \sqrt{A_c/\pi} = 0.297845 \text{ m}$$

外压锥长度，即唇口 $C$ 到锥顶的轴向距离(零设计溢流量)为

$$L_c = R_c/\tan\beta_1 = 0.84577 \text{ m}$$

(5) 按二维最佳波系理论确定其余的两道外压激波

为了保证起动马赫数 $Ma_r=3.0$ 时，外压激波不脱体，选择锥体总压缩角为 $\delta_t=30°$，则可以按来流马赫数 $Ma=\overline{Ma}_2=3.4561$，总折转角 $\delta_t'=\delta_t-\bar{\theta}_2=21.34°$，依据最佳波系原理来确定其余两道外压激波的压缩角，计算结果分别为 $\delta_2=9.79°$ 和 $\delta_3=11.55°$，即第一、二、三级锥的半顶角分别为

$$\delta_{c1}=\delta_1=12°, \quad \delta_{c2}=\bar{\theta}_2+\delta_2=18.45°, \quad \delta_{c3}=\bar{\theta}_2+\delta_2+\delta_3=30°$$

第二、三道外压激波波后马赫数分别为

$$Ma_3 = 2.879\ 3, \qquad Ma_4 = 2.332\ 4$$

第二、三道外压激波的总压恢复系数为

$$\sigma_2 = \sigma_3 = 0.950\ 847$$

第二、三道外压激波波后流动角为

$$\theta_{2tip} \approx \theta_{1tip} + \delta_2 = 16.52°, \qquad \theta_{3tip} \approx \theta_{1tip} + \delta_2 + \delta_3 = 28.07°$$

亦即外罩唇口前缘当地流动马赫数和流动角分别为 $Ma_c = 2.332\ 4, \theta_c = 28.07°$。

（6）进气道进口平均参数

进气道进口的平均流动马赫数可按第三道波后流动为等熵流动确定为

$$\overline{Ma_1} \approx Ma_4 = 2.332\ 4$$

进口平均流动角则为

$$\bar{\theta}_1 \approx \frac{1}{2}(\theta_{3tip} + \delta_{c3}) = 29.04°$$

进气道的进口面积，即唇口到中心体之间垂直当地流动方向的截面积为

$$A_1 = 0.086\ 585\ 4\ \text{m}^2$$

（7）确定喉道截面积

进气道的喉道面积主要由进气道进气口面积 $A_1$，以及接力马赫数 $Ma = Ma_r = 3.0$、进口截面的平均马赫数 $Ma'_1$，依据 Kantrowitz 极限内部收缩比公式来确定。

在三级锥角按第（5）步设定的前提下，采用相同的计算方法，可以确定在接力点即飞行马赫数 $Ma = 3.0$ 时，外罩唇口的当地流动马赫数和流动角分别为 $Ma'_c \approx 1.804\ 1, \theta'_c \approx 30.00°$。由于 $Ma'_1 = Ma'_c$，故由 Kantrowitz 极限内部收缩比公式可以得到进气道的内部收缩比为

$$r_A = \frac{A_1}{A_{th}} = 1.170\ 43$$

考虑到其他因素的影响，取喉部放大因子为 $K_c = 1.05$，则喉部截面积为

$$A_{th} = K_c \frac{A_1}{r_A} = 0.077\ 676\ 3\ \text{m}^2$$

（8）确定外罩内外角

外罩内外角的选择以在飞行马赫数范围内，外罩唇口内外的激波不脱体为设计的基本原则，并使得外罩外角尽量小，以减小外罩阻力；同时，为了减小外罩内外的压力差，应该使得外罩内角相对于唇口当地流动角有一定的压缩角度。由于在三级锥角按第（5）步设定的前提下，接力飞行马赫数 $Ma = 3.0$ 时，外罩唇口的当地流动马赫数和流动角分别为

$$Ma'_c \approx 1.804\ 1, \qquad \theta'_c \approx 30.00°$$

由斜激波公式可知，当来波前马赫数 $Ma = Ma'_c \approx 1.804\ 1$ 时，斜激波脱体的极限压缩楔角为

$$\delta_{limit} = 19.27°$$

于是为了保证外罩唇口内外压缩激波不脱体，则外罩唇口内外压缩角的取值范围为

$$\delta_e \leqslant \theta_c' + \delta_{limit} = 49.27°$$

$$\delta_i \geqslant \theta_c' - \delta_{limit} = 10.37°$$

取唇口结构角为 $\delta_c = \delta_e - \delta_i = 3°$,并且为了减小设计点进气道外罩内外的压力差,外罩唇口内侧采用 $\delta_{cmp} = 5°$ 压缩,则外罩唇口内外角分别为

$$\delta_i = \theta_c - \delta_{cmp} = 28.07° - 5.00° = 23.07°$$

$$\delta_e = \delta_i + \delta_c = 23.07° + 3.00° = 26.07°$$

由于飞行马赫数 $Ma = 4.0 \sim 4.5$ 时,外压激波打到唇口之内,经检验,此时外罩唇口外激波均处于附体状态。

另一方面,为了有效减小外罩阻力,将外罩壁面迎风半径长度(即进气道最大外径与唇口半径之差)固定在 $\Delta R = 0.027$ m,而外壳厚度为 $d_{sh} = 0.002$ m。

(9)喉道结构参数及设计点喉道马赫数

由以上参数可以确定,进气道外壳外半径和内半径分别为

$$R_{sh,ex} = R_c + \Delta R = (0.297\ 845 + 0.027)\ \text{m} = 0.324\ 845\ \text{m}$$

$$R_{sh,in} = R_{sh,ex} - d_{sh} = (0.324\ 845 - 0.002)\ \text{m} = 0.322\ 845\ \text{m}$$

于是进气道喉道处中心体半径为

$$R_{th} = \sqrt{R_{sh,in}^2 - A_{th}/\pi} = 0.281\ 965\ \text{m}$$

选择喉道的长度为 5 倍喉道高度,即

$$l_{th} = 5.0(R_{sh,in} - R_{th}) = 5.0 \times (0.322\ 845 - 0.281\ 965)\ \text{m} = 0.204\ 404\ \text{m}$$

并且喉道中心体采用 $1.5°$ 收缩角,即喉道采用微扩通道。在设计状态下,外罩唇口内侧激波(第四道激波)总压恢复系数,即波前马赫数及压缩楔角分别为 $\overline{Ma}_1 = 2.332\ 4$ 和 $\delta_{cmp} = 5°$ 的斜激波总压恢复系数为

$$\sigma_4 = 0.997\ 109$$

在第四道激波后至喉道之间采用等熵流近似处理,得到考虑唇口压缩情形的喉道马赫数为

$$Ma_{th} = 2.042\ 356$$

于是当结尾正激波发生在喉道即进气道工作在临界状态时,结尾正激波的总压恢复系数为

$$\sigma_5 = 0.698\ 650$$

波后马赫数为

$$Ma_5 = 0.569\ 46$$

(10)亚声速扩张段的设计

亚声速扩压段的设计原则是最大限度地防止亚声速流动分离,以降低总压损失,防止进气道出口流场发生大的畸变。一般地,亚声速扩压段流动马赫数不超过 $0.8$,且中心体等效收缩锥体半顶角小于 $8°$。综合各方面因素,选择亚声速扩压段中心体的收缩角为

$$\theta_{sub} = 5°$$

直至流动马赫数从正激波后的 $Ma_5$ 减速到 $Ma_{out} \approx 0.2$,而后收缩角降低为 $1.5°$。根据经验知

识,亚声速扩压段的总压损失主要是由于粘性作用造成的,一般较小,可取总压恢复系数为

$$\sigma_6 = 0.900\,000$$

（11）粘性附面层修正

按平板附面层位移厚度公式对无粘设计的进气道型面进行粘性附面层修正。

（12）给出进气道设计点的主要性能指标

由于采用零溢流量设计,故进气道在设计点的流量系数为

$$\varphi = 1.000\,0$$

附加阻力系数和外罩压力阻力系数分别为

$$C_A = 0.0,\qquad C_C = 0.061\,608$$

总压恢复系数

$$\sigma = \prod_{i=1}^{6}\sigma_i = 0.552\,142$$

进气道压升和温升分别为

$$p_r = 81.75,\qquad T_r = 4.170\,2$$

进气道绝热压缩效率、动能效率和有效动能效率分别为

$$\eta_c = 0.961\,456,\qquad \eta_{kE} = 0.942\,203,\qquad \eta_{kE,eff} = 0.883\,351$$

图 4.51 给出了设计所得到的进气道型面及外压波系。需要说明的是,由于没有细致地考虑粘性及其附面层分离等因素的影响,进气道的实际总压恢复系数可能与该预估值有一定距离,需要在流场数值模拟或实验测量结果的基础上,对该进气道型面做进一步修正。

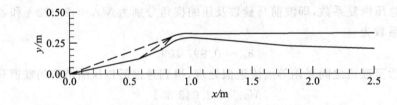

**图 4.51　典型混压式超声速进气道型面设计结果**

## 4.5.3　超声速进气道的性能计算

如 4.2 节所述,进气道主要性能参数有:总压恢复系数 $\sigma$、空气捕获系数 $\varphi$ 及阻力系数 $C_D$,以及进气道的绝热压缩效率 $\eta_c$、动能效率 $\eta_{kE}$ 和有效动能效率 $\eta_{kE,eff}$ 等。总压损失主要包括激波损失和粘性摩擦损失两种,前者可根据激波理论估算,后者则很难准确计算。在总压恢复系数的计算中,结尾激波之前可按无粘流动处理,而亚声速扩压段则需考虑摩擦影响,总压恢复系数常取为 0.90~0.95。在图 4.21 所示的 9 种典型工作状态中,当 $Ma_0 > Ma_s$ 时,进口波系

复杂,掺混、摩擦损失增大,很难用激波理论求解,研究人员对大量试验数据进行分析,拟合出了 $Ma_0 > Ma_s$ 时临界状态⑧的进气道总压恢复预估模型[2]。

　　进气道阻力主要有外罩阻力 $D_C$ 和附加阻力 $D_A$,前者由外壳摩擦阻力 $D_{Cf}$ 和波阻 $D_W$ 构成,计算比较复杂。在 $Ma_0 \geqslant Ma_s$ 的临界状态⑤、⑧和超临界状态⑥、⑨,无附加阻力;而在 $Ma_0 < Ma_s$ 的临界状态②和超临界状态③,存在超声速溢流,有附加阻力;在亚临界工作状态①、④、⑦时,结尾正激波被推出进气道进口,产生亚声速溢流,附加阻力随溢流量的增加而迅速上升。可以用激波-膨胀波理论求外罩波阻 $D_W$,不考虑摩擦阻力 $D_{Cf}$。

　　当 $Ma_0 \geqslant Ma_s$ 时,进气道的临界、超临界空气捕获系数 $\varphi = \varphi_{max} = 1.0$;当 $Ma_0 < Ma_s$ 时,临界、超临界 $\varphi = \varphi_{max} < 1.0$,$\varphi_{max}$ 易由超声速溢流理论求得;亚临界的空气捕获系数($\varphi < \varphi_{max}$)求解较复杂,需不断改变捕获面积 $A_0$ 迭代求解,参见图 4.52。

　　要计算进气道亚临界工作状态的性能,必须计算脱体激波的位置。Moekel 最早提出了脱体激波形状、位置估算方法[3],许多学者对其进行了扩展。如图 4.53 所示,当 $Ma_0 > Ma_s$ 时,捕获流线交点 $A$ 之外的脱体激波可假定为以自由流马赫线为渐近线的双曲线,$AT$ 为直线;当 $Ma_0 \leqslant Ma_s$ 时,三波点 $T$ 之外全为以自由流马赫线为渐近线的双曲线,且 $A$ 点在双曲线上。$S$ 点为声速点,气流折转角为 $\delta_s$。$C$ 点为外罩上的声速点,流动角 $\delta_{max}$ 等于 $Ma_0$ 下激波附体的最大折转角。假定声速线 $SC$ 为直线,且与竖直方向成 $\eta = (\delta_s + \delta_{max})/2$ 夹角,弓形激波以 $S$ 点为界,$DS$ 段为强激波,波后流动为亚声速;$S$ 点以外的部分为弱激波,波后流动为超声速。激波角 $\beta_0$、$\beta_1$、$\beta_2$ 根据三波点相容条件求解;双曲线顶点 $D$ 的坐标待求;激波脱体距离为 $L = x_C - x_D$。当 $y = y_A$ 时,激波角 $\beta = \beta_0$;当 $y = y_S$ 时,激波角 $\beta = \beta_S$;而 $y_S$ 可由 $A_2$ 与 $A_S$ 截面的连续方程迭代求解。

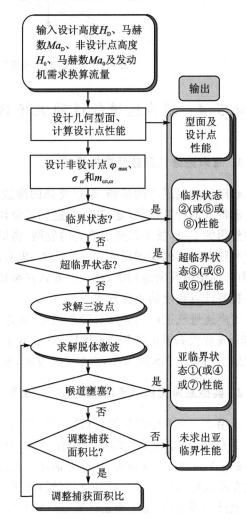

**图 4.52　典型混压式超声速进气道性能计算流程**

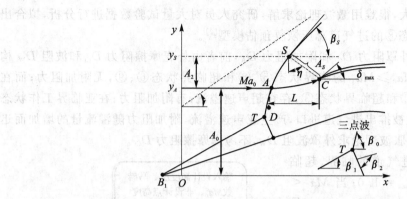

**图 4.53　混压式进气道亚临界脱体激波($Ma_0 > Ma_s$)**

## 4.5.4　超声速进气道的流场数值模拟研究

### 1. 超声速进气道数值模拟概述

超声速进气道内的流场,是以复杂的激波系及激波-附面层干扰为主要特征的,CFD 对这一流动特征的计算精度,是 CFD 在进气道设计领域应用成功的关键。当前,数值模拟激波-附面层作用的 CFD 技术得到了显著的发展,借助 CFD 可以很好地去探索流场结构、激波强度的发展和很多基本的物理现象。一般认为,现有的 CFD 代码可以比较精确地预测气动力和热载荷,但必须用极其密的网格,并且要非常仔细地生成网格,对于强激波干扰流场,网格自适应是一种提高计算精度的重要技术。

超声速进气道内的流动一般是湍流,理论上来说,可以采用基于 NS 方程的直接数值模拟(DNS)或者大涡模拟(LES)来求解,但是由于二者计算量巨大,很难实际采用。目前,主要采用求解雷诺平均 NS 即 RANS 方程的方法,来计算超声速进气道流场。

### 2. 典型超声速进气道流场数值模拟结果

采用 2.5 节介绍的流场数值模拟方法,对图 4.51 所示的进气道进行了流场数值模拟,其中采用 $k$-$g$ 两方程湍流模型,时间迭代采用 LU-SGS 隐式积分方法,空间离散格式为二阶 Harten-Yee 的 TVD 格式,计算中采用 4 重多重网格的 FAS-FMG 算法。图 4.54 给出的进气道在零攻角、$Ma_0 = 4.0$ 时的流场计算结果,其中压力已对来流压力无量纲化。

值得一提的是,基于流场计算结果的总压恢复系数为 $\sigma = 0.405\,202$,比无粘计算结果($\sigma = 0.552\,142$)低得多。这说明无粘计算方法所得到的进气道性能需要大幅度修正。

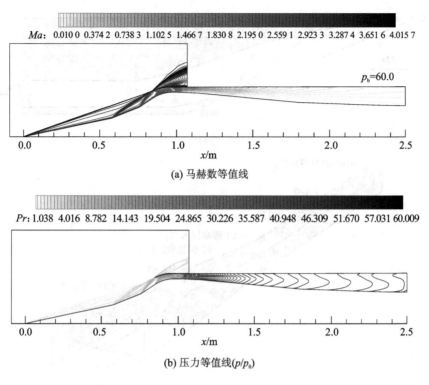

(a) 马赫数等值线

(b) 压力等值线($p/p_0$)

**图 4.54　典型混压式进气道亚临界流场计算结果**

# 4.6　高超声速进气道

由第 3 章的讨论可知,在高超声速飞行时宜采用超燃冲压发动机作为动力装置,此时进气道提供给燃烧室的空气流是经过进气道压缩过的超声速气流,即高超声速进气道担负着与超声速进气道相同的任务——为发动机提供压缩后的空气流。但是,相对于超声速进气道而言,高超声速进气道在结构、气动等方面仍有一些不同。这里简要介绍高超声速的结构特点、真实气体效应、附面层问题、前缘问题和与机身一体化问题。

## 4.6.1　构型特点

如 3.3.2 小节所述,与超声速进气道相比,高超声速进气道最大的不同是没有扩张段,在进气道之后直接与等截面的隔离段相连。图 4.55 给出了两个典型的高超声速进气道构型(包括隔离段),其中图 4.55(a)为一个二维构型,而图 4.55(b)则是一个带后掠侧压板的三维高超声速进气道构型。

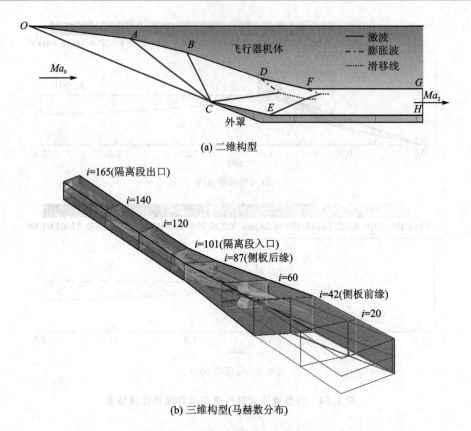

(a) 二维构型

(b) 三维构型(马赫数分布)

**图 4.55　典型高超声速进气道构型**

　　由图 4.55 可知,空气经过外压(包括顶压和侧压)激波之后,进入等截面的隔离段。由于较强的激波/边界层相互作用,往往会造成边界层分离,进而形成不同的激波串结构(如 3.3.2 小节所述斜激波串和正激波串结构)。该激波串结构将隔离段之前的超声速压缩流动,与下游燃烧室内燃烧带来的扰动之间的耦合作用消除或减弱,因此叫隔离段。隔离段内的流动结构,与进出口的压比、进口的边界层动量损失厚度等因素有关。P. I. Waltrup 与 F. S. Billig 从实验出发,分析了影响预燃激波串长度的各种因素,从而得出了一个关于预燃激波串长度的半经验公式

$$\frac{L}{H}=\frac{\sqrt{\dfrac{\theta}{H}}}{\sqrt[4]{Re_{\theta}}}\frac{\left[50\left(\dfrac{p_{\mathrm{d}}}{p_{\mathrm{u}}}-1\right)+170\left(\dfrac{p_{\mathrm{d}}}{p_{\mathrm{u}}}-1\right)^{2}\right]}{Ma_{\mathrm{u}}^{2}-1} \tag{4.55}$$

式中,$L$ 为预燃激波串长度,$H$ 为隔离段高度,$\theta$ 为动量损失厚度,$p_{\mathrm{d}}$ 为预燃激波串背压,$p_{\mathrm{u}}$ 与 $Ma_{\mathrm{u}}$ 分别为预燃激波串起始位置处的压力与马赫数,$Re_{\theta}$ 为基于动量损失厚度的雷诺数。

　　从结构上来看,高超声速进气道还有一个突出的特点,就是进气道的外压缩面与飞行器前

体的下表面重合。因此,进气道与飞行器之间具有较强的耦合作用,必须与飞行器机体进行一体化设计。

## 4.6.2 其他特殊问题

### 1. 高温真实效应

在高超声速飞行器条件下,由于来流具有高总温,往往会导致空气组分间发生化学反应,甚至使得空气发生电离、分子振动能被激发,即导致空气处于化学非平衡状态和热力学非平衡状态。这不仅会改变空气的组分和物性参数,从而改变进气道外压缩激波的形状和位置,进而改变进气道的流量捕获特性,而且会增加压缩面上的气动加热,改变进气道的气动特性。因此,高温真实气体效应是高超声速进气道面临的一个突出问题。关于高温真实气体效应的详细叙述可以参见本书 2.2 节。

### 2. 附面层效应

在超声速进气道设计中,往往可以把粘性流部分与无粘流部分分开考虑。比如,用特征线法(MOC)求解位流方程,并基于此设计进气道的型面,再根据相应流动条件计算其边界层特性,给出边界层动量损失厚度 $\delta^*$,最后将无粘 MOC 解与粘性边界层解做简单的线性叠加即可获得最终的解。也就是说,在 MOC 无粘设计的基础上,将固壁型面按当地 $\delta^*$ 进行修正即可。由于在超声速流动中,粘性边界层只占气流的很小部分,因此粘性/无粘流相互作用可以忽略。在设计中,将二者分开考虑,一般可以获得比较满意的结果。

然而,对于高超声速进气道设计而言,将粘性流部分与无粘流部分分开考虑是不合适的。这主要是因为,在高超声速飞行时,附面层内的温度很高,导致粘性系数增加,使附面层厚度 $\delta$ 变得很大,这将改变物体的有效外形,在流动中存在粘性附面层和无粘流动的强相互作用,以及粘性附面层和激波层的强相互作用。不仅如此,在经过机体下表面预压缩过的空气流中,强激波与厚附面层相交,往往会使得进气道压缩面上的来流具有非均匀效应,导致进气道压缩面上的压缩激波发生较大幅度的弯曲,这必然会改变进气道的流量捕获特性。总而言之,对于高超声速进气道设计而言,附面层效应是一个严重的挑战。

### 3. 前缘问题

在高超声速进气道的前缘,往往是滞止区域,由于高来流总温导致该区域一般是整个飞行器单位面积热力和阻力最大的区域,因此,对于高超声速进气道甚至是整个超燃冲压发动机设计而言,进气道压缩面前缘设计,通常是结构设计中的支配因素之一。由于在高温下的大力载荷和热载荷的共同作用,导致单纯从气动角度设计的最优前缘可能难以维持高超声速进气道所要求的几何结构的稳定性,所以,在许多设计场合,高超声速进气道前缘尺寸的选择,取决于其结构适应性,而不取决于其气动设计的最优化。在极高马赫数飞行的情况下,高超声速进气道前缘滞止区需要做烧蚀热防护或主动冷却设计。在这种情况下,甚至要考虑烧蚀物质或者喷注物质与进气道流动的相互干扰效应。

就高超声速进气道前缘尺寸的选择而言,也存在一些矛盾因素。一般来说,从减小热流通量、降低烧蚀率的角度来考虑,往往需要采用较大的前缘半径。但是过大的前缘半径,又会增大进气道(飞行器)的阻力,增加脱体激波的脱体距离。前者会使飞行器气动性能下降,而后者会导致较大的激波损失和严重的激波/附面层相互作用,甚至会造成大尺度的附面层分离区。

# 4.7　小　结

## 1. 超声速进气道的类型及主要特点

① 超速进气道按压缩形式主要有皮托式、内压式、外压式和混压式 4 类。

② 超速进气道按截面几何形状可分为轴对称、二元和三维进气道。

③ 要达到相同的压缩程度,内压式进气道外罩倾角小,外阻力小,且总压恢复系数较高,但存在严重的起动问题;外压式进气道总转角较大,外阻力较大,总压恢复系数较低,但其结构简单,不存在起动问题;混压式进气道兼有外压式和内压式进气道的优点,并缓和了各自的缺陷,通常外阻较小,总压恢复系数较高,起动问题也容易解决。

④ 内压式进气道由于存在严重的起动问题,尚未实际应用;外压式进气道,一般可用到马赫数 $Ma_0 = 2.0 \sim 2.5$;混压式进气道一般用于 $Ma_0 > 2.0$ 的情况下。

⑤ 相对于二元和三维进气道而言,轴对称进气道结构简单可靠,但是攻角特性较差,一般当攻角大于 6°时,进气道性能将急剧下降,且出口流场畸变指数迅速增大。

## 2. 超声速进气道的主要性能指标

进气道的三个基本性能指标是:总压恢复系数 $\sigma$、质量流量系数 $\varphi$ 和阻力系数 $C_D$。此外,进气道出口气流流动应该畸变指数小,且具有一定的压升 $p_r$ 和温升 $\psi$。

根据热力循环过程可以定义进气道的压缩效率,包括绝热压缩效率 $\eta_c$、动能效率 $\eta_{kE}$、有效动能效率 $\eta_{kEeff}$ 和熵增 $\Delta s$ 等,从而从宏观的角度来评价进气道压缩过程效率的高低。

## 3. 超声速进气道的起动特性

① 内压式和混压式超声速进气道,进口与喉道之间存在收缩段,进行超声速内部压缩,存在自起动问题,即在喉道截面建立超声速流动需要进气道内收缩比与飞行马赫数、进气道出口反压,以及飞行攻角等因素满足一定的条件。

② 通常主要有两种方法来起动内压式和混压式超声速进气道,即增大来流马赫数和放大喉道截面积。此外,还可以采用其他辅助措施来起动进气道,如收敛段开设放气孔等。

③ 通过增大来流马赫数来起动进气道的能力是有限的,即需要将来流马赫数提高到超过其设计马赫数很多;当设计马赫数足够高($Ma_D \geqslant 1.98$)时,即使将来流马赫数提高到无穷大,也无法起动内压式进气道。

④ 通过放大喉道截面积来起动进气道,可以取得较好的效果。一般按 Kantrowitz 极限面积比公式来放大内压式进气道的喉道截面积,即可保证内压式进气道能够自起动。对于混压式进气道而言,由于外压缩波系及进口附面层的影响,使得其自起动面积比要比极限面积比限制宽松,与最佳面积比更接近。

⑤ 内压式和混压式进气道均存在起动滞回环,这就导致在加速和减速的过程中,进气道的特性曲线(总压-流量、阻力-流量曲线等)并不重合。

**4. 超声速进气道的典型工作状态**

① 按结尾正激波相对于进气道喉道截面的位置,可以将进气道的工作状态分为亚临界、临界和超临界 3 种状态。按外压斜激波相对于进气道外罩唇口的位置,又可以将外压式和混压式超声速进气道的工作状态分为亚额定、额定和超额定 3 种工作状态。

② 皮托式进气道和内压式进气道,由于不存在外压激波而无所谓外压波系的位置,通常可以根据结尾正激波在喉道(皮托式进气道进口或内压式进气道喉道)之前、恰好在喉道和在喉道之后,将其流动状态分为亚临界、临界和超临界状态。

③ 外压式和混压式进气道,同时存在外压激波和结尾正激波,它们的位置有 9 种可能的组合,故进气道正常工作中存在 9 种典型工作状态。

④ 进气道的工作状态,主要由飞行马赫数和进-发流量匹配关系来共同决定。

⑤ 进-发流量匹配是指进气道提供的空气流量和发动机需求空气流量相等,而发动机需求的空气流量不是简单的空气质量流量,而是换算流量,即质量流量与总压、总温的一个组合参数。

⑥ 当亚临界程度过深,即质量流量系数小于某个值 $\varphi_b$ 时,外压式和混压式进气道将发生喘振,即结尾激波被周期性地吸入-吐出进气道进口,是一种低频大振幅的振动。当超临界程度过深时,进气道又会发生痒振,即结尾正激波在扩展管道内发生高频率小振幅的振动。喘振和痒振是进气道最典型的两种不稳定工作状态,必须积极地加以克服和避免。

⑦ 外压式和混压式进气道均存在粘性附面层问题,影响进气道的流量系数、总压恢复系数、阻力特性及畸变程度,从而缩小进气道稳定工作的范围,必须加以控制。附面层控制措施通常有附面层泄除,分流器、附面层吹除,以及安装扰流器等。

⑧ 飞行器的飞行速度、飞行高度,以及飞行攻角和侧滑角,都会影响进气道的工作状态。

**5. 超声速进气道的性能计算和设计**

① 进气道的总压损失,主要由激波损失和摩擦损失组成。在无粘流情况下,激波损失可以通过平面斜激波、正激波或圆锥激波关系式加以估算;在粘性流动时,激波损失将难以估算准确。摩擦损失很难由简单的关系式进行估算,必须通过 CFD 方法计算。

② 激波损失是进气道的主要损失,因此必须合理设置进气道的压缩波系。在初步设计阶段,外压波系可以通过无约束或有约束的最佳波系理论来设计。

③ 在亚临界状态,外压式和混压式进气道的阻力主要有附加阻力和外罩阻力。附加阻力可以通过来流流管表面的压差积分来计算。由于溢流而造成的进气道阻力的增加部分为溢流阻力。通常溢流阻力要小于附加阻力,这主要是因为亚临界时外罩前缘为亚声速流动,存在唇口吸力的缘故。

④ 在亚临界状态,进气道进口前的脱体激波位置,可以采用工程的方法进行估算。

⑤ 计算流体力学(CFD)方法是进气道流动过程研究中的重要手段,可以快速、高效地给出进气道内的流场结构及流动参数,进而给出比工程方法更准确、更可靠的进气道性能参数。

⑥ 进气道设计需要确定进气道构型、压缩波数目、外压楔面或锥面倾角及长度、喉道截面积及长度、亚声速扩张段长度和扩张角等。由于进气道设计过程中涉及的因素很多,可以开展单目标和多目标气动优化设计。

**6. 高超声速进气道**

相对于超声速进气道而言,高超声速进气道在结构、气动等方面仍有一些不同。本章简要介绍了高超声速进气道的结构特点、真实气体效应、附面层问题、前缘问题和与机身一体化问题。

# 习　题

1. 超声速进气道有哪些主要类型?几何构型上有何差别?各有什么优缺点?
2. 超声速进气道的主要性能指标有哪些?
3. 进气道的总压损失由哪几部分组成?如何进行估算?
4. 进气道的阻力由哪几部分组成?附加阻力和溢流阻力有何区别?如何计算?
5. 内压式进气道与拉瓦尔喷管几何截面积变化规律同为收敛-扩张型,它们内部的流动规律有何本质区别?内压式进气道的理想流动状态为何没有任何现实意义?
6. 什么是内压式进气道的起动问题?什么是进气道的起动滞回环?起动内压式进气道的方法有哪几种?常用的辅助起动措施有哪些?
7. 混压式进气道与内压式进气道的起动限制条件有何差别?

8. 试述在飞行马赫数从零增大的过程中内压式进气道的起动过程。

9. 进气道的工作状态是如何划分的？内压式进气道有哪几种工作状态？外压式和混压式进气道有哪几种工作状态？

10. 对内压式、外压式和混压式进气道而言，当工作点在各典型状态间移动时，总压恢复系数、质量流量系数和阻力系数是如何变化的？

11. 进气道有哪几种不稳定工作状态？分别是怎么定义的？各自的影响因素和防止措施有哪些？

12. 进气道和发动机之间的流量是如何匹配的？在马赫数一定的前提下，亚临界和超临界状态的进-发流量匹配过程有何区别？进-发流量匹配与进气道的工作状态有何关系？

13. 影响进气道工作状态的因素有哪些？

14. 试述进气道的附面层对其性能的影响以及附面层的控制。

# 参考文献

[1] 姜正行,等. 飞机内流空气动力学. 北京:航空工业出版社,1989.

[2] Mahoney J J. Inlets for Supersonic Missiles. AIAA Education Series，1990.

[3] Moekel W E. Approximate Method for Predicting Form and Location of Detached Shock Waves Ahead of Plane or Axially Symmetric Bodies. NACA TN 1921，1949.

[4] 〔美〕约翰·霍普金斯大学应用物理实验室. 冲压发动机技术:上册. 李存杰,等译. 北京:国防工业出版社,1980.

[5] 〔俄〕朱也夫,等. 冲压和火箭冲压发动机原理. 刘兴洲,等译. 北京:国防工业出版社,1975.

[6] 利特尔 F K 等. 内流空气动力学手册:第一册. 钱翼稷,等译. 北京:国防工业出版社,1983.

[7] 潘锦珊. 气体动力学基础. 修订版. 西安:西北工业大学出版社,1995.

[8] 廉莜纯,吴虎. 航空发动机原理. 西安:西北工业大学出版社,2005.

[9] 谷良贤,温炳恒. 导弹总体设计原理. 西安:西北工业大学出版社,2004.

[10] 刘陵,刘敬华,张榛,等. 超声速燃烧与超音速燃烧冲压发动机. 西安:西北工业大学出版社,1993.

[11] 凌云,等. 冲压讲义. 北京:科学教育出版社,1961.

[12] 王硕,等. 进气道计算不起动现象若干问题讨论. 杭州:中国工程热物理学会热机气动热力学学术会议,1998.

[13] 邓隆范,等,二元混压式超声速进气道性能预估及优化设计. 现代防御技术,2002(5).

[14] Yang V, Cappuccio G. Supersonic Inlet Design for Missiles. Research report，Dept. of Mechanical Engineering，The Pennsylvania State University，1991.

[15] Jong Y O, Fuhua Ma, Shih Yang H, et al. Interactions between Shock and Acoustic Waves in a Supersonic Inlet Diffuser. Journal of Propulsion and Power，2005,21(3):486-495.

[16] Seddon J, Goldsmith E L. Intake Aerodynamics. COLINS 8 Grafton Street. London W1，1985.

[17] Curran E T, Murthy S N B. Scramjet Propulsion. AIAA Education Series，2001.

[18] Mauro Valorani, et al. Optimization Supersonic Intake Design for Air Collection Engines (ACE). Acta

Astronautics，1999，45(12)：729-745.

[19] Heiser W H，Pratt D T. Hypersonic Airbreathing Propulsion. AIAA Education Series，1994.

[20] Connors J F，Woollett R R. Performance Characteristics of Several Types of Axially Symmetric Nose at Mach number 3.85. NACA RM E 52I15，1952.

[21] Connors J F，Meyer R C. Design Criteria for Axisymmetric and Two-Dimensional Supersonic Inlets and Exits. NACA TN 3589，1956.

[22] Connors J F，Wise G A. Performance of a Translating-Double-Cone Axisymmetric Inlet with Cowl Bypass at Mach Numbers from 2.0 to 3.5. NACA RM E57H07B，1957.

[23] Oswatitsch E K. Pressure Recovery for Missiles with Reaction Propulsion at High Supersonic Speeds (The Efficiency of Shock Diffusers). NACA TM 1140，1947.

[24] Weir L J，et al. A New Concept for Supersonic Axisymmetric Inlets. AIAA 2002-3775，July 2002.

[25] Francesco Creta，Mauro Valorani. Optimal Shape Design of Supersonic. Mixed-Compression，Fixed-Geometry Air Intakes for SSTO Mission Profiles. AIAA 2002-4133，July 2002.

# 第5章 冲压发动机的燃烧室

冲压发动机的燃烧室是将燃料的化学能转换成热能的部件。来流空气经过进气道的减速、增压后进入燃烧室,燃烧室供给燃料实施燃烧,将燃料的化学能转化为热焓,提高来流的总温。对于超燃冲压发动机,燃烧室还贡献了很大一部分推力。冲压发动机燃烧室内气流速度相对较高:亚燃燃烧室马赫数为 0.1~0.3,超燃燃烧室马赫数大于 1.0。因此,在高速气流中如何使火焰稳定、如何组织高效率的燃烧是冲压发动机燃烧室设计的关键。本章就冲压发动机燃烧室的工作原理、热力计算、设计以及燃烧流动分析方法等问题进行介绍。

## 5.1 概 述

现有的冲压发动机燃烧室基本上都是轴对称构型,大的结构类型分为两类:罐式燃烧室和不良流线体式燃烧室,如图 5.1 所示。罐式燃烧室采用多孔的柱面或锥面作为火焰稳定器。美国早期舰空导弹"黄铜骑士(Talos)"上使用的冲压发动机燃烧室,是由预燃室和主燃烧室组成的,外环为罐式预燃室,中心为罐式主燃烧室,如图 5.2 所示。罐式燃烧室的优点是工作稳定,缺点是流动阻力大,热防护比较困难。不良流线体式燃烧室的显著特点是使用了形状各异的火焰稳定器。历史上使用的火焰稳定器种类很多,包括现在普遍采用的 V 型槽式火焰稳定器,如图 5.3 所示。我国早期研制的 400 mm 冲压发动机(见图 5.4)使用的就是这种 V 型槽式火焰稳定器。

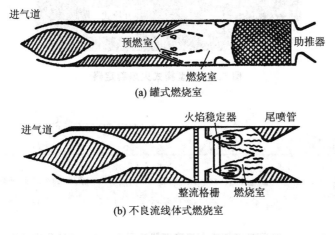

(a) 罐式燃烧室

(b) 不良流线体式燃烧室

**图 5.1 不同类型燃烧室的冲压发动机**

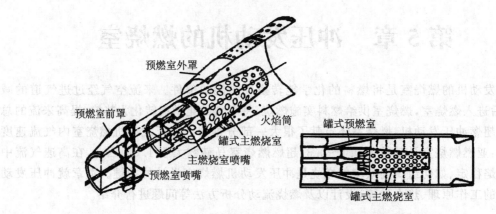

**图 5.2　"黄铜骑士(Talos)"使用的罐式燃烧室**

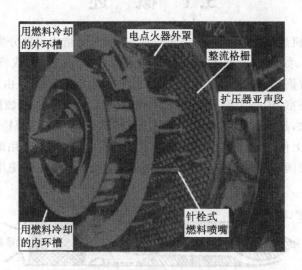

**图 5.3　V 型槽式火焰稳定器**

**图 5.4　使用 V 型槽式火焰稳定器的国产 400 mm 冲压发动机**

首先介绍几个与燃烧室相关的基本概念。

油气比:燃料与空气的质量流率之比,$f = \dfrac{\dot{m}_{\text{fuel}}}{\dot{m}_{\text{air}}}$。

空燃比:空气与燃料的质量流率之比,$a = \dfrac{\dot{m}_{\text{air}}}{\dot{m}_{\text{fuel}}} = \dfrac{1}{f}$。

恰当油气比(stoichiometric ratio,$f_{\text{st}}$),也称恰当比:燃料与空气完全反应所需要的油气比。参考下面的反应通式,对于煤油(用烷烃 $C_n H_{2n+2}$ 代替,$n$ 一般取为 12),该值约为 0.067;而对于氢气,该值约为 0.029 1。

恰当空燃比:$L = \dfrac{1}{f_{\text{st}}}$。对于煤油,该值约为 14.92;对于氢气,该值约为 34.36。

$$C_n H_{2n+2} + \frac{3n+1}{2}(O_2 + 3.76 N_2) \longrightarrow nCO_2 + (n+1)H_2O + 1.88(3n+1)N_2 \quad (5.1)$$

当量比(Equivalence Ratio,ER 或 $\varphi$):实际油气比与恰当比的比值 $\varphi = \dfrac{f}{f_{\text{st}}}$。当量比可以直观地反映燃料的富裕程度:$\varphi > 1$ 表示富燃(贫氧),$\varphi < 1$ 表示富氧(贫油)。

余气系数:实际空燃比与恰当空燃比的比值,即当量比的倒数,$\alpha = \dfrac{a}{L} = \dfrac{1}{\varphi}$。

为了综合考察燃烧室的设计水平,还要用到空气声速推力(比冲)。它的含义是,在燃烧室后安装出口气流速度为声速的收缩喷管,试验测量得到燃烧室推力为空气声速推力,该推力与来流空气质量流率之比为空气声速比冲。该值可以抛开喷管的因素单独考察燃烧室的燃烧性能。

燃烧效率:燃烧效率的定义有多种,比如用焓增定义燃烧效率,即燃料的实际放热量与理论燃烧的放热量之比:

$$\eta_c = \frac{(\dot{m}_{\text{fuel}} + \dot{m}_{\text{air}})\bar{c}_{p4} T_4^* - \dot{m}_{\text{fuel}} C_f T_f - \dot{m}_{\text{air}} \bar{c}_{p2} T_2^*}{\dot{m}_{\text{fuel}} H_f} \quad (5.2)$$

式中,$H_f$ 为燃料理论热值,单位为 J/Kg。热值有高热值与低热值之分,这里用的是低热值。$\bar{c}_p$ 为从绝对零度(0 K)到指定温度的平均比定压热容。

也可以简单地用总温升来定义燃烧效率:

$$\eta_c = \frac{T_{4,\text{real}}^* - T_2^*}{T_{4,\text{th}}^* - T_2^*} \quad (5.3)$$

还有通过声速推力(比冲)定义燃烧效率的,即实际空气声速推力(比冲)与理论空气声速推力(比冲)的比值:

$$\eta_c = \frac{F_{\text{real}}}{F_{\text{th}}} \quad (5.4)$$

该方法定义的燃烧效率注重燃烧室的实际燃烧性能,受燃气均匀性影响很大,低于纯化学意义上的燃烧效率。

# 5.2 火焰稳定与传播

## 5.2.1 火焰传播速度及其影响因素

冲压发动机燃烧室气流速度较高,点火、稳定燃烧都有一定的困难。如何运用燃烧学的基本知识实施燃烧组织是冲压发动机设计的关键。先介绍几个概念。

层流火焰速度 $S_L$:预混气体在一维管道内发生燃烧,火焰面以一定的速度相对未燃气体运动,称为层流火焰传播速度。当气流速度大于火焰传播速度时,火焰就会被吹熄;当气流速度小于火焰传播速度时,就会发生回火;只有当气流速度等于火焰传播速度时,火焰面才会固定在空间某一位置处。实际上,可用类似的办法测量火焰传播速度。

火焰传播角:在本生灯火焰中(见图 5.5),火焰呈锥形,其半锥角为 $\theta$。预混气体速度为 $V$,穿过火焰面后,其速度变化类似斜激波,平行于火焰面速度不变,垂直于火焰面速度有变化,合成速度为 $V'$。右图为气流中加入 MgO 粒子频闪拍摄的照片,可观察到火焰面后气流的方向。当火焰面形状固定不变时,法向未燃气流速度即为其火焰传播速度,即层流火焰传播速度,$S_L \approx V\sin\theta$。

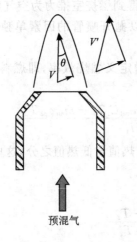

预混气

**图 5.5 本生灯火焰**

湍流火焰速度 $S_T$:在湍流状态下的火焰传播速度。从形态上看,湍流射流火焰比层流射流火焰短而宽,火焰面存在大量的皱褶。图 5.6 为层流火焰与湍流火焰的形态对比。

通常,湍流火焰速度比层流火焰速度大。图 5.7 给出一个由层流火焰速度估算湍流火

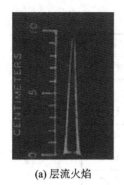
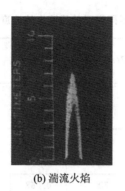

(a) 层流火焰　　　　　　　(b) 湍流火焰　　　　　(c) 湍流火焰的瞬时照片叠加

**图 5.6　层流火焰与湍流火焰的形态对比**

速度的经验公式。横轴是以火焰局部皱褶特征长度为参考尺度的雷诺数,从中可以看到,火焰皱褶尺度越大,湍流火焰速度越大。

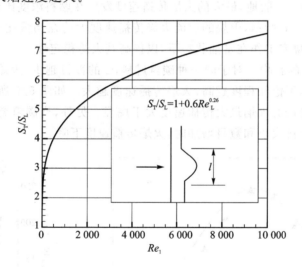

**图 5.7　层流与湍流火焰传播速度之比**

　　着火极限:在一定的温度和压力条件下,油气混合物维持燃烧需要在一定的油气比范围内,对应的油气比下限称为贫油极限,油气比上限对应富油极限。表 5.1 给出了通常接触的燃料的着火极限。

　　实现着火和火焰稳定,必须满足 4 方面的要求:温度、压力、当量比、混气停留时间,其中合适的压力、温度由进气道设计来保证,而当量比和混气停留时间取决于燃烧室的设计。根据火焰稳定的速度要求,在燃烧室进气速度一定的条件下,提高火焰传播速度可以增强火焰稳定性。影响火焰传播速度的主要因素有:当量比、燃料化学结构、混合可燃物初始温度、压力、火焰温度、混气成分、热扩散系数和比热容等。

表 5.1  不同燃料的层流火焰速度与着火极限

| 燃 料 | $S_L/(\mathrm{cm \cdot s^{-1}})$ | 恰当比 | 着火极限($\varphi$) | |
|---|---|---|---|---|
| | | | 贫 油 | 富 油 |
| 汽油 | 45 | 0.066 | 0.63 | 4 |
| 煤油 | 36 | 0.067 | 0.56 | 4.35 |
| 甲烷 | 40 | 0.058 | 0.5 | 1.5 |
| 乙炔 | 140 | 0.076 | 0.32 | 10.4 |
| 乙烯 | 70 | 0.068 | 0.38 | 5.07 |
| 一氧化碳 | 40 | 0.408 | 0.3 | 2.5 |
| 氢气 | 250 | 0.029 1 | 0.1 | 6.9 |

① 当量比的影响。一般地,最大的火焰传播速度发生在燃料浓度比化学恰当比稍大($\varphi >$ 1)的混合物中。如图 5.8 所示,甲烷的层流火焰传播速度大约在当量比 $\varphi = 1.1$ 处达到最大。所以有时可以设计燃烧室工作在富油状态下,以提高其火焰稳定性。

② 燃料化学结构的影响。对于同一种碳氢燃料,C 的数目越少,火焰传播速度越大;对于不同种类的碳氢燃料,不饱和程度越高,火焰传播速度越大。如图 5.9 所示,炔烃的火焰最大传播速度大于烯烃,烯烃的火焰最大传播速度大于烷烃。另外,当碳氢燃料的环结构增多时,火焰传播速度下降,支链大小和数目增加时,火焰传播速度下降。

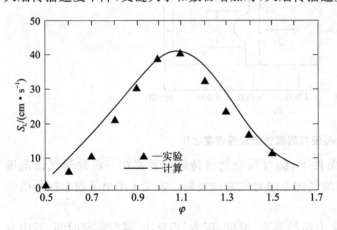

图 5.8  甲烷的火焰传播速度

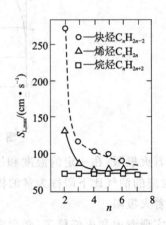

图 5.9  不同 C 数的碳氢燃料最大火焰速度

③ 混合可燃物初始温度的影响。提高混气初始温度 $T_0$ 可以提高火焰传播速度,如图 5.10 所示。

④ 压力的影响。一般地,当环境压力上升时,火焰传播速度会加大。这主要是因为可燃

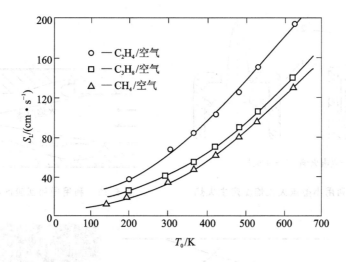

**图 5.10　不同初温下的碳氢燃料层流火焰速度**

物分子密度加大,增加了碰撞几率,提高了反应速度的缘故。一个预测不同压力下的火焰传播速度的关系为 $S_L \propto p^n$。

## 5.2.2　稳定火焰的方法

要实现火焰稳定,必须满足火焰传播速度等于气流速度,以及燃料在燃烧装置内驻留时间大于点火延迟时间的条件。因此,人们一方面提高火焰传播速度,比如:提高混气温度、使用湍流火焰等;另一方面增加燃料驻留时间,主要是营造低速回流区。具体方法归纳起来有以下几种:利用小型点火火焰稳定主火焰,利用局部回流区稳定火焰,利用带孔圆筒稳定火焰,利用不良流线体稳定火焰,利用旋转射流稳定火焰,利用激波与涡的相互作用稳定火焰,利用等离子体稳定火焰,等等。

① 利用小型点火火焰稳定主火焰(见图 5.11)。在设计燃烧器时,有意设计小型局部火焰来辅助主火焰点火,这样的小火焰也称为值班火焰。值班火焰可以提高局部气流温度,提高主火焰传播速度。冲压发动机中的预燃室就是起到值班火焰的作用。

② 利用局部回流区稳定火焰(见图 5.12)。在燃烧室通道内设置一些局部回流区可以很好地起到稳定火焰的作用。局部回流区内的气流速度相对较小,混气停留时间相对较长,对燃烧很有好处。在超燃冲压发动机燃烧室中普遍采取这种稳定火焰的方式,称为凹腔(或壁龛)火焰稳定器。

③ 利用带孔圆筒稳定火焰(见图 5.13(a))。气流穿过带小孔的柱面或锥面,会造成局部的低速区或回流区,适于稳定火焰。罐式燃烧室(见图 5.13(b))就是这种方式的具体应用。

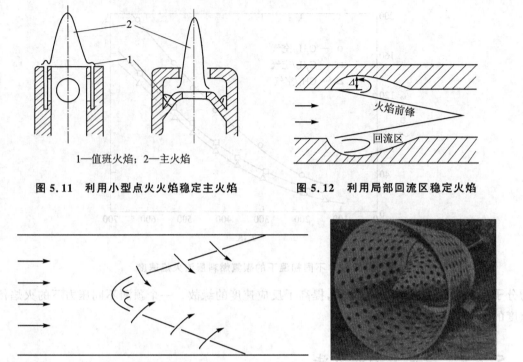

1—值班火焰；2—主火焰

图 5.11　利用小型点火火焰稳定主火焰　　　图 5.12　利用局部回流区稳定火焰

(a) 气流过带孔锥筒　　　　　　　　　(b) 罐式燃烧室

图 5.13　利用带孔圆筒稳定火焰

④ 利用不良流线体稳定火焰。流体在不良流线体下游往往形成明显的回流区。在回流区内,气流速度较低,火焰易于稳定。冲压发动机燃烧室内经常使用的 V 型槽火焰稳定器就是利用这种原理稳定火焰的,如图 5.14 所示。如果气流流过 V 型槽火焰稳定器的速度是 $V_2$,回流区长度为 $L$,混气在回流区内停留时间为 $\tau$,满足关系式 $V_2 \cdot \tau / L \leqslant 1$,则可以稳定火焰。图中还给出了回流区剖面(虚线处)上的速度、温度分布示意图。

⑤ 利用涡-波作用产生的自由回流区稳定火焰。在超声速气流中,利用激波与涡相互作用产生回流区稳定火焰是比较独特的思路。激波与旋涡的相互作用可分为弱相互作用和强相互作用两类。激波与涡经过弱相互作用,涡核不发生破裂,激波的波面只发生轻微的变形。在强相互作用下,涡核发生破裂,形成自由回流区(见图 5.15)。同不良流线体产生的回流区一样,激波与涡发生强相互作用后形成的自由回流区也可以用来稳定火焰。这种方法的优点是利用流体力学手段将火焰稳定在通道内,省去了火焰稳定器,气动阻力小,适合在超燃冲压发动机燃烧室内使用。

Sabelnikov 进行了利用激波与涡作用后产生的自由回流区的超声速燃烧试验,图 5.16 为其试验装置原理图,试验气流马赫数为 2.5。其中的喷油杆(2)用来喷入液态煤油或气泡雾化

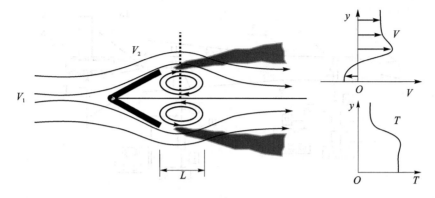

**图 5.14　利用不良流线体稳定火焰**

煤油;涡发生器(4)是半叶高的菱形叶片,用来产
生流向集中涡,可通入冷却空气,或在涡核中注入
燃料氢气;扩压器(5)类似于内压式进气道,用于
产生弓形激波,可通过其喉部小孔注入二次空气
使其气动壅塞,控制扩压器的起动状态,进而影响
弓形波和回流区的形态。从 Sabelnikov 进行的系
列试验可以看到,利用激波和流向涡作用形成的
回流区,在总温 1 400 K 的条件下,可以在超声速
气流中实现气泡雾化煤油的自点火和稳定燃烧,

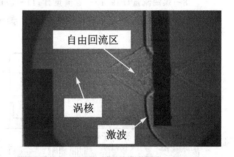

**图 5.15　激波与涡强作用产生的自由回流区**

试验后扩压器烧蚀严重。由此可以看出,在超声速燃烧冲压发动机燃烧室中,如果能产生强度
足够大的流向涡和激波,则流向涡和激波作用产生的回流区能实现碳氢燃料的自燃和稳定燃
烧,这是在超声速气流中组织燃烧的一种新思想。

　　⑥ 运用等离子体稳定高速气流中的火焰是近年来的研究热点。虽然目前对等离子体稳
定火焰的机理还不是特别清楚,但至少有以下两方面的原因是值得研究的:一是等离子体的热
效应。二是等离子体的化学动力学效应。等离子体的热效应是指核心温度很高的等离子体可
以提高混气的温度,进而促进化学反应。等离子体的化学动力学效应是指,等离子体中富含的
原子、离子可以充当化学反应的活性成分,非平衡等离子体中的高温电子可以直接作用于分子
的离解反应,都可极大地促进燃烧的发生,缩短点火的感应期,提高火焰传播速度。

　　参考文献[2]中描述了采用以 $O_2$、$N_2$ 和 $N_2/H_2$ 为等离子气源开展的燃料为氢、甲烷和乙
烯的超声速燃烧试验。试验来流马赫数为 2.3,总温为 273 K,总压为 101 kPa。试验研究了
在等离子体火炬上游和下游喷入燃料的情况,发现在等离子体火炬下游喷入燃料的燃烧效果
最好,$O_2$ 等离子体火炬的助燃效果最好。图 5.17 给出了参考文献[2]中进行等离子体助燃试
验时的试验布局、壁面压力分布,以及采用甲烷和乙烯为燃料的试验纹影照片。

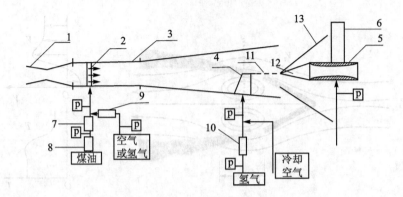

1—喷管, $Ma=2.5$; 2—喷油杆; 3—矩形通道; 4—涡发生器; 5—扩压器; 6—支架; 7—混合器;

8—煤油流量计; 9、10—氢流量计; 11—涡核; 12—自由回流区; 13—锥形激波; p—测压系统

**图 5.16    参考文献[1]试验的原理图**

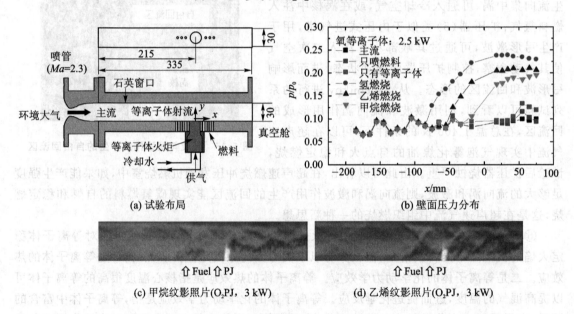

(a) 试验布局                                        (b) 壁面压力分布

(c) 甲烷纹影照片($O_2PJ$, 3 kW)              (d) 乙烯纹影照片($O_2PJ$, 3 kW)

**图 5.17    利用等离子体稳定火焰**

# 5.3    燃烧室热力气动计算

　　冲压发动机燃烧室热力气动计算是针对燃烧室中的燃烧、流动过程进行的计算,是冲压发动机燃烧室性能最简单的计算模型,它可以快速地预测冲压发动机的性能。热力气动计算的目的是:得到燃烧室理论燃烧温度、燃气成分以及燃气的热力学性质、输运性质。热力气动计

算可对燃烧室性能进行分析、评价,服务于燃烧室设计。下面分热力计算和气动计算对其进行分析。

## 5.3.1　热力计算

冲压发动机燃烧室热力计算通常做如下归一化考虑:假设 1 kg 空气与 $f$ kg 燃料在等截面燃烧室内燃烧,生成$(1+f)$kg 燃气,如图 5.18 所示。

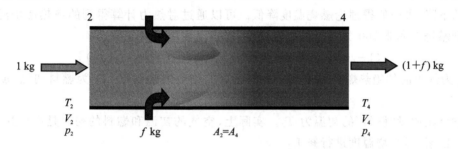

**图 5.18　冲压发动机燃烧室工作示意图**

燃烧室热力计算采用以下理论模型:化学平衡假设,燃烧体系中的组分处于化学平衡状态;热平衡假设,体系的温度不再发生变化;等压燃烧假设,燃烧室处于力平衡状态;绝热燃烧假设,燃料能量全部转移给燃烧产物,没有热损失;完全气体假设,燃气是完全气体,可以使用完全气体状态方程。

整个热力计算可分为以下几个步骤:① 平衡组分的计算;② 燃烧温度的计算;③ 热力学性质、输运性质的计算。计算平衡组分是热力计算的关键,常用的有平衡常数法、布林克莱法、吉布斯自由能法等,应用最为普遍的是吉布斯自由能法,具体求解过程可参见参考文献[3]。

### 1. 燃烧温度的计算

燃烧温度的计算将采用绝热燃烧假设,认为燃料能量全部转移给燃烧产物。这里用总焓(注意与气体动力学中的总焓(也叫滞止焓)的区别)这一概念来衡量化学成分的能量。

总焓由热焓和化学能两部分组成:$I = H + X$。热焓 $H$(也叫显焓)是温度的函数,随着温度的上升,热焓逐渐增加。化学成分的化学能 $X$ 是物质所蕴含化学能量的体现,是其化学组成所决定的,不随温度而发生变化。这样,当燃料燃烧成为燃烧产物后,燃料中蕴含的化学能就释放出来,变成燃烧产物的热焓。

一般借助于标准生成焓来计算化学成分的总焓:

$$I = H_f^{T_{\text{ref}}} + \int_{T_{\text{ref}}}^{T} c_p \mathrm{d}T \tag{5.5}$$

式中,$H_f^{T_{\text{ref}}}$ 是标准生成焓,是指在基准温度($T_{\text{ref}}$,一般取 0 ℃或 25 ℃)和基准压强(一般取

101 kPa)下,由标准元素(一般为单质)反应生成 1 mol 该物质时吸收或放出的热量,吸热标准生成焓为正,放热为负。

如果燃烧过程是绝热的,则有以下能量守恒等式成立:

$$I_f = I_p \qquad (5.6)$$

式中,$I_f$ 代表"燃料"(包括燃料和空气)的总焓,$I_p$ 代表燃烧产物的总焓。燃烧产物中各化学成分的总焓经常表示为温度的多项式函数,见参考文献[4]。

冲压发动机燃烧室气流速度较大,有时会有剩余燃料来不及燃烧就被吹出燃烧室,导致燃烧效率的下降,进而使得理论燃烧温度降低。可以通过对热力计算得到的绝热燃烧温度进行修正得到燃烧效率非 100 % 条件的燃烧温度,修正温度应用以下公式:

$$(1 - \eta_c)[I_f(T_\eta) - I_f(T_0)] = \eta_c[I_p(T_f) - I_p(T_\eta)] \qquad (5.7)$$

式中,$T_f$ 为修正前的绝热燃烧温度,$T_\eta$ 为修正后的绝热燃烧温度,$T_0$ 为燃料初温,$\eta_c$ 为燃烧效率。

上述修正假设"燃料"的初温为 $T_0$。实际上,空气的初温和燃料的初温是有明显差异的,考虑这一因素,对燃烧温度进行修正:

$$(1 - \eta_c)f[I_f(T_\eta) - I_f(T_{0f})] + (1 - \eta_c)[I_a(T_\eta) - I_a(T_{0a})] = \eta_c(1 + f)[I_p(T_f) - I_p(T_\eta)]$$
$$(5.8)$$

式中,下标 a 代表空气,下标 f 代表实际的燃料。

进行燃烧组分的计算时,由于燃烧组分是温度的函数,必须要给定一个温度,而需要给定的温度本身就是一个未知数。计算中经常采用迭代的办法解决上述问题:先假设一个燃烧温度 $T$(比如,$T = T_0 + 1\ 000\ ℃$),进行温度 $T$ 下的平衡组分计算,然后计算燃烧产物的总焓 $I_p$,如果 $I_p$ 与"燃料"总焓 $I_f$ 不等,则调整温度 $T$,重新进行平衡组分计算,直至 $I_p$ 与 $I_f$ 之差小于设定的误差值,这时的温度 $T$ 就是绝热燃烧温度 $T_f$ 了。得到绝热燃烧温度 $T_f$ 后,就可以利用式(5.7)或式(5.8)进行修正,计算流程如图 5.19 所示。

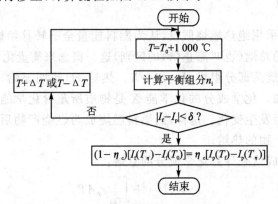

**图 5.19 绝热燃烧温度的迭代计算**

**2. 热力性质、输运性质的计算**

在完成绝热燃烧温度和平衡组分的计算后,热力计算基本上就完成了,剩下的就是处理输出一些常用的热力学性质,如焓、熵、比热容、比热比等,以及输运性质,如粘性系数、热传导系数、质量扩散系数等,这里就不再赘述了。

【应用示例 1】　煤油燃烧平衡组分的计算。

计算条件:初温为 300 K,燃烧室压强为 505 kPa。煤油用替代燃料 $C_{12}H_{26}$。

热力计算系统包括 44 种成分,其中 32 种为碳氢化合物,8 种为氢氧化物,4 种为氮氧化物。在计算的工况范围内(ER=0.5~2.5),共出现 19 种成分,具体如下:

在 ER=0.5~1.2 范围内,共出现 15 种成分:$C_{12}H_{26}$、CO、$CO_2$、$H_2$、H、$O_2$、O、OH、$HO_2$、$H_2O$、$N_2$、$H_2O_2$、NO、$NO_2$、$N_2O$;

在 ER=1.2~1.8 范围内,$CH_4$ 开始出现;

在 ER=2.0 以上范围内,$C_2H_2$、$C_2H_4$、$C_2H_6$ 开始出现;

当量比更大时,更多的小分子碳氢化合物大量出现。

表 5.2 给出了两种当量比下的绝热燃烧温度和平衡组分的摩尔分数。

**表 5.2　煤油燃烧的温度和平衡组分**

| 类　别 | ER=0.5 | ER=2.5 | 类　别 | ER=0.5 | ER=2.5 |
|---|---|---|---|---|---|
| $T/K$ | 1 470.9 | 1 306.3 | $N_2$ | 7.634 9E−01 | 5.369 8E−01 |
| CO | 2.824 3E−07 | 2.112 0E−01 | $H_2O_2$ | 8.092 1E−09 | 0 |
| $CO_2$ | 6.589 0E−02 | 2.031 3E−02 | NO | 7.945 4E−04 | 5.968 2E−12 |
| $H_2$ | 1.151 4E−07 | 1.976 3E−01 | $NO_2$ | 7.014 5E−06 | 0 |
| H | 1.860 0E−09 | 2.415 4E−07 | $N_2O$ | 9.531 2E−08 | 0 |
| $O_2$ | 1.039 1E−01 | 5.386 7E−17 | $CH_4$ | | 7.864 2E−05 |
| O | 3.865 9E−07 | 0 | $C_2H_2$ | | 4.261 3E−10 |
| OH | 2.820 2E−05 | 5.711 3E−10 | $C_2H_4$ | | 9.784 7E−10 |
| $HO_2$ | 1.347 3E−07 | 0 | $C_2H_6$ | | 4.591 0E−11 |
| $H_2O$ | 6.587 6E−02 | 3.380 3E−02 | | | |

图 5.20 为不同当量比下的燃烧温度和比定压热容,可用于燃烧室流动计算时参考。

冲压发动机燃烧室平衡温度和平衡组分的计算是建立在燃烧室绝热燃烧、化学平衡等基础上的。燃烧室工作过程中存在各种损失,比如散热损失;燃烧室气流速度比较大,力平衡假设存在误差;燃烧过程的化学动力学因素比较突出,在一定程度上偏离化学平衡,等等。所以以上模型的计算结果只对燃烧室内的燃烧具有参考意义,处理具体问题时还要考虑燃烧室的

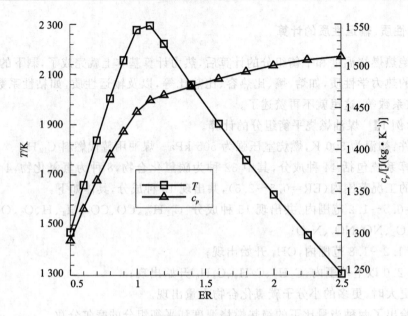

**图 5.20　煤油在不同当量比下的热力计算结果**

实际情况,恰当计入各种损失。有时燃烧室热力计算不进行燃烧温度和平衡组分的计算,用一个简单的参数加热比 $\theta$ 来代替化学反应的计算,加热比可借鉴已有热力计算结果或同类型燃烧室的燃烧效率来确定。

## 5.3.2　气动计算

燃烧室的气动计算完成的是从截面 2 到截面 4 的流动参数计算。通常将其分为 2—3 和 3—4 两个阶段,在不同阶段流动的主导因素是不同的。

### 1. 掺混段的计算

从截面 2 到截面 3 这一段通常称为掺混段,因为在这一段燃料喷入后只与空气掺混,不发生反应。这一段计算主要考虑结构阻力对流动的影响,采用的假设条件是

截面面积不变:

$$A_2 = A_3 \tag{5.9}$$

总温不变:

$$T_2^* = T_3^* \tag{5.10}$$

2—3 的总压恢复系数:

$$\sigma_{23} = \frac{p_3^*}{p_2^*} = 1 - \frac{\Delta p}{p_2^*} \tag{5.11}$$

压降损失由损失系数来体现,即

$$\Delta p = \zeta \frac{\rho_2 V_2^2}{2} \tag{5.12}$$

$\zeta$ 的大小取决于具体的燃烧室结构,需要实验测定。通常对于采用不良流线体式稳定器的燃烧室,当入口马赫数在 $0.15\sim0.2$ 时,$\zeta=2\sim4$。

将式(5.12)代入式(5.11),并使用速度系数 $\lambda$ 和气动函数 $\varepsilon$,可得

$$\sigma_{23} = 1 - \zeta \frac{\gamma_2}{\gamma_2 + 1} \lambda_2^2 \varepsilon(\lambda_2) \tag{5.13}$$

这样即可求得总压恢复系数 $\sigma_{23}$。利用连续方程(流量公式),以及式(5.9)、式(5.10),可得

$$\sigma_{23} = \frac{p_3^*}{p_2^*} = \frac{q(\lambda_2)}{q(\lambda_3)} \tag{5.14}$$

这样根据总压恢复系数 $\sigma_{23}$ 可得到 $\lambda_3$,进而得到其他气动参数。

**2. 燃烧段的计算**

从截面 3 到截面 4 这一段称为燃烧段。在这一段里,燃料燃烧放出热量,气流总温上升,总压下降。

能量方程为

$$(1+f)h_4^* = h_3^* + fh_f + fH_f\eta_c \tag{5.15}$$

假设加入燃料热焓近似等于入口空气的热焓,则

$$(1+f)h_4^* = (1+f)h_3^* + fH_f\eta_c \tag{5.16}$$

焓增为

$$\Delta h^* = \frac{H_f\eta_c}{1+1/f} \tag{5.17}$$

根据 $h^* = c_p T^*$,可得焓与总温的关系,利用热力计算得到的比热容数据可得加热比

$$\theta = \frac{T_4^*}{T_3^*} \tag{5.18}$$

不考虑燃料喷射产生的冲量,根据等截面通道内冲量不变的原理,在燃烧室内建立方程:

$$\frac{\gamma+1}{2\gamma}\dot{m}a_{cr}z(\lambda)\Big|_3 = \frac{\gamma+1}{2\gamma}(1+f)\dot{m}a_{cr}z(\lambda)\Big|_4 \tag{5.19}$$

假设 $\gamma_3 = \gamma_4, R_3 = R_4$,则

$$a_{cr3}z(\lambda_3) = (1+f)a_{cr4}z(\lambda_4) \tag{5.20}$$

$$z(\lambda_3) = (1+f)\sqrt{\frac{T_4^*}{T_3^*}}z(\lambda_4) = (1+f)\sqrt{\theta}\,z(\lambda_4) \tag{5.21}$$

根据连续方程(流量公式)可得

$$\sigma_{34} = \frac{p_4^*}{p_3^*} = (1+f)\frac{q(\lambda_3)}{q(\lambda_4)}\sqrt{\theta} = \frac{q(\lambda_3)}{q(\lambda_4)}\frac{z(\lambda_3)}{z(\lambda_4)} \tag{5.22}$$

由式(5.21)、式(5.22)可得燃烧室出口截面的速度、总压等数值。

**【应用示例 2】** 冲压发动机燃烧室流动计算。

算例描述:燃烧室入口压强 $p_2 = 92\,000$ Pa,温度 $T_2 = 686$ K,速度 $V_2 = 105$ m/s,当量比 $\varphi = 1.0$,求不同燃烧室阻力系数及不同燃烧效率下的燃烧室出口参数。

计算使用的一些物性参数:气体常数 $R = 287$ J/(kg·K),比热比 $\gamma = 1.33$,比定压热容 $c_p = 1\,450$ J/(kg·K),煤油热值 $H_f = 4.3 \times 10^7$ J/Kg。计算的燃烧室压力损失系数范围为 $1 \sim 7$,燃烧效率范围为 $50\% \sim 100\%$。求解上述流动方程可得结果如图 5.21 和图 5.22 所示。从图 5.21 中可以看到,燃烧室阻力系数越大,气流在燃烧室内加速越快,有壅塞的趋势。伴随着燃烧室内的放热和气动阻力,燃烧室总压不断下降。从图 5.22 中可以看到,燃烧效率的提高直接导致了总温的上升,两者接近线性关系。而总压随着燃烧效率的提高逐渐下降,主要是放热熵增导致总压下降。

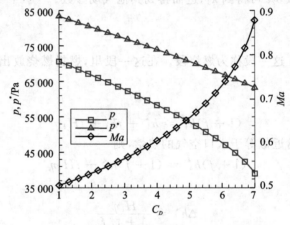

**图 5.21　不同阻力系数下燃烧室出口参数**

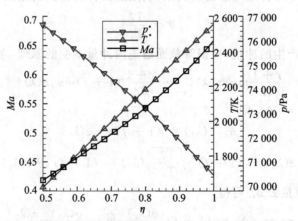

**图 5.22　不同燃烧效率下燃烧室出口参数**

# 5.4 燃烧室设计

冲压发动机燃烧室设计的基本原则是：① 在整个工作范围内可靠点火，稳定燃烧；② 燃烧室燃烧效率高，总压损失小。之所以把燃烧效率和总压损失放在一起讨论，是因为实际上导致总压损失大的结构，往往是燃烧效率比较高的设计。因此，在实际设计中，必须要在燃烧效率和总压损失之间进行合理的折衷。

图 5.23 为一典型的燃烧室结构。其中主要部件有：

① 格栅。在燃烧室中，要避免大尺度的湍流，增强小尺度的湍流。大尺度的湍流会增加流动的不稳定性，容易熄火；小尺度的湍流有助于增加火焰面的皱褶，提高湍流火焰传播速度，提高燃烧的稳定性。格栅就是起到这样的作用。

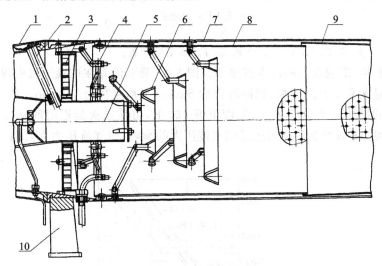

1—进气道；2—点火器；3—格栅；4—喷嘴环；5—预燃室；
6—火焰稳定器；7—外壳；8—内衬筒；9—火焰筒；10—接头

**图 5.23　典型的燃烧室结构**

② 喷嘴环。冲压发动机通常是轴对称构型，喷嘴一般安装在管型圆环上面，有单环和同心多环喷嘴环，多环喷嘴环往往要与多级的火焰稳定器相对应。喷嘴环上安装喷嘴。

③ 预燃室。冲压发动机在较低的飞行马赫数下，进气道出口总温较低，为保证正常燃烧、不熄火，需要设置预燃室，扮演"常明火"的角色。预燃室只进入小部分燃料和空气，一般流速为 $10\sim30$ m/s，空气量为 1 %～10 %，当量比接近 1，以保证稳定燃烧为目的，不过多考虑流动损失等因素。该预燃室采用烟火点火器点火。

④ 火焰稳定器。火焰稳定器是燃烧室的关键部件，采用不同形式的火焰稳定器是实现稳

定燃烧的主要途径。该燃烧室采用三级 V 型槽火焰稳定器。

⑤ 火焰筒。火焰筒一般分为若干段,通过每段火焰筒前段的狭缝通入冷却空气,形成冷却气膜。火焰筒表面还开有小孔,以便于筒外冷气进入火焰筒内,不断形成新的气膜,保护火焰筒壁面。冲压发动机中,一般选择冷却流量为气流总流量的 10 ％左右。

冲压发动机燃烧室设计是一项很复杂的工作,需要学习专门的课程。这里只就其中需要关注的几个方面分别进行讲述。

## 5.4.1　点　火

点火分为自燃点火与强迫点火两类。点火延迟期是指:从点火信号触发到火焰出现、混气温度开始明显上升之间的时间间隔。氢燃料的点火延迟期相对较短,可用以下公式来估算:

$$t_{ig} = \frac{0.8 \text{ kPa}}{p_0} e^{\frac{9\,600\,K}{T_0}} \qquad (\mu s) \tag{5.23}$$

式中,$500 \text{ kPa} \geqslant p_0 \geqslant 20 \text{ kPa}$, $2\,000 \text{ K} \geqslant T_0 \geqslant 1\,000 \text{ K}$。

对于液体燃料,影响点火的因素就更多。图 5.24 显示的是在试验气流中煤油的点火延迟时间受到气流温度和压力的影响,煤油雾化的 Sauter 平均直径为 $100 \ \mu m$。从中可以看到,温度对点火延迟的影响是十分明显的,温度上升 150 K,可使点火延迟时间从 20 ms 下降到 2 ms。图中还表明,煤油的点火延迟还受到气流压力的影响,当气流压力上升时,点火延迟时间下降了。

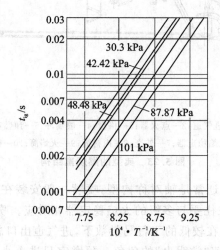

**图 5.24　不同压力下的煤油点火延迟**

图 5.25 给出煤油在不同空气速度、液滴雾化直径(Sauter 平均直径 SMD)、空燃比等条件下的点火特性。气流速度越大,液滴雾化平均直径越大,点火越困难,需要的最小点火能量 $E_{ig}$

越大。

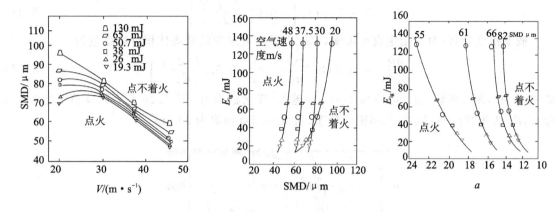

**图 5.25　不同条件下煤油的着火特性**

## 5.4.2　雾　化

使用液体燃料的冲压发动机,煤油是最主要的燃料。在通常压力条件下,液态燃料经喷嘴进入燃烧室,形成雾化锥。喷嘴的形式有直流喷嘴和离心喷嘴两大类,一般来说,离心喷嘴的雾化效果要优于直流喷嘴。但在超燃冲压发动机燃烧室中,气流流动速度较大,液滴韦伯数较大,容易雾化,一般采用结构较为简单的直流喷嘴即可。而在预燃室内,因为气流速度较小,可考虑采用离心喷嘴。

衡量喷嘴雾化性能的优劣,有液滴平均直径和液滴直径分布两个参数。平均直径的定义有多种,最简单的有质量中间直径(MMD,$d_m$),还有 Sauter 平均直径(SMD,$d_{32}$)、体积平均直径 $d_{30}$ 等。

$$d_{32} = \frac{\sum n_i d_i^3}{\sum n_i d_i^2} \tag{5.24}$$

$$d_{30} = \sqrt[3]{\frac{\sum n_i d_i^3}{\sum n_i}} \tag{5.25}$$

不同的直径定义有不同的用途,比如,Sauter 平均直径经常应用在有传质和反应的场合,而体积平均直径则用在容积控制的过程中。

常用的液滴直径分布规律有 Rosin - Rammler(R - R)分布、Nukiyama - Tanasawa(N - T)分布等。R - R 分布较适用于离心式喷嘴的情况,N - T 分布较适用于直流互击式喷嘴的情况,有累积分布和概率密度分布两种形式。以 R - R 分布为例:

累积分布:小于直径 $d_m$ 的液滴体积占整个液滴体积的分数为

$$R = 1 - \exp\left[-0.693\left(\frac{d}{d_m}\right)^n\right] \tag{5.26}$$

概率密度分布:对于指定直径液滴,单位直径增量对应的液滴体积分数增量为

$$\frac{dR}{d(d)} = 0.693n\frac{d^{n-1}}{d_m^n}\exp\left[-0.693\left(\frac{d}{d_m}\right)^n\right] \tag{5.27}$$

式中,$n$ 为均匀性指数,通常取值为 2~4。$n$ 越大,雾化越均匀。图 5.26 为不同 $n$ 值下的 R‑R 分布,$R_1$ 为累积分布,$R_2$ 为概率密度分布,质量中间直径取为 30 $\mu m$。

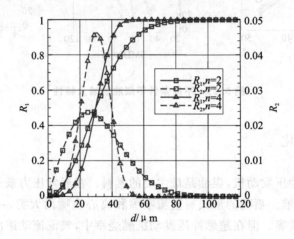

**图 5.26　液滴直径的 R‑R 分布**

根据喷嘴喷射方向与气流运动方向的关系,可分为顺喷、逆喷和带角度喷射等形式。喷射方式不同,所形成的雾化锥形式也不同,如图 5.27 所示。逆喷时由于液滴被来流气体所滞止,雾化锥宽度迅速变大;顺喷时气流对液滴作用相对较慢,雾化锥在离开喷嘴出口较远处才扩张宽度。

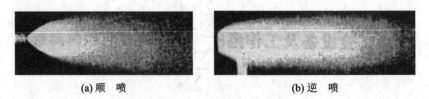

　　　　(a) 顺　喷　　　　　　　　　　　(b) 逆　喷

**图 5.27　顺喷和逆喷情况下的雾化锥**

通过试验研究发现,非蒸发液滴的运动轨迹满足以下关系式:

$$u = \frac{u_0}{(1 + Ht)^2} \tag{5.28}$$

式中，$u_0$ 为液滴初始相对气流速度，$t$ 为液滴运动时间，$H$ 为一个与喷射方式有关的常数。由此可得，液滴轨道半径与其直径的 3/2 次方成正比：

$$\frac{y}{y_{\mathrm{m}}} = \left(\frac{d}{d_{\mathrm{m}}}\right)^{3/2} \tag{5.29}$$

采用液滴尺寸 R-R 分布和式(5.29)可计算雾化锥中 $\mathrm{d}y$ 环形面积的燃油流量 $\mathrm{d}q_{\mathrm{f}}$（见图 5.28），可得到该处的燃油密流 $m = \dfrac{\mathrm{d}q_{\mathrm{f}}}{\mathrm{d}s}$，则无量纲密流关系式为

$$X = \frac{m}{m_0} \tag{5.30}$$

式中，$m_0 = \dfrac{0.693q_{\mathrm{f}}}{3\pi y_{\mathrm{m}}^2}$，称为初始燃油密流。

当不考虑燃油的蒸发和密度变化时：

$$X = nZ^{n-3}\exp(-0.063Z^n) \tag{5.31}$$

式中，$Z = \dfrac{d}{d_{\mathrm{m}}}$。

图 5.28 为采用 R-R 分布计算得到的雾化锥燃料浓度分布。从中可以看到，当 $n$ 较小时，雾化均匀度较差，小直径液滴会被气流带入喷嘴下游轴线附近的区域，形成轴线附近的高液雾密流区；当 $n$ 较大时，雾化均匀性较好，液滴集中在质量中间直径附近，在雾化锥中形成高密流峰值。$n=3$ 时的液雾分布与部分蒸发雾化锥内的浓度分布符合较好。

多个喷嘴的燃油浓度分布可将单个喷嘴的分布进行叠加获得。

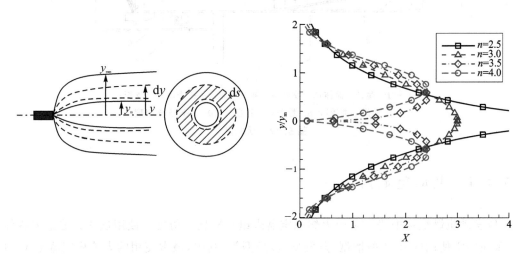

图 5.28　雾化锥内燃料浓度的分布

### 5.4.3 预燃室

冲压发动机进气条件变化较大,对燃烧室的稳定燃烧带来了不利影响。预燃室是实现冲压发动机可靠点火、稳定燃烧的有效手段。由于预燃室只进入小部分燃料和空气,流速较低,当量比接近 1,易于稳定燃烧,故常扮演燃烧室内值班火焰的角色。

预燃室的结构形式多种多样,图 5.29 为一种带堵盖的旋流式预燃室。其头部有旋流器,出口气流具有较大的切向速度,在筒壁的作用下形成旋涡,使得轴线附近压强较小,有利于形成回流区,稳定火焰。堵盖的主要用途是易于预燃室的起动。预燃室起动后堵盖自行脱落,这种设计对预燃室的低温起动很有好处。

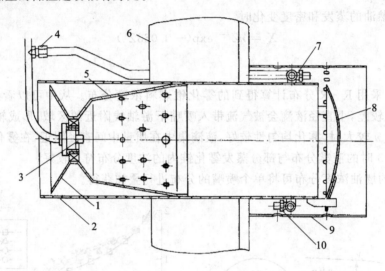

1—前锥筒;2—筒体;3—喷嘴;4—补燃供油;5—扩张筒;6—支板;
7—补燃顺喷喷嘴;8—堵盖;9—补燃罩;10—补燃逆喷喷嘴

**图 5.29 预燃室**

### 5.4.4 火焰稳定器

冲压发动机燃烧室中普遍采用火焰稳定器来组织燃烧。历史上使用过的火焰稳定器种类很多,现在经常使用的有 V 型槽型、蒸发型、沙丘型等,其中,最常使用的火焰稳定器是 V 型槽型火焰稳定器,其横截面呈 V 形,张角一般为 30°~60°。一般来说,稳定器级数越多,燃烧室稳定工作范围越大,燃烧室阻力也越大。通常在燃烧室通道内布置 2~3 道 V 型槽来稳定火焰,有时还在 V 型槽上布置径向导焰槽,方便火焰在燃烧室内的传播,缩短燃烧室点火启动时间。

　　火焰稳定器的空间布置应与燃油的分布相一致,稳定器截面处混合气的当量比越接近 1,
燃烧效率越高,燃烧室稳定工作的范围越宽。

　　如果在 V 型槽的顶端布置燃油喷孔向稳定器内部供
应燃油,利用气流强化燃油雾化,就称之为蒸发式火焰稳
定器,如图 5.30 所示。燃油经进油孔喷至燃油溅板,并与
进入进气口的一次空气掺混,然后经蒸发管出气孔喷出,
其与 V 型槽顶部的断续进气长孔引入的少量气体再掺混。
斯贝发动机加力燃烧室就使用了这样的蒸发式火焰稳定
器。试验表明,蒸发式火焰稳定器最低油气比在 0.003 左
右,而 V 型槽型火焰稳定器的最低值约为 0.03。

　　相比 V 型槽型火焰稳定器,沙丘驻涡型火焰稳定器的
气动阻力更小,工作范围更宽广。沙丘驻涡型火焰稳定器
形状如图 5.31(a)所示,为两堆弯月形的沙丘拼合而成。
气流吹到沙丘火焰稳定器后,会形成稳定的驻涡涡管,如

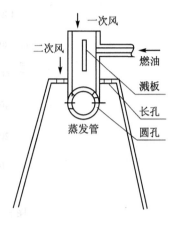

**图 5.30　蒸发式火焰稳定器**

图 5.31(b)所示。驻涡涡管存在中心面向尖端的抽气作用,大大增强了稳定器后燃气的回流
量,拓宽了火焰稳定器的工作范围。冷流试验表明,沙丘驻涡火焰稳定器的阻力系数比 V 型
槽式火焰稳定器下降 75 %~80 %。在气流温度为 70 ℃时的熄火特性曲线如图 5.32 所示,
从中可见,沙丘驻涡火焰稳定器稳定火焰的气流速度更高,而且在空燃比较大的贫油区,保持
了一段平台区 $a$—$b$,有效地拓宽了火焰稳定器的工作范围。

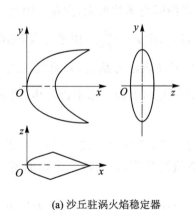

(a) 沙丘驻涡火焰稳定器

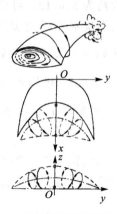

(b) 火焰稳定器后的涡管

**图 5.31　沙丘驻涡火焰稳定器及其流动特点**

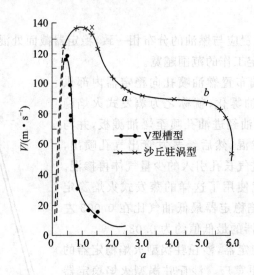

图 5.32　不同火焰稳定器的熄火特性曲线

## 5.4.5　燃烧室阻力

燃烧室阻力主要包括流动阻力和热阻两大类。流动阻力包括摩擦阻力(摩阻)、各种结构(整流格栅、火焰稳定器等)造成的阻力,主要反映在压降损失上。经验表明,对于亚燃冲压发动机,在冷流和热流情况下,流动阻力是差别不大的。对于图 5.33 中所示的 3 种燃烧室构型,流动阻力系数大约为 2、6、12。可见,采用罐式燃烧室结构的阻力相对较大。

结构类似的燃烧室(b)和燃烧室(c)相比,后者的阻力系数更大,主要是因为其喷嘴环的阻塞比较大。对于如图 5.33 所示的轴对称发动机,阻塞比 $\phi = \dfrac{d^2}{D^2}$。阻塞比大,燃烧室阻力系数加大,而火焰稳定效果好,燃烧效率提高。有时为了降低阻力系数,采用级联式 V 型槽结构,如图 5.34 所示。用参数 $n = \dfrac{b}{h}$ 来作为表示级联的几何参数。通常设计中,稳定器的堵塞比接近 50 %。

通常通过冷流试验来测量燃烧室的流动阻力系数,具体可见式(9.6)。实验表明,通过冷流实验测得的火焰稳定器上下游表面压力差与热流时相当,说明冷流测得的阻力系数可应用于热流情况下。

在流动通道内加热导致气流熵增,总压下降,由此造成的总压损失称为热阻。参照 5.3.2 小节中的式(5.22),计算得到的不同加热比下的热阻如图 5.35 所示,下方虚线代表热壅塞极限($\lambda_4 = 1$)。从中可以看到,加热比越大,越容易出现热壅塞;燃烧室入口速度越大,越容易出现热壅塞。

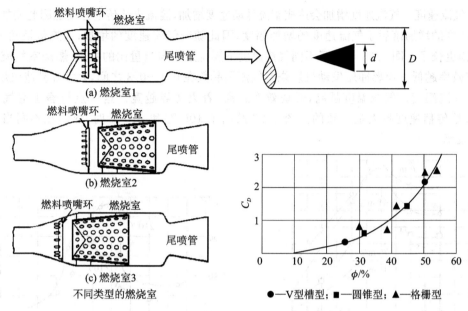

图 5.33　不同构型燃烧室的阻力系数

●—V型槽型；■—圆锥型；▲—格栅型

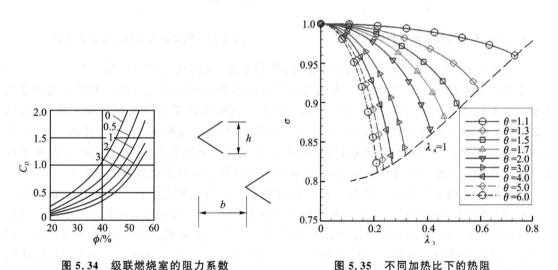

图 5.34　级联燃烧室的阻力系数　　　　　　　图 5.35　不同加热比下的热阻

## 5.4.6　影响燃烧效率的因素

影响燃烧室燃烧效率的主要因素有:气流速度、气流温度、湿度、气体成分、燃烧室长度、混气均匀度等。

　　① 气流速度。气流速度增加会造成湍流脉动速度增加,湍流火焰传播速度也因此增加。但火焰传播速度的增加落后于气流速度的增加幅度,因此随着气流速度的增加,火焰传播角变小了,火焰变得更长了。图 5.36 显示了不同气流速度下燃烧效率与当量比的关系,燃烧室气流速度越大,燃烧效率越低。亚燃冲压发动机燃烧室气流马赫数在 0.1~0.3 之间,太大容易造成熄火。

　　② 气流温度。气流温度越高,燃烧效率越高,着火边界越宽。这一点与静止空气中初温越高,火焰传播速度越大是一致的。图 5.37 给出了 100 ℃和 210 ℃时,煤油在不同当量比下的燃烧效率。

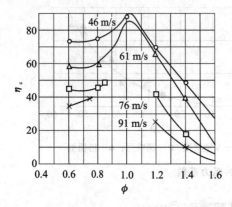

图 5.36　气流速度对燃烧效率的影响　　　　图 5.37　气体温度对燃烧效率的影响

　　③ 湿度。水汽是低层大气中的重要成分,含量不多,只占大气总容积的 0 %~4 %。大气中水汽主要来自地表水体的蒸发,并通过大气垂直运动输送到大气高层。因而大气中水汽含量自地面向高空逐渐减少,到 1.5~2 km 高度,大气中水汽平均含量仅为地表的一半;到 5 km 高度,已减少到地面的 1/10;到 10~12 km 高度,含量就微乎其微了。由此可见,对于工作在 15 km 以上高度的冲压发动机,可以忽略大气湿度对冲压发动机燃烧的影响;而对于掠海飞行的反舰导弹使用的冲压发动机,就必须要定量分析湿度对燃烧效率的影响了。

　　水蒸气的比热容约为空气的 1.6 倍,它的存在会导致空气的比热容发生变化,进而影响空气的温度变化;水蒸气的存在还会造成空气平均分子量的下降,导致在自由射流试验时进气道空气捕获质量的减少。随着空气湿度的增加,燃烧效率会明显降低。图 5.38 显示了两种不同长度的燃烧室的燃烧效率随当量比的变化,第一组曲线(L=457 mm)显示:当水蒸气比例从 1.4 %增加到 2.7 %时,燃烧效率下降 5 %~10 %;第二组曲线(L=355 mm)显示:当水蒸气比例从 0.6 %增加到 2.6 %时,燃烧效率下降 1 %~10 %。

　　④ 气体成分。气体成分对燃烧的影响体现在以下方面:① 燃料与空气形成的混合气,在其可燃范围内,当量比越接近 1,燃烧效率越高;② 洁净空气中的杂质成分,对燃烧效果有明显的影响。特别是一些活性成分,如 O、H、OH 等,其微小的含量对燃烧的进程影响很大。对于后者,当进行发动机试验时,采用不同类型的加热器会造成试验气流中成分的污染,包括水蒸

气、CO 、$CO_2$、$NO_x$ 以及一些活性成分等,会对试验结果产生一定的影响,其具体分析见第 9 章中 9.5.2 小节。

⑤ 燃烧室长度。燃烧室长度与燃烧效率紧密相关,燃烧室越长,燃料与空气掺混越均匀,燃烧效率越高。当燃烧室达到某个长度,燃烧效率达到 100 ％时,再增加长度就没有意义了,只会增加摩擦及散热损失。图 5.39 显示了不同长度燃烧室的燃烧效率,长度越大,燃烧效率越高。从图中还可看出,当量比接近 1 时燃烧效果最好,贫氧和贫油燃烧效率都会降低。

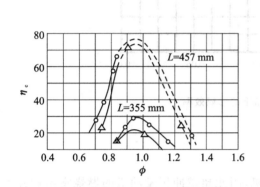

图 5.38  水蒸气含量对燃烧效率的影响          图 5.39  燃烧室长度对燃烧效率的影响

⑥ 混气均匀度。对于亚燃冲压发动机而言,掺混是决定燃烧效率最重要的因素。燃烧是发生在反应物分子水平的接触之上的,均匀的掺混可以最大程度地产生反应物接触表面,快速达到分子级的接触。图 5.40 显示的是掺混对燃烧效率的影响。

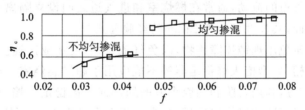

图 5.40  掺混对燃烧效率的影响

参考文献[5]中提到了一个有趣的试验:不同类型的喷嘴分布(见图 5.41),"⊗"代表喷嘴关闭,"○"代表喷嘴开启。"○"越多,意味着燃料喷射越均匀,掺混效果越好。从试验结果上看,掺混好的情况下燃烧效率就高。所以在设计冲压发动机燃料喷嘴时,一定要使燃料分布比较均匀,以利于提高燃烧效率。

综上所述,选择恰当的点火方式和燃料喷注方式,选择合适的燃烧室长度(燃烧室外径往往由弹体所决定)和火焰稳定器布局,即完成了冲压发动机燃烧室的初步设计。更具体的设计需要专门的设计课程讲述,已超出本书的范畴,这里不再赘述。

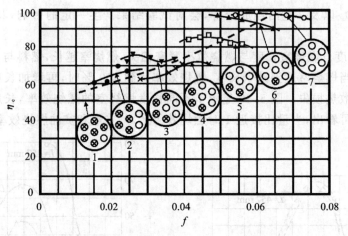

图 5.41　不同喷嘴分布下的燃烧效率

### 5.4.7　超燃冲压发动机燃烧室

由于世界范围内还没有现役的超燃冲压发动机,因此超燃冲压发动机的燃烧室结构并不确定。但从已有探索研究的结果中可对超燃冲压发动机的燃烧室得到如下认识:

超燃冲压发动机的燃烧室应当是一个较长的通道,通道截面应当是扩张型的。鉴于超燃冲压发动机燃烧室内气流速度很大,因此必须要有足够长的燃烧室长度以保证燃烧效率。通道截面应当是逐渐扩张的,避免燃烧放热后燃烧室内发生热壅塞。为了防止燃烧室放热造成的反压上传影响到进气道的流动,通常在燃烧室和进气道之间设立隔离段。隔离段是等截面或微小角度的扩张截面,其长度可参考 Billig 的经验公式[6]。

燃烧室通道内应避免出现钝体障碍物,以免气流壅塞,变成亚声速。因此,类似亚燃冲压发动机燃烧室中的格栅、V 型槽火焰稳定器等不能应用于超燃燃烧室。比较可行的是在燃烧室壁面设置台阶、凹腔等,利用台阶和凹腔形成的局部回流区稳定火焰,扮演火焰稳定器的角色。较薄的支板也可以安装在燃烧室通道内,在支板上设置喷油孔,可使燃料比较均匀地分布在燃烧室通道内,有利于提高超声速燃烧的效率。

超燃冲压发动机燃烧室应当采用主动冷却与被动冷却相结合的方式冷却壁面。所谓被动冷却,就是对重点部位采用耐高温材料进行保护。一些比较尖锐的部件,如飞行器前缘、进气道唇口、支板等,适合于采用被动冷却。所谓主动冷却,就是利用燃料(比如煤油)的热沉来冷却壁面。热沉包括物理热沉和化学热沉,比热容大的燃料,物理热沉大;而化学热沉是指利用燃料在冷却壁面的同时温度上升,部分裂解以吸收更多的热量。对于超燃冲压发动机来说,可用于冷却壁面的燃料流量相对于需要冷却的湿表面来说严重不足,需要发展新型的冷却结构和更加精细的冷却流量分配方法,也就是所谓的热管理技术。另外,发展热沉大的吸热碳氢燃料也是超燃冲压发动机走向实际应用的一个重要方面。

图 5.42 为俄罗斯中央航空发动机研究院(CIAM)用于飞行试验的超燃冲压发动机热结

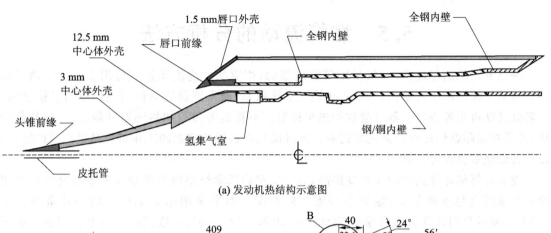

(a) 发动机热结构示意图

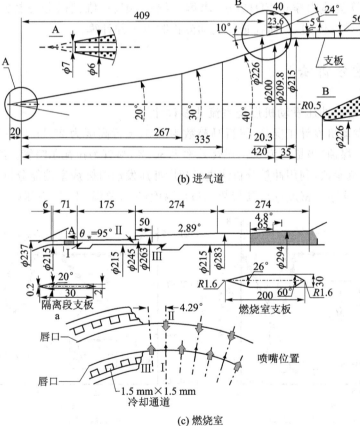

(b) 进气道

(c) 燃烧室

**图 5.42 超燃冲压发动机热结构**

构示意图。在燃烧室通道内布置了多条 1.5 mm×1.5 mm 的冷却通道,用于主动冷却燃烧室热表面,而头锥前缘、进气道唇口等部位则采用被动冷却。

# 5.5　燃烧流动的分析方法

　　冲压发动机的燃烧室,一般采用等截面结构,相应的燃烧流动过程可用等面积加热来描述。而对于超燃冲压发动机,为了防止燃烧室热壅塞,通常把燃烧室截面设计成为扩张型的,其燃烧流动可用等静压或等马赫数加热来近似。不管是等面积加热还是等静压、等马赫数加热,都是对实际燃烧过程的简化和近似。这种简化对认识燃烧室的工作特性是很有帮助的,可以作为燃烧室设计的工具。

　　随着计算机计算能力的大幅度提高,对冲压发动机燃烧室内的燃烧流动进行分析所采用的计算模型也越来越复杂,越来越接近实际情况。本书采用第 2 章中介绍的冲量分析法(IAM),或者采用计算流体力学(CFD)方法,求解一维、二维、三维偏微分控制方程组。由于拉瓦尔喷管与燃烧室是一体的,因而在进行流动分析时也一并计算。

## 5.5.1　冲量分析法

【应用示例 3】　超燃冲压发动机燃烧室流动参数计算。

　　计算条件:冲压发动机设计工况是:飞行马赫数为 3.5,飞行高度为 23 km,等面积燃烧室内径 $D$ 为 0.63 m,燃料(煤油)当量比为 0.8,燃烧效率为 80 %,喷管为拉瓦尔喷管。经过进气道计算得到燃烧室入口气流参数,利用冲量分析法进行超燃冲压发动机燃烧室性能分析。图 5.43 为计算得到的燃烧室压强($p$)、密度($\rho$)、马赫数($Ma$)、温度($T$)、总温($T^*$)、总压($p^*$)的分布。

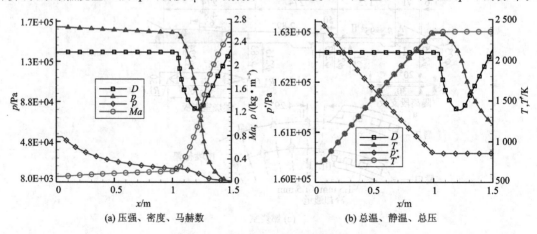

(a) 压强、密度、马赫数　　　　　　(b) 总温、静温、总压

**图 5.43　冲压发动机燃烧室流动参数**

## 5.5.2　CFD 方法

采用 CFD 方法可模拟冲压发动机进气道、燃烧室和喷管内的燃烧、流动。在进行燃烧室流场计算时,遇到的一个难题就是如何处理燃烧室内复杂的喷嘴环、火焰稳定器等结构。如果采用构筑计算网格的方法来反映这些结构当然是可以的,但工作量极大。这里我们介绍一种源项加质的方法来解决上述问题。所谓源项加质就是,将通过喷嘴喷入的燃料质量加在相应位置的计算域网格中,其计算通过控制方程的源项来体现。

针对二维和轴对称情况,加质源项的计算方法有所不同。多组分、带化学反应源项、质量添加的二维 N‑S 方程在直角坐标系下的控制方程为

$$\frac{\partial U}{\partial t} + \frac{\partial F}{\partial x} + \frac{\partial G}{\partial y} = \frac{\partial F_v}{\partial x} + \frac{\partial G_v}{\partial y} + S_i + S_r \tag{5.32}$$

因喷射质量而产生的源项表达式为 $S_i = [s_1, s_2, \cdots, s_{ns}, 0, 0, s_e]^T$。在计算中不考虑动量的添加。其他参数的含义请见第 2 章对各变量的说明。下面说明喷射质量添加源项表达式的含义:不失一般性,以添加第一种组分为例,假定 $\dot{m}_1$ 是添加在网格单元 $(i,j)$ 上对应于第一种组分的质量流量。$L$ 是垂直于计算平面的高度,则有 $s_1 = \dfrac{\dot{m}_1}{J_{(i,j)}L}$,如图 5.44(a) 所示。其中,$J_{(i,j)}$ 为 $(i,j)$ 点处网格的雅可比(面积)。由此,便可以将喷射的质量采用源项上的处理,添加到组分连续方程中,从而可以采用二维模型来模拟这种三维情况下燃料喷射的问题。

多组分、带化学反应源项、质量添加的轴对称 N‑S 方程的形式如下:

$$\frac{\partial U}{\partial t} + \frac{\partial F}{\partial x} + \frac{1}{y}\frac{\partial(yG)}{\partial y} = \frac{\partial F_v}{\partial x} + \frac{1}{y}\frac{\partial(yG_v)}{\partial y} + \frac{H}{y} + S_r + S_i \tag{5.33}$$

因喷射质量而产生的源项表达式为 $S_i = [s_1, s_2, \cdots, s_{ns}, 0, 0, s_e]^T$。图 5.44(b) 是轴对称模型中喷射示意图,表示出了半径为 $y$ 的环形喷射情况。主流气体沿轴向(即 $i$ 方向)流动。燃料从喷射孔所在位置 $(i,j)$ 喷射到主流中。如前所述,假定 $\dot{m}_1$ 是添加在网格单元 $(i,j)$ 上对应于第一种组分的质量流量。$y$ 是网格单元 $(i,j)$ 到对称轴中心的距离,则有 $s_1 = \dfrac{\dot{m}_1}{2\pi y J_{(i,j)}}$。由此,便可以将喷射的质量采用源项上的处理,添加到组分连续方程中,从而可以采用轴对称模型来模拟这种三维情况下在中心流道内喷射燃料的问题。

【应用示例 4】　轴对称冲压发动机燃烧室流场计算。

图 5.45 显示的是采取上述源项加质方法对某轴对称冲压发动机燃烧室进行流场计算的情况。气流从计算域左侧上部进入燃烧室,通过布置在流场计算网格中的两排共 3 个燃料喷射点模拟三级燃料喷嘴环,分别喷射燃料 70 %、20 %、10 %,计算当量比为 1.0。

计算过程中需要注意:① 燃烧室边界条件的给定。燃烧室与进气道之间的耦合关系非常重要,原则上计算燃烧室流动必须从进气道算起。如果单独计算燃烧室内的流动,则应当在确

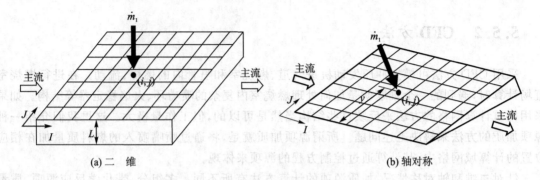

**图 5.44  源项加质模型中喷射燃料示意图**

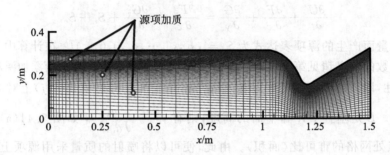

**图 5.45  冲压发动机源项加质计算模型**

保进气道是处于起动状态下给定燃烧室入口的流量边界。如果采取压力边界条件,并不能保证进气道的入口流量,则会导致计算结果与实际情况不符。② 燃烧流动的计算比较困难,计算过程比较容易发散。一种较好的办法是在计算过程中限定燃烧温度的上限,抑制计算过程中的不稳定。待计算过程稳定后,再将人为的限制条件去除,恢复本来的条件。这样做有利于计算过程的稳定性。图 5.46 显示的计算过程就是采取了上述控制方法的收敛曲线,横轴为计算步数,左纵轴为各项残差的 2 范数残差,右纵轴为进出口质量流量。首先计算无反应的掺混过程,计算进行到一定程度开始点火,所产生的扰动造成计算残差迅速放大,如不采取温度上限控制(temperature - limited),则计算过程将很快发散。采取了温度控制后,计算过程很稳定,残差逐渐下降。计算进行到一定程度后,将上述温度限制去除,计算过程继续进行,残差继续下降,直到满足精度要求为止。

图 5.47 为计算结果。其中(a)为燃烧温度场,(b)为燃烧产物——$CO_2$ 的质量分数,(c)为燃烧流场(上)与掺混流场(下)燃料分布的对比。从中可以看到:在燃烧室径向靠外侧的带状区域内,燃烧进行得最充分,$CO_2$ 浓度最高,温度也最高。通过燃烧流场与冷流掺混流场的对比可以看到,燃料基本上已被消耗完。读者可尝试采用不同的燃料喷射方式,比如不同的喷点个数、喷点位置、燃料分布规律等进行计算,以考察燃料分布对燃烧效率的影响。

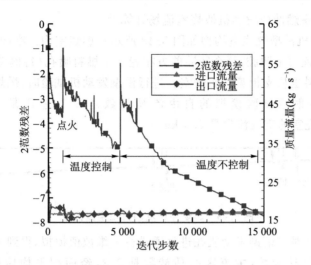

图 5.46　计算过程及其控制

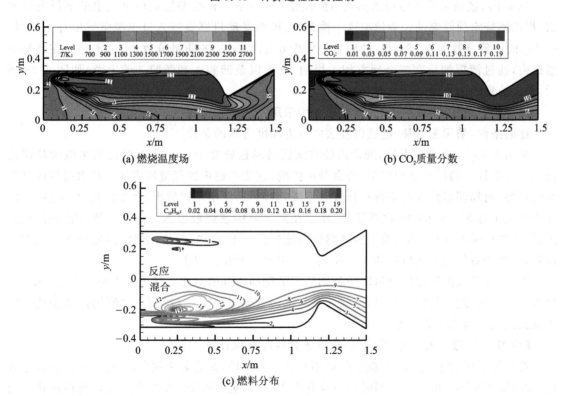

图 5.47　冲压发动机燃烧室流场计算结果

**【应用示例 5】**  超燃冲压发动机燃烧室流场计算。

某超燃冲压发动机模型燃烧室构型如图 5.48 所示。燃烧室为二维构型,长为 1 625 mm,宽为 32 mm,中间布置两个凹腔,每个凹腔前方布置 8 个燃料喷孔(每侧壁 4 个),第一个凹腔上游布置有支板,燃料也从支板喷入燃烧室。进行模型发动机试验时,燃烧室入口上游还有进气道和隔离段,自由射流试验模拟的自由流马赫数是 5.8,总压是 4.48 MPa,总温是 1 661.15 K,进入燃烧室的空气流量是 0.3 kg/s。

支板 凹腔1          凹腔2

**图 5.48  超燃冲压发动机燃烧室构型**

入口边界条件:针对该模型发动机在进气道进行三维数值模拟,得到了模型发动机燃烧室段入口处的各主要气动参数:主流区的马赫数是 3.3,经面积平均后得到的入口静压是 40 278.6 Pa,经质量平均后得到的入口静温是 570.4 K。在模型发动机进气道壁面设有喷油点,提供燃烧室预混煤油。为模拟这个情况,在模型发动机燃烧室入口模拟空气中加入燃料,$C_{12}H_{24}$ 的质量分数为 0.024,$O_2$ 的质量分数为 0.227 4,$N_2$ 的质量分数为 0.748 6。在燃烧室通道内,通过源项加质在三个地方加入煤油:支板以及凹腔 1 和凹腔 2 的上游,如图 5.48 所示,总供油量约为 0.02 kg/s。

出口边界条件:出口静压、静温及速度均采用一阶外推来获得。

壁面条件:采用无滑移、绝热以及法向压力梯度为零的条件。

从图 5.49(a)中可以看出,通道内的主流区马赫数皆高于 1.0,表明通道内主流为超声速流态。在本计算的燃烧室构型中,通道是扩张的,这使得超声速气流的主流马赫数呈现逐渐上升的趋势,而局部燃烧放热使得马赫数有下降趋势。从图中可以看出,在支板和第一处凹腔供油点之间的区域,马赫数的数值最低,显示在此区域中燃烧最强烈。在第二处凹腔供油点附近,燃烧室马赫数变化不大,说明该处燃烧强度较弱。图 5.49(b)是燃烧室温度分布。从中可以看到,燃烧室静温从入口处的 570 K 最高上升到 2 300 K 以上。

图 5.50 是数值模拟以及试验所分别给出的壁面压强的对比。从该图中可以看出,采用源项加质的二维方法所得到的壁面压强分布与试验数据总体上比较符合,数值模拟结果较为准确地捕捉到了压强峰的位置。

**【应用示例 6】**  进气道-燃烧室-喷管流量匹配过程计算。

冲压发动机的进气道和燃烧室既是相互独立的部件,又是紧密耦合的整体,其间存在进气道-发动机流量匹配的关系。当燃烧室没有点火时,从进气道进入的空气直接以超声速状态通过燃烧室,然后从喷管排出:$\dot{m}_{out} = \dot{m}_{in}$。燃烧室点火工作后,流动损失加大,喷管喉道总压下降,总温上升,通流能力下降,有 $\dot{m}_{out} < \dot{m}_{in}$ 的趋势,如图 5.51(a)所示。

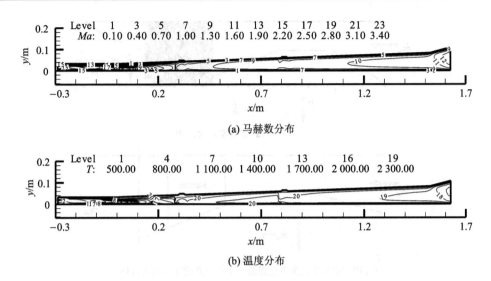

(a) 马赫数分布

(b) 温度分布

**图 5.49　超燃冲压发动机燃烧室流场**

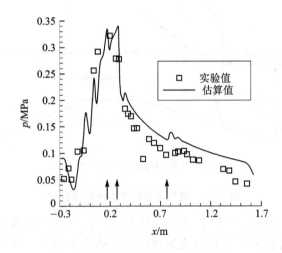

**图 5.50　壁面压强分布**

　　这时,燃烧室静压上升,速度下降,总压损失减小,会平衡掉由于燃烧放热导致的总压下降和总温上升对流量的影响,使得燃烧室流动仍然满足通流条件:$\dot{m}_{out} = \dot{m}_{in}$;静压上升到一定程度,会在进气道扩张段形成结尾正激波,波后气流速度降为亚声速,燃烧造成的总压损失会进一步减小,仍有 $\dot{m}_{out} = \dot{m}_{in}$。同时,燃烧室静压的上升会使结尾正激波的位置向上游移动,结果导致波前马赫数的下降和激波损失的减少,保持流量平衡:$\dot{m}_{out} = \dot{m}_{in}$,如图 5.51(b) 所示。但发动机内部的这种自适应能力是有限的,如果燃烧室静压上升得很高,会把正激波推出进气道,产生溢流,严重时造成进气道的不起动,如图 5.51(c) 所示。

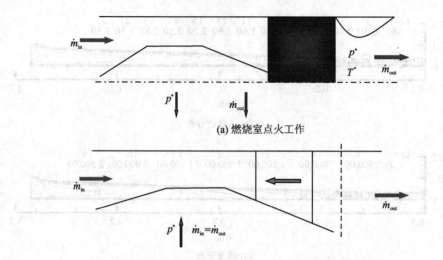

(a) 燃烧室点火工作

(b) 进气道结尾正激波受燃烧室压强上升的影响向上游移动

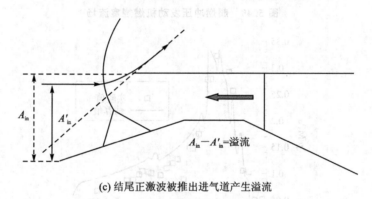

(c) 结尾正激波被推出进气道产生溢流

**图 5.51 进气道燃烧室工作过程匹配**

冲压发动机存在一个设计状态,但实际工作都在一定程度上偏离设计状态。当飞行状态偏离设计状态时,经计算得到喷管出口流量与进气道捕获流量不一致,说明进气道、燃烧室和喷管的流动不匹配。这种不匹配通过换算流量 $\dot{m}_{\text{crt}}$(见第 4 章)反馈给进气道,再次进行燃烧室、喷管流动计算,得到新的喷管出口流量。如此反复进行迭代,最后可得到进出口流量的匹配。如果只考虑流量的匹配,则燃烧室可采用一维模型计算以节省时间。实际上,进气道-燃烧室之间的匹配除了流量匹配,还有流场匹配,即进气道如何提供满足燃烧室需要的流场参数分布。流场匹配至少要进行二维以上的 CFD 计算(见 2.5.6 小节中一体化算例)。

冲压发动机燃烧室与进气道匹配计算过程可通过图 5.52 得到说明。其中,进气道流量系数 $\varphi$ 的调整主要靠进气道溢流来实现,而总压恢复系数 $\sigma$ 的调整主要靠结尾激波位置的调整来实现。

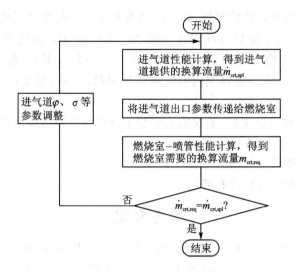

**图 5.52 冲压发动机燃烧室与进气道匹配计算流程**

# 5.6 小 结

燃烧室是冲压发动机的重要部件,其工作过程涉及到热力学、化学动力学、燃烧学、气体动力学等诸多学科。本章就燃烧室设计、计算中的一些关键问题进行了讨论,包括火焰传播与稳定的基本方法,燃烧室热力计算,燃烧室设计中点火、燃料雾化、预燃室、火焰稳定器、构型与阻力、影响燃烧效率的因素等基本问题。本章将平衡组分的计算纳入到燃烧室的热力计算中,虽然冲压发动机燃烧室流动速度较快,反应处于非平衡状态(超燃冲压发动机尤其如此),基于平衡组分的计算存在一定误差,但仍然不失为一种估算燃烧室性能的有效方法。对平衡计算结果采取一定的方法进行修正,可以考虑燃烧效率对绝热燃烧温度的影响,得到与实际情况接近的理论计算结果。最后结合应用冲量分析法和计算流体力学方法进行燃烧室性能计算的算例,讨论了燃烧室和进气道的参数匹配问题,以及基于源项加质的燃烧室流场简化计算方法,讨论了燃烧流动计算过程的控制。

# 习 题

1. 燃料的闪点、燃点、自燃点有什么不同? 煤油的闪点、燃点、自燃点是多少?

2. 影响火焰传播速度的因素有哪些?

3. 高速气流中火焰稳定的条件是什么? 采取哪些手段可以稳定火焰? 普通冲压发动机和超燃冲压发动机燃烧室内稳定火焰的手段有何不同?

4. 在进行燃烧室热力计算的时候,如果燃烧效率为 90 %,如何正确计算绝热燃烧温度?

5. 已知:冲压发动机燃烧室入口空气压强 $p_2 = 90\,000$ Pa,温度 $T_2 = 650$ K,速度 $V_3 = 100$ m/s,以当量比 $\varphi = 1$ 喷入煤油(热值为 $4.3 \times 10^7$ J/(kg·K)),燃烧效率为 95 %。求:① 燃烧室阻力系数 $C_D = 1 \sim 8$ 范围内的燃烧室马赫数、压强、温度;② 与冷流相比,热阻是多少?

6. 对比 V 型槽型火焰稳定器、蒸发式火焰稳定器和沙丘驻涡型火焰稳定器的工作原理和结构特点。

7. 影响燃烧室燃烧效率的因素主要有哪些?

8. 预燃室的作用和气流特点有哪些?

# 参考文献

[1] Sabelnikov V A, Korontsvit Yu P H, Ivanyushikin A K, et al. Experimental Investigation of Combustion Stabilization in Supersonic Flow Using Free Recirculation Zone. AIAA Paper 98-1515,1998.

[2] Koichi Murakami, et al. Ignition characteristics of hydrocarbon fuels by plasma torch in supersonic flow. AIAA 2003-6939, 2003.

[3] 李宜敏,等. 固体火箭发动机原理. 北京:北京航空航天大学出版社,1991.

[4] McBride B J, et al, Thermodynamic properties to 6 000 K for 210 substances involving the first 18 elements. NASA-SP-3001, 1963.

[5] [美] 约翰·霍普金斯大学应用物理试验室. 冲压发动机技术:上、下册. 李存杰,等译. 北京:国防工业出版社,1980.

[6] Waltrup P J, Billig F S. Structure of shock waves in cylindrical ducts. AIAA Journal, 1973,11(10).

[7] 严传俊,范玮. 燃烧学. 西安:西北工业大学出版社,2005.

[8] 王元光,徐旭,陈兵,等. 冲压发动机燃烧室燃料喷射的简化计算方法研究. 空气动力学报,2007,25(1).

[9] 庄逢辰. 液体火箭发动机喷雾燃烧的理论、模型及应用. 长沙:国防科技大学出版社,1995.

[10] Curran E T, Murthy S N B. Scramjet Propulsion. AIAA Education Series, 2000,189.

[11] Voland R T, Roudakov A S, et al. CIAM/NASA mach 6.5scramjet flight and ground test. AIAA 99-4848,1999.

[12] 郑殿峰,张会强,林文漪,等. 蒸发式稳定器常压和低压燃烧性能试验研究. 哈尔滨工业大学学报,2004,36(12).

[13] 蓬达留克,依里亚申科. 冲压式喷气发动机. 宁幌,等译. 北京:国防工业出版社,1958.

# 第6章 冲压发动机的尾喷管

在冲压发动机中,尾喷管的主要作用是将从燃烧室流出来的高温、高压燃气,进行增速、降温、降压,即使燃气在尾喷管内膨胀后而排出。在这个过程中,燃气流的焓转变成动能,燃气高速喷出喷管时对喷管形成反作用力,即产生发动机的推力。尾喷管的性能(包括喷管的效率等)、膨胀比及结构质量等,对整个发动机的净推力影响很大,因此必须对其予以足够的重视。选择不同形式的喷管,可以使发动机的结构质量改变 25 % 左右,超声速时推力改变 20 %,亚声速巡航时的单位耗油率(SFC)可变化 10 %。喷管的效率损失 1 % 大约会引起发动机的净推力损失 1.7 %。

冲压发动机的尾喷管的结构形式有多种多样。一般按横截面沿轴向的变化规律可分为收敛喷管、扩张喷管和收敛-扩张喷管(C-D喷管即拉瓦尔喷管)。其中,收敛喷管和收敛-扩张喷管的进口为亚声速流动,而扩张喷管的进口则为声速或超声速流动,扩张喷管在超燃冲压发动机中应用比较多。按照结构形式及功用一般可分为轴对称尾喷管、矩形(二元)尾喷管、圆转方尾喷管、塞式尾喷管、钟形尾喷管、引射喷管、推力矢量喷管等。尾喷管的热力循环过程,对应于图 3.2 中的 $4-6-y-4$。

本章将比较详细地介绍尾喷管的一维流动规律,给出一些典型结构形式尾喷管的工作原理及性能指标,并作适当的特性分析。此外,还会着重介绍收敛-扩张喷管的一般设计方法、气动优化设计,以及流场数值模拟方面的基本知识。

## 6.1 尾喷管的一维流动规律

### 6.1.1 收缩尾喷管流动规律

图 6.1 给出了收缩管道的两种流动状态。当进口马赫数 $Ma_4 < 1$,即来流为亚声速流动时,气流在通道内流动规律是速度增大,压力减小,即为膨胀流动,此时称该收缩管道为收缩喷管。而当进口前流动为超声速流($Ma_4 > 1$)时,气流将在通道内减速增压,即收缩管道按超声速扩压器的规律工作。扩压器情形的流动规律已在第 4 章作过详细讨论,这里主要介绍收缩喷管情形下的流动规律。

在理想等熵流动的假定条件下,有能量守恒方程:

$$\frac{1}{2}V_4^2 + H_4 = \frac{1}{2}V_6^2 + H_6 \tag{6.1}$$

式中,下标 4 和 6 分别表示喷管进口和出口截面编号,而焓与比定压热容和温度具有关系式

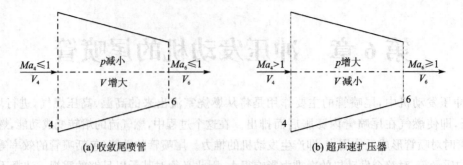

(a) 收敛尾喷管　　　　　　　　　　　(b) 超声速扩压器

**图 6.1　收缩尾喷管和超声速扩压器对比**

$H = c_p T$，通常喷管进口速度远小于出口速度（$V_4 \ll V_6$），$V_4$ 可以忽略（则 $T_4 \approx T_4^*$），且等熵流中气流总温、总压不变，于是可得收缩尾喷管出口截面的气流速度为

$$V_6 = \sqrt{2(H_4 - H_6)} = \sqrt{2c_p(T_4 - T_6)} = \sqrt{\frac{2\gamma}{\gamma - 1} RT_4^* \left[ 1 - \left( \frac{p_6}{p_4^*} \right)^{\frac{\gamma - 1}{\gamma}} \right]} \tag{6.2}$$

式中　$V_4$——喷管进口气流速度；

$\quad\quad V_6$——喷管出口气流速度；

$\quad\quad T_4$——喷管进口气流静温；

$\quad\quad T_6$——喷管出口气流静温；

$\quad\quad H_4$——喷管进口气流静焓；

$\quad\quad H_6$——喷管出口气流静焓；

$\quad\quad T_4^*$——喷管出口气流总温；

$\quad\quad p_6$——喷管出口气流静压；

$\quad\quad p_6^*$——喷管出口气流总压；

$\quad\quad c_p$、$R$ 和 $\gamma$——气体的比定压热容、气体常数和比热比。

需要说明的是，对于冲压发动机而言，燃烧室出口即尾喷管入口截面的速度往往不能忽略，尤其是对超燃冲压发动机而言更是如此。这里在讨论尾喷管的一维流动规律时，仍然采用 $V_4 \ll V_6$ 的假设，但这对冲压发动机而言会带来一定的误差。

由式(6.2)可知，喷管出口气流速度主要取决于气流总温 $T_4^*$ 和压强比 $p_6/p_4^*$，其次还与气体种类即比热比 $\gamma$ 有关。具体地说，总温越高，喷管出口截面的气流速度越大；压强比越小，气流速度也越大。但是，亚声速气流在收缩管道中速度的增加是有限的，在最小截面处（出口截面），速度最大只能等于当地声速，即出口马赫数 $Ma_6 \leq 1$，而 $Ma_6$ 是与出口压强比一一对应的，当 $Ma_6 = 1$ 时的压强比就是临界压强比，记为

$$\beta_{\mathrm{cr}} = \left( \frac{p_6}{p_4^*} \right)_{\mathrm{cr}} = \left( \frac{2}{\gamma + 1} \right)^{\gamma/(\gamma - 1)} \tag{6.3}$$

由气体动力学流量公式，通过尾喷管的气体质量流量为

$$\dot{m} = K \frac{p_4^*}{\sqrt{T_4^*}} A_6 q(Ma_6) \leqslant K \frac{p_4^*}{\sqrt{T_4^*}} A_6 = \dot{m}_{max} \tag{6.4}$$

式中　$A_6$——喷管出口横截面积；

　　　$\dot{m}$——喷管出口气流的实际质量流量；

　　　$\dot{m}_{max}$——能够流出喷管出口的最大气流质量流量；

　　　$K$——流量公式系数，与燃气的比热比和气体常数有关。

在收缩尾喷管中，当入口的总压和总温一定时，流动状态完全是由外界反压比 $p_a/p_4^*$ 确定的，这里 $p_a$ 为尾喷管出口外的环境压力。根据反压比与临界压强比 $\beta_{cr}$ 的关系，收缩喷管有三种典型的流动状态。

（1）亚临界流动状态（$p_a/p_4^* > \beta_{cr}$）

出口马赫数 $Ma_6 < 1$，反压的变化可以影响整个喷管内的流动，出口气流压强与外界环境背压相等，即 $p_6 = p_a$，气体在喷管中得到了完全膨胀。

（2）临界流动状态（$p_a/p_4^* = \beta_{cr}$）

出口马赫数 $Ma_6 = 1$，反压的变化不能影响喷管内的流动，喷管出口气流压强与外界环境背压相等，即 $p_6 = p_a$，气体在喷管中得到了完全膨胀，相对流量 $\dot{m}/\dot{m}_{max} = 1$。

（3）超临界流动状态（$p_a/p_4^* < \beta_{cr}$）

出口马赫数 $Ma_6 = 1$，反压的变化不能影响喷管内的流动，喷管出口气流压强不随反压的降低而降低，维持 $p_6 = \beta_{cr} p_4^*$，相对流量 $\dot{m}/\dot{m}_{max} = 1$，气体在喷管中没有得到完全膨胀，在出口截面之后气流将继续膨胀。

在一定的气流总温、总压下，当收缩喷管处于临界和超临界状态后，出口截面马赫数 $Ma_6 = 1$，通过喷管的流量达到最大值；如果进一步降低反压 $p_a$，并不能改变喷管出口的马赫数，通过喷管的流量也不再增大，喷管出口反压不再能影响喷管内的流动，称这种出口截面马赫数 $Ma_6 = 1$ 且流量达到最大值时的流动状态为壅塞状态。无论是改变进口气流总压、总温或出口反压，都不能使喷管中任何一截面上的无量纲参数（马赫数 $Ma$、速度系数 $\lambda$、压强比 $p/p^*$ 和温度比 $T/T^*$ 等）发生变化。表 6.1 给出了各量的变化规律。涡轮喷气发动机通常通过增加燃气的总温来提高喷管出口的气流速度，从而达到提高发动机推力的作用。具体办法就是，在涡轮后对燃气再一次喷油燃烧，即加力燃烧。

表 6.1　收缩喷管在壅塞状态下参数的变化规律

| 类　别 | $Ma_6$ | $p_6/p^*$ | $V_6$ | $p_6$ | $\dot{m}$ |
|---|---|---|---|---|---|
| $p^*$ 增大 | 不变 | 不变 | 不变 | 成比例增大 | 成比例增大 |
| $T^*$ 增大 | 不变 | 不变 | 增大 | 不变 | 减小 |
| $p_b$ 减小 | 不变 | 不变 | 不变 | 不变 | 不变 |
| $A_6$ 增大 | 不变 | 不变 | 不变 | 不变 | 成比例增大 |

　　图 6.2 给出了收缩喷管三种典型流动状态下压力随轴线的分布及在不同反压比下,流过喷管的质量流量和出口压比变化曲线。

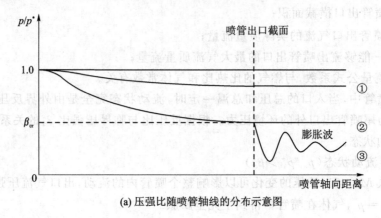

(a) 压强比随喷管轴线的分布示意图

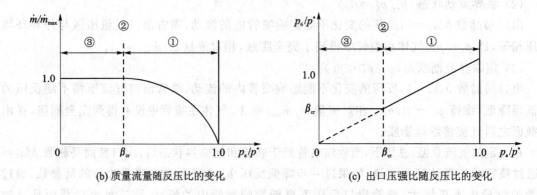

(b) 质量流量随反压比的变化　　　　　　　(c) 出口压强比随反压比的变化

**图 6.2　收缩尾喷管典型流动状态下的特性**

## 6.1.2　扩张尾喷管流动规律

　　与收缩管道类似,扩张管道内的流动同样因进口流动是超声速还是亚声速而分两种情况。当进口流动为超声速流时,气流在管道内为加速减压过程,此即扩张尾喷管流动;当进口流动为亚声速时,气流在管道内减速增压,即为亚声速扩压器流动,如图 6.3 所示。

　　超声速气流在扩张管道中流动,速度增加,压强降低。当进口截面为声速时,进口为临界截面;而当进口马赫数 $Ma_4 > 1$ 时,进口截面不再是临界截面。记临界截面的面积为 $A_{cr}$,则超声速尾喷管的流动状态与三个特征压强比 $p_1/p_4^*$、$p_2/p_4^*$ 和 $p_3/p_4^*$ 有关,其定义分别为

$$q(Ma_4) = \frac{A_{cr}}{A_4} = q(Ma_{6,\text{sup}}) = \frac{A_{cr}}{A_6}, \qquad \frac{p_1}{p_4^*} = \pi(Ma_{6,\text{sup}}), \qquad Ma_{6,\text{sup}} > 1 \qquad (6.5)$$

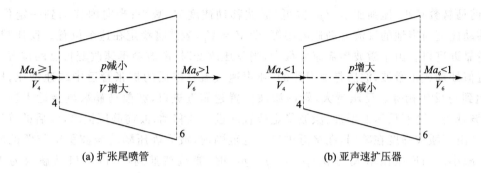

图 6.3　扩张尾喷管和亚声速扩压器对比

$$\frac{p_2}{p_4^*} = \frac{p_2}{p_1} \cdot \frac{p_1}{p_4^*} = \left(\frac{2\gamma}{\gamma+1}Ma_{6,\text{sup}}^2 - \frac{\gamma-1}{\gamma+1}\right)\bigg/\left(1 + \frac{\gamma-1}{2}Ma_{6,\text{sup}}^2\right)^{\gamma/(\gamma-1)} \quad (6.6)$$

$$q(Ma_{6,\text{sub}}) = \frac{A_{\text{cr}}}{A_6}, \qquad \frac{p_3}{p_4^*} = \pi(Ma_{6,\text{sub}}), \qquad Ma_{6,\text{sub}} < 1 \quad (6.7)$$

式中，$q$ 和 $\pi$ 分别表示气动流量函数和压比函数，下标 sup 和 sub 分别表示超声速和亚声速。由于出口 $Ma_6$ 是面积比的函数，因此这三个压强比都是面积比的函数，即由喷管结构参数——面积比唯一确定。当扩张尾喷管进口的总温总压一定时，喷管的流动规律如下：

① 当 $p_{\text{a}}/p_4^* < p_1/p_4^*$ 时，气流在喷管内没有得到完全膨胀，出口压强为 $p_6 = p_1$，高于反压 $p_{\text{a}}$，喷管出口将产生膨胀波系。在这个范围内，由于喷管出口马赫数大于 1，反压的变化不会影响喷管内的流动。

② 当喷管出口反压比 $p_{\text{a}}/p_4^* = p_1/p_4^*$ 时，气流在喷管内得到了完全膨胀，在喷管内无激波，在喷管外也没有膨胀波和激波，喷管出口压强比与反压比相等。

③ 当 $p_1/p_4^* < p_{\text{a}}/p_4^* < p_2/p_4^*$ 时，气流在喷管中得到过膨胀，出口压强为 $p_6 = p_1$，小于反压 $p_{\text{a}}$，气流在喷管出口处要产生斜激波，使得气流压强提高到与反压相等，斜激波的强度与压强比 $p_{\text{a}}/p_1$（即激波后与激波前的压强比）有关；$p_{\text{a}}/p_4^*$ 从 $p_1/p_4^*$ 增加到 $p_2/p_4^*$，激波强度从零增加到正激波强度，即在这个反压范围内，出口有激波存在，气流在出口通过不同强度的激波来达到与反压相平衡，喷管内无激波，且喷管内的流动仍然不受外界反压的影响。

④ 当喷管出口反压比 $p_{\text{a}}/p_4^* = p_2/p_4^*$ 时，在喷管出口产生正激波，即正激波恰好贴于喷管出口上，波前压强为 $p_1$，波后压强为 $p_2$。

⑤ 当 $p_2/p_4^* < p_{\text{a}}/p_4^* < p_3/p_4^*$ 时，假定激波仍然在喷管出口，则激波向上游传播的速度大于出口截面的气流速度，激波将向管内移动，因此激波不能再贴在喷管出口。激波移动速度为

$$V_{\text{s}} = c_{\text{s}1}\sqrt{\frac{\gamma-1}{2\gamma} + \frac{\gamma+1}{2\gamma}\frac{p_{\text{s}2}}{p_{\text{s}1}}} \quad (6.8)$$

式中，$c_{\text{s}1}$ 是激波前的声速；$p_{\text{s}2}/p_{\text{s}1}$ 是正激波压强比，由波前马赫数确定。随着激波向管内移

动,波前马赫数减小,压强比 $p_{s2}/p_{s1}$ 降低,激波移动速度 $V_s$ 减小;当向内移动到一定位置后,激波移动速度与当地的气流流动速度相等,即 $V_s = V_g$,激波将稳定在这个位置。反压越高,正激波越靠近进口。由于激波传播速度很大,当反压改变时,激波会迅速改变自己的位置。激波可以近似处理成正激波,波后是亚声速的,亚声速气流在波后的扩张管道中减速增压,压强在出口达到与反压相等。反压越大,管内激波位置越靠近进口,波前马赫数越接近于进口马赫数,激波越弱。随着反压的增加、激波稳定位置向进口的移动,波前静压提高,波后的静压也提高;但是由于激波强度在减弱,在接近进口一定范围内,波后静压随着激波稳定位置的向前移动反而减小。当反压比增大到 $p_a/p_4^* = p_3/p_4^*$ 时,激波被推到进口(入口马赫数为 1 的情形),或在进口外产生脱体激波(进口激波大于 1 的情形)转变为下面的第⑦种流动类型。总的来说,在反压 $p_2/p_4^* < p_a/p_4^* = p_3/p_4^*$ 范围内,管内流动只是在进口后面有一段超声速流动,然后经过激波变为亚声速,反压的变化可以影响到管内激波后的亚声速流动区域,从而改变激波的位置,影响激波后的管内流动;可以调整流速和压强,使得气流在出口截面上的压强与外界反压相等。

⑥ 当喷管出口反压比 $p_a/p_4^* = p_3/p_4^*$ 时,如果进口马赫数为 1,气流在扩张段减速,整个喷管内无激波,喷管外也没有激波或膨胀波,出口压强等于反压 $p_a$。

⑦ 当 $p_a/p_4^* > p_3/p_4^*$ 时,在进口外将产生脱体激波,整个喷管内的流动都是亚声速的,进口截面不再是临界截面,该截面上的流动不是声速,而是亚声速,因此反压的变化可以影响整个喷管内的流动。此时,喷管进口流动为正激波波后参数,喷管出口截面的流动速度不再与面积比有关,而是由压强比 $p_a/p^*$ 直接确定,即

$$p_a/p^* = \pi(Ma_{6,\text{sub}}) \tag{6.9}$$

出口截面的气流压强比等于反压比 $p_6/p_4^* = p_3/p_4^*$。

### 6.1.3  收敛-扩张尾喷管流动规律

拉瓦尔喷管进口总温、总压分别为 $T_4^*$ 和 $p_4^*$,进口的马赫数 $Ma_4 \approx 0$,流动按无粘等熵绝能流动处理。在拉瓦尔喷管的进口到喉道之间的收缩段中,流体速度从马赫数 0 恰好加速到声速即 $Ma_t = Ma_5 = 1$。故喷管内的流动与扩张喷管类似,在 $T_4^*$ 和 $p_4^*$ 保持不变的条件下,同样由于环境压力即反压比与式(6.5)~式(6.7)中三个压强比有关,存在 7 种典型的流动状态。图 6.4 给出了拉瓦尔喷管典型流动状态下的特性曲线。

收缩尾喷管与拉瓦尔喷管和扩张尾喷管相比,流动规律的最大差别主要有三点:① 收缩喷管的流动状态主要由反压压强比 $p_a/p_4^*$ 与临界压强比 $\beta_{cr}$ 的相对大小关系来判断,而拉瓦尔喷管的流动状态要由反压比 $p_a/p_4^*$ 和与面积比有关的三个压强比 $p_1/p_4^*$、$p_2/p_4^*$、$p_3/p_4^*$ 的相对大小关系来判断;② 对于收缩喷管,临界压强比与管道面积比无关,而拉瓦尔喷管的三个特征压强比都是由面积比 $A_6/A_t$ 来确定的;③ 收缩喷管在 $p_a/p_4^* > \beta_{cr}$ 时,在最小截面处便达不

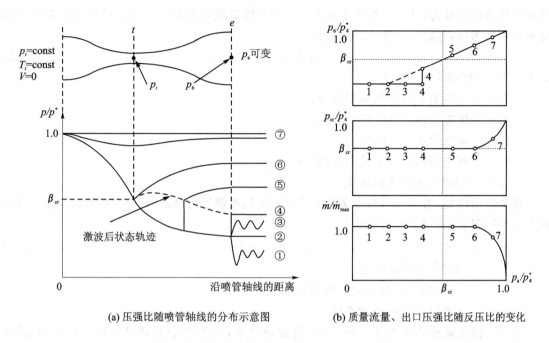

(a) 压强比随喷管轴线的分布示意图　　　　　(b) 质量流量、出口压强比随反压比的变化

**图 6.4　拉瓦尔尾喷管典型流动状态下的特性**

到声速,而拉瓦尔喷管即使 $p_a/p_4^* > \beta_{cr}$,但是只要 $p_a/p_4^* < p_3/p_4^*$,在最小截面处仍然可以出现声速气流,并在部分或全部扩张段中出现超声速流动。

# 6.2　尾喷管的性能及几种典型尾喷管的工作原理

由于冲压发动机应用于超声速飞行器,即工作于超声速飞行状态,故收敛喷管适用范围受到一定局限(因为收敛尾喷管适用于亚声速飞行或短程超声速飞行)。所以这里主要介绍超声速喷管,以面积收缩-扩张型的拉瓦尔喷管为主要对象,来讨论尾喷管的基本性能,并介绍几种典型尾喷管的工作原理。

## 6.2.1　尾喷管的理论性能

### 1. 尾喷管的推力

对于冲压发动机而言,整个发动机流道是两端开口的,即进气道进口与尾喷管出口均与外界大气环境相通,为了便于考虑整个发动机的推力,通常在考察尾喷管推力的时候考虑尾喷管的排气推力即总推力,其计算相当于在图 6.5 所示的虚线控制体中不计及喷管进口截面的动量和压力的影响,规定尾喷管的总推力为

$$F = \dot{m}_6 V_6 + (p_6 - p_a)A_6 \qquad (6.10)$$

式中　$F$——尾喷管的总推力;

　　　　$\dot{m}_6$——尾喷管出口燃气质量流量;

　　　　$p_a$——尾喷管出口外的环境压强;

　　　　$p_6$——尾喷管出口气流的压强;

　　　　$V_6$——尾喷管出口气流的实际流速;

　　　　$A_6$——尾喷管出口横截面积。

　　需要说明的是,由式(6.10)定义的是冲压发动机尾喷管的总推力,而尾喷管的净推力还应该扣除冲压阻力( $\dot{m}_0 V_0$ )部分,即

$$F_N = F - \dot{m}_0 V_0 \qquad (6.11)$$

式中　$F_N$——尾喷管的净推力;

　　　　$\dot{m}_0$—— 冲压发动机捕获的空气质量流量;

　　　　$V_0$——自由流空气的流动速度。

　　这与火箭发动机的推力不一样,在火箭发动机中,由于整个发动机头部是封闭的,故由式(6.10)计算的推力就是整个火箭发动机的推力。

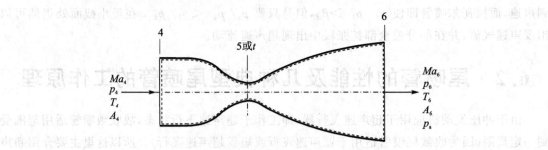

**图 6.5　拉瓦尔尾喷管推力计算控制体示意图**

　　由尾喷管总推力的定义式(6.10)可以发现,尾喷管的总推力主要由两部分组成。一部分即 $\dot{m}_6 V_6$ 称为动推力,其大小主要取决于燃气的质量流量和尾喷管出口的喷气速度,是推力的主要组成部分,通常可达总推力的 90 % 以上。因此,在冲压发动机的设计中,要合理地设计进气道和燃烧室,以期高能燃料的化学能在燃烧室内尽可能多地转化为燃气的焓,以便获得更高的尾喷管出口流动速度。另一部分即 $(p_6 - p_a)A_6$ 为静推力,它是尾喷管出口处燃气压强 $p_6$ 与外界环境大气压力 $p_a$ 不相等所导致的。

### 2. 尾喷管出口气流速度

在绝能等熵的理想流动、忽略尾喷管进口流动速度、认为喷管内气体组分不发生变化即冻结流动的条件下,尾喷管出口的燃气流动速度可以按式(6.2)计算,则

$$V_6 = \sqrt{\frac{2\gamma}{\gamma - 1} \frac{R_0}{\overline{W}} T_4^* \left[ 1 - \left( \frac{p_6}{p_4^*} \right)^{\frac{\gamma - 1}{\gamma}} \right]} \tag{6.12}$$

式中,$R_0$ 为通用气体常数,$\overline{W}$ 为燃气的平均分子量(摩尔质量)。显然,影响尾喷管出口气流速度的因素可分为两方面:一方面是燃气的特性,包括总温 $T_4^*$ 的平方根、比热比 $\gamma$ 和平均摩尔质量;另一方面是尾喷管的膨胀压比 $p_6 / p_4^*$。

具体来说,尾喷管出口喷流的速度受以下因素的影响:① 由于喷气速度与燃气总温 $T_4^*$ 的平方根成正比,因此应该采用高能燃料以提高燃烧温度,但是燃气温度过高又会给发动机结构设计带来一些困难;② 喷气速度与燃气平均摩尔质量的平方根成反比,故希望燃气的摩尔质量要小;③ 喷气速度随着比热比 $\gamma$ 的增大而略有减小,比热比主要取决于燃气的组分和燃气温度,一般为 1.1～1.3;④ 当燃气的热力特性固定时,喷气速度随压比 $p_6 / p_4^*$ 的减小而增大,在喷管入口总压 $p_4^*$ 一定的条件下,可以通过加大尾喷管扩张段的面积比,以使得燃气在尾喷管内得到充分的膨胀,使得更多的热能转化成动能。但是,喷管出口截面积会受到结构和质量等因素的限制,比如在弹用冲压发动机的设计中,喷管出口的截面积往往要受到导弹外径大小的限制。另外,燃烧室入口空气流的热力学和流动特性,将会在很大程度上影响燃烧室内燃料的燃烧,并且除氧气以外其他气体组分占空气绝大部分,它们在冲压发动机燃烧室内并不一定参加化学反应,它们也将吸收燃烧所产生的热量而使得其焓值水平升高,从而影响燃气的总温、摩尔质量及比热比,因此燃烧室入口的空气流特性也影响喷流的速度。

### 3. 尾喷管的质量流量

流过尾喷管的燃气的质量流量,是决定其总推力大小的一个重要因素,是冲压发动机的主要参数之一。在一维定常流动的条件下,流过尾喷管各个横截面的质量流量是相等的,但是喷管的喉道截面(编号为 5 或 $t$),是尾喷管乃至整个发动机的一个特征截面,它起到节流的作用,在冲压发动机进-发匹配及尾喷管自身流动的规律中,起着重要的作用。不仅如此,喷管喉道截面气流速度一般为声速,因此可以由气动流量公式在喉道截面来求解尾喷管的质量流量,即

$$\dot{m}_6 = K \frac{p_4^*}{\sqrt{T_4^*}} A_5 \tag{6.13}$$

式中,燃气流量公式系数 $K$ 为

$$K = \sqrt{\frac{\overline{W}\gamma}{R_0} \left( \frac{2}{\gamma + 1} \right)^{\frac{\gamma + 1}{\gamma - 1}}} \tag{6.14}$$

可以发现，尾喷管的质量流量与尾喷管入口总压 $p_4^*$、喉道截面积 $A_t$ 和摩尔质量的平方根 $\sqrt{W}$ 成正比，而与入口总温的平方根 $\sqrt{T_4^*}$ 成反比，受比热比的影响较小。

**4. 尾喷管的推力系数**

尾喷管的推力系数是其总推力对参考量的无量纲化的结果，根据无量纲化方法的不同，可以得到多种形式的尾喷管推力系数。这里主要介绍两种常用的定义。一种是将尾喷管的实际总推力与一维等熵完全膨胀时的总推力之比定义为推力系数，用 $\eta_F$ 表示，即

$$\eta_F = \frac{F}{F_i} \tag{6.15}$$

式中，$F_i$ 是一维等熵完全膨胀时尾喷管的总推力，下标"i"表示等熵绝能的尾喷管理想流动状态。很显然，推力系数 $\eta_F$ 衡量的是实际尾喷管相对于理想流动尾喷管推力的损失程度，$\eta_F$ 越大，表示尾喷管流动损失所带来的尾喷管总推力损失越小。尾喷管中气流的各种损失都会引起 $\eta_F$ 的降低。推力系数 $\eta_F$ 实际上是尾喷管的一种效率参数，有时也叫尾喷管的总效率。

另外一种尾喷管推力系数的定义，是将尾喷管的总推力对尾喷管进口总压和喉道截面积的乘积（即 $p_4^* A_5$）作无量纲化所得到的结果，用 $C_F$ 表示，也就是

$$C_F = \frac{F}{p_4^* A_5} \tag{6.16}$$

将总推力定义式（6.10）及喷气速度式（6.12）代入上式即可得到

$$C_F = \Gamma \sqrt{\frac{2\gamma}{\gamma-1}\left[1-\left(\frac{p_6}{p_4^*}\right)^{\frac{\gamma-1}{\gamma}}\right]} + \frac{A_6}{A_5}\left(\frac{p_6}{p_4^*}-\frac{p_a}{p_4^*}\right) \tag{6.17}$$

式中，$\Gamma$ 为关于比热比的常数，即

$$\Gamma = \sqrt{\gamma\left(\frac{2}{\gamma+1}\right)^{\frac{\gamma+1}{2(\gamma-1)}}}$$

推力系数 $C_F$ 是从另外一个角度来表征尾喷管性能的，它是燃气在尾喷管中进行膨胀完善程度的一种度量，$C_F$ 越大，说明燃气膨胀得越充分。影响 $C_F$ 的因素主要有燃气比热比 $\gamma$、出口压强比 $p_6/p_4^*$、环境压强比 $p_a/p_4^*$ 和尾喷管扩张段的面积比 $A_6/A_5$。由于一般情形下，$p_a \ll p_4^*$，且比热比变化范围不大，故影响 $C_F$ 的主要因素是尾喷管的扩张比 $A_6/A_5$ 和压强比 $p_6/p_4^*$。另一方面，由一维等熵流理论可知，在超声速尾喷管内气流不分离且不产生激波时，扩张比 $A_6/A_5$ 和压强比 $p_6/p_4^*$ 是一一对应的，因此推力系数 $C_F$ 主要受尾喷管面积扩张比 $A_6/A_5$ 的影响。推力系数 $C_F$ 适用于 $p_6 \geqslant p_a$ 的情形，当 $p_6 < p_a$ 而使得尾喷管出现激波或分离现象时不再适用。

**5. 尾喷管的最大推力、最佳面积比及高度特性**

下面来讨论这样一个问题：在尾喷管进口总压 $p_4^*$、喉部截面积 $A_5$ 和环境压力 $p_a$ 一定的

条件下,选择多大的尾喷管面积比 $A_6/A_5$ 时,获得的尾喷管总推力最大? 乍一看,由式(6.10)似乎可知 $p_6 > p_a$ 对尾喷管总推力的增大有好处。其实不然,这是因为 $p_6$ 的改变将引起出口速度 $V_6$ 的变化。可以从壁面压力积分来考虑这个问题。实际上,尾喷管的总推力定义式即式(6.10)中只考虑了尾喷管出口截面的参数的影响,而整个尾喷管的推力还应该计及环境压力 $p_a$ 在喷管壁外表面积分结果在尾喷管轴线方向的贡献。如图 6.6 所示,尾喷管外表面的压强处处等于外界大气压 $p_a$,而内表面的压力沿着轴线逐渐递减。考察图中的三种情形:① 当尾喷管出口截面位于 1-1 截面时,喷管出口压力与环境压力相等($p_6 = p_a$),即燃气在尾喷管内获得了完全膨胀,叫做完全膨胀状态;② 当尾喷管的长度较短,取 2—2 截面为出口截面时,出口压力 $p_6 > p_a$,燃气在尾喷管内没有完全膨胀,叫做欠膨胀状态;③ 当尾喷管较长,取 3—3 截面为出口截面时,出口压力 $p_6 < p_a$,即燃气在尾喷管内膨胀过度,叫做过膨胀状态。

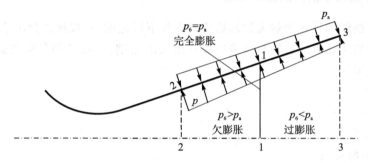

**图 6.6 拉瓦尔尾喷管的三种工作状态**

再来讨论尾喷管三种工作状态下的受力情况。显然,尾喷管 1—2 段壁面内外表面的轴向合力产生正推力,而 1—3 段壁面内外表面的轴向合力产生负推力。也就是说,如果尾喷管长度从 2—2 截面逐步加长到 1—1 截面的过程中,尾喷管的推力将逐步增大,而将其长度从 1—1 截面逐步加长到 3—3 截面的过程中,尾喷管的推力将逐步减小,则尾喷管出口截面位于 1—1 截面时,所产生的推力最大,此时尾喷管流动处于完全膨胀状态。一般地,尾喷管完全膨胀状态所对应的面积扩张比称为最佳面积比,对应的尾喷管推力则称为最大推力。

可以从数学推导的角度来进一步证明完全膨胀状态的尾喷管总推力最大。在尾喷管进口条件(燃气质量流量、总压和总温)一定的条件下,将尾喷管的总推力式(6.10),对出口压力 $p_6$ 求导数并令其为零,即可确定 $F$ 值最大时的条件。注意到出口压力 $p_6$ 变化时,出口喷气速度 $V_6$ 和截面积 $A_6$ 均随之变化,而质量流量 $\dot{m}_6$ 保持不变,于是 $F$ 对 $p_6$ 的偏导数为

$$\frac{\mathrm{d}F}{\mathrm{d}p_6} = \dot{m}_6 \frac{\mathrm{d}V_6}{\mathrm{d}p_6} + (p_6 - p_a)\frac{\mathrm{d}A_6}{\mathrm{d}p_6} + A_6 \qquad (6.18)$$

燃气的质量流量为

$$\dot{m}_6 = \rho_6 V_6 A_6$$

另外,由气体动力学知识可以得到一维等熵流中,速度、压力和密度间存在如下关系式:

$$V_6 \mathrm{d}V_6 = -\frac{\mathrm{d}p_6}{\rho_6}$$

将这两个关系式代入式(6.18)可得

$$\frac{\mathrm{d}F}{\mathrm{d}p_6} = (p_6 - p_a)\frac{\mathrm{d}A_6}{\mathrm{d}p_6} \tag{6.19}$$

由于 $\mathrm{d}A_6/\mathrm{d}p_6 \neq 0$，故只有 $p_6 = p_a$，即处于完全膨胀时，喷管的总推力 $F$ 最大。

再来讨论尾喷管的高度特性，即在其他条件包括进口总压 $p_4^*$、面积扩张比不变的条件下，尾喷管的推力随飞行高度的变化规律。当飞行高度增大时，环境压力 $p_a$ 降低，尾喷管的推力将随着高度的增加而增大。

**6. 尾喷管中的流动损失及基本系数**

以上尾喷管性能都是在等熵流的理想流动条件下讨论的，一般称之为尾喷管的理论性能。燃气在尾喷管中的实际流动过程与等熵过程有很大的差别，存在各种各样的流动损失。通常主要有以下一些损失：

① 散热损失；

② 摩擦损失；

③ 非轴向损失；

④ 化学非平衡损失；

⑤ 喷管的烧蚀损失；

⑥ 激波损失；

⑦ 膨胀损失；

⑧ 冷却损失；

⑨ 多(两)相流损失。

由于各种损失的存在，使得尾喷管的实际性能偏离理论性能。通常可以用一些系数或者效率来表示喷管内流动损失的程度。

为了表征尾喷管中的各种损失对尾喷管流通能力的影响，可以定义流量系数 $C_d$；为了刻画各种损失对尾喷管把燃气压力能转换为动能的效率的影响，可以定义速度系数 $C_v$。流量系数 $C_d$ 和速度系数 $C_v$ 分别表示如下：

$$C_d = \frac{\dot{m}_6}{\dot{m}_{6i}} \tag{6.20}$$

$$C_v = \frac{V_6}{V_{6i}} \tag{6.21}$$

式中　$\dot{m}_6$——尾喷管出口气流的实际质量流量；

　　　$\dot{m}_{6i}$——出口压强相同时尾喷管的等熵质量流量，下标"i"表示等熵流动状态；

$V_6$——尾喷管出口气流的实际流速；

$V_{6i}$——出口压强相同时尾喷管的等熵流速，即由式（6.12）所确定的尾喷管出口流速，称为理想流动速度。

实际尾喷管中的膨胀加速流动过程并不是等熵的，存在总压损失，从而使得尾喷管出口流速低于理想速度。类似地，可用总压恢复系数来衡量气流流经尾喷管时的总压损失，即

$$\sigma_e = \frac{p_6^*}{p_4^*} \qquad (6.22)$$

定义尾喷管出口气流实际动能与等熵流动条件气流的理想动能之比为尾喷管的动能效率，即

$$\eta_n = \frac{V_6^2/2}{V_{6i}^2/2} = C_v^2 \qquad (6.23)$$

利用气动关系式，很容易推导出尾喷管的总压恢复系数与速度系数之间存在如下关系：

$$\sigma_e = \left( \frac{1 - \dfrac{\gamma-1}{\gamma+1}\lambda_{6i}^2}{1 - \dfrac{\gamma-1}{\gamma+1}\lambda_{6i}^2 C_v^2} \right)^{\frac{\gamma}{\gamma-1}}$$

式中，$\lambda_{6i}$ 表示尾喷管出口截面气流的速度系数。

## 6.2.2　几种典型的尾喷管

以上讨论的主要是拉瓦尔尾喷管的性能指标。下面简单地介绍几种其他形式的尾喷管及相关的性能特性。

### 1. 收敛尾喷管

收敛尾喷管（见图 6.1）具有结构简单、质量轻的突出优点，在压力比小于 5 的范围内具有较好的性能，故一般可以用于亚声速飞行或短程超声速飞行器的发动机中。锥形收缩喷管分为固定式和可调式两种基本形式，后者配有作动系统和可调鱼鳞片，使得尾喷管出口截面在一定的范围内变化。定义收敛尾喷管的可用压比为 $\pi_{cp} = p_4^*/p_a$。

收敛尾喷管的流动规律如 6.1 节所述。可用压比、收缩角以及进出口直径比对收敛尾喷管的流量系数 $C_d$ 和推力系数 $C_F$ 有很大的影响。随着可用压比的增大，流量系数 $C_d$ 开始急剧增加，而后增加趋势变缓，直到可用压比达到实际壅塞压比后，流量系数不再上升。在尾喷管可用压比大于临界压比以后，随着可用压比的增大，由于燃气在喷管内不完全膨胀损失的增大而使得收敛尾喷管推力系数 $C_F$ 下降。

### 2. 引射尾喷管

与收缩尾喷管相比，总压较高的燃气在拉瓦尔尾喷管中可以获得更多的膨胀，产生更大的

推力。但是对于一个面积扩张比不变的拉瓦尔尾喷管而言,燃气流的膨胀程度是一定的,这就无法使得发动机在较大范围条件飞行时,尾喷管始终工作在燃气获得完全膨胀的最佳状态。可以采用引射尾喷管来解决这个问题。

图 6.7 给出了几种典型的引射尾喷管构型,它们均由一个主喷管和一个次喷管组成,主喷管可以是收缩尾喷管,也可以是扩张比不大的拉瓦尔喷管。燃气流 $\dot{m}_g$ 从主喷管流出,叫做主流;次喷管内引入一股压力和温度都较燃气低的空气流 $\dot{m}_{a2}$,叫做次流。次流可以从冲压发动机进气道引入,也可以由单独的进气门引入。由于主流在主喷管内没有得到完全膨胀,在主喷管出口,主流压强高于次流压强,因此在主喷管出口之后的通道内,主流继续膨胀而使主流管截面积扩大,继续降压增速,周围的次流形成主流的"流体"壁面,起到拉瓦尔喷管扩张段的作用。次流流管截面积在引射喷管内逐渐减小,速度增加,其流量和压力是可以调节的,调节次流的压力可以控制主流在主喷管后的膨胀程度,相当于形成了一个扩张面积比可以随工作状态调节的拉瓦尔尾喷管。

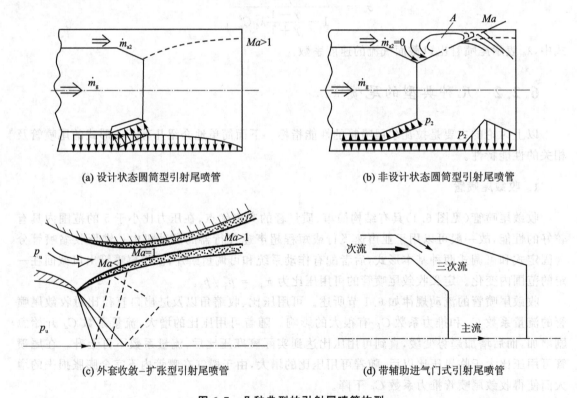

(a) 设计状态圆筒型引射尾喷管　　　　　　　(b) 非设计状态圆筒型引射尾喷管

(c) 外套收敛-扩张型引射尾喷管　　　　　　　(d) 带辅助进气门式引射尾喷管

图 6.7　几种典型的引射尾喷管构型

在设计引射尾喷管时,使得整个尾喷管出口截面的主流和次流的压强均与外界压力相等时,燃气在引射尾喷管内得到了完全膨胀,这种流动状态称为设计状态。

　　下面以圆筒型引射喷管为例,来考虑引射尾喷管推力的估算方法。如图 6.8 所示,假定主流(以下标 z 表示)与次流(以下标 s 表示)之间由流体壁隔开,二者之间无掺混,忽略摩擦等因素的影响,认为两股气流都是等熵流动。在给定引射尾喷管几何尺寸、主流总压 $p_z^*$、总温 $T_z^*$ 和次流总温 $T_s^*$,以及主次流质量流量比的条件下,可以用以下方法求出次流总压 $p_s^*$、引射尾喷管出口截面上的流动参数和引射尾喷管的推力。

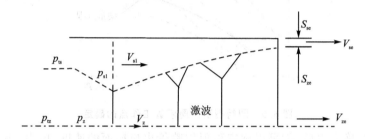

**图 6.8　圆筒型引射尾喷管内气流流动**

　　主流和次流的质量流量为

$$\dot{m}_z = K_z \frac{p_z^*}{\sqrt{T_z^*}} q(Ma_{ze}) A_{ze} \tag{6.24}$$

$$\dot{m}_s = K_s \frac{p_s^*}{\sqrt{T_s^*}} q(Ma_{se}) A_{se} \tag{6.25}$$

由动量方程有

$$(A_6 - A_z)p_{s1} + \dot{m}_s V_{s1} + A_z p_z + \dot{m}_z V_z = A_6 p_6 + \dot{m}_s V_{se} + \dot{m}_{ze} V_{ze} \tag{6.26}$$

几何关系为

$$A_6 = A_{se} + A_{ze} \tag{6.27}$$

　　由式(6.24)～式(6.27)可唯一确定引射喷管的流动参数和推力。具体来说,每给定一个次流总压 $p_s^*$,然后给定不同的尾喷管出口静压值 $p_6$,利用气动函数 $\pi(Ma)$ 确定一个 $p_s^*/p_6$ 值下所对应的 $Ma_{se}$,利用流量方程确定出所对应面积 $A_{se}$ 的取值,再利用动量方程就可以确定出每一个 $p_s^*/p_6$ 值下所对应的主流出口流速 $V_{ze}$。根据试选的次流总压 $p_{ts}$ 的不同,可能出现三种情况:

　　① 连续方程和动量方程无共同解,表明选定的 $p_s^*$ 不合理,可能偏低,根本流不过所要求的次流质量流量 $\dot{m}_s$。

　　② 连续方程和动量方程有两个解,即由两方程绘出的两条曲线有两个交点,这种情况下是无法确定出引射尾喷管的工作点的,表明所选的 $p_s^*$ 不合理,得重新选取 $p_s^*$。

　　③ 连续方程和动量方程有唯一解,即由两个方程所描绘的两条曲线相切时,所选取的次流总压 $p_s^*$ 才是符合引射尾喷管实际需要的。图 6.9 给出了在确定引射尾喷管工作点时可能出现的三种情况。

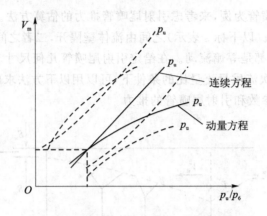

**图 6.9　圆筒型引射尾喷管工作点的确定**

次流总压 $p_s^*$ 确定以后,就可以确定引射尾喷管出口截面的速度、压力、主次流截面积,于是引射尾喷管的总推力为

$$F = \dot{m}_z V_{ze} + \dot{m}_s V_{se} + (p_6 - p_0) A_6 \qquad (6.28)$$

一般来说,在低可用压比范围内,推力系数 $C_F$ 高于固定收敛-扩张尾喷管而接近简单收敛尾喷管;在高的可用压比范围内,推力系数 $C_F$ 大于简单收缩尾喷管而接近固定收敛-扩张尾喷管。另外,引射尾喷管的次流可以从进气道引入,这就为冲压发动机进气道-发动机间的流量匹配提供了一种措施,即可以通过调节次流流量等措施来使进气道和尾喷管之间达到流量匹配。图 6.10 给出了典型的进气道旁路引气引射尾喷管系统。

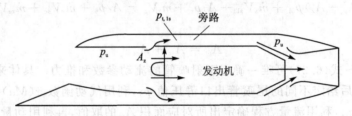

**图 6.10　典型的进气道旁路引气引射尾喷管系统**

### 3. 轴对称塞式尾喷管

当要求飞行器的推进系统具有较高的推重比,并在宽广的飞行范围内具有良好的性能,即具有较好的(高度)自适应能力时,可以考虑采用塞式尾喷管。图 6.11 给出了塞式尾喷管的典型构型。亚声速燃气流在内收缩段加速膨胀,至喉道截面时达到声速,然后在扩张段膨胀,流出内喷管后,继续膨胀。在内喷管之外的塞锥以外的一侧,燃气流和环境大气形成流动边界,起"流体壁面"的作用。这种尾喷管的一个特点是,流体壁面可以根据不同飞行高度时的大气压力与燃气流压力的匹配关系,自动收缩或扩张,使得燃气流不会处于深度欠膨胀或者深度过

膨胀状态。也就是说,塞式尾喷管随着飞行高度的变化,具有一定的自适应高度补偿特性,这是它的一大优点。

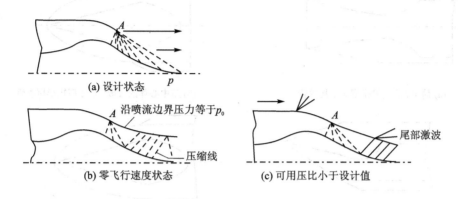

(a) 设计状态

(b) 零飞行速度状态

(c) 可用压比小于设计值

**图 6.11　典型塞式尾喷管构型**

### 4. 非轴对称喷管和矩形喷管

随着技术的发展,要求飞行器具有良好的气动性能和隐身特性,各种具有优良气动特性和隐身特性的飞行器构型不断出现,比如在较高马赫数飞行时,往往需要对推进系统与飞行器机身进行一体化设计。与之相适应,冲压发动机的尾喷管也不局限于轴对称结构,出现了大量的非轴对称和矩形尾喷管,如下颌式、半圆形、单壁扩张喷管和矩形喷管等。图 6.12 给出了几种典型的尾喷管,包括简单收敛-扩张型矩形尾喷管、带中心体的收敛-扩张型矩形尾喷管、单壁扩张型收敛-扩张矩形尾喷管和具有反推力和推力换向型收敛-扩张型矩形尾喷管。这些尾喷管一般在飞行包线内具有较好的性能,红外辐射强度和雷达散射面积较小,且易于与高性能气动外形的飞行器机身融合。

### 5. 推力矢量尾喷管

推力矢量尾喷管,是能够通过控制调节排气方向来改变尾喷管推力方向的一类尾喷管。通常采用机械控制结构的运动来使得尾喷管管道转向,从而使得推力方向发生变化。图 6.13 给出了普惠公司研制的二元推力矢量尾喷管的几种典型工作状态及其控制机构。此推力矢量尾喷管通过控制机构来旋转收缩-扩张壁面,从而改变气流的方向,可以在俯仰平面内控制推力的方向和大小,并可以实现推力反向。

依靠机械控制机构来改变推力矢量喷管的推力大小和方向,必然增加尾喷管结构质量,增加成本。近期对流体控制推力矢量尾喷管开展了大量研究,包括喉部截面有效流通截面积的控制、推力矢量控制和红外信号控制等。比如,在定几何尾喷管喉部附近喷入气流可以在相当范围内改变喉部主流的有效通流面积。

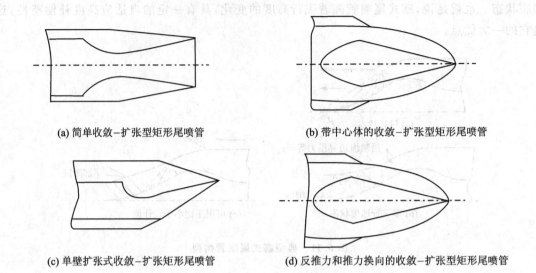

(a) 简单收敛-扩张型矩形尾喷管　　　　　　(b) 带中心体的收敛-扩张型矩形尾喷管

(c) 单壁扩张式收敛-扩张矩形尾喷管　　　　(d) 反推力和推力换向的收敛-扩张型矩形尾喷管

图 6.12　典型矩形尾喷管构型

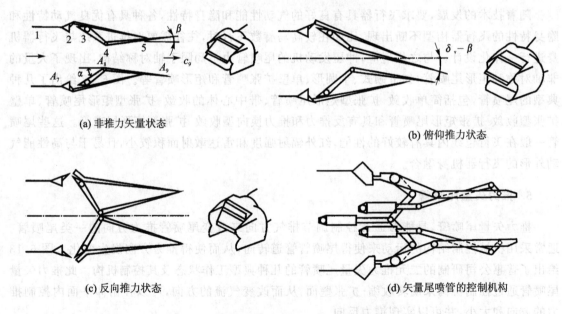

(a) 非推力矢量状态　　　　　　　　　　　　(b) 俯仰推力状态

(c) 反向推力状态　　　　　　　　　　　　(d) 矢量尾喷管的控制机构

图 6.13　普惠公司研制的二元推力矢量尾喷管

　　推力矢量尾喷管可以显著提高飞行器的性能:减小起飞和着陆距离,提高超机动性和超机敏性,有助于实现发动机不加力时的超声速巡航,隐身性和飞行安全性均有极大提高等。

# 6.3　高超声速尾喷管

高超声速尾喷管,是超燃冲压发动机与高超声速飞行器之间发生强耦合作用的另外一个重要部件。在发动机燃烧室内喷入燃料,燃烧后的燃气经热力喉道之后加速,至燃烧室出口(即喷管入口)达到超声速,高焓燃气在高超声速尾喷管内膨胀加速,产生推力。高超声速飞行条件下,由于进出发动机的气流冲量差较小,造成了超燃冲压发动机净推力不足的问题。这对发动机各部件设计、匹配及与飞行器的一体化设计提出了异常苛刻的要求。尾喷管提供了维持飞行器正常飞行的大部分推力,因此,尾喷管是超燃冲压发动机推力产生的关键部件。下面简要介绍一下高超声速尾喷管相对于超声速尾喷管有哪些不同。

## 6.3.1　构型特点

如 3.3.2 小节所述,与亚燃冲压发动机尾喷管相比,高超声速尾喷管最大的不同是没有收缩段和几何喉道,燃烧室出口直接与扩张喷管相连。图 6.14 给出了一个典型的二维高超声速尾喷管构型。对于高超声速飞行而言,为了将推进系统和飞行器进行一体化设计,以获得高的综合气动性能,常常将喷管设计成非对称的单壁扩张形式,即单壁扩张尾喷管(SERN,Single-Expansion-Ramp-Nozzle)。这种喷管分为内喷管和外喷管两部分,外喷管的扩张壁与飞行器后体的下表面融为一体,即推进系统和飞行器高度一体化。

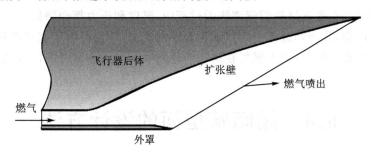

**图 6.14　典型单壁扩张尾喷管(SERN)结构**

## 6.3.2　其他特殊问题

**1. 膨胀比和气动力特性**

高超声速尾喷管的几何设计受到发动机燃烧室构型和飞行器布局的多方面限制,因此如何让高温高压的燃气能够在尾喷管内得到完全膨胀是一个比较关键的问题。由于飞行器结构的限制,喷管出口截面不能无限增大,加之通常采用非对称的 SERN 喷管构型,因此在进行发动机总体设计时,必须考虑到喷管膨胀比的需求,不能够将发动机燃烧室出口截面设计得过大;否则,燃气无法在喷管内得到有效膨胀,从而降低整个发动机的效率。

高超声速尾喷管之所以常常采用非对称的扩张结构,主要是从一体化构型的限制,以及力矩配平的角度出发来考虑的。由于飞行器前体/进气道压缩面产生的气动力,将使得整个飞行器产生一个抬头力矩,因此,将飞行器后体/尾喷管设计成不对称结构,恰好产生一个低头力矩,二者达到平衡后有利于飞行器的控制。将尾喷管设计成非对称结构以后,尾喷管不仅产生推力,而且产生升力。研究表明,尾喷管外罩长度及其扩张角,对发动机的推力影响较小,但是对发动机升力和俯仰力矩有较大的影响。

此外,超燃冲压发动机尾喷管与燃烧室直接相连,由于没有收缩段和几何喉道对燃烧室出口的非均匀气流进行整流,使得尾喷管进口气流具有较大的非均匀性。尾喷管进口气流的非均匀性对尾喷管流场结构、气动性能等也会产生影响。

**2. 燃气复合反应问题**

在高超声速飞行器条件下,由于来流具有高总温,在超燃冲压发动机燃烧室内进口空气流温度较高,燃料喷入燃烧后,高温往往会使得大量燃烧产物离解成原子和自由基。比如,在碳氢燃料/空气的燃烧产物中,包含有大量氢原子、氧原子、羟基和一氧化碳,其一般由主要燃烧产物(即二氧化碳和水)离解而来。大量燃烧产物离解过程中,将吸收燃料燃烧所释放的热量,从而降低燃气温度。在燃气流经喷管膨胀的过程中,温度和压力都会降低,将有部分离解产物重新复合成燃烧产物,从而释放部分离解能量到燃气流中,即使得由于燃气产物离解造成的能量损失得到部分回收。但是,由于燃气在高超声速尾喷管内的停留时间很短,这种回收作用是有限的。

# 6.4　尾喷管型面的设计方法

收缩-扩张型即拉瓦尔尾喷管主要由三部分组成:亚声速收缩段、喉部和超声速扩张段。通常,燃气流在收缩段从亚声速加速,直到喉部气流达到声速,而后气流在扩张段内进一步加速到超声速。为了减小尾喷管的流动损失,获得优良的尾喷管性能,必须对拉瓦尔尾喷管的各部分做细致的设计。本节简单介绍尾喷管型面设计相关的知识。由于喉道设计一般采用双圆弧过渡,即采用半径不同的两个圆,使得其分别与收缩段出口和扩张段进口相切。喉道的设计过程相对比较简单,这里不再介绍。接下来主要讨论收缩段和扩张段的设计问题,同时,也将简要介绍高超声速半壁扩张喷管(SERN)和圆转方喷管的设计问题。

## 6.4.1　拉瓦尔喷管

**1. 收缩段的设计**

一般来说,尾喷管收缩段的设计要保证两点:一是在进口附近流动不发生分离;二是出口流动尽量均匀。那么,为了使得尾喷管的收缩段出口流动均匀,燃气在收缩段逐渐得到膨胀,保证进口截面产生的横向压力梯度和径向分速度逐渐减小,并在收缩段出口径向速度趋于 0,必须合理设计收缩段的型面,使得收缩通道型面平滑过渡。相对于其他两段来说,尾喷管的收缩段设计相对比较简单,主要的设计方法有维托辛斯基曲线法、双三次曲线法、三次曲线法和五次曲线法等。维托辛斯基曲线法,即将轴对称尾喷管的收缩段型面按如下公式(即维托辛斯基公式)来设计:

$$r = \frac{r_5}{\sqrt{1 - \left[1 - \left(\frac{r_5}{r_4}\right)^2\right]\frac{\left(1 - \frac{3x^2}{l'^2}\right)^2}{\left(1 + \frac{x^2}{l'^2}\right)^3}}} \tag{6.29}$$

式中　$x$——尾喷管收缩段横截面距进口截面的轴向距离;

　　　$r$——尾喷管收缩段 $x$ 截面的半径;

　　　$r_4$——尾喷管进口截面半径;

　　　$r_5$——尾喷管喉道截面半径;

　　　$l$——尾喷管收缩段的长度;

　　　$l'$——$l' = \sqrt{3}l$。

参看图 6.15,设计时给定进口截面半径 $r_4$ 和喉道截面半径 $r_5$,以及收缩段长度 $l$。统计数据表明,收缩段长度与进口截面半径的比值一般在 $l/r_4 = 0.1 \sim 2.6$ 范围内。经验表明,按式(6.29)设计拉瓦尔尾喷管收缩段,出口截面的流动速度场一般是足够均匀的。

在双三次曲线设计方法中,将尾喷管收敛段采用两条三次曲线来设计,即

$$\frac{r - r_4}{r_4 - r_5} = \begin{cases} 1 - \frac{1}{x_m^2}\left(\frac{x}{l}\right)^3, & \frac{x}{l} \leqslant x_m \\ \frac{1}{(1 - x_m)^2}\left[1 - \left(\frac{x}{l}\right)\right]^3, & \frac{x}{l} > x_m \end{cases} \tag{6.30}$$

式中　$x_m$——两条曲线连接点距进口截面的轴向距离,其他参数与式(6.29)相同。而典型的五次曲线设计公式则如下式:

$$\frac{r - r_4}{r_4 - r_5} = 1 - 10\left(\frac{x}{l}\right)^3 + 15\left(\frac{x}{l}\right)^4 - 6\left(\frac{x}{l}\right)^5 \tag{6.31}$$

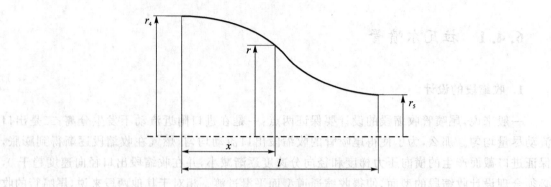

图 6.15　尾喷管收缩段设计简图

**2. 扩张段的设计**

拉瓦尔尾喷管扩张段的设计方法有很多种,其中主要包括锥形喷管设计方法、多项式设计方法(二次曲线和三次曲线等)、特征线法(MOC)设计方法、最大推力喷管(即 Rao 氏)设计方法等。这里主要介绍最大推力喷管(OTN)设计方法。

Rao 氏最大推力喷管设计方法,已经在火箭发动机钟型喷管设计中得到了广泛的应用。该方法是在已知喷管进口的气流参数分布及给定喷管长度的前提下,利用二维/轴对称特征线法(MOC)(详见 2.5.7 小节)和拉格朗日极值理论,求得最大推力喷管型面。参看图 6.16,OTN 设计过程如下:

①　给出进口 $OA$ 上的流动参数,以及 $B$ 点型面初始膨胀角 $\theta_B$;

②　用 MOC 法求解 $OABE$ 区域内的流动;

③　选择 $BE$(为右行特征线)上的点 $F$,产生左行特征线 $FC$,使得流过 $BF$ 和 $FC$ 两个面的质量流量相等;

④　调整初始膨胀角 $\theta_B$,重复上述过程,直到求出的 $C$ 点与给定 $C$ 点坐标达到一致;

⑤　由 MOC 法求解 $BFC$ 区域内的流动,流过每条左行特征线的质量流量均等于 $BF$ 面的

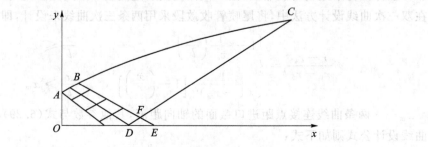

图 6.16　Rao 氏最大推力尾喷管设计简图

流量，于是各左行特征线的终点将形成光滑壁面 $BC$。

这里需要补充说明一下如何求解 $DFC$ 上的流动变量。在控制面 $DFC$ 上取一微元面，如图 6.17 所示。通过该微元的质量流率为

$$\mathrm{d}\dot{m} = \frac{2\pi y\rho V\sin(\phi-\theta)}{\sin\phi}\mathrm{d}y \tag{6.32}$$

则通过控制面 $DFC$ 的质量流率为

$$\dot{m} = \int_{D}^{C} \frac{2\pi y\rho V\sin(\phi-\theta)}{\sin\phi}\mathrm{d}y = \mathrm{const} \tag{6.33}$$

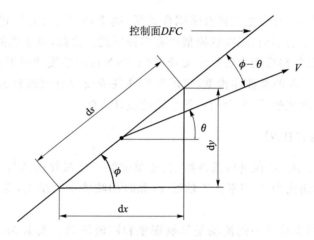

**图 6.17　控制面 DFC 上微元示意**

沿喷管轴向 $x$ 方向上微元动量通量为

$$\mathrm{d}(\dot{m}V) = \frac{2\pi y\rho V^2\cos\theta\sin(\phi-\theta)}{\sin\phi}\mathrm{d}y \tag{6.34}$$

于是该喷管产生推力

$$T = \int_{C}^{E}\left[(P-P_{\mathrm{a}})+\frac{\rho V^2\sin(\phi-\theta)\cos\theta}{\sin\phi}\right]2\pi y\mathrm{d}y \tag{6.35}$$

喷管长度

$$L = x_C + \int_{C}^{E}\cot\phi\mathrm{d}y \tag{6.36}$$

假设 $D$ 点在 $x$ 轴的位置即 $x_D$ 点固定，则喷管长度约束条件变为

$$\int_{D}^{C}\cot\phi\mathrm{d}y = \mathrm{const} \tag{6.37}$$

可知，最大推力喷管问题的数学表述为：在式（6.33）和式（6.37）的约束条件下，求式（6.35）的最大值。采用拉格朗日乘子法可求得以下结论：

$$\frac{\mathrm{d}y}{\mathrm{d}x} = \phi = \theta + \alpha \tag{6.38}$$

即控制面 $FC$ 为一条左行特征线,且在 $FC$ 上满足:

$$C_1 = -\frac{V\cos(\theta-\alpha)}{\cos\alpha} \quad (6.39)$$

$$C_2 = -\rho V^2 y\sin^2\theta\tan\alpha \quad (6.40)$$

式中, $C_1$ 和 $C_2$ 是常数(可以由 $F$ 点的流动参数确定), $y_C$ 满足喷管出口半径几何约束条件。

## 6.4.2　高超声速尾喷管设计

高超声速尾喷管与飞行器之间具有强耦合关系,通常必须与飞行器进行一体化设计。根据燃烧室和飞行器构型的不同,尾喷管构型也有多种形式。比如,对于类似于美国 X-43A 飞行器发动机的构型,通常都采用半壁扩张喷管(即 SERN);如果发动机燃烧室为轴对称构型,而飞行器类似于 X-43A 的乘波体构型,则尾喷管往往需要设计成圆转方构型等。本书针对这两种构型的高超声速尾喷管,各介绍一种常用的设计方法。

### 1. 最短喷管理论(MLN)

所谓 MLN 设计方法,是在进口条件给定、要求喷管长度最短的前提下,使得所设计的喷管在出口的流动方向角均为 0,即平行于轴线 $x$ (此时的喷管推力最大,要求喷管长度 $x_C - x_O$ 最短)。

为了简化问题,假设喷管中的流动是等熵膨胀和层流流动。根据 MLN 理论,图 6.18 中的 $AA'B'B$ 是源流区,其源点是坐标系的原点 $O$ ; $B'BC'$ 区是简单膨胀波区,在这个区中的任何入射到壁面的左行特征线都无反射;下游界面 $BC'$ 是马赫角为 $\mu_f$ 的直的马赫线;喷管的进口是超声速的,进口截面 $AA'$ 是圆弧面;上壁面通常由 $A'B'$ 平面和曲面 $B'C'$ 组成。

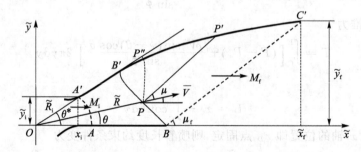

**图 6.18　最短喷管(MLN)尾喷管设计简图**

约定带"~"的参数表示原始参数,而不带"~"的为无量纲化后的参数,所有的长度都以喷管进口的高度 $\tilde{y}_i$ 作无量纲化。在如图 6.18 所示的 $O\tilde{x}\tilde{y}\tilde{z}$ 坐标系(对应的无量纲化坐标系 $Oxyz$ )下讨论问题。在源流区中对于单位厚度( $\tilde{z}$ 方向)的喷管,进口截面积为

$$A_i = \widetilde{R}_i \theta^* \tag{6.41}$$

相应地,尾喷管进口无量纲化坐标为

$$x_i = \cot \theta^*, \qquad R_i = \csc \theta^* \tag{6.42}$$

在源流区有等熵面积比关系式:

$$\frac{A}{A^*} = \frac{1}{Ma}\left(\frac{2X}{\gamma+1}\right)^{(\gamma+1)/2(\gamma-1)} \tag{6.43}$$

式中,参数 $X$ 定义为

$$X = 1 + \frac{\gamma-1}{2}Ma^2 \tag{6.44}$$

质量流率为

$$\dot{m} = (\rho A V)_i = \frac{Ma_i p_0 \widetilde{R}_i \theta^*}{X_i^{(\gamma+1)/2(\gamma-1)}}\left(\frac{\gamma}{R_g T_0}\right)^{1/2} \tag{6.45}$$

在以上各式中,下标 i、0 表示进口截面的参数, $A$ 为截面积, $R$ 为半径, $\theta^*$ 为上壁面过 $A'$ 点的切线与 $\widetilde{x}$ 轴的夹角, $\gamma$ 为燃气的比热比, $Ma$ 为燃气的流动马赫数, $\dot{m}$ 为质量流量, $\rho$ 为燃气密度, $V$ 为气流速度, $p$ 为压力, $T$ 为温度, $R_g$ 气体常数。于是由式(6.41)~式(6.44)可以得到

$$\frac{\widetilde{R}}{\widetilde{R}_i} = \frac{A}{A_i} = \frac{Ma_i}{Ma}\left(\frac{X}{X_i}\right)^{(\gamma+1)/2(\gamma-1)} = \alpha(Ma) \tag{6.46}$$

另一方面,在源流区中由特征线的理论可知,沿特征线有关系式:

$$\theta = \nu(Ma_f) + \nu(Ma) = \nu_f + \nu, \qquad 沿 C_+ (即左行)特征线 \tag{6.47}$$

$$\theta = \nu(Ma_f) - \nu(Ma) = \nu_f - \nu, \qquad 沿 C_- (即右行)特征线 \tag{6.48}$$

式中, $\theta$ 为流动角,即流线与下壁面的夹角,下标 f 表示出口截面参数, $\nu$ 为

$$\nu(Ma) = \left(\frac{\gamma+1}{\gamma-1}\right)^{1/2}\arctan\left[\left(\frac{\gamma-1}{\gamma+1}\right)^{1/2}(Ma^2-1)^{1/2}\right] - \arctan(Ma^2-1)^{1/2} \tag{6.49}$$

在图 6.18 中,如果用 $\widetilde{l}$ 表示线段 $PP'$ 的长度, $P''$ 在 $A'B'$ 的延长线上, $P'$ 在曲线 $B'C'$ 上, $P$ 在 $BB'$ 上,则过 $PP'$ 和 $PP''$ 之间的质量流量分别为

$$\dot{m}_{PP''} = \widetilde{R}(\theta^* - \theta)(\rho V)_P \tag{6.50}$$

$$\dot{m}_{PP''} = \widetilde{l}(\rho V)_P \sin \mu \tag{6.51}$$

由 $PP'$ 和 $PP''$ 之间的质量守恒可以得到

$$\frac{\widetilde{l}}{\widetilde{R}} = \frac{\theta^* - \theta}{\sin \mu}Ma(\theta^* - \theta) \tag{6.52}$$

又由图 6.18 中所示的几何关系可得

$$\frac{x}{R} = \cos \theta + \frac{l}{R}\cos(\theta+\mu) \tag{6.53}$$

$$\frac{y}{R} = \sin \theta + \frac{l}{R}\sin(\theta+\mu) \tag{6.54}$$

显然喷管下壁面的长度可以由下式给出：

$$x_f - x_i = (x_f - x_B) + (x_B - x_i) = \alpha_f \theta^* \csc \theta^* \cot \mu_f + \alpha_f \csc \theta^* - \cot \theta^* \tag{6.55}$$

$$\frac{A_f}{A_i} = \frac{\tilde{z}_f}{\bar{R}_i \theta^*} = \frac{z_f}{\theta^* \csc \theta^*} = \alpha_f \tag{6.56}$$

将式(6.55)对变量 $\theta^*$ 微分，并令其结果为零，即可得

$$\cos \theta^* + \cot \mu_f (\theta^* \cos \theta^* - \sin \theta^*) = \theta_f^{-1} \tag{6.57}$$

用迭代法求解超越方程(6.57)可得到 $\theta^*$ 的最大值 $\theta_M^*$。另一方面，由于 $B'$ 点不能超过 $A'$ 点，在极限情况下

$$B' = A' \qquad 且 \qquad Ma_{B'} = Ma_{A'} = Ma$$

此时，得到 $\theta^*$ 实际允许的最大值 $\theta_m^*$ 为

$$\theta_m^* = \nu_f - \nu_i \tag{6.58}$$

所以 $\theta^*$ 实际的最大值应该定义为

$$\theta^* = \begin{cases} \theta_m^*, & 若 \ \theta_M^* \geqslant \nu_f - \nu_i \quad (B' = A') \\ \theta_M^* & 若 \ \theta_M^* \leqslant \nu_f - \nu_i \quad (B' \neq A') \end{cases} \tag{6.59}$$

当 $B' \neq A'$ 时，存在直线部分 $A'B'$，在这种情况下，可以先由下式求得马赫数 $Ma_{B'}$：

$$\theta_M^* = \nu(Ma_f) - \nu(Ma_{B'}) \tag{6.60}$$

而后得到直线 $A'B'$ 上的坐标值如下：

$$x = R\cos \theta_M^* = \alpha \cot \theta_M^*, \qquad y = R\sin \theta_M^* = \alpha \tag{6.61}$$

$$R = R_i \alpha = \alpha \csc \theta^* \tag{6.62}$$

从而确定了直线部分的坐标 $A'B'$。

由式(6.41)、式(6.47)~式(6.48)及式(6.51)~式(6.52)可以得到

$$x = \alpha \csc \theta^* \{\cos(\nu_f - \nu) + \omega[(Ma^2 - 1)^{1/2}\cos(\nu_f - \nu) - \sin(\nu_f - \nu)]\} \tag{6.63}$$

$$y = \alpha \csc \theta^* \{\sin(\nu_f - \nu) + \omega[(Ma^2 - 1)^{1/2}\sin(\nu_f - \nu) + \cos(\nu_f - \nu)]\} \tag{6.64}$$

$$\omega = \theta^* - \nu_f + \nu \tag{6.65}$$

由方程(6.52)确定 $\theta^*$ 后，就可以根据式(6.63)和式(6.64)得到上壁面曲线部分 $B'C'$ 的坐标。特别地，当 $B' = A'$ 时，有

$$\theta^* = \theta_m^* = \nu_f - \nu_i \tag{6.66}$$

$$\omega = \nu - \nu_i \tag{6.67}$$

这就是最短喷管理论(MLN)法设计尾壁喷管的全过程。容易知道，其中的下壁面 $AB$ 是直线段，上壁面的 $B'C'$ 是曲线，上壁面的 $A'B'$ 是直线段。需要指出的是，$A'B'$ 直线段并不一定存在。设计算例计算表明，采用 MLN 方法设计的尾喷管仍然较长，实际使用时必须作截短处理，截短以后喷管出口的流动方向将不再与 $x$ 轴平行，从而使得设计推力有所下降，但只要截去的部分不是很长，则推力下降幅度将很小。

**2. 流线追踪圆转方尾喷管设计**

对于圆转方喷管等变截面问题,现有的设计方法大都基于直接几何形状过渡方法,如超椭圆法,难以保证设计构型的优良气动性能,因此需要在设计方法上另辟蹊径。密切方法是一种以流线追踪为基本技术手段,兼顾几何约束和气动性能的三维流动组织方法,可以有效地处理圆转方喷管设计问题。流线追踪过程就是在基准流场中构造流管的过程,其生成的构型是流管外壁面即流面,因此内部流场不受外部流场干扰,且具备基准流场的基本特性。

三维圆转方喷管的基本设计步骤如下:

① 根据设计要求(进口燃气参数、几何尺寸约束等),采用 Rao 最大推力喷管方法设计满足要求膨胀比的轴对称最大推力喷管作为基准流场;

② 依据密切方法的思想,沿周向将喷管离散成若干"切片",根据每个切片的几何约束条件在基准流场中进行流线追踪,选出符合条件的流线作为该切片的几何型面;

③ 将追踪出的各流线进行几何变换并"拼接"组成三维喷管的最终型面;

④ 对设计出的型面进行 CFD 计算,检验能否达到要求的性能,是否需要改进设计。

密切方法泛指密切锥及密切轴对称方法。密切锥方法是一种三维流动组织方法,其理论基础是 Sobieczky 提出的密切锥理论:三维超声速流动可以用对应的轴对称流动以二阶精度逼近,且该轴对称流的轴线在通过该点流线的密切平面内。该理论后又被 Sobieczky 等人推广为密切轴对称理论,实际是将基准流动由锥形激波流场推广为轴对称弯曲激波流场。密切方法设计实现的基本原则是:在保证小的横向压力梯度条件下,按照给定的捕获型线,采用"切片"设计思想拼接设计流场。通过保证"切片"流场内激波在每个横截面上波后压强相等,来保证小的横向压力梯度,从而避免横向流动,使实际流场与设计流场尽量相同。所以,密切方法实现的关键在于"切片"设计思想及避免设计流场横向流动。密切方法自提出后就被广泛应用于外流压缩流场的组织,特别是乘波体飞行器外形设计中。

圆转方喷管进出口几何形状如图 6.19 所示,除下壁面中心线不需膨胀外,其余壁面都有膨胀要求,可以称之为三维全膨胀构型。这样的构型,密切平面的基准流场必然在设计流场内相交,而且由于膨胀比要求不同,上下对应壁面必须分别处理。基于以上考虑,提出两种构型生成方法:① 基于不同膨胀比流场的设计方法;② 基于同一基准流场的设计方法。由于几何形状约束条件的苛刻,满足设计要求的前提下必然存在基准流场的相交,不可避免地会造成实际流场与设计流场不一致,所以这里的设计方法是一种密切近似方法。

(1) 基于不同膨胀比流场的变截面设计方法

圆形进口转矩形出口的变截面尾喷管流场经历了三维全膨胀过程,可以认为整个流场由一个个不同膨胀程度的密切基准流场组成。具有最大膨胀比的基准流场位于进口圆心与出口矩形角点连线所确定的密切平面内。所有基准流场入口尺寸相同,对称轴在密切平面内,具体位置根据选定的膨胀比确定。基准流场对称轴落在圆形入口边界上,如图 6.20 所示。对于上下壁面问题,同一密切平面内相对壁面必须分别采用不同膨胀比基准流场进行设计。基准流场设计完成后,将各基准流场型线拼接起来即构成设计构型。

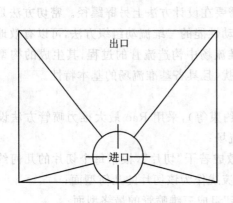

图 6.19　圆转方喷管几何约束图

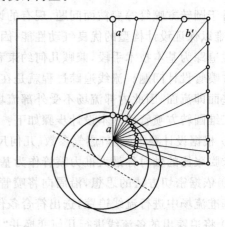

图 6.20　基于不同膨胀比的流场设计

(2) 基于同一基准流场的变截面设计方法

密切方法应用的前提是避免横向压力梯度的存在,但是上述方法内膨胀流场的密切平面之间很难满足这样的条件,只能尽量减小压力梯度的影响。使用同一基准流场构造密切平面内流动就是这样的一种尝试。采用这种方法的基准流场选取膨胀比最大的轴对称喷管流场,各密切平面根据其对应的壁面高度从基准流场中提取对应的流线构成设计平面。如图 6.21 所示,基准流场选择入口半径 $ob$、出口半径 $o'b'$、对称轴 $oo'$ 的轴对称喷管流场;其余壁面型线,如 $aa'$,根据其起点和终点与轴线 $oo'$ 距离之差选定追踪的流线,从而保证进出口的几何约束条件。

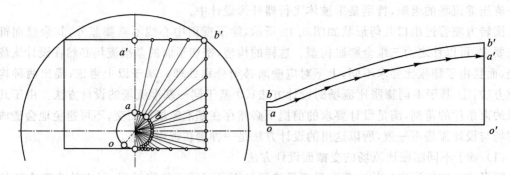

图 6.21　基于同一基准流场设计

【应用示例 1】　轴对称最大推力喷管流场。

应用前文所述的轴对称最大推力喷管设计方法、流线追踪方法及密切设计方法对具体的超声速圆转方喷管进行型面设计。设计条件为:喷管入口燃气参数:马赫数 $Ma_4 = 1.5$,静温 $T_4 = 2\,344$ K,静压 $p_4 = 71\,705$ Pa,比热比 $\gamma = 1.19$,气体常数 $R = 341.1$ J/(kg·K)。几何约束条件为:圆形进口直径 100 mm,矩形出口长 400 mm,高 300 mm,喷管长 1 000 mm,如图 6.19 所示。对于这种强几何约束,可称之为三维全膨胀构型。可根据进口圆心与出口矩形角点的连线对设计构型壁面进行分类:进口圆心与出口上面两角点连线之间的壁面称为上壁面;进口圆心与出口下面两角点连线之间的壁面称为下壁面;其余部分称为侧面。

用特征线法设计的轴对称最大推力喷管型面及流场如图 2.43 所示。采用密切方法结合流线追踪进行三维圆转方喷管型面设计,从基准流场中提取相应流线并做几何变换,三维喷管型面如图 6.22 所示。

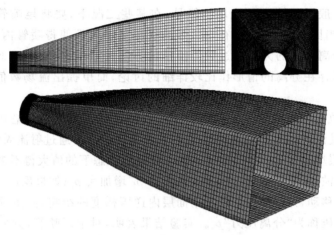

图 6.22　三维圆转方喷管构型

对三维喷管作无粘流场计算,得到的马赫数分布如图 6.23 所示。对比图 6.23 及图 2.43 可以发现,三维喷管流场保留了基准流场的流动形态,具备基准流场的基本气动特性。

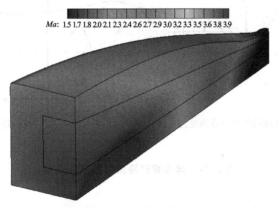

$Ma$: 1.5 1.7 1.8 2.0 2.1 2.3 2.4 2.6 2.7 2.9 3.0 3.2 3.3 3.5 3.6 3.8 3.9

图 6.23　三维喷管流场

# 6.5　尾喷管流场数值模拟

## 6.5.1　尾喷管流场数值模拟方法

相比于冲压发动机的其他两个部件而言,尾喷管流场的数值模拟相对比较简单,这主要是因为在正常工作状态,尾喷管内的流动以逐步膨胀加速为主要流动特征。现代的计算流体力学方法(CFD),如第 2 章所介绍的时间迭代求解雷诺平均 NS 方程的方法等,可以比较准确而快速地计算一般尾喷管内的流动。但是,在某些工况下,要将尾喷管内的流动计算得比较准确,也是相当困难的。比如,在出口外的反压足够大而使得喷管内存在分离流动时,要把分离位置和分离区域的大小通过数值模拟的方法计算准确,比较困难。下面以拉瓦尔喷管扩张段内流动存在分离的情形作比较详细的讨论,简单提出流场数值模拟中需要注意的问题。

图 6.24 表示拉瓦尔尾喷管在过膨胀时的流动状态。在尾喷管进口总压一定时,如果外界环境压力 $p_a$ 大于设计状态下尾喷管的出口压力,则反压信息会通过射流周围的附面层向上游传播,同时使附面层增厚。如 6.2 节所述,当 $p_a$ 比设计状态下的值大得不多时,会在尾喷管出口截面处形成斜激波,尾喷管壁面上的压力从出口 $p_6$ 增加大 $p_a$;如果反压 $p_a$ 超出 $p_6$ 很多,则激波会向尾喷管内移动,并可能由于贴壁附面层内逆压梯度的影响,而使得流动发生分离,发生分离时气流的静压称为“分离压力”$p_s$。实验结果表明,对锥形喷管,分离压力 $p_s$ 近似等于 $0.4p_a$。

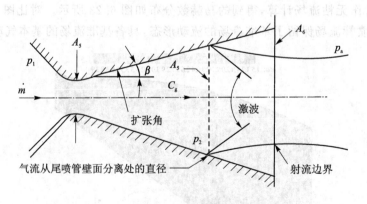

**图 6.24　尾喷管过膨胀时气流的分离**

为了模拟尾喷管的分离流场,除了采用高性能的数值模拟 CFD 方法,如高效的时间迭代方法和高精度的空间离散格式等外,很关键的一点就是喷管出口边界条件的处理。推荐采用特征边界条件来解决这类可能具有局部分离的超声速出口流场边界条件问题,即对超声速流动部分,所有物理量外推;对于亚声速流动部分,采用局部准一维特征分析,给出边界的无反射特征边界条件。假设亚声速出口流动中不存在强波,且为等熵流动,则对应于特征线方程的 Riemann 不变量分别为

$$R_1 = q_1, \quad R_2 = q_2, \quad R_3 = s,$$

$$R_4 = q_n - \frac{2c}{\gamma - 1}, \quad R_5 = q_n + \frac{2c}{\gamma - 1}$$

式中,$q_1$、$q_2$ 为边界上切向速度,$q_n$ 为法向速度,$c$ 为声速,$s = p/\rho^\gamma$ 为流体的熵。于是,可以在亚声速流入和流出边界上分别采用如下边界条件处理方法:

$$
\text{入口:}\begin{cases} q_1 = q_1^{\text{out}} \\ q_2 = q_2^{\text{out}} \\ s = s^{\text{out}} \\ q_n - \dfrac{2c}{\gamma - 1} = q_n^{\text{out}} - \dfrac{2c^{\text{out}}}{\gamma - 1} \\ q_n + \dfrac{2c}{\gamma - 1} = q_n^{\text{in}} + \dfrac{2c^{\text{in}}}{\gamma - 1} \end{cases}
\qquad
\text{出口:}\begin{cases} q_1 = q_1^{\text{in}} \\ q_2 = q_2^{\text{in}} \\ s = s^{\text{in}} \\ q_n - \dfrac{2c}{\gamma - 1} = q_n^{\text{out}} - \dfrac{2c^{\text{out}}}{\gamma - 1} \\ q_n + \dfrac{2c}{\gamma - 1} = q_n^{\text{in}} + \dfrac{2c^{\text{in}}}{\gamma - 1} \end{cases}
\tag{6.68}
$$

式中,上标"in"代表流场内,"out"代表流场外。

当忽略粘性的影响时,可以采用 Euler 方程数值求解法来求解尾喷管内的流场,并且可以用特征线法(MOC)来计算尾喷管扩张段的无粘流动。最后需要指出的是,通常燃烧室出来的燃气在尾喷管中流动时,往往同时伴随有化学反应,在细致计算中还应该考虑采用多组分化学反应流模型来模拟计算尾喷管流场。

## 6.5.2　尾喷管流场数值模拟算例

【应用示例 2】　拉瓦尔喷管流场。

图 6.25 给出了某拉瓦尔尾喷的流场计算结果。其中,尾喷管进口的总压为 19.92 MPa,总温为 3 574 K。计算区域取对称轴上半部分,计算网格为 97×65。采用 LU - SGS 时间积分方法求解 NS 方程,空间离散格式则为 Harten - Yee TVD 格式。计算结果表明,在模拟工况下尾喷管扩张段内没有流动分离。

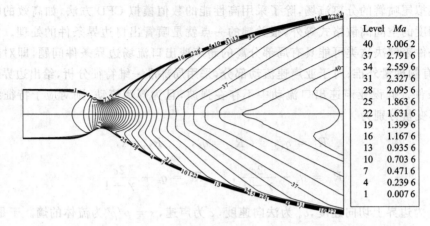

| Level | *Ma* |
|---|---|
| 40 | 3.006 2 |
| 37 | 2.791 6 |
| 34 | 2.559 6 |
| 31 | 2.327 6 |
| 28 | 2.095 6 |
| 25 | 1.863 6 |
| 22 | 1.631 6 |
| 19 | 1.399 6 |
| 16 | 1.167 6 |
| 13 | 0.935 6 |
| 10 | 0.703 6 |
| 7 | 0.471 6 |
| 4 | 0.239 6 |
| 1 | 0.007 6 |

(a) *Ma* 分布

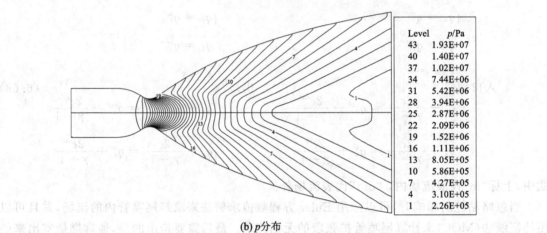

| Level | *p*/Pa |
|---|---|
| 43 | 1.93E+07 |
| 40 | 1.40E+07 |
| 37 | 1.02E+07 |
| 34 | 7.44E+06 |
| 31 | 5.42E+06 |
| 28 | 3.94E+06 |
| 25 | 2.87E+06 |
| 22 | 2.09E+06 |
| 19 | 1.52E+06 |
| 16 | 1.11E+06 |
| 13 | 8.05E+05 |
| 10 | 5.86E+05 |
| 7 | 4.27E+05 |
| 4 | 3.10E+05 |
| 1 | 2.26E+05 |

(b) *p* 分布

**图 6.25　某尾喷管流场数值模拟结果**

# 6.6　小　结

**1. 尾喷管的主要性能指标**

推力系数：　$\eta_F = F/F_i = $ 实际总推力/等熵总推力

　　　　　　$C_F = F/(p_4^* A_5)$

流量系数：　$C_d = \dot{m}_6/\dot{m}_{6i} = $ 实际质量流量/等熵质量流量

速度系数：　$C_v = V_6/V_{6i} = $ 实际出口速度/等熵出口速度

总压恢复：　　　$\sigma = p_6^* / p_4^*$

可用压比：　　　$\pi_{\text{pc}} = p_4^* / p_{\text{a}}$

### 2. 尾喷管的主要类型

① 按横截面沿轴向的变化规律可分为收敛喷管、扩张喷管和收敛-扩张喷管(C-D 喷管即拉瓦尔喷管)，其中收敛喷管和收敛-扩张喷管的进口为亚声速流动，而扩张喷管的进口则为声速或超声速流动，扩张喷管在超燃冲压发动机中应用比较多。

② 按照结构形式及功用一般可分为轴对称尾喷管、矩形(二元)尾喷管、圆转方尾喷管、塞式尾喷管、钟形尾喷管、引射尾喷管、推力矢量尾喷管等。

### 3. 尾喷管的一维流动规律

① 对于进口条件一定的定几何收敛尾喷管而言，流动状态主要取决于出口压比 $p_6 / p_4^*$ 与临界压比 $\beta_{\text{cr}} = (p_6 / p_4^*)_{\text{cr}}$ 的大小关系：$p_6 / p_4^*$ 大于、等于和小于 $\beta_{\text{cr}}$ 时，分别对应于亚临界、临界和超临界三种工作状态。

② 收敛-扩张型拉瓦尔喷管和扩张型喷管的流动规律有些类似，出口背压比 $p_{\text{a}} / p_4^*$ 与三个特征压比的关系不同，可以存在 7 种典型的流动状态。

③ 就定几何拉瓦尔喷管而言，具有三种典型的工作状态，即欠膨胀状态、完全膨胀状态和过膨胀状态，其中完全膨胀状态的总推力最大，对应的扩张段面积比称为最佳面积比。

### 4. 各种类型尾喷管的主要特点

各种类型尾喷管的主要特点如表 6.2 所列。

表 6.2　各种类型尾喷管的主要特点

| 尾喷管类型 | 主要特点 |
|---|---|
| 简单收敛尾喷管 | 结构简单，质量轻；可用压比不大(<5.0)时，推力性能较好；主要用于亚声速飞机的发动机上 |
| 收缩-扩张尾喷管 | 在设计状态下有较高的推力系数 $C_F$；固定不可调的收敛-扩张型尾喷管在非设计状态推力系数 $C_F$ 下降；一般可做成分级可调；低速飞行时阻力较大 |
| 引射尾喷管 | 射流边界在一定程度上可以自动变化以适应可用压比的变化。在低可用压比范围内，推力系数 $C_F$ 高于固定收敛-扩张尾喷管而接近简单收敛尾喷管；在高的可用压比范围内，推力系数 $C_F$ 大于简单收敛尾喷管而接近固定收敛-扩张尾喷管 |
| 塞式尾喷管 | 在设计状态下推力系数 $C_F$ 与收敛-扩张尾喷管接近；在低可用压比下也有较高的推力系数 $C_F$；具有较好的高度自适应补偿特性；存在的主要问题是塞锥尾部的冷却 |

| 尾喷管类型 | 主要特点 |
|---|---|
| 二元尾喷管 | 具有良好的特性,良好的尾喷管/后体一体化设计可大大减小后体阻力,具有矢量推力能力,低的红外辐射强度和雷达散射截面;主要问题是浸湿面积大,冷却困难,非圆截面造成结构效能差、质量大 |
| 推力矢量尾喷管 | 通过控制调节排气方向来改变尾喷管推力方向;依靠机械控制机构来调节必然增加尾喷管结构质量和成本,可以考虑流体控制推力矢量尾喷管;可以显著提高飞行器的性能:① 降低起飞和着陆距离;② 超机动性和超机敏性;③ 有助于实现发动机不加力时的超声速巡航;④ 隐身性和飞行安全性均有较大提高 |

# 习　　题

1. 在冲压发动机中,尾喷管的功用是什么?

2. 尾喷管主要有哪些性能指标?

3. 尾喷管的两个推力系数 $\eta_F$ 和 $C_F$ 有何区别?它们的物理意义是什么?

4. 尾喷管的总推力 $F$ 和净推力 $F_N$ 有何区别?它们的物理意义是什么?

5. 尾喷管的出口等熵流动速度主要受哪些因素的影响?

6. 尾喷管中的流动损失主要有哪些?

7. 收敛尾喷管的一维流动规律是什么?扩张尾喷管和拉瓦尔尾喷管的一维流动规律是什么?三种面积变化规律的尾喷管之间,流动规律有何异同之处?

8. 拉瓦尔尾喷管有哪三种典型的工作状态?分别有何典型的流动特征?

9. 何谓最佳面积比?何谓最大推力?对于进口条件不变的几何恒定拉瓦尔尾喷管而言,高度变化时,推力将如何变化?

10. 最短喷管理论和最大推力喷管设计方法中,各自的已知条件有何差别?

11. 简述引射尾喷管和塞式尾喷管的工作原理和主要特点。

12. 推力矢量尾喷管在哪些方面可以提高飞行器的性能?

13. 某发动机飞行时,尾喷管内的气流总压为 $p_4^* = 2.3 \times 10^5$ Pa,总温为 $T_4^* = 982.5$ K,环境大气压力为 $p_a = 0.981 \times 10^5$ Pa,问:

① 扩张面积比 $A_6/A_5$ 取多大时,燃气恰好在喷管内得到完全膨胀?

② 此时的喷气速度比收敛喷管大多少?

14. 收敛-扩张型尾喷管喉部的气流总温为 1 000 K,总压为 $2.8 \times 10^5$ Pa,喉部截面积为 0.03 m²,设计成完全膨胀到出口压力为 $0.35 \times 10^5$ Pa。尾喷管的速度系数 $C_v = 0.95$,燃气的比热比为 $\gamma = 1.33$。

① 计算出口截面的温度、压力、速度和马赫数;

② 计算尾喷管出口截面面积;

③ 假设反压升高到 $1.8 \times 10^5$ Pa,尾喷管扩张段中出现一道正激波,若正激波后的气流是等熵压缩,求激波前的速度、温度、压力和马赫数,并估算由于这道正激波的出现而使得尾喷管的总推力损失了多少。

# 参考文献

[1] 〔美〕约翰·霍普金斯大学应用物理实验室. 冲压发动机技术:上册. 李存杰,等译. 北京:国防工业出版社,1980.

[2] 〔俄〕朱也夫,等. 冲压和火箭-冲压发动机原理. 刘兴洲,等译. 北京:国防工业出版社,1975.

[3] 利特尔,F K 等. 内流空气动力学手册:第二册. 钱翼稷,等译. 北京:国防工业出版社,1983.

[4] 姜正行,等. 飞机内流空气动力学. 北京:航空工业出版社,1989.

[5] 潘锦珊. 气体动力学基础. 修订版. 西安:西北工业大学出版社,1995.

[6] 廉筱纯,吴虎. 航空发动机原理. 西安:西北工业大学出版社,2005.

[7] 谷良贤,温炳恒. 导弹总体设计原理. 西安:西北工业大学出版社,2004.

[8] 李宜敏,张中钦,张远君. 固体火箭发动机原理. 北京:北京航空航天大学出版社,1991.

[9] 方杰,童晓艳,毛晓芳,等. 某型发动机喷管的多学科设计优化. 推进技术,2004,25(6):557-560.

[10] 孙得川,李江,蔡体敏,等. 喷管分离流动的数值模拟. 推进技术,1999,20(6):40-44.

[11] Gruhn P, Henckels A, Kirschstein S. Flap Contour Optimization for Highly Integrated SERN Nozzles. Aerospace Science and Technology, 2000, 4:555-565.

[12] Gruhn P, Henckels A, Seiberger G. Improvement of the SERN Nozzle Performance by Aerodynamic Flap Design. Aerospace Science and Technology, 2000, 6:395-405.

[13] Zucrow M J, Hoffman J D. Gas Dynamics (Vol. 1 & 2). John Wiley & Sons, Inc. , 1976.

[14] 黄志澄. 高超声速飞行器空气动力学. 北京:国防工业出版社,1995.

# 第7章 整体式冲压发动机

本书第4章、第5章和第6章分别阐述了冲压发动机的进气道、燃烧室和喷管的相关设计与性能分析的问题,本章以整体式冲压发动机的形式对冲压发动机的总体性能进行介绍。整体式冲压发动机按照不同的燃料形式,有着不同的工作原理与特性。因此,整体式冲压发动机最主要的分类方式按照燃料形式的不同,可分为整体式液体冲压发动机(Liquid-Fueled Ramjet,LFRJ)、固体火箭冲压发动机(Solid-Ducted Rocket Ramjet,SDRJ)、固体燃料冲压发动机(Solid-Fueled Ramjet,SFRJ),以及固液火箭冲压发动机(Liquid-Fueled Solid Rocket Ramjet,LFSRJ),如图7.1所示。其中固体火箭冲压发动机按照燃气调节方式又可分为壅塞式(Solid Choked Ramjet,DR)和非壅塞式(Solid Unchoked Ramjet,UDR)两种。以下4节将分别就其工作方式与性能特征进行分析阐述,最后一节阐述整体式冲压发动机的总体设计与一体化设计。其中整体式液体冲压发动机和固体火箭冲压发动机的性能分析结果较多地参照了参考文献[1]中的内容。

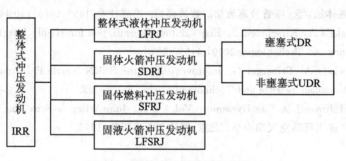

图7.1 整体式冲压发动机分类

## 7.1 特点与分类

就冲压发动机的发展来说,轴对称头锥式冲压发动机广泛应用于以第一代和第二代冲压发动机为动力的导弹上,即第一代为冲压发动机与弹体并联布置,冲压发动机为外挂方式;第二代冲压发动机与弹体实现了统一,合二为一,但仍需要一个外置的串联助推器进行助推加速。第三代冲压发动机为整体式冲压发动机,除了助推器置于冲压发动机燃烧室内这一显著特征外,冲压发动机的进气道与弹体的位置也发生了显著的变化,由原先的头锥进气方式发展为弹体旁侧进气方式,进气道的形式变得多种多样,以截面形式而言可分为圆形、半圆形和矩形,以与弹体的相对位置而言可分为"×"形布局、一字形布局、双下侧布局、下颚式布局、腹部布局和背部布局等多种形式。

由串联助推器到内置助推器的整体式冲压发动机的转变,降低了导弹的气动阻力,减小了导弹的总长度与总质量,结构简单紧凑,实现了导弹武器的小型化;而从头锥式进气,发展到弹体旁侧进气方式,主要是从三个总体设计方面的考虑而形成的结果。

第一是大过载机动性的要求。早期以头锥进气冲压发动机为动力的地空导弹主要是对付低速飞行的敌方飞机,而现代地空、空空导弹要对付未来大机动的空中飞行目标,需要更大的横向可用过载和更快的响应速度,一般轴对称外形的气动力控制导弹,大攻角飞行的同时带来了大阻力,特别是较大的诱导横滚力矩,造成导弹严重的交叉耦合运动,有时甚至使系统不稳定。这就客观上限制了导弹的最大过载的提高,一般不超过 $35\sim40g$,而新的导弹设计要求能够达到 $60g$ 以上。增大攻角飞行对于轴对称头锥式进气的导弹来说,会由于攻角太大,偏离设计状态而导致发动机熄火。而整体式冲压发动机与具有协调控制功能的倾斜转弯控制(BTT)技术相结合,可有效地解决这一问题,这样的整体式冲压发动机以下颚式和前腹部进气方式效率最佳,整个弹体为面对称外形,进气道本身成为升力面。导弹采用 BTT 控制后,能够在最大升力面内产生很高的升力,并能够在空间任意方向上有效地利用。以美国早期研究的短程空空导弹 SRAMM 为例,允许导弹在 $14°$ 攻角时产生 $100g$ 的法向过载,比现役导弹的机动能力几乎提高了一个数量级。而采用 BTT 控制的导弹可实现导弹始终处于正攻角的状态飞行,以及较小甚至可以是零度的侧滑角,这就很好地与下颚式和腹部进气方式相兼容。

第二是高升阻比的要求。以冲压发动机为动力的导弹发展趋势是远程打击,要实现远程的飞行,就要求导弹具有较高的升阻比。轴对称头锥式进气道的导弹要产生升力必须有一定的攻角,但同时也会增大飞行阻力,提高升阻比是非常有限的,而且较大的飞行攻角对冲压发动机的稳定工作也是不利的。一字形布局、双下侧布局、下颚式布局、腹部布局的进气道形式,使得导弹为面对称形式,增大了升力,而阻力不会有较大的增加,因此提高了导弹总体的气动升阻比。

第三是主动寻的与精确打击的要求。现代导弹的发展是要能够主动寻的与精确打击,这就要求在导弹头部安装导引设备,包括红外、激光、雷达,以及组合导引方式。头锥式进气道的导弹,头部可安装设备的空间有限,受制于头锥进气道的型面设计,因此不利于安置导引制导设备仪器。而旁侧进气的整体式冲压发动机将弹体头部采用卵形曲面设计,增大了内部空间,便于设备仪器的安装,同时也有空间增加战斗部的质量,对于导弹整体的内部布局更加有利且具有较高的空间利用率。

# 7.2　整体式液体冲压发动机

## 7.2.1　工作过程

整体式液体冲压发动机是固体火箭助推器和液体冲压发动机组合成一个整体的动力装

置。由进气道、液体推进剂燃气发生器、燃料箱和供应调节系统、补燃室、尾喷管组成,如图 7.2
所示。使用富燃(贫氧)液体推进剂的燃气发生器(火箭室)提供高温富燃燃气,将冲压空气流
引射、增压,并在补燃室中掺混、补充燃烧。液体推进剂可以使用富燃单组元自燃燃料,也可以
使用双组元推进剂,在一定范围内改变火箭室的余氧系数、空气/燃料的化学当量比和空气加
热比,较灵活地调节发动机参数,以改善发动机推力-经济特性。整体式液体冲压发动机的优
点是比冲较高、推力可调节,缺点是结构比较复杂。

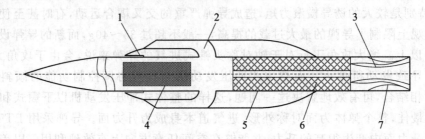

1—冲压发动机中心锥;2—进气道;3—助推器喷管;4—液体燃料;
5—共用燃烧室;6—固体助推药柱;7—冲压发动机喷管

图 7.2    典型整体式液体冲压发动机结构简图

典型整体式液体冲压发动机工作过程举例:导弹从发射平台上起飞,首先助推发动机点火
工作,助推器燃烧 4 s 左右,将导弹加速到冲压发动机接力马赫数在 1.8 以上;转级控制装置
感受助推发动机压强下降信号,起爆喷管释放机构上的起爆器,在 0.3 s 内,助推器从冲压发
动机燃烧室迅速抛掉。接着,冲压发动机燃油阀门打开,冲压发动机点火器点火,完成起动并
开始工作。由于此时导弹已具有一定的速度,故空气能够顺利地进入进气道,在进气道中实现
减速增压,气流在燃烧室中与喷入的雾状燃油充分混合并燃烧,高温高压燃气流通过尾喷管进
一步膨胀加速,以高速喷出,产生推力。冲压发动机开始工作后,将导弹加速到规定巡航速度,
并按预定高度和速度进行巡航飞行。

## 7.2.2    设计计算

### 1. 基本假设

液体冲压发动机性能计算的特征截面如图 7.3 所示。

在计算过程中采用的基本假设如下:

① 超声速旁侧进气道出口转弯的影响不计,气流在进气道和喷管中的流动是绝热的,总
温为常值;

② 进气道、喷管均为几何不可调节;

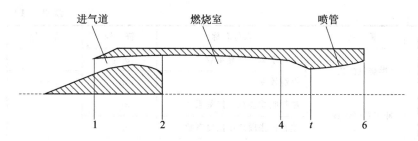

**图 7.3　液体冲压发动机气流通道特征截面**

③ 计算截面上，认为流动是零维的，流动参数可用平均值（或修正系数与平均值之积）代替；

④ 导弹弹体前部和姿态角（攻角、侧滑角）对发动机进气参数的影响，用它对进气道总压恢复系数和流量系数的影响综合考虑；

⑤ 在小攻角范围内，假设进气道前截面与弹前方自由流"∞"截面气流参数相同，即忽略弹体前部的影响。

**2. 设计计算流程**

设计计算的目的是确定发动机各特征截面尺寸、各主要特征截面气流参数，以及发动机设计点性能。

设计计算的流程步骤如下：

给定设计状态参数；给定对应设计状态下的进气道参数；给定空气、燃油、燃气有关参数；给定燃烧室及冲压喷管参数；选取发动机几何参数。

从进气道迎面流管开始，对进气道、燃烧室、喷管等各特征截面参数依次进行计算，最后得到发动机性能参数比冲 $I_s$、推力系数 $C_F$ 等，如发现不能满足要求，应修改部分设计参数，重新计算。

设计计算给定参数如表 7.1 所列。

**表 7.1　设计计算给定参数**

| 类　别 | 参数名称 | 符　号 | 单　位 |
|---|---|---|---|
| 设计状态参数 | 马赫数 | $Ma$ | — |
| | 飞行高度 | $H$ | m |
| 进气道参数 | 流量系数 | $\varphi_{in}$ | — |
| | 进气道总压恢复系数 | $\sigma_1$ | — |
| | 附加阻力系数 | $C_a$ | — |
| | 进气道防喘振裕度 | $n$ | — |

| 类　别 | 参数名称 | 符　号 | 单　位 |
|---|---|---|---|
| 燃烧室参数 | 燃烧室总压恢复系数 | $\sigma_{2-4}$ | — |
| | 燃烧效率 | $\eta_c$ | — |
| 冲压喷管参数 | 喷管收缩段总压恢复系数 | $\sigma_{4-t}$ | — |
| | 喷管扩张段总压恢复系数 | $\sigma_{t-6}$ | — |
| 燃油参数 | 燃油热值 | $H_f$ | kJ/kg |
| | 单位燃油理论空气消耗量 | $L$ | kg |
| 空气参数 | 比热比 | $\gamma$ | — |
| | 气体常数 | $R$ | J/(kg·K) |
| 燃气参数 | 绝热指数 | $\gamma_g$ | — |
| | 燃气气体常数 | $R_g$ | J/(kg·K) |
| 几何参数 | 发动机外径 | $D_e$ | m |
| | 燃烧室直径 | $D_4$ | m |
| | 喉道直径 | $D_t$ | m |
| | 喷管出口直径 | $D_6$ | m |
| 工作参数 | 余气系数 | $\alpha$ | — |

**3. 设计计算公式**

(1) 压　强

$$p_0 = 1.013\ 3 \times 10^5 \times \left(1 - \frac{H}{44\ 338.46\ \mathrm{m}}\right)^{5.252\ 2} \tag{7.1}$$

$$p_0^* = \frac{p_0}{\pi(\lambda_0)} \tag{7.2}$$

$$p_t^* = p_0^* \sigma_1 \sigma_{2-4} \sigma_{4-t} n \tag{7.3}$$

式中：$n$ 为进气道防喘振裕度；$p_0$ 为来流静压，$p_0^*$ 为来流总压，$p_t^*$ 为喷管喉道总压；$\sigma_1$、$\sigma_{2-4}$、$\sigma_{4-t}$ 为总压恢复系数。

(2) 总　温

根据假设条件，气流在进气道和喷管中的流动是绝热的，因此总温为常值，所以有

$$T_0^* = T_1^* = T_2^* \tag{7.4}$$

$$T_4^* = T_t^* = T_6^* \tag{7.5}$$

式中，$T_0^* = \dfrac{T_0}{\tau(\lambda_0)}$。

（3）焓　值

3—4 截面之间为燃烧室，由于燃料的燃烧，4 截面处的总温将增加，$T_4^*$ 可通过焓值的计算得到。

$$
\left.
\begin{aligned}
H_4^* &= c_p T_0^* + \frac{H_f \eta_c}{1 + \alpha L} \\
H_4^* &= c_{pg} T_4^*
\end{aligned}
\right\}
\tag{7.6}
$$

所以

$$
\frac{T_4^*}{T_0^*} = \frac{c_p}{c_{pg}} + \frac{H_f \eta_c}{c_{pg} T_0^* (1 + \alpha L)}
\tag{7.7}
$$

式中，$H_f$ 为燃料热值，$\eta_c$ 为燃烧效率，$\alpha$ 称为余气系数，$L$ 为单位燃料理论空气消耗量。

（4）速度系数

由冲压喷管喉部速度系数 $\lambda_t = 1$ 的条件，通过流量方程可得到

$$
q(\lambda_4) = \frac{A_t}{A_4} \sigma_{4-t}
\tag{7.8}
$$

$$
q(\lambda_6) = \frac{A_t}{A_6 \sigma_{t-6}}
\tag{7.9}
$$

（5）冲量函数

求得速度系数 $\lambda_4$ 和 $\lambda_6$ 后，计算冲量函数：

$$
Z(\lambda_4) = \lambda_4 + \frac{1}{\lambda_4}
\tag{7.10}
$$

$$
Z(\lambda_6) = \lambda_6 + \frac{1}{\lambda_6}
\tag{7.11}
$$

（6）燃气流量

由冲压喷管喉部速度系数 $\lambda_t = 1$，$q(\lambda_t) = 1$ 的条件，计算喷管出口流量：

$$
\dot{m}_6 = \dot{m}_t = \frac{K_g p_t^* A_t}{\sqrt{T_t^*}}
\tag{7.12}
$$

式中，$K_g = \sqrt{\dfrac{\gamma_g}{R_g} \left(\dfrac{2}{\gamma_g + 1}\right)^{\frac{\gamma_g+1}{\gamma_g-1}}}$。

通过余气系数计算空气流量和燃气流量：

$$
\dot{m}_a = \frac{\dot{m}_6}{1 + \dfrac{1}{\alpha L}}
\tag{7.13}
$$

$$
\dot{m}_g = \frac{\dot{m}_a}{\alpha L}
\tag{7.14}
$$

（7）发动机性能

发动机名义推力为

$$F_m = \phi_6 - \phi_1 =$$

$$[\dot{m}_6 V_6 + (p_6 - p_0)A_6] - \dot{m}_a V_0 =$$

$$[\dot{m}_6 V_6 + p_6 A_6] - \dot{m}_a V_0 - p_0 A_6 =$$

$$\left[\frac{\gamma_g + 1}{2\gamma_g}\dot{m}_6 c_{cg} Z(\lambda_6) - \dot{m}_a V_0\right] - p_0 A_6 =$$

$$\frac{\dot{m}_a V_H}{2}\left[\frac{\gamma_g + 1}{\gamma_g}\frac{\dot{m}_6}{\dot{m}_a}\frac{c_{cr6} Z(\lambda_6)}{V_0} - 2\right] - p_0 A_6 =$$

$$\frac{\varphi_{in}\rho_0 A_1 Ma^2 \gamma R T_0}{2}\left[\frac{\gamma_g + 1}{\gamma_g}\beta\frac{c_{cr6} Z(\lambda_6)}{c_{cr0}} - 2\right] - p_0 A_6 =$$

$$\frac{\gamma}{2}p_0\varphi_{in}Ma^2 A_1\left[\frac{\gamma_g + 1}{\gamma_g}\beta\frac{\sqrt{\frac{2\gamma_g}{\gamma_g + 1}R_g T_4^*}}{\sqrt{\frac{2\gamma}{\gamma + 1}R T_0^*}}\frac{Z(\lambda_6)}{\lambda_0} - 2\right] - p_0 A_6 =$$

$$\frac{\gamma}{2}p_0\varphi_{in}Ma^2 A_1\left[\frac{\gamma + 1}{\gamma}\chi\beta\sqrt{\theta}\frac{Z(\lambda_6)}{\lambda_0} - 2\right] - p_0 A_6 \qquad (7.15)$$

式中，$\chi = \sqrt{\dfrac{(\gamma_g + 1)\gamma R_g}{(\gamma + 1)\gamma_g R}}$，$\chi$ 称为燃通比；$\beta = 1 + \dfrac{1}{\alpha L}$，称为燃气质量增加系数；$\sqrt{\theta} = \sqrt{\dfrac{T_4^*}{T_0^*}}$，称为加热比。

发动机推力系数为

$$C_F = \frac{F_m}{\dfrac{\gamma}{2}p_0 Ma^2 S_{ref}} \qquad (7.16)$$

式中，$S_{ref}$ 为弹体参考截面积。

发动机比冲（一般都是指燃料比冲，除指明是空气比冲的以外）为

$$I_s = \frac{F_m}{\dot{m}_f} \qquad (7.17)$$

## 7.2.3　性能分析

以下选择飞行高度 $H = 20$ km，飞行马赫数 $Ma = 2.0$，余气系数 $\alpha = 1.6$，接力马赫数 $Ma_j = 1.8$，针对不同的进气道封口马赫数（$Ma_f = 2.0$，$Ma_f = 2.2$，$Ma_f = 2.5$）（进气道部分有交待，说明设计马赫数是否为封口马赫数）进行特性计算，讨论发动机的速度特性、高度特性和流量特性以及进气道入口面积对液体燃料冲压发动机性能的影响。

### 1. 速度特性

从计算结果可以看出，随着飞行马赫数的增加，推力系数 $C_F$ 先有所增加，而后单调递减。

当飞行马赫数大于设计马赫数时,来流总温增加,加热比 $\theta$ 降低,发动机由临界进入超临界工况,进气道总压恢复下降,因而,发动机的推力系数随马赫数增大而降低;当飞行马赫数小于设计马赫数时,来流总温降低,加热比 $\theta$ 增加,发动机由临界进入亚临界工况,进气道出现溢流现象,流量系数 $\varphi_{in}$ 减小,附加阻力增加,因而,发动机的推力系数随马赫数降低亦降低。比冲 $I_s$ 随马赫数的变化规律与推力系数规律相同,亦在设计马赫数处出现极大值。因此在进行弹道设计计算时,应当取巡航马赫数为封口马赫数。

推力系数和比冲的速度特性如图 7.4 和图 7.5 所示。

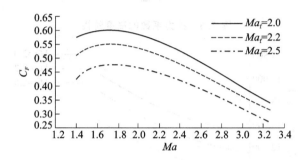

图 7.4　推力系数的速度特性

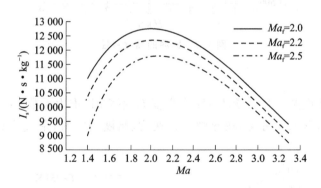

图 7.5　比冲的速度特性

## 2. 高度特性

从计算结果可以看出,随着飞行高度的增加,推力系数及比冲是单调增加的。因为在高度小于 11 km(同温层以下)时,随高度 $H$ 的增加 $T_2^*$ 减小,因而,加热比和总压恢复系数随高度的增加而增加,从而推力系数和比冲亦随高度的增加而增加。因此,高空时的发动机性能优于低空。

推力系数和比冲的高度特性如图 7.6 和图 7.7 所示。

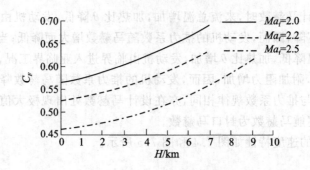

**图 7.6　推力系数的高度特性**

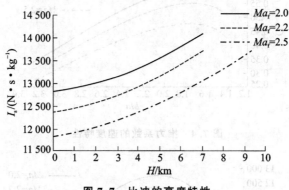

**图 7.7　比冲的高度特性**

### 3. 调节特性

发动机的调节特性是研究马赫数 $Ma$ 和高度 $H$ 不变时,推力系数 $C_F$ 和比冲 $I_s$ 随余气系数 $\alpha$ 变化的规律。由图 7.8 可见,在导弹飞行速度、高度一定时,余气系数增大,燃料流量减

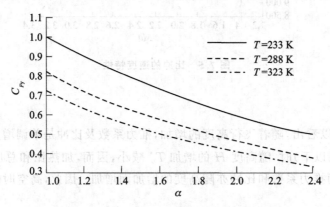

**图 7.8　推力系数随余气系数的变化关系**

小,使得有效推力降低,推力系数减小。随着余气系数的增大,比冲先增大,后缓慢减小,但其变化比较平缓,总的变化量不大。而环境温度对发动机特性影响较大,随着环境温度增加,推力系数和比冲数值明显降低,如图 7.9 所示。

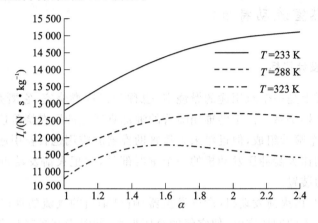

**图 7.9　比冲随余气系数的变化关系**

# 7.3　固体火箭冲压发动机

## 7.3.1　工作过程

固体火箭冲压发动机(见图 7.10)是使用固体推进剂燃气发生器的火箭冲压发动机,由进气道、燃气发生器、补燃室和尾喷管组成。使用富燃(贫氧)固体推进剂的燃气发生器(火箭室)提供高温富燃燃气,将冲压空气流引射、增压,并在补燃室中掺混、二次燃烧。富燃固体推进剂中的氧化剂含量远低于一般固体推进剂,余氧系数仅为 0.05~0.3,粘合剂和燃料组分相对增加,燃料组分通常使用高热值的金属粉末等,如镁、铝、硼和碳氢化合物,推进剂具有很高的燃烧热。推进剂在燃气发生器中完成一次燃烧后,在补燃室中与空气中的氧进行二次燃烧,可以获得远高于通常火箭发动机的比冲(可达 5 500~9 000 N·s/kg)。由于空气/富燃固体推进

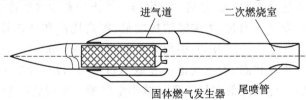

**图 7.10　固体火箭冲压发动机示意图**

剂的化学恰当比低,发动机可以获得较高的推力系数(或推力)。它还有工作稳定、可靠、结构简单、使用维护方便等优点。其缺点是燃料流量调节较困难。

### 7.3.2 补燃室流动特性

**1. 助推补燃室设计目标**

助推补燃室实质上是一个双用途的燃烧室,也称为二次燃烧室,它既是冲压补燃室,又是整体式助推发动机的燃烧室。由于助推用喷管的喉部直径比冲压燃烧阶段喷管的直径要小得多,所以它通常由两个喷管组成,但近年来无喷管助推器的应用也日益引起人们的重视。

助推补燃室是固体火箭冲压发动机的一个重要部件,它把火箭发动机和冲压发动机组合成为一个整体的动力装置。

在助推补燃室中,由火箭发动机(燃气发生器)喷口排出的气流的动能和热能传递给从发动机进气道通道中流入的冲压空气,使空气的总压加大,同时未燃燃料与空气中的氧进行补燃放热,使气流的温度大大提高。气流总压和总温在助推补燃室中增加的数值取决于引射掺混的完善性及补燃的效能。由于气流通过助推补燃室总压和总温的增高,使得发动机喷口前气流具有足够高的能量以供产生足够大的喷射速度,因而得到大的推力。因此,引射掺混补燃室工作的好坏就直接影响发动机的性能。

**2. 临界状态检验**

补燃室最大可能气体流量的条件,称为"临界"工作状态。对于亚声速燃烧室,一般把临界工作状态分为三种,这时对已确定几何外形的补燃室通过的被引射的空气量为最大,如图 7.11 所示。

第一临界状态 $\lambda_2 = 1.0$;

第二临界状态 $\lambda_3 = 1.0$,燃气膨胀达到临界;

第三临界状态 $\lambda_4 = 1.0$。

图 7.11 中,$\lambda_2$ 为进气道出口截面气流速度系数;$\lambda_3$ 为补燃室入口截面气流速度系数;$\lambda_4$ 为补燃室出口截面气流速度系数;$\lambda_r$ 为燃气发生器喷管出口截面气流速度系数。

对于固体火箭冲压发动机而言,为减轻结构质量,提高比冲和补燃效率,一般发生器工作压强 $p_c^*$ 选用较低值($p_c^* = 1 \sim 4$ MPa),引射系数 $N(N = \dot{m}_a/\dot{m}_r) > 5 \sim 7$,此时一般不会出现第一临界状态和第二临界状态;当进气道尺寸取值过大时,设计计算可能出现 $\lambda_4 \geqslant 1$ 的情况,即出现第三临界状态,此时降低空气流量或减小空气捕获面积就可避免第三临界状态。

不管补燃室出现何种临界状态,最终结果都限制了进气道下游的流通能力,其反压的作用将使进气道出现亚临界溢流,处于不稳定的亚临界工作状态。

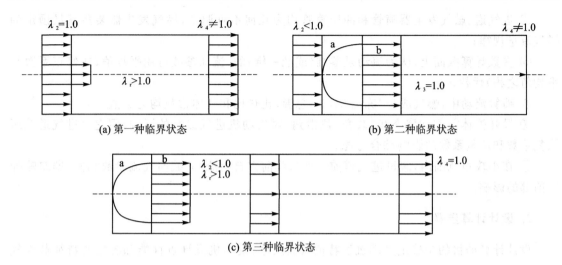

$$(a) \text{ 第一种临界状态} \qquad (b) \text{ 第二种临界状态}$$

$$(c) \text{ 第三种临界状态}$$

**图 7.11　补燃室的三种临界状态**

## 7.3.3　设计计算流程

**1. 基本假设**

固体火箭冲压发动机结构方案和特征截面的符号如图 7.12 所示,该整体式固体火箭冲压发动机主要由空气进气道、燃气发生器、补燃室和冲压喷管组成。

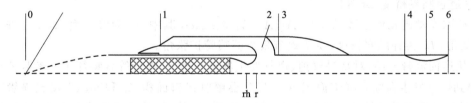

0—来流截面;1—进气道入口截面;2—空气、燃气混合截面;3—补燃室入口;4—补燃室出口;

5—喷管喉道;6—喷管出口截面;rh—燃气发生器喉道;r—燃气发生器出口截面

**图 7.12　固体火箭冲压发动机结构方案和特征截面符号**

在计算过程中采用的基本假设如下:

① 燃气发生器喷管具有临界截面,内部工作不受补燃室反压影响;

② 超声速旁侧进气道出口有拐弯段,气流在进气道和喷管中的流动是绝热的,总温为常值;

③ 发动机具有无单独引射室的等截面补燃室,空气进口处有面积突变;

④ 进气道、燃气发生器喷管和冲压喷管均为几何不可调节,燃气发生器装药满足预定的燃气流量规律;

⑤ 多数计算截面上,认为流动是零维(或准一维)的,流动参数可用平均值(或修正系数与平均值之积)代替;

⑥ 喷管流动中,燃气成分"冻结"不变,总温、比热比和气体常数均为定值;

⑦ 导弹弹体前部和姿态角(攻角、侧滑角)对发动机进气参数的影响,用它对进气道总压恢复系数和流量系数的影响综合考虑;

⑧ 在小攻角范围内,假设进气道前截面与弹前方自由流"0"截面气流参数相同,即忽略弹体前部的影响。

### 2. 设计计算步骤

设计计算的目的是确定发动机各特征截面尺寸、发动机设计点性能和各主要特征截面气流参数。

设计计算的步骤如下:

① 给定设计状态参数:设计马赫数 $Ma$、设计飞行高度 $H$。

② 给定对应设计状态下的进气道参数:流量系数 $\varphi_{in}$、总压恢复系数 $\sigma_{in}$、附加阻力系数 $C_a$。

③ 给定燃气发生器、混合补燃室以及空气的有关参数 $L$、$\gamma_r$、$R_r$、$T_4^*$、$K_4$、$R_4$、$\sigma_r$、$C_r$、$\gamma$、$R$、$T^*$、$\eta_n$。其中,$L$ 为理论空气量,$\gamma_r$ 为比热比,$R_r$ 为气体常数,$\sigma_r$ 为燃气发生器喷管总压恢复系数,$C_r$ 为燃气发生器喷管流量系数,$\eta_n$ 为冲压喷管速度损失系数。

④ 给定发动机工作参数:引射系数 $N$、余气系数 $\alpha$,或燃气流量 $\dot{m}_r$、燃气发生器工作压强 $p_c^*$、进气道超临界裕度 $\Delta\sigma$ 等。

⑤ 选取发动机几何参数 $A_1$、$A_2$、$A_3$、$A_4$、$A_d$、$\delta$、$L_b$、$\omega$,其中 $A_d$ 为参考面积,$\delta$ 为进气道出口气流叉角,$L_b$ 为补燃室长度,$\omega$ 为燃气发生器喷管扩张角。

⑥ 从迎面流管开始,对从进气道、燃气发生器至补燃室、喷管等各特征截面参数依次进行计算,得到燃气发生器喷管喉道面积 $A_{rh}$、发生器喷管出口面积 $A_r$ 和冲压发动机喷管喉部面积 $A_h$,最后计算发动机性能参数比冲 $I_s$、推力系数 $C_F$ 等,如发现不能满足要求,应修改部分设计参数重新计算。

### 3. 关键截面气流参数和尺寸的确定

燃气发生器喷管喉道面积 $A_{rh}$ 由下式确定:

$$A_{rh} = \frac{\dot{m}_r \cdot C_r^*}{C_r \cdot p_c^*} \tag{7.18}$$

式中,$\dot{m}_r$ 为燃气流量,$C_r^*$ 为燃气发生器燃气特征速度,$p_c^*$ 为燃气发生器工作压强,$C_r$ 为燃气发生器喷管流量系数。$C_r$ 一般由实验值或经验提供。燃气发生器工作压强 $p_c^*$ 的选择合理与否,与固体火箭冲压发动机能否正常工作有较大关系,$p_c^*$ 一般在 1～4 MPa,当 $N$ 为 5～7 时,可避免第一、第二临界状态。

燃气发生器喷管出口面积 $A_r$ 由下式确定:

$$A_r = \frac{\dot{m}_r \cdot C_r^*}{p_r^* \cdot q(\lambda_r)} \tag{7.19}$$

式中,$\lambda_r$ 为燃气发生器喷管出口燃气速度系数,$p_r^*$ 为燃气发生器喷管出口总压。其中 $p_r^* = \sigma_r p_c^*$。

冲压喷管喉部面积 $A_5$ 的大小与固体火箭冲压发动机各部件能否协调工作密切相关,同时该参数对发动机性能指标(如比冲、推力系数等)也有很大影响。冲压喷管喉部面积 $A_5$ 由下式计算:

$$A_5 = \frac{\dot{m}_a \beta \sqrt{T_4^*}}{\Gamma_4 \sigma_{45} p_4^*} \tag{7.20}$$

式中,$\dot{m}_a$ 为发动机空气质量流量,$\sigma_{45}$ 为收敛段总压恢复系数,$\Gamma_4$ 为综合参数,$\Gamma_4 = \sqrt{\frac{\gamma_4}{R_4}\left(\frac{2}{\gamma_4+1}\right)^{\frac{\gamma_4+1}{\gamma_4-1}}}$,$\beta$ 为补燃室燃气质量增加系数,$\beta = 1 + \frac{1}{N}$。

一台设计好的固体火箭冲压发动机在各种不同工况下工作时,即当飞行马赫数、高度、燃料流量、攻角(或侧滑角)等工作条件变化时,其内部参数和性能指标将随之发生变化,这种非设计条件下的发动机性能指标变化规律称为发动机的特性。特性计算也称做非设计点性能计算,即在发动机几何尺寸确定的条件下,计算不同飞行马赫数、不同飞行高度及不同燃料流量规律下,发动机的内部参数和性能指标。由特性计算得到的推力是总体进行弹道计算的重要依据。

特性计算与设计计算方法有不少共同之处,许多公式可以直接利用。其不同之处在于:

● 对几何尺寸不可调的发动机,特性计算的前提条件是截面尺寸均为已知量;
● 部分计算步骤不同,需要在 1、4 截面气流参数确定后,返回来求 3 截面气流参数;
● 有可能出现燃烧室实际流通能力不够、进气道亚临界溢流的问题。

## 7.3.4　设计计算公式

### 1. 进气道参数计算

来流速度系数:

$$\lambda_0 = \frac{\frac{\gamma+1}{2}Ma^2}{1 + \frac{\gamma-1}{2}Ma^2} \tag{7.21}$$

来气流总压：

$$p_0^* = p_0 / \pi(\lambda_0) \qquad (7.22)$$

来气流总温：

$$T_0^* = T_0 / \tau(\lambda_0) \qquad (7.23)$$

来气流声速：

$$a_0 = \sqrt{\gamma R T_0} \qquad (7.24)$$

发动机空气流量：

$$\dot{m}_a = \rho_0 M a a_0 \varphi_{in} A_1 \qquad (7.25)$$

式中，$A_1$ 为进气道进口捕获面积；$\varphi_{in}$ 为流量系数。

选取设计点进气道超临界裕度 $\Delta\sigma$，则进气道总压恢复系数为

$$\sigma_{in} = (1 - \Delta\sigma) \cdot \sigma_{k.1} \qquad (7.26)$$

进气道出口气流总压：

$$p_2^* = p_0^* \cdot \sigma_{in} \qquad (7.27)$$

进气道出口流量系数：

$$q(\lambda_2) = \frac{\varphi_{in} q(\lambda_0) A_1}{A_2 \sigma_{in}} \qquad (7.28)$$

式中，$A_2$ 为进气道出口截面积。

进气道出口气流静压：

$$p_2 = p_2^* \cdot \pi(\lambda_2) \qquad (7.29)$$

## 2. 空气/燃气比和燃气发生器参数

空气/燃气比(引射系数)：

$$N = \dot{m}_a / \dot{m}_r \qquad (7.30)$$

余气系数：

$$\alpha = N/L \qquad (7.31)$$

发生器燃气特征速度：

$$C_r^* = \frac{\sqrt{T_r^*}}{\Gamma_r} \qquad (7.32)$$

式中，$\Gamma_r = \sqrt{\dfrac{\gamma_r}{R_r}\left(\dfrac{2}{\gamma_r+1}\right)^{\frac{\gamma_r+1}{\gamma_r-1}}}$。

燃气发生器工作压强：

$$p_c^* = \frac{\dot{m}_r C_r^*}{C_r A_{rh}} \qquad (7.33)$$

燃气发生器喷管出口总压：

$$p_r^* = \sigma_r p_c^* \tag{7.34}$$

燃气发生器喷管出口气流速度系数 $\lambda_r$ 由下式计算求出：

$$\left.\begin{array}{l} q(\lambda_r) = \dfrac{A_{rh} C_r}{A_r \sigma_r} \\[3mm] q(\lambda_r) = \left(\dfrac{\gamma_r + 1}{2}\right)^{\frac{1}{\gamma_r - 1}} \lambda_r \left(1 - \dfrac{\gamma_r - 1}{\gamma_r + 1} \lambda_r^2\right)^{\frac{1}{\gamma_r - 1}} \end{array}\right\} \tag{7.35}$$

喷管出口静压强：

$$p_r = p_r^* \pi(\lambda_r) \tag{7.36}$$

燃气发生器温度比：

$$\tau = \frac{T_2^*}{T_r^*} \tag{7.37}$$

### 3. 补燃室参数计算

补燃室出口燃气总温：

$$T_4^* = \eta_T (T_{4th}^* - T_3^*) + T_3^* + \Delta T_{ad} \tag{7.38}$$

式中，$\eta_T$ 为燃烧温升效率；$\Delta T_{ad}$ 为包覆及绝热材料中可燃成分燃烧附加温升；$T_{4th}^*$ 为理论燃烧温度。

补燃室加热比：

$$\theta = \frac{T_4^*}{T_3^*} \tag{7.39}$$

补燃室燃气质量增加系数：

$$\beta = 1 + \frac{1}{N} \tag{7.40}$$

补燃室综合参数：

$$A_R = \chi \beta \sqrt{\theta} \tag{7.41}$$

式中，$\chi$ 为组合量，$\chi = \sqrt{\dfrac{(\gamma + 1)(\gamma_4 + 1) R_4}{\gamma R \gamma_4}}$。

补燃室总压：

$$p_4^* = \frac{\dot{m}_a \beta \sqrt{T_4^*}}{\Gamma_4 \sigma_{45} A_5} \tag{7.42}$$

式中，$\Gamma_4$ 为综合参数，$\Gamma_4 = \sqrt{\dfrac{\gamma_4}{R_4} \left(\dfrac{2}{\gamma_4 + 1}\right)^{\frac{\gamma_4 + 1}{\gamma_4 - 1}}}$；$\sigma_{45}$ 为收敛段总压恢复系数。

4 截面上速度系数 $\lambda_4$：

$$q(\lambda_4) = \frac{\sigma_{45} A_5}{A_4} \tag{7.43}$$

**4. 冲压喷管参数计算**

冲压喷管扩张比：

$$\varepsilon_{56} = \frac{A_6}{A_5} \tag{7.44}$$

冲压喷管出口理想速度系数 $\lambda_{6\text{th}}$：

$$q(\lambda_{6\text{th}}) = \frac{1}{\varepsilon_{56}} \tag{7.45}$$

冲压喷管出口速度系数：

$$\lambda_6 = \eta_{\text{n}}\lambda_{6\text{th}} \tag{7.46}$$

冲压喷管总压恢复系数：

$$\sigma_{46} = \frac{q(\lambda_{6\text{th}})}{q(\lambda_6)} \tag{7.47}$$

喷管出口气流总压：

$$p_6^* = \sigma_{46} p_4^* \tag{7.48}$$

喷管出口静压比：

$$\overline{p}_6 = \frac{p_6^* \, \pi(\lambda_6)}{p_0} \tag{7.49}$$

**5. 求 3 截面速度系数 $\lambda_3$**

补燃室流动方程：

$$Z(\lambda_2) = \frac{B_4 + (1+N)\sqrt{\theta\tau}Z(\lambda_4) - \psi_{\text{r}}B_{\text{r}}Z(\lambda_{\text{r}})}{\psi_{\text{a}}B_0 N\sqrt{\tau}} \tag{7.50}$$

又有

$$r(\lambda_2) = \frac{1 - \dfrac{\gamma-1}{\gamma+1}\lambda_2^2}{1 + \lambda_2^2} \tag{7.51}$$

$$Z(\lambda_2) = \frac{1}{2}\left(\lambda_2 + \frac{1}{\lambda_2}\right) \tag{7.52}$$

式中，$\psi_{\text{a}}$ 为叉流突扩进气修正系数；$\psi_{\text{r}}$ 为发生器喷管气流轴向动量修正系数；$B_0$、$B_{\text{r}}$、$B_4$ 分别为空气、一次燃气、二次燃气热力组合量，$B = \sqrt{\dfrac{2(\gamma+1)R}{\gamma}}$。

$\psi_{\text{a}}$ 的计算公式为

$$\psi_{\text{a}} = \cos\delta + a_{\text{b}}r(\lambda_4)\overline{S} \tag{7.53}$$

式中，$a_{\text{b}}$ 为进气道进口气流软化系数；$\overline{S}$ 为面积比。

$$\overline{S} = \frac{A_4 - A_r - A_2 \cos \delta}{A_2} \tag{7.54}$$

式中，$A_2$ 为进气道出口截面积；$\delta$ 为进气道出口气流叉角。

$\psi_r$ 的计算公式为

$$\psi_r = \frac{1}{2}(1 + \cos \omega) \tag{7.55}$$

式中，$\omega$ 为燃气发生器喷管扩张角。

3 截面速度系数 $\lambda_3$：

$$Z(\lambda_3) = \psi_a Z(\lambda_2) \tag{7.56}$$

补燃室管壁摩擦引起的摩阻系数：

$$\zeta = \xi \frac{L_b}{D_4} \tag{7.57}$$

式中，$L_b$ 为补燃室长度；$D_4$ 为补燃室内径；$\xi$ 为水力学流阻系数。

摩擦引起的补燃室总压恢复系数：

$$\sigma_m = 1 - \frac{\gamma_4}{\gamma_4 + 1} \zeta \left(\frac{\lambda_3 + \lambda_4'}{2}\right)^2 \varepsilon \left(\frac{\lambda_3 + \lambda_4'}{2}\right) \tag{7.58}$$

未计摩擦阻力的补燃室出口燃气速度系数 $\lambda_4'$：

$$q(\lambda_4') = \sigma_m q(\lambda_4) \tag{7.59}$$

## 6. 发动机性能

飞行动压：

$$q_0 = \frac{1}{2}\rho_0 V^2 = \frac{1}{2}\gamma p_0 Ma^2 \tag{7.60}$$

发动机额定推力：

$$F_H = 2q_0 \varphi_{in} A_1 \left[A_r \frac{Z(\lambda_6)}{\lambda_0} - 1\right] - p_0 A_6 \tag{7.61}$$

发动机有效推力：

$$F_y = F_H - C_a q_0 A_1 \tag{7.62}$$

式中，$C_a$ 为进气道附加阻力系数，$C_a = f(Ma)$。

发动机有效推力系数：

$$C_F = \frac{F_y}{q_0 A_d} \tag{7.63}$$

式中，$A_d$ 为参考面积，取弹身横截面积。

发动机比冲：

$$I_s = \frac{F_y}{\dot{m}_r} \tag{7.64}$$

### 7.3.5　性能分析

以下性能分析选择飞行高度 $H = 100$ m，飞行马赫数 $Ma = 2.0$，余气系数 $\alpha = 1.3$，针对不同的进气道封口马赫数 $Ma_f = 1.8$、$Ma_f = 2.6$ 进行特性计算，讨论发动机的速度特性、高度特性和流量特性，以及进气道入口面积、冲压喷管喉道面积对固体火箭冲压发动机性能的影响。

**1. 速度特性**

由图 7.13 和图 7.14 可以看出，推力系数 $C_F$ 和比冲 $I_s$ 随着飞行马赫数 $Ma$ 的增加先增大后减小，其最大值出现在封口马赫数附近，主要原因是封口马赫数时，进气道处于最佳工作状态。当 $Ma$ 大于设计值后，$Ma$ 增加，$\lambda_0$ 随之增加，导致空气总温 $T_0^*$ 上升，加热比 $\theta$ 下降，而飞行动压是增加的，这两项对推力系数的影响是相反的，主要是由于 $\theta$ 的下降，综合起来使 $C_F$ 随着 $Ma$ 的增加而下降。同时随着 $Ma$ 的增加，由式(6.1)可知，由于推力系数是下降的，$\dot{m}_r$ 不变或者增加，都使比冲下降。

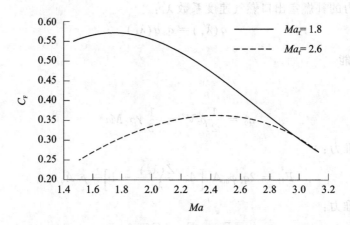

**图 7.13　推力系数的速度特性**

**2. 高度特性**

由图 7.15 和图 7.16 可以看出，推力系数 $C_F$ 和比冲 $I_s$ 随着飞行高度 $H$ 的增加而增大。这是由于随着飞行高度的增加，来流空气密度 $\rho_0$ 减小，则 $\dot{m}_a$ 减小，相应地余气系数 $\alpha$ 减小，而加热比 $\theta$ 增加，所以推力系数随着飞行高度的增加而增大。由式(6.2)可知，由于推力系数是增加的，$\dot{m}_r$ 不变或者减小，都使比冲增大。

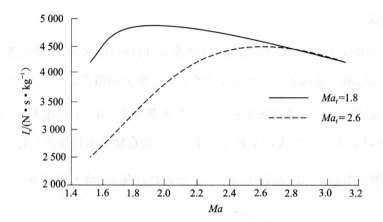

**图 7.14　比冲的速度特性**

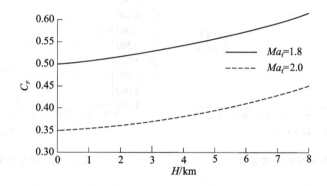

**图 7.15　推力系数的高度特性**

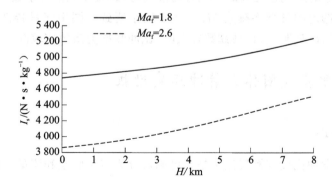

**图 7.16　比冲的高度特性**

**3. 流量特性**

由图 7.17 和图 7.18 可以看出,推力系数随着 $\dot{m}_r$ 的增加而增大,比冲则随其增大而减小。因为 $\dot{m}_r = \dfrac{\dot{m}_a}{\alpha L}$,$\dot{m}_r$ 减小意味着余气系数 $\alpha$ 的增大,$\dot{m}_r$ 增大相当于 $\alpha$ 减小,所以 $\dot{m}_r$ 对推力系数 $C_F$ 和比冲 $I_s$ 的影响与 $\alpha$ 对二者的影响相反。在其他条件不变时,有效推力 $F_y \propto (\beta, \sqrt{\theta})$,由于 $\beta = 1 + \dfrac{1}{\alpha L}$,所以 $\alpha$ 减小,$\beta$ 增大,$F_y$ 亦增大;同时,$\alpha$ 也直接影响到补燃室的加热比 $\theta$,$\alpha$ 减小,$\theta$ 也增大,所以推力系数 $C_F$ 增加;而 $I_s = \dfrac{F_y}{\dot{m}_r}$,所以比冲随 $\dot{m}_r$ 增大而减小。

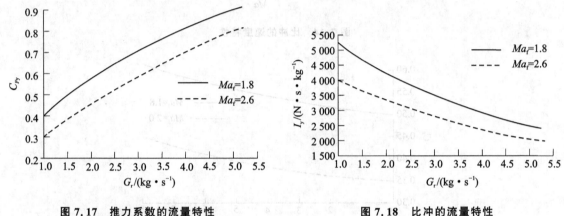

图 7.17 推力系数的流量特性　　　　　　图 7.18 比冲的流量特性

此外,对比两种不同的封口马赫数情况,对固体火箭冲压发动机性能的影响有所不同。封口马赫数 $Ma_f = 1.8$ 的进气道比 $Ma_f = 2.6$ 的进气道,其发动机推力系数 $C_F$ 和比冲 $I_s$ 要高,这是由于在分析时选定的飞行马赫数 $Ma = 2.0$ 较小所致。图中流量特性曲线、速度特性曲线和高度特性曲线均已表明,封口马赫数较低时,比冲和推力系数值较高。

## 7.3.6 非壅塞式固体火箭冲压发动机

**1. 性能调节原理**

固体火箭冲压发动机按其燃气流量是否可调可分为流量固定和流量可调的固体火箭冲压发动机。

固定喷喉的燃气发生器(亦称为壅塞式燃气发生器)中,燃烧室工作条件只取决于贫氧推进剂的组成和燃面、喉部面积等参数,而与冲压燃烧室的工作条件基本无关。固定喉径固体火箭冲压发动机的主要问题是燃气流量不可调,因此在不同工作高度和马赫数的条件下,冲压燃烧室实际工作状况与设计工况偏差较大。该类冲压发动机结构简单、技术成熟,在攻角不大的前提下没有熄火的危险,但当导弹的飞行速度和飞行高度偏离设计值时,发动机性能将变差。因此,它主要服务于飞行速度和飞行高度变化不大的导弹,例如前苏联 1967 年服役的 SA - 6 低空防空导弹。

为了克服壅塞式固体火箭冲压发动机流量固定的缺点,人们设法调节该类冲压发动机燃气发生器的喉径,从而实现调节燃料流量、优化冲压燃烧室工作条件的目的。该方案大大提高了发动机性能和发动机应用的范围,但它又使发动机系统复杂化,成本也大大提高,结构质量增加,可靠性降低。该方案中,长时间工作在高温燃气中的流量调节装置设计是需要解决的关键技术。

另一种流量可调的固体火箭冲压发动机采用非壅塞(燃气发生器无喷管)燃气发生器设计。该设计使燃气发生器的工作压强随冲压燃烧室的压强变化而变化。贫氧固体推进剂在冲压空气的压强下燃烧。显然,贫氧固体推进剂的燃速与压强有关。当压强降低时其燃速也降低,燃气流量也减小。因此,对于飞行高度变化引起的大气压强变化和飞行速度变化引起的冲压变化,无需燃气流量控制系统,可通过冲压燃烧室的压强变化自动调节贫氧固体推进剂的燃速和燃气流量,使发动机在设计状态附近工作,具有良好的性能。非壅塞式固体火箭冲压发动机的主要问题是当导弹工作条件变化(如冲压燃烧室压强逐渐减小)时,有可能导致燃气发生器的熄火。

非壅塞式固体火箭冲压发动机结构简单、费用低、可靠性高,有自适应调节燃气流量的能力,可应用于飞行包线稍大的导弹,而且贫氧推进剂端面燃烧,其燃速可通过实验测定,许多固体火箭发动机的技术可以应用。为了增加流量可调方案中燃气流量的调节范围,需要尽可能采用高燃速压强指数的贫氧推进剂来提高富燃燃气流量的调节能力。

**2. 工作特性**

假设非壅塞式固体火箭冲压发动机系统参数如表 7.2 所列,设计工况:高度 $H = 10$ km,马赫数 $Ma = 2.8$,贫氧推进剂的燃速压强指数为 1.0,空燃比 $\dot{m}_a/\dot{m}_f$ 为 10。以下为非壅塞式固体火箭冲压发动机的工作特性,图 7.19 中曲线 1～4 分别代表飞行高度 12 km、10 km、5 km、0 km。

表 7.2  非壅塞式固体火箭冲压发动机系统参数

| 设计高度/km | 飞行马赫数 | 空燃比 | 燃气流量/(kg·s⁻¹) | 进气道类型 | 贫氧推进剂配方 |
|---|---|---|---|---|---|
| 10 | 2.8 | 10 | 0.1 | 二元进气道 | AP/Al/Mg/HTPB |

从图 7.19 可以看出,在飞行马赫数 2.5 附近工作时,非壅塞式固体火箭冲压发动机能获得较高的比冲。在同一飞行马赫数下,飞行高度越高,非壅塞固体火箭冲压发动机的比冲越

高。从图7.20可以看出,冲压发动机的推力主要取决于冲压补燃室中的工质流量,即当导弹飞行高度降低、飞行马赫数增加时,进入冲压补燃室的空气流量增加,推力也随之增加。值得注意的是,在同一飞行马赫数下,尽管导弹的飞行高度下降可以获得较大的推力,但低空空气密度高,非壅塞式固体火箭冲压发动机的推力系数不一定升高。图7.21显示,在同一飞行马赫数下,飞行高度下降,非壅塞式固体火箭冲压发动机的推力系数降低。在同一飞行高度下,导弹的速度提高,但发动机推力系数下降。

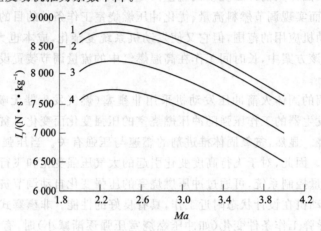

图 7.19　比冲的速度特性

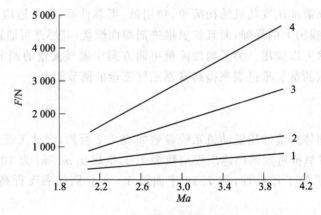

图 7.20　推力的速度特性

## 3. 工作稳定性

固体火箭冲压发动机工作的稳定性指外界扰动消失后导弹恢复到原来工作状态的能力。

为了研究各类固体火箭冲压发动机(壅塞式固体火箭冲压发动机、等空燃比工作的固体火箭冲压发动机和非壅塞式固体火箭冲压发动机)在飞行马赫数变化过程中能否在设计点稳定

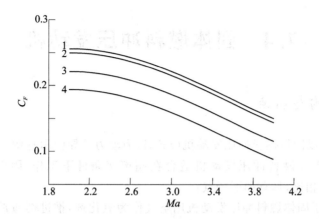

**图 7.21　推力系数的速度特性**

工作，将三类固体火箭冲压发动机的推力系数和阻力系数的速度特性示于图 7.22 中。从图中可以看出，三类固体火箭冲压发动机均能在设计点稳定工作，当导弹的飞行马赫数超过设计马赫数时，阻力系数大于推力系数，导弹趋于减速。当导弹飞行马赫数低于设计马赫数时，冲压发动机的推力系数高于阻力系数，使导弹趋于加速。这样，在引起推力变化的外界扰动消失后，导弹仍能够回到设计工作点继续工作。

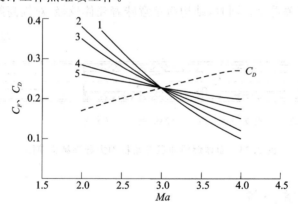

1—choked；2—$n=0.2$；3—$n=0.5$；4—$n=0.8$；5—$n=1.0$

$q_{air}/q_f=10.0$

**图 7.22　固体火箭冲压发动机工作稳定性**

当导弹飞行姿态变化时，进入冲压补燃室的空气流量和压强会发生相应的变化。非壅塞式燃气发生器的压强受冲压补燃室压强的影响，因此燃气发生器中贫氧推进剂燃速、富燃燃气生成速率也会发生相应的变化。非壅塞式燃气发生器的燃气流量随冲压补燃室空气压强变化而自动调节的能力称为燃气流量自适应调节特性。该特性是非壅塞式固体火箭冲压发动机性能中重要的工作特性之一。

# 7.4　固体燃料冲压发动机

## 7.4.1　结构与特点

图 7.23 示出了以固体燃料冲压发动机(SFRJ)为动力的导弹示意图。可以看出,SFRJ 结构非常简单。由于固体燃料冲压发动机适合在超声速条件下工作,因而需要助推器加速。SFRJ 与火箭发动机相比,具有如下特点:

① 比冲高。由于固体燃料冲压发动机用空气作为氧化剂,推进剂通常采用复合燃料添加高能金属粉末,因而比冲高。对火箭发动机而言,比冲通常在 2 000~4 000 N·s/kg 的范围,而 SFRJ 比冲通常在 10 000 N·s/kg 以上。特别是 SFRJ 工作时间长,从而使导弹能够在全程处于动力飞行,大大增强了机动性,对提高射程、攻击高速目标、躲避敌方拦截都有明显优势。

② 在高速飞行状态下 SFRJ 性能良好,具有自适应性。随着飞行速度和高度的变化,流经推进剂药柱的空气流量发生变化,推进剂燃速发生相应的改变。

③ 结构简单,可靠性高。SFRJ 无需控制系统,也不需要流量调节装置。简单结构带来高可靠性,对导弹系统至关重要。同时,结构简单意味着壳体较轻,对提高射程十分有利。

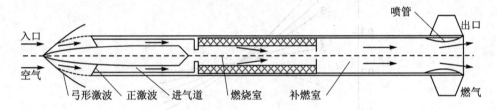

图 7.23　固体燃料冲压发动机动力导弹结构简图

## 7.4.2　内弹道分析

固体燃料冲压发动机与火箭发动机结构上存在差异,入口处存在突扩台阶,后部有补燃室,SFRJ 入口处空气速度较大。以上差异是造成 SFRJ 内弹道与火箭发动机内弹道不同的主要原因。图 7.24 和图 7.25 描绘了发动机燃烧室内流场和燃烧特性。

从图 7.25 可以看出,SFRJ 内弹道呈现如下特征:

① 附着点为内流场研究的关键。确定附着点位置,就能够确定流场结构,才有可能讨论火焰稳定性,就燃烧过程研究采用不同模型分析发动机燃速。

② 燃烧室内气体物性参数呈现强的非零维特征。从轴向看附着点对流传热系数或 $Nu$

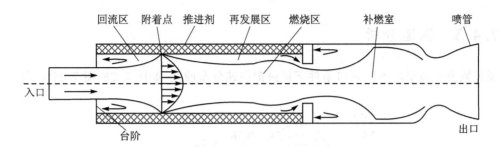

**图 7.24　固体燃料冲压发动机结构和内流场示意图**

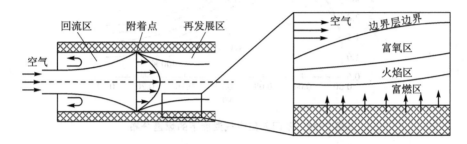

**图 7.25　固体燃料冲压发动机内流动和燃烧特征**

值最大,因而附着点燃速也最大。显然,这将造成各种参数沿轴向发生变化。在径向,由于空气以高速喷入燃烧室,空气温度较燃烧火焰温度低得多。大温度梯度明显使发动机参数沿径向发生变化。

③ 为提高燃烧效率,SFRJ 一般在进气道设有旋流器,以提高燃烧室内空气和燃气的湍流混合效果。燃烧室和补燃室之间的节流板也有提高流体湍流混合效果的作用。

通过对图 7.26 所示附着点理论模型分析,得出图 7.27 所示的冷流和燃烧时附着点与台阶高度之间的关系。从图 7.27 中可以看出,燃烧使附着点明显前移。附着点前移在发动机设计中必须认真考虑。因为入口台阶的作用在于产生回流区,该回流区主要用于火焰稳定。已经证实回流区越长,火焰越容易稳定。

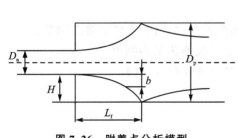

**图 7.26　附着点分析模型**

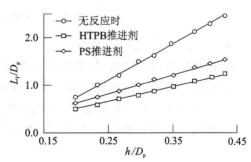

**图 7.27　附着点与台阶高度的关系**

### 7.4.3　燃速分析

通过数值模拟得出不同入口条件下推进剂燃速分布曲线,如图7.28、图7.29所示。

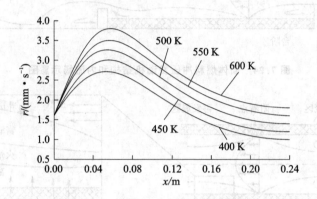

**图7.28　不同入口空气温度下的燃速分布**

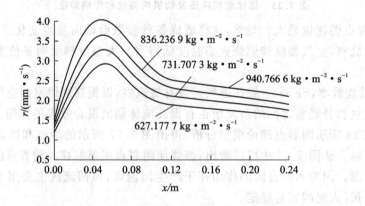

**图7.29　不同入口流量下的燃速分布**

从图7.28、图7.29可以看出:

① 燃速沿轴向变化剧烈,采用平均燃速只反映出燃速总体特征,不能表现其细节。

② 燃速在附着点达到最大值。这是因为附着点处对流换热最为剧烈。

③ 当离开入口台阶足够远时,附面层充分发展,燃速变化较为平缓。

④ 燃速沿轴向分布与入口温度和流量关系不大。

## 7.4.4　性能分析

### 1. 推力特性

图 7.30、图 7.31 分别给出了入口空气流量和温度对推力的影响规律。可以看出,入口流量越大,推力越大。增大入口流量,由于自适应调节特性能使空燃比保持一定值,燃料流量会相应增加。其结果是增大燃烧室内压强,从而提高喷管出口速度,推力随入口温度增加而增加,但这种影响较小。当温度变化 1 倍时,推力变化最大只有 10 %。这是由于当入口温度增加时,燃烧室内温度也将增高,从而使燃料热分解加快,出口流量增大,推力相应增大。但由于出口气体中大部分是空气,燃气只有空气的 10 % 左右,因此,燃速增大对推力贡献并不十分明显。

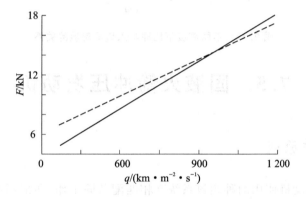

**图 7.30　入口空气流量对推力的影响**

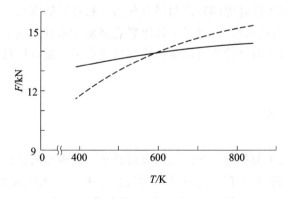

**图 7.31　入口空气温度对推力的影响**

**2. 比冲特性**

图 7.32 给出了不同高度、不同马赫数下发动机的比冲特性。可以看出,随着马赫数增加,比冲先增大后减小。这是因为随着马赫数增加,使激波压缩后的空气温度升高,压强增加,从而增大固体燃料燃烧速率,则出口温度、速度、压强和流量有所提高。

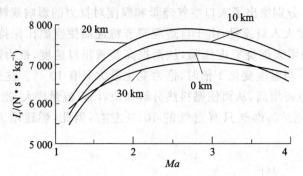

**图 7.32　不同高度下比冲与入口马赫数的关系**

# 7.5　固液火箭冲压发动机

## 7.5.1　工作原理

固液火箭冲压发动机使用两种燃料系统互相匹配共同工作,即采用富燃固体推进剂的流量不可调(或靠燃速不同的几段药柱,实现阶段调节)的小型燃气发生器,并根据推力需要向冲压通道喷注煤油,燃气发生器高温的富燃料燃气作为燃料在燃烧室与空气补充燃烧提供推力,又作为冲压燃烧室强大的点火源,改善了液体燃料燃烧稳定条件。在不同飞行状况下,通过燃油调节器调节煤油流量,同时维持相对固定的固体推进剂消耗量,可以保证发动机适应弹道需要的最佳性能。

## 7.5.2　推力调节

选择测量参数:进气道前超声速来流正激波后总压 $p^*$ 和气流总温 $T^*$,进气道第一楔板静压 $P_b$,进气道出口气流总温 $T_2^*$,进气道出口气流总压 $p_2^*$,大气未扰静压 $p_0$。通过传感器可以测量上述 6 个参数。以下推导建立发动机自身调节规律的分析模型。

流入到进气道的理论空气流量为

$$\dot{m}_a = c \frac{p^* \sigma}{\sqrt{T^*}} \frac{\rho v}{\rho^* a^*} \tag{7.65}$$

令 $\rho = \rho_0$，则

$$\frac{\rho_0}{\rho^*} = \frac{p_0 T^*}{T_0 p^*} \tag{7.66}$$

式中，$\rho$ 为密度，$T^*$、$p^*$、$a^*$ 为临界面温度、压强和声速。对于从低到高马赫数情况的混压式进气道，临界面沿进气道轴向长度是变化的，不可能测到一个确定位置上的临界参数，可以把测量点设在进气道出口处，通过出口参数反算临界参数。

$$T^* = \lambda_1 T_2^* \tag{7.67}$$

$$p^* = \lambda_2 p_2^* \tag{7.68}$$

$$a^* = \sqrt{\frac{2\gamma}{\gamma+1} R T^*} \tag{7.69}$$

把式（7.67）和式（7.68）代入式（7.66），有

$$\frac{\rho_0}{\rho^*} = \frac{p^*}{T^*} \cdot \frac{\lambda_1 T_2^*}{\lambda_2 p_2^*} \tag{7.70}$$

把式（7.69）和式（7.70）代入式（7.65），有

$$\dot{m}_a = c \frac{p^* \sigma}{\sqrt{T^* T^*}} \frac{p^* \lambda_1 T_2^* v}{p_2^* \sqrt{\frac{2\gamma}{\gamma+1} R T^*}} = \left(\frac{p^*}{T^*}\right)^2 \left(\frac{T_2^*}{p_2^*}\right) \frac{\lambda_1 c \sigma}{\lambda_2 \sqrt{\frac{2\gamma}{\gamma+1} R}} v \tag{7.71}$$

式中，$c$ 为声速；$\sigma$ 为进气道面积；$\gamma$ 为比热比；$R$ 为气体常数；$v$ 为导弹速度。

$$T^* = T_H (1 + 0.2 Ma^2) \tag{7.72}$$

$$p^* = p_H \frac{166.922 Ma^2}{(7 - 1/Ma^2)^{2.5}} \tag{7.73}$$

式中，$p_H$、$T_H$ 为大气未扰动时静压、静温，$Ma$ 为来流马赫数。求 $T_2^*$ 和 $p_2^*$ 的公式同上类似，马赫数相应地为滞止马赫数，$\lambda_1$ 和 $\lambda_2$ 由进气道自身性能确定，当进气道出口马赫数为 $Ma_2$ 时，有

$$\lambda_1 = \frac{1 + \frac{\gamma-1}{2} Ma_2^2}{1 + \frac{\gamma-1}{2}} \tag{7.74}$$

$$\lambda_2 = \left(\frac{1 + \frac{\gamma-1}{2} Ma_2^2}{1 + \frac{\gamma-1}{2}}\right)^{\frac{\gamma}{\gamma-1}} \tag{7.75}$$

$Ma_2$ 变化不大，为 $0.2 \sim 0.4$，可通过所测参数 $T_2^*$ 确定，这里近似取平均值 0.3，来流马赫数与飞行速度 $v$ 有关，需采用某一物理参数测量，经换算确定。选择物理量 $p_b$，与导弹飞行速

度有着直接的关系:

$$p_b = p_H (1.167 Ma^2 \sin^2 \beta_1 - 0.167) \tag{7.76}$$

式中,$\beta_1$ 为第一压缩楔面产生的激波角,由下式确定:

$$\sin^2 \beta_1 = -\frac{b}{3} + \frac{2}{3} (b^2 - 3c)^{\frac{1}{2}} \cos [(\phi + 2\pi)/3] \tag{7.77}$$

式中

$$\cos \phi = \left( \frac{9}{2} bc - b^3 - \frac{27}{2} d \right) \Big/ (b^2 - 3c)^{\frac{3}{2}} \tag{7.78}$$

$$b = -\frac{Ma^2 + 2}{Ma^2} - k \sin^2 \delta \tag{7.79}$$

$$c = \frac{2Ma^2 + 1}{Ma^4} + \left[ \frac{(k+1)^2}{4} + \frac{k-1}{Ma^2} \right] \sin^2 \delta \tag{7.80}$$

$$d = -\frac{\cos^2 \delta}{Ma^4} \tag{7.81}$$

对于确定的 $\delta$ ——压缩楔面,$p_b$ 和 $Ma$ 有着一一对应的关系。由上述关系和测得的参数,可以确定发动机的进气量,从而在此基础上,形成发动机推力调节规律。

设

$$e_1 = \frac{\lambda_1 c \sigma}{\lambda_2 \sqrt{\dfrac{2\gamma}{\gamma + 1} R}} \tag{7.82}$$

则

$$\dot{m}_a = e_1 \frac{T_2^*}{p_2^*} \left( \frac{p^*}{T^*} \right)^2 v \tag{7.83}$$

由进入燃烧室的空气量可以确定燃油量。固液冲压发动机由两种燃料组成:固体燃料——富燃复合固体推进剂;液体燃料——煤油。作为进入到燃烧室内的燃烧剂,需与来流中的氧气进行化学反应。燃料对空气的理论需求量为

$$\dot{m}_a^* = L_{mr} W_{mr} + L_{ml} W_{ml} \tag{7.84}$$

式中,$L$ 为单位秒流量消耗空气量;$W$ 为燃料秒流量,下标 mr 表示固体,ml 表示液体。受导弹攻角和侧滑角的影响,发动机进气道的实际进气量经修正后为

$$\dot{m}_a = \phi(Ma, \delta, \beta) e_1 \frac{T_2^*}{p_2^*} \left( \frac{p^*}{T^*} \right)^2 v \tag{7.85}$$

式中,$\delta$ 为导弹攻角,$\beta$ 为导弹侧滑角。修正系数 $\phi = (Ma, \delta, \beta)$ 由试验确定。

为保证燃烧室的稳定性,进入到燃烧室内的空气量一般要大于实际需求量 $\dot{m}_a^*$ 的 $\alpha$ 倍,$\alpha$ 为余气系数,即

$$\alpha = \frac{\dot{m}_a}{\dot{m}_a^*} \tag{7.86}$$

$$L_{mr}W_{mr} + L_{ml}W_{ml} = \frac{\phi(Ma,\delta,\beta)}{\alpha}e_1\frac{T_2^*}{p_2^*}\left(\frac{p^*}{T^*}\right)^2 v \tag{7.87}$$

记 $L_{mr}W_{mr} = \varepsilon(L_{ml}W_{ml})$，则

$$L_{ml}W_{ml}(1+\varepsilon) = \frac{\phi(Ma,\delta,\beta)}{\alpha}e_1\frac{T_2^*}{p_2^*}\left(\frac{p^*}{T^*}\right)^2 v \tag{7.88}$$

$$W_{ml} = \frac{\phi(Ma,\delta,\beta)}{\alpha L_{ml}(1+\varepsilon)}e_1\frac{T_2^*}{p_2^*}\left(\frac{p^*}{T^*}\right)^2 v \tag{7.89}$$

由此得到固液混合冲压发动机的推力调节方式,如上式。所需参数易于测量,发动机自身可以独立调节。

# 7.6　总体设计与一体化设计

## 7.6.1　弹用冲压发动机性能比较

从在研和已服役的冲压发动机导弹来看,主要有固体火箭冲压发动机(SDR)、液体燃料冲压发动机(LFRJ)和固液燃料火箭冲压发动机(LFSRJ)。在上述三类冲压发动机中,LFRJ 能量最高,一般碳氢液体燃料的冲压发动机比冲可达 12 000 N·s/kg。由于 SDR 中贫氧推进剂要携带部分氧化剂,故其能量在三类发动机中最低,一般比冲为 6 850~7 840 N·s/kg,对流量固定的冲压发动机,其能量还要低一些。尽管如此,由于 SDR 具有载机易携带、储存安全性好和发射准备时间短等优点,在军事方面的应用比 LFRJ 更优越。固体燃料冲压发动机(SFRJ)的比冲介于 LFRJ 和 SDR 之间,它的比冲一般超过 9 800 N·s/kg。

表 7.3 对上述三类冲压发动机的性能进行了比较。液体燃料价格低廉,但其供应系统复杂,增加了质量,并需要占用一定空间;SFRJ 的结构最简单,但由于固体燃料与空气燃烧,内

**表 7.3　三类整体式冲压发动机比较**

| 项　目 | 系　统 | 燃烧性能 | 单位迎风面积推力 | 推力调节方法 | 受大气条件影响 |
|---|---|---|---|---|---|
| 整体式液体燃料冲压发动机 | 复杂 | 良好 | 中 | 燃油调节 | 显著 |
| 整体式固体燃料冲压发动机 | 简单 | 较差 | 小 | 自然调节 | 一般 |
| 整体式固体火箭冲压发动机 | 简单 | 最好 | 大 | 可变流量调节 | 较小 |

弹道性能不易掌握,因此它仅适用于高度变化不大的简单弹道。SDR 的燃气发生器中贫氧推进剂燃烧所产生的高温富燃燃气成为冲压补燃室的强大火源,因此 SDR 可在宽广的空燃比下工作。在外界大气条件和飞行姿态变化时不会造成熄火,可使导弹在较大攻角下工作,增加了导弹的机动性。因此,LFRJ 多适用于飞行包络(高度和速度)较宽和射程较远的导弹。SDR 适用于中、短程,且工作条件恶劣、机动性要求较高的导弹。

液体燃料冲压发动机最大的问题是在大攻角和转弯时,空气流量急剧变小的情况下易发生熄火现象,从而影响其机动性。固液燃料火箭冲压发动机采用固体燃气发生器作为值班火焰,解决了空气流量突然变小所导致的富燃熄火问题。

表 7.4 探讨了 LFRJ、LFSRJ 和 UDR 的综合性能。从冲压发动机能量看,由于 LFRJ 的比冲最高,故其射程远,但同时应考虑其燃料贮箱和供应系统质量的增加对能量的部分抵消作用;LFSRJ 的比冲较高;当进一步采用含硼贫氧推进剂时,UDR 能量水平将接近 LFSRJ。从导弹机动性方面分析,由于 LFSRJ 解决了 LFRJ 易熄火的问题,因而显示出较强的机动能力;UDR 也具有良好的机动性。液体燃料如煤油密度为 0.9 g/cm³,而铝镁贫氧推进剂的密度可达1.65 g/cm³ 以上,是煤油的 1.8 倍。尽管液体燃料的比冲高,但其密度小,故导弹射程一定时燃油的装填体积就大,因此实际上限制了其高能量水平的发挥。三类冲压发动机中,采用固体燃气发生器作值班火焰的 LFSRJ 结构最复杂,发动机成本最高,但采用的燃料——煤油的成本最低;UDR 的成本低,但贫氧推进剂的成本高于煤油。UDR 的可靠性最高,相比之下,LFRJ 的可靠性较差。

**表 7.4　三类冲压发动机综合性能比较**

| 发动机类型<br>综合性能 | LFRJ | LFSRJ | UDR |
|---|---|---|---|
| 比冲 | + | 0 | − |
| 多任务能力 | − | + | + |
| 质量 | + | − | 0 |
| 燃料密度 | − | 0 | + |
| 射程 | + | 0 | − |
| 流量调节能力 | + | + | + |
| 大攻角燃烧稳定性 | − | + | 0 |
| 系统复杂程度 | 0 | − | + |
| 技术成熟程度 | + | − | 0 |
| 可维护性 | − | + | + |
| 贮存寿命 | − | − | + |

续表7.4

| 综合性能＼发动机类型 | LFRJ | LFSRJ | UDR |
|---|---|---|---|
| 发动机成本 | 0 | — | + |
| 燃料成本 | + | 0 | — |
| 综合 | 0 | — | + |

注：+表示较优；0表示中等；—表示较差。

## 7.6.2　空气进气系统的选择

　　空气进气系统的选择和设计十分重要，传统的以冲压发动机为动力的导弹，采用轴对称进气道，并把它安装在导弹的头部或者吊舱式发动机的头部。但是近期发展的新型导弹，要求实现低气动阻力设计，还要求弹体前部能更大程度地保证制导系统和战斗部功用的有效发挥，与导弹构型紧密结合在一起的各种旁侧进气道得到了发展和应用。可供选用的多种进气道的类型及其在导弹上的布局如图 7.33 所示。进气道主要类型有：带中心锥的轴对称进气道、带楔面的二元进气道、半轴对称进气道和月牙形进气道。

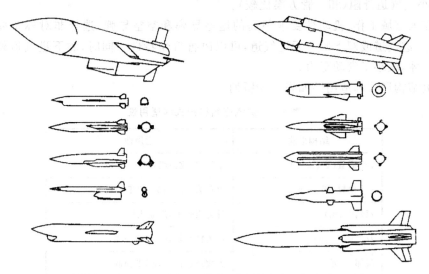

**图 7.33　可供选择的进气道类型和布局**

　　进气道在导弹上的布局方案有：4 管（个）十字形布局、4 管（个）"×"形布局（可以前置或后置）、双侧布局、双下侧布局、颌下布局和腹部布局等。此外，二元进气道的安装可分为正常安置、倒置（亦称风斗状）安置和垂直安置三种。

选择进气道的主要依据是：

① 发动机工作范围（$Ma$ 与 $H$）；

② 发动机性能和结构匹配要求；

③ 导弹机动作战对攻角及侧滑角的极限要求；

④ 导弹安装空间限制；

⑤ 研制和生产成本。

对于在中低空域工作，且为防空导弹或反舰导弹配置的火箭冲压发动机，可以选用 4 管十字布局的轴对称进气道。这种方案的主要优点是：

① 空气从 4 个进气道进入补燃室，组织燃烧比较容易；出口堵盖面积小，承压强度易保证，抛出方便。

② 导弹向不同方向机动飞行（角度不大），进气系统都能较好地工作。

③ 容易制造，成本低。

④ 有较多的成功经验，风险小。

对于空中发射的空地导弹、反舰导弹，选用双侧（或双下侧）二元进气道较好。因为：

① 进气道和整流罩（舱）的安置对升力的贡献较大，附件安排也比较方便；

② 便于载机吊挂导弹；

③ 减小进气道外阻（和 4 管方案比较）。

对于在大空域工作、机动性要求很高的地空导弹和空空导弹，选择非对称布局颌下进气道、腹部二元进气道或双下侧二元进气道，可以改善攻角特性。同时，颌下进气道外壳与导弹弹身合成一体，减小了气动阻力。

进气道结构形式和适用性如表 7.5 所列。

表 7.5　进气道结构形式和适用性

| 结构形式 | 适用性 |
| --- | --- |
| 4 个后置（圆、二元） | 中低空，攻角≤10° |
| 4 个前置（圆、二元） | 攻角为 12°～15°，STT 控制 |
| 双侧（二元） | 升力贡献大，巡航飞行 |
| 双下侧（二元） | 攻角特性较好，BTT 控制 |
| 腹部（二元） | 大攻角特性好，BTT 控制 |
| 颌下（月牙形） | 高低空巡航性能好，BTT 控制 |
| 环形 | 小尺寸发动机 |
| 背部 | 隐身性能好 |

图 7.34 描述了先进的空空导弹的飞行轨迹和对攻角的要求。图 7.35 给出了几种进气道攻角特性的比较。

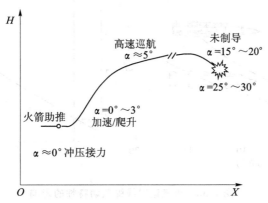

**图 7.34  先进空空导弹的飞行轨迹和攻角要求**

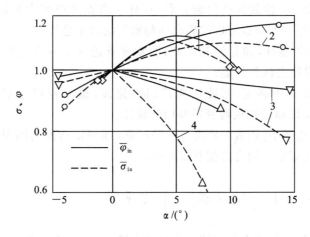

1—双侧；2—颌下；3—管前置；4—管后置

**图 7.35  进气道攻角特性的比较**

由图 7.35 可见，4 个对称布局的进气道，随攻角增加，性能迅速变坏；与其相反，颌下进气道、安装在双侧的二元进气道，随攻角增加，其性能（总压恢复系数和空气流量系数）有所提高。特别在高马赫数下，性能改善明显。这样的性能，有利于末段以大攻角飞行的导弹。但是，在负攻角或侧滑角下，这些进气道的性能也会下降。因而，配置这种进气道的导弹，最好采用倾斜（滚动）转弯控制系统（即 180 – BTT 控制系统）。

进气道的类型和布局对导弹气动力特性有重要影响。图 7.36 给出了一组升、阻力对比曲线。

设计整体式冲压发动机旁侧进气道时应当注意以下问题：

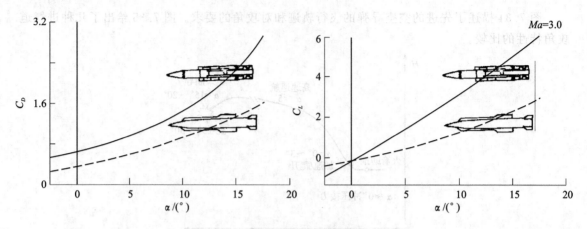

图 7.36　进气道对导弹气动特性的影响

① 进气道内流性能和外阻应很好地兼顾,混压式进气道的外阻比较小,推荐优先考虑;

② 选择较低的设计马赫数往往比较有利,这样一方面可以增大发动机接力点的流量系数,有利于改善性能,另一方面也可以改善高马赫数下的攻角性能;

③ 为了提高工作可靠性,简化控制系统,通常要求进气道有良好的亚临界稳定性,必要时,可损失一定的临界压力恢复性能;

④ 为了把空气引入补燃室,需要用弯管(道)连接,整个亚声速空气导管中流速较高($\lambda_2 = 0.35 \sim 0.55$),因而应重视弯管段型面的设计。

在进气道设计和选择中,还有一些需考虑的问题,如对雷达发射面积的影响、材料选择和工艺方法、导弹与进气道空气动力的相互影响等。

## 7.6.3　导弹与冲压发动机一体化设计

冲压发动机与导弹的关系十分密切。作为动力装置,它既是发动机,又是导弹布局中的一个组成部分,发动机置于弹体内,进气道位于弹体的侧面、顶部或底部,其在导弹的安放位置以及它们的设计都与外部气流的流动有关。因此,弹体空气动力学和进气道空气动力学之间的相互作用是强耦合的。一方面,发动机对进气道的流态较为敏感,冲压发动机的内部参数和性能指标随着导弹的飞行速度、飞行高度、攻角及实际进入发动机的空气流量而变化;另一方面,进气道的数目和布局对于导弹气动特性也有较大的影响。由于冲压发动机所提供的推力及比冲直接影响到导弹的质量和飞行性能,因此只有把冲压发动机的设计和导弹的设计协调起来,进行一体化设计,才能获得合理的结果。在导弹和冲压发动机一体化设计中,关键要深入了解导弹设计和发动机设计的相互制约和相互影响,并在此基础上提出一套合理的设计方法。

**1. 导弹对冲压发动机的要求**

导弹对冲压发动机主要有下述几方面的要求。

（1）对冲压发动机进气攻角的要求

从导弹的机动能力来看，当然希望导弹的可用过载越大越好，这样攻击目标的能力强，命中目标的可靠性高。为了获得大的可用过载，导弹要求液体燃料冲压发动机在尽可能大的进气攻角下稳定工作。

（2）对液体燃料冲压发动机供油规律的要求

导弹的飞行弹道靠发动机控制系统对供油规律的严格控制来保证。从一体化设计的角度考虑，一方面燃油调节规律要考虑导弹外弹道参数对空气流量、进气压强和进气温度的影响，另一方面还要考虑发动机的性能对导弹飞行方案的影响。只有很好地协调这两方面的要求，才能得到合理的液体燃料冲压发动机燃油调节规律。

（3）对发动机燃烧室的要求

导弹的作战空域从海平面到高空，由于空气密度、压强、速度的变化，使得冲压发动机燃烧室内压强、流速变化很大。因此，合理地选择设计点，保证在工作范围内最不利的条件下，燃烧室能快速、可靠地点火起动，是导弹对冲压发动机工作的基本要求；保证燃烧室在预定的工作范围内稳定燃烧是导弹对液体燃料冲压发动机设计的要求之一。

（4）对液体燃料冲压发动机尺寸和质量的要求

导弹总体设计要求整体式液体燃料冲压发动机的尺寸小、质量轻，这对减小全弹气动阻力、提高导弹飞行性能有利。机弹一体化设计符合这个基本的要求。机弹一体化可明显降低阻力，提高效率和减小导弹特征尺寸。因此，对进气道特性和弹体匹配问题进行深入的研究，合理地选择进气道的数目、结构形状和安装位置，将冲压发动机结构与承载飞行器结构有机地结合在一起，实现机弹一体化设计是导弹对液体燃料冲压发动机设计的又一要求。

**2. 发动机参数对导弹设计的影响**

这种影响不仅来自冲压发动机的性能参数（推力、比冲等），而且发动机的结构参数对导弹的气动特性及质量特性也有影响。

① 冲压组合发动机的推力是液体冲压发动机和固体火箭发动机推力的有机组合。改变固体火箭发动机的推力必然会影响冲压发动机的接力马赫数和工作状态。因此，在导弹设计时，这种推力的有机组合应与导弹的总体性能有机地协调起来，从而达到真正的一体化设计目的。

② 冲压发动机与火箭发动机的一个很大差别是冲压发动机性能随着导弹外弹道参数（$H$、$Ma$、$\delta$）的变化有明显变化，因此在冲压发动机特性计算中，这种影响已直接引入到发动机动力特性中。

③ 冲压发动机进气道尺寸和进气道入口面积对导弹气动特性的影响。关于这个问题,一般有两种处理方法,一种是把冲压发动机引起的阻力作为冲压发发动机的负推力考虑,即将冲压发动机的推力减去其引起的阻力作为冲压发动机的有效推力。这种处理方法简便易行,但计算冲压发动机引起的阻力必须要有详细的实验数据。另一种方法是把冲压发动机的阻力作为导弹阻力的一部分来考虑,这可以通过全弹内外流场一体化数值模拟实现。

由以上分析可知,冲压发动机的性能不仅和其内弹道参数有关,而且导弹的飞行状态(飞行高度、飞行马赫数、大气温度和攻角范围)和发动机的推力及比冲特性有着密切的相互影响、相互制约的关系,因此在设计中如何处理这种强耦合联系,是整体式冲压发动机导弹总体设计的一个关键问题。

### 3. 整体式冲压发动机一体化设计方法

冲压发动机性能和特性计算的方法是根据经验或试验选取部分参数,在给定设计状态即一定的飞行高度、速度、导弹攻角条件下,通过发动机热力计算确定另一部分参数,进而求出发动机设计状态的性能参数,如推力系数、比冲等,再通过发动机综合特性计算,检验所设计的发动机在导弹的整个飞行空域中是否都能正常工作。这种设计方法,一方面受经验值选取的制约,使发动机设计性能达不到最佳状态;另一方面即使发动机的设计状态性能最佳,亦能满足导弹飞行空域的要求,但无法保证在整个飞行弹道上发动机的性能最优。

对于整体式冲压发动机的导弹,冲压发动机和弹体是强耦合的,当导弹的飞行马赫数 $Ma$、飞行高度 $H$ 和攻角 $\alpha$ 变化时,发动机内部参数和性能指标 $C_F$、$I_s$ 等将随之变化;同时,发动机内部参数和性能指标的变化又反过来影响导弹的飞行速度、射程等。因此,整体式冲压发动机的导弹必须进行一体化设计,以优选出满足导弹要求,并使整个导弹性能最佳的发动机及布局方案。

整体式冲压发动机导弹一体化设计的特点如下:

① 发动机参数的选择和导弹气动布局的选择要协调进行,充分考虑发动机进气道形式、布局和进气面积对导弹气动特性的影响。

② 冲压发动机性能受导弹外弹道参数影响,因此发动机性能计算应和导弹气动计算、弹道计算同时进行,综合进行一体化设计。

整体式冲压发动机导弹一体化设计框图如图 7.37 所示。

### 4. 内外弹道一体化联合计算

冲压发动机的设计是在导弹飞行弹道上选取设计点,即给出设计状态的飞行高度、飞行马赫数,通过发动机气动热力计算,确定发动机内通道各主要截面的相对尺寸,求出发动机在设计状态下的推力系数 $C_F$ 及比冲 $I_s$ 等性能参数。由于冲压发动机性能与导弹的飞行高度、速度和姿态密切相关,为了考查发动机设计的好坏,必须研究其在整个飞行弹道过程中性能参数

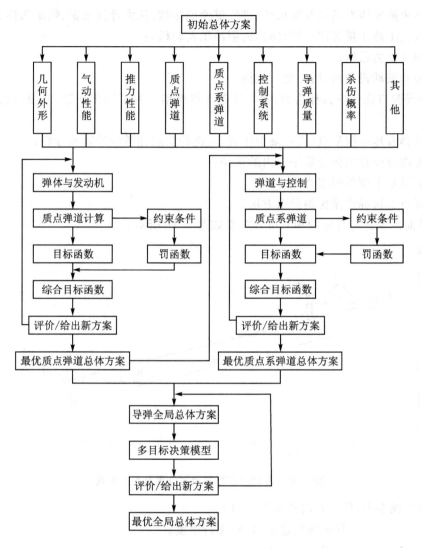

图 7.37 整体式冲压发动机导弹一体化设计框图

的变化,是否能在规定的弹道上满足导弹对发动机的要求。

发动机-导弹飞行弹道性能计算是发动机设计的重要组成部分,其实质是把导弹简化弹道计算方法和两级组合发动机计算方法有机地组合,构成系统数学模型,为"一体化"设计服务。该计算目的是:确定合理的燃气发生器流量规律,检验发动机部件工作的协调性,使两级组合发动机设计参数和性能初步满足导弹射程、速度和机动性要求。

计算需用原始数据由以下几部分组成:

① 助推发动机性能参数;

② 固体火箭冲压发动机几何尺寸、进气道性能参数、热力计算数据、效率和损失系数等；

③ 燃气发生器流量规律(针对固体火箭冲压发动机)；

④ 导弹气动力数据；

⑤ 导弹和发动机质量、质心变化数据。

以空空导弹打击空中目标为例,建立弹道计算模型。为了简化计算、方便分析,作以下几点假设：

① 将导弹看作可控质点,质量集中于质心,进行质点弹道的计算和分析；

② 仅考虑导弹在纵向垂直平面内的运动；

③ 目标沿水平面作等速直线运动；

④ 导弹攻击目标采用比例导引方法。

垂直平面内导弹与目标的相对位置关系如图 7.38 所示。

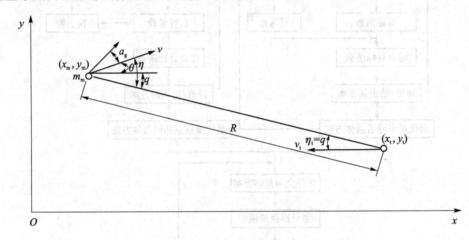

**图 7.38　导弹与目标的相对位置及有关参数**

下述数学模型中,各符号的意义汇总如下：

| | |
|---|---|
| $v$、$v_t$ | 导弹飞行速度、目标飞行速度； |
| $F$ | 发动机有效推力； |
| $m_m$、$m_0$、$m_1$、$m_2$ | 导弹质量、导弹起飞质量、助推药质量、主级药质量； |
| $t_1$、$t_2$ | 助推级工作时间、主级工作时间； |
| $x_t$、$y_t$ | 目标坐标位置； |
| $C_D$、$C_L$ | 导弹阻力系数、升力系数； |
| $\delta$ | 舵偏角； |
| $\alpha_g$、$\alpha_k$、$\alpha_p$ | 导弹攻角、可用攻角、平衡攻角； |
| $q$ | 瞄准线的水平夹角； |

| | |
|---|---|
| $\mathrm{d}q/\mathrm{d}t$ | 瞄准线转动角速度; |
| $\theta$ | 弹道倾角(发射角); |
| $R$ | 导弹与目标直线距离; |
| $x_\mathrm{m}$、$y_\mathrm{m}$ | 导弹坐标位置; |
| $\eta$ | 导弹的速度方向与瞄准线的夹角; |
| $\eta_\mathrm{t}$ | 目标飞行速度方向与瞄准线的夹角。 |

在弹道计算之前需要提供的插值量数据如下:

| | |
|---|---|
| $\bar{x}_\mathrm{T}$ | 导弹质心系数; |
| $C_\mathrm{N}(\alpha,Ma_\mathrm{a})$ | 导弹法向力系数; |
| $C_\mathrm{a}(H,Ma_\mathrm{a})$ | 导弹轴向力系数; |
| $\bar{x}_\mathrm{CP}(\alpha,Ma_\mathrm{a})$ | 导弹压心系数; |
| $\bar{x}_\mathrm{CPT}(Ma_\mathrm{a})$ | 舵效压力; |
| $\Delta C_\mathrm{a}(\delta,Ma_\mathrm{a})$ | 舵偏增量; |
| $C_\mathrm{N}^\delta(Ma_\mathrm{a})$ | 舵面效率。 |

由于目标是水平等速飞行,所以 $\eta_\mathrm{t}=q$。

导弹与目标相对运动的微分方程组为

$$\begin{cases} \dfrac{\mathrm{d}v}{\mathrm{d}t} = \dfrac{F\cos\alpha_\mathrm{g} - q_H C_D A_{\max} - m_\mathrm{m}\sin\theta}{m_\mathrm{m}} \\[2mm] \dfrac{\mathrm{d}q}{\mathrm{d}t} = \dfrac{57.3}{R}(v_\mathrm{t}\sin\eta_\mathrm{t} - v\sin\eta) \\[2mm] \dfrac{\mathrm{d}R}{\mathrm{d}t} = -v_\mathrm{t}\sin\eta_\mathrm{t} - v\sin\eta \\[2mm] \dfrac{\mathrm{d}x_\mathrm{m}}{\mathrm{d}t} = v\cos\theta \\[2mm] \dfrac{\mathrm{d}y_\mathrm{m}}{\mathrm{d}t} = v\sin\theta \\[2mm] \dfrac{\mathrm{d}\theta}{\mathrm{d}t} = 57.3\dfrac{g}{v}(n_y - \cos\theta) \end{cases}$$

为了求解该式,下列参数必须设法给出,并与方程组耦合求解:

① $q_H$ 为飞行高度 $H$ 下的飞行动压,$q_H = \rho_H v^2/2$。

② 式中导弹的质量 $m_\mathrm{m}$ 随时间的变化可由发动机设计部门和导弹总体部门确定,在弹道计算时只要知道导弹在某瞬时的质量即可。

③ $A_{\max}$ 为导弹的参考面积(导弹气动设计中的 $S_\mathrm{R}$),是综合考虑弹体、弹翼和进气道的迎风面积,用于计算导弹的升阻力的参考面积。

④ $C_D$ 为导弹的阻力系数,它与导弹的气动外形和飞行姿态有关。可由一系列已知的气动

参数计算得来。

⑤ $n_y$ 为导弹的法向过载，当采用比例导引时，法向过载为

$$n_y = k_0 \left| \frac{\mathrm{d}R}{\mathrm{d}t} \right| \frac{\mathrm{d}q}{\mathrm{d}t}$$

式中，$k_0$ 为比例导引系数，本书取 $n_y = \min(n_{yx}, n_{yk})$，其中 $n_{yx}$ 和 $n_{yk}$ 可按下面两式计算，即

$$\begin{cases} n_{yk} = \dfrac{F\sin\alpha_k + C_{Lk}q_H A_{\max}}{m_m} \\[2mm] n_{yx} = 0.4 \left| \dfrac{\mathrm{d}R}{\mathrm{d}t} \right| \dfrac{\mathrm{d}q}{\mathrm{d}t} - 0.2\dfrac{\mathrm{d}v}{\mathrm{d}t}\sin\eta + 0.2g\cos q \end{cases}$$

式中，$C_{Lk}$ 为导弹的升力系数，它与导弹的气动外形和飞行姿态有关。可由一系列已知的气动参数计算得来。

⑥ 导弹的攻角 $\alpha_g$ 是导弹的轴线方向与导弹速度方向的夹角。在比例导引中，$\alpha_g$ 由多种因素决定，由下列迭代过程确定：

- 给 $\alpha_x$ 赋初值（$\alpha_x$ 为 $\alpha_g$ 的计算中间变量）。
- $C_{L1} = C_{N1}\cos\alpha_x - (C_a + \Delta C_a)\sin\alpha_x$，式中 $C_{N1}$ 为导弹的法向力系数，由导弹的攻角和飞行马赫数决定，由气动计算和试验获得，计算时以数据表的形式提供，通过插值 $C_N(\alpha_x, Ma_a)$ 获得；$C_a$ 为导弹的轴向力系数，通过插值 $C_a(\alpha_x, Ma_a)$ 数据表获得；$\Delta C_a$ 为舵偏产生的轴向力增量系数，它由舵偏角 $\delta$ 和飞行马赫数 $Ma_a$ 决定，通过插值 $\Delta C_a(\delta, Ma_a)$ 计算。
- $C_{L2} = (n_y m_g - \sin\alpha_x F)/(q_H A_m)$。
- 若 $|C_{L1} - C_{L2}| \leqslant \varepsilon$，则得到 $\alpha_x$ 计算值。
- $\alpha_g = \min\{\alpha_k, \alpha_x\}$。

⑦ $\alpha_p$ 为平衡攻角，由下列迭代过程确定：

- 给 $\alpha_p$ 赋初值。
- $C_{N1} = C_N^\delta(\bar{x}_{CPT} - \bar{x}_T)/(\bar{x}_{CP} - \bar{x}_T)\delta_{\max}$，式中 $\delta_{\max} = \pm 30°$ 为最大舵偏角，由用户选定；$C_N^\delta$ 为舵面效率，与飞行马赫数有关，通过插值获得；$\bar{x}_{CPT}$ 为舵效压心，通过插值 $\bar{x}_{CPT}(Ma_a)$ 数据表获得；$\bar{x}_{CP}$ 为导弹压心系数，通过插值 $\bar{x}_{CP}(Ma_a)$ 数据表获得。
- 求插值量 $C_N^\delta = C_N^\delta(\alpha_p, Ma_a)$。
- 若 $|C_{L1} - C_{L2}| \leqslant \varepsilon$，则得出导弹平衡攻角 $\alpha_P$ 计算值。
- $\alpha_P = \min\{\alpha_p, \alpha_{\max}\}$，$\alpha_{\max}$ 为最大可用攻角，使用中由用户设定。

至此可以求出导弹的攻角 $\alpha_g$。

⑧ 发动机有效推力变化规律：

$$F = \begin{cases} F_1, & t \leqslant t_1 \\ F(H, Ma, \dot{m}_r), & t_1 < t \leqslant t_1 + t_2 \\ 0, & t > t_1 + t_2 \end{cases}$$

在初步设计阶段,可以认为助推是等推力的,如果助推段的装药设计和内弹道计算已经完成,则可直接调用内弹道计算结果数据,此时推力可认为是变化的。$F_1$、$t_1$ 为助推段的推力和工作时间;$F_2$、$t_2$ 为冲压阶段的推力和工作时间。这里提供的推力是名义推力,进气道的附加阻力和其他形式的阻力在外弹道计算中考虑。

⑨ 导弹质量的变化规律:

导弹整个工作过程中质量是逐渐减小的,在本模型中助推段按等质量流率计算。(燃药面积的变化取决于装药药型,可以是增面的,也可以是减面的。)

$$m = \begin{cases} m_0 - t \cdot m_1/t_1, & t \leqslant t_1 \\ m_0 - m_1 - m_a - \Delta m_2, & t_1 < t \leqslant t_1 + t_2 \\ m_0 - m_1 - m_2 - m_a, & t \geqslant t_1 + t_2 \end{cases}$$

式中,$m_1$ 为助推装药质量;$m_a$ 为助推器工作结束后抛出的消极质量,如进气道堵盖、燃气发生器堵盖及助推喷管等;$m_2$ 为续航段燃气发生器的装药质量;$m_0$ 为导弹起飞质量。

⑩ 目标坐标的变化规律:

$$\begin{cases} x_t = x_{t0} - v_{t0} \cdot t \\ y_t = H_{t0} \end{cases}$$

式中,$x_{t0}$ 为目标初始坐标,由于本系统是以导弹满足射程要求来衡量的,因此采用修正目标的初始水平位置 $x_{t0}$ 来进行迭代。如果总体要求的射程太远,则结果不能收敛;如果很近,则可在主动段内实施攻击。$x_t$、$y_t$ 为目标的瞬时位置。$H_{t0}$ 为目标的飞行高度,本模型中认为目标的飞行高度不变。

⑪ 舵偏角:

$$\delta = -\frac{C_N(\bar{x}_{CP} - \bar{x}_T)}{C_N^{\delta}(\bar{x}_{CPT} - \bar{x}_T)}$$

⑫ 导弹阻力系数:

$$C_D = (C_a + \Delta C_a)\cos \alpha + C_N \sin \alpha$$

⑬ 升力系数:

$$C_L = C_N \cos \alpha - (C_a + \Delta C_a)\sin \alpha$$

整体式固体火箭冲压发动机-导弹内外弹道一体化性能计算程序流程图如图 7.39 所示。此程序为模块化结构,计算时需要气动、热力、设计参数(包括燃气流量规律)等原始数据。写入数据文件,运行时调入。首先进行发动机常量参数计算,然后进行以调整发动机设计参数为目的的性能计算,当设计点性能满足要求后,就可以进行成组特性计算或进行导弹-发动机联合弹道性能计算。如果发现弹道性能不够理想,可以返回调整设计参数、燃气流量规律或装药质量后,再进行计算。图 7.39 下部 5 个子模块起支持作用,可以灵活调用。计算结果的输出形式有曲线和数据文件两种。

导弹-发动机联合弹道性能计算方法的实质是把导弹简化弹道计算和两级组合发动机计

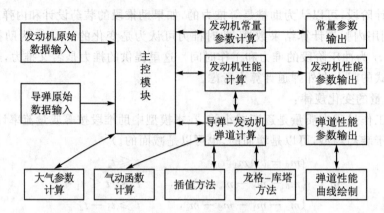

图 7.39　内外弹道一体化性能计算程序流程图

算有机综合,构成系统的数学模型,为一体化设计服务。

　　对于反舰导弹、空地导弹,通常把飞行弹道简化成若干段:助推段、爬升段(或下降段)、水平(巡航)段和俯冲(末)段。各段的计算公式稍有不同。

　　助推段的精确计算,应考虑推力随时间的变化,以及阻力随飞行速度的变化,按照无控自由飞模型逐点计算。考虑到实际工作时间很短,常简化为等加速直线飞行模型,并且用修正系数来计及阻力的影响。这样,导弹助推段终点速度(近似计算值)为

$$V_V = a_x I_{sb} \ln\left(1 - \frac{m_{m0}}{m_{pb}}\right) - g t_{ab} \sin\theta$$

式中,$a_x$ 为考虑空气阻力影响的修正系数,$a_x = 0.93 \sim 0.95$,$I_{sb}$ 为助推发动机交付比冲,$m_{pb}$ 为助推药柱质量,$m_{m0}$ 为导弹起飞质量,$t_{ab}$ 为助推发动机工作时间,$\theta$ 为弹道倾角(发射角)。

　　爬升段、俯冲段作为方案弹道的一部分,可给定弹道倾角变化规律。平飞段的特点是 $\theta = 0$,而法向过载 $n_y = 1$,运动方程组比较简单,可参考有关专著。

# 7.7　小　结

　　本章涉及冲压发动机目前实际应用的类型与形式,即整体式冲压发动机,将助推发动机的燃烧室与冲压发动机的燃烧室合二为一,并具有一些区别于其他发动机的特点,如导弹弹体与发动机,特别是进气道的一体化设计。本章介绍了整体式冲压发动机的特点与分类,对整体式液体冲压发动机、固体火箭冲压发动机、固体燃料冲压发动机、固液火箭冲压发动机的工作过程、性能计算方法等做了全面而详细的阐述。本章最后还对以冲压发动机为动力的超声速巡航导弹的总体设计与一体化设计进行了叙述,使得读者能够从导弹总体的角度来看待冲压发动机的设计与分析。

# 习　题

1. 弹体旁侧进气方式相对于头锥式进气方式有哪些优点?

2. 整体式冲压发动机包括哪些主要类型? 各有什么优缺点?

3. 整体式液体冲压发动机由哪些部分组成? 工作过程是怎样的?

4. 固体火箭冲压发动机由哪些部分组成? 工作过程是怎样的?

5. 固体火箭冲压发动机补燃室有哪三种临界状态? 分别如何判断,如何避免?

6. 非壅塞式固体火箭冲压发动机为什么具有工作的稳定性和自适应调节能力?

7. 比较固体火箭冲压发动机、液体燃料冲压发动机和固液燃料火箭冲压发动机应用于导弹各具有什么优缺点?

8. 整体式冲压发动机的空气进气系统有哪些形式?

9. 如何根据导弹的总体设计要求选择冲压发动机的空气进气系统形式?

10. 冲压发动机动力导弹一体化设计中,动力与导弹总体之间存在怎样的相互影响关系?

## 参考文献

[1] 谷良贤. 整体式冲压发动机导弹总体一体化设计. 西安:西北工业大学,2002.

[2] 张炜. 冲压发动机发展现状及其关键技术. 固体火箭技术,1998,21(3).

[3] 张炜. 非壅塞固体火箭冲压发动机工作特性研究. 固体火箭技术,1999,22(4).

[4] 郭健. 固体燃料冲压发动机研究进展. 固体火箭技术,2003,26(2).

[5] 李非. 固液火箭冲压发动机推力调节的一种方法. 现代防御技术,2001,29(5).

[6] 张炜. 空射导弹用冲压发动机性能分析. 固体火箭技术,2002,25(4).

[7] 刘兴洲主编. 飞航导弹动力装置:下. 北京:中国宇航出版社,1992.

[8] 鲍福廷,黄熙君,张振鹏. 固体火箭冲压组合发动机. 北京:中国宇航出版社,2006.

# 第8章 冲压发动机的燃料及材料

冲压发动机使用液体或固体燃料,液体燃料以煤油最为普遍,固体燃料一般为贫氧推进剂,以 HTPB(端羟基聚丁二烯)或 GAP(缩水甘油叠氮聚醚)为粘合剂,加入碳、硼、锆、铝和镁等粉末以提高能量。冲压发动机工作时,内外表面均承受很大的热负荷,选用质量轻、强度高、耐烧蚀的结构材料是基本要求,一些高温合金、复合材料、超高温陶瓷等新型材料都将用于冲压发动机的制造。

## 8.1 冲压发动机液体燃料特性

冲压发动机所用的液体燃料与喷气式发动机相同,典型代表是美国的 JP 和 RJ 系列军用喷气燃料。其中 JP-1、JP-2 和 JP-3 是早期的喷气燃料,多为汽油或煤油提取物。1944 年首先发展起来的 JP-1 系煤油型燃料,易含水分;JP-2 因提炼过程耗费太多原油而没有被广泛使用;JP-3 闪点太低(-40°),容易挥发。后来发展了 JP-4 和 JP-5,具有良好的综合性能。RJ 系列燃料,如 RJ-4、RJ-4I、RJ-5、RJ-7,以及 JP-9、JP-10 等是一系列人工合成、含一种或几种化合物的燃料。上述部分燃料的性能如表 8.1 所列。

**表 8.1 冲压发动机可用的喷气燃料主要特性**

| 类 别 | JP-4 | JP-5 | RJ-4 | RJ-4I | RJ-5 | JP-9 | JP-10 | JP-7 | JP-8 |
|---|---|---|---|---|---|---|---|---|---|
| 分子式 | $C_{95}H_{189}$ | $C_{10}H_{19}$ | $C_{12}H_{20}$ | $C_{12}H_{20}$ | $C_{14}H_{18}$ | $C_{10.6}H_{16.2}$ | $C_{10}H_{16}$ | $C_{12}H_{25}$ | $C_{11}H_{21}$ |
| 平均相对分子质量 | 133 | 139 | 164 | 164 | 186 | 143 | 136 | 169 | 153 |
| C:H | 0.50 | 0.53 | 0.60 | 0.60 | 0.78 | 0.65 | 0.62 | 0.48 | 0.52 |
| 密度/(g·cm$^{-3}$) | 0.77 | 0.83 | 0.94 | 0.94 | 1.08 | 0.94 | 0.94 | 0.79 | 0.81 |
| 冰点/℃ | <-72 | <-51 | <-40 | <-65 | >0 | <-65 | <-110 | -44 | -51 |
| 闪电/℃ | -28.9 | 65.6 | 65.6 | 65.6 | 110 | 21.1 | 54.4 | 60 | 52.7 |
| 粘度(-40℃,cSt) | 4.5 | 17 | 60 | 28 | 2 000 | 24 | 19 | — | — |
| 热值 MJ/L | 32.9 | 34.8 | 39.0 | 38.5 | 44.9 | 39.6 | 39.6 | — | — |

具有高密度、高体积热值的液体烃类燃料,与普通的喷气燃料相比,能有效提高燃料单位体积的热值,在燃料箱容积一定时,能有效地增加导弹所携燃料的能量,降低发动机的油耗比,从而满足导弹高速和远射程的要求;或在导弹航速和射程不变的情况下,减小发动机燃料箱容积,使导弹小型化,从而提高导弹的机动性和突防能力。

　　从 20 世纪 50 年代起,高密度燃料就一直是喷气燃料发展的重点,它的发展经历了从宽泛的石油蒸馏筛选品到特定的高密度化合物,从单纯烃类到混合了金属的凝胶燃料,从天然物质到人工合成物的复杂过程。1985 年之后,高密度燃料出现了两大跨越式发展:金刚烷的发现和人工合成高密度燃料的发展。金刚烷是迄今发现最好的天然存在的高密度喷气燃料原料,但储量十分有限。人为设计、合成的高密度燃料有诸多优点,是今后发展的方向。

### 8.1.1　石油蒸馏精制燃料

　　20 世纪 50 年代发展的 JP-4 和 JP-5 是用于涡轮发动机飞行器和早期导弹上的石油蒸馏精制产品,两者均有较高的净热值。JP-4 是美国 1951—1995 年最广泛使用的 JP 系列燃料之一,属宽馏分型喷气燃料,冰点和粘度低,挥发性高,适合空军低温操作条件的要求。JP-5 是高闪点型喷气燃料,以煤油混合少量汽油,挥发性低但闪点高,能确保燃料在舰船上储存的安全性。这两种燃料在实际应用中都取得了成功,但随着新型导弹的出现,人们也在寻求具有更高能量值的燃料。

### 8.1.2　以特定化合物为主的燃料

　　早期的特定高密度化合物燃料是用于美国海军“战斧”巡航导弹的 RJ-4,它是高密度二甲基双环戊二烯加氢制得的两种异构体的混合物。同 JP-4 和 JP-5 相比,RJ-4 的燃烧热值提高了 16 %,达到 39.0 MJ/L,同时拥有更加适宜的闪点和低温性能(冰点、粘度),这种燃料被充分发展并投入了实际应用。

　　但是 RJ-4 中桥式结构的粘度和冰点比挂式高,依赖于生产过程中控制程度的差异,不同批次间生产的燃料重现性差、性能不稳定,尤其表现在低温粘度上。于是人们用 $AlCl_3$ 进行催化异构化处理,把其中的桥式结构组分转化为挂式结构,得到燃料 RJ-4I。新燃料的低温粘度有所改进,-40 ℃时的粘度从 60 cSt 降到了 28 cSt,但热值也随之下降了 1.3 %。由于成本的增加超过了特性改进的获益,RJ-4I 未能成为 RJ-4 的理想替代品;此外,RJ-4 和 RJ-4I 都满足不了空军的操作要求,导致这些燃料的变体 JP-10 的发展。

　　用桥式双环戊二烯取代二甲基双环戊二烯作为起始原料,加氢得到固态桥式四氢环戊二烯二聚体,再用硫酸或氯化铝异构化,可以把固态的桥式异构化转化为液态的挂式四氢环戊二烯二聚体,称为 JP-10。它在热值和低温性能上都比 RJ-4 优越,被同时用做美国空军和海军的标准燃料。

　　JP-10 进一步改进的产品是 JP-9,它是三组分混合物,含有 10 %～12 %的甲基环己烷(增加挥发性)、20 %～25 %的 RJ-5(提高能量值)和 65 %～70 %的 JP-10;但由于成本过高和 RJ-5 的发展停滞,JP-9 没有实际应用。

RJ-5也称全氢化降冰片二烯二聚体,它是以降冰片二烯为反应物(由环戊二烯和乙炔合成),在15％(质量百分比)的铑/碳催化剂催化下聚合,再经加氢和异构化处理得到的产物——挂-挂式四氢降冰片二烯二聚体。RJ-5具有很高的燃烧热值(44.9 MJ/L),但合成过程中使用了昂贵的铑催化剂,反应步骤多,总产率低,而且冰点高(>0 ℃),粘度高,过冷时会立即结冻成固体,引起燃料系统关闭。

尽管有很多缺点,但RJ-5的高热值还是受到了很多人的关注,人们把它和JP-10等低粘度物质混合,制备出比例不同的一系列高热值燃料,密度可以达到1.02~1.04 g/cm³。但后来RJ-5的发展遭遇了停滞:它的原料降冰片二烯主要来自于荷兰壳牌公司一种杀虫剂的副产品,壳牌停止生产这种杀虫剂以后,可商业化的大量降冰片二烯也很难再得到了。于是美国人又致力于用成本较低的、国内易得的原材料来仿造类似RJ-5的混合物,RJ-7就是一例。RJ-7是三重混合物,包含全氢环戊二烯三聚体、环戊二烯和茚加合产物的二氢衍生物,以及JP-10,它的热值(42 MJ/L)比JP-10(39.6 MJ/L)高,但粘度(>400 cSt)也比JP-10(19 cSt)大。

### 8.1.3　凝胶燃料

某些金属、非金属和它们的化合物如铝、硼、碳、碳化硼等,具有非常高的体积热值,把它们添加到基础燃料中能大大提高燃料的整体能量值。随着固体添加剂的增加,热值在某些情况下能成倍地增长,因此凝胶燃料也是高密度燃料发展中的一个重要部分。固体组分与基础燃料的有效混合可以借助于凝胶剂,如苯乙烯-丁二烯共聚物、壳牌的含磷ALMB-2聚合物,以及氧化铝颗粒等来完成。很多合成凝胶燃料都很稳定,热值很高,流动性适合导弹要求,而且在溢出或泄漏时安全性更高,在导弹飞行时能消除燃料重心的快速转变。但这种燃料的缺点也很多,主要包括以下几点:固体燃料比液体更难处理,更难获得有效的燃烧,还要克服可能的并发症,诸如颗粒处理、喷注器磨损、燃烧效率低、固体颗粒残余、火焰温度高和处理困难等。虽然胶状燃料有极高的热值,研究成果也有周期性的更新,但这方面的研究一直没有实践性的应用。

### 8.1.4　天然存在的金刚烷燃料

1985年之后,高密度燃料的一大成果是天然存在的金刚烷的发现。金刚烷是长期地质年代后的石油降解残留物,在原油和天然气中以微量组分存在,它有高度致密的分子结构,体积能量值高,低温性能好,是很有潜力的高密度燃料候选物。金刚烷的分子结构极其特殊,在美国莫比尔湾发现的金刚烷是致密、笼状、菱形多环烷烃分子的复杂混合物,主要组分是一金刚烷、二金刚烷、三金刚烷、甲基取代的衍生物,以及少量的$C_{22}H_{28}$、$C_{26}H_{32}$和更高相对分子质量的同系物。因为这些复杂化合物的合成难度很大,很多分子对有机化学家来说都是新的,化学家们只制造和探讨了这类分子中最简单的类型。金刚烷的烷基取代衍生物为液态,低温性能好,还兼有高效增溶剂的作用,能促进固态组分在溶液中的溶解,三个甲基基团就可以把高溶点的二金刚烷固体转变成溶点为 $-54$ ℃的低粘度流体。

美国已经设计并生产了以金刚烷为基础的高密度燃料。燃料 RF - 1 的主要组分是一金刚烷衍生物,RF - 2 包含一金刚烷衍生物、二金刚烷衍生物和三金刚烷衍生物,RF - 3 主要为二金刚烷衍生物和三金刚烷衍生物,RF - 4 大部分为三金刚烷衍生物。这些燃料的质量热值与 JP - 10 相当,但体积热值却比它大,这是金刚烷分子结构致密性的结果。在较大的空燃比范围内,RF - 1、RF - 2、RF - 3 单位体积燃烧释放的能量远远大于 JP - 10,证明了金刚烷类燃料提高航程的巨大潜力。

## 8.1.5　人工合成高密度燃料

金刚烷类燃料是天然气开采中的少量副产物,它们的实用性与天然气的生产操作密切相关,而后者在供应及间接成本方面是很不确定的。于是人们开始研究具有相似、甚至更好的分子结构致密性的燃料——合成高密度烃类燃料。高密度燃料的合成策略基本相同:选择或制备结构致密的分子作为基本材料,然后重排获得密度更高、粘度更好的结构。合成方法大体可分为两种,一种是热聚合-异构化的方法,如前面提到的 RJ - 5,用降冰片二烯和双环戊二烯的热聚合产物作基础,加氢饱和双键,然后异构化得到液态产物,总产率一般小于 30 %;另一种是沸石催化方法,沸石兼有对聚合和重排的催化作用,可以得到多种共溶物的液体混合物,产率可达 20 %～90 %,热值和低温性也更佳。

人工合成高密度燃料能最大限度地设计和控制目标燃料,通过选用不同原料,采用不同过程,改善燃料性能以满足特定要求;与传统大密度煤油相比,密度更高,燃烧热值更大,综合性能更好。如果能降低它的高成本,则合成高密度烃类燃料将成为极具发展前景的新型燃料。

## 8.1.6　高密度吸热型碳氢燃料

随着冲压发动机动力导弹的飞行速度越来越快,特别是高超声速飞行器成为当今及未来航空航天领域发展的热点,传统的隔热、防热方式已经不能满足要求,而利用燃料进入燃烧室燃烧之前先流经发热部件表面带走热量的工艺是最佳方案,即燃料本身就是最经济、最高效的可燃冷却剂。

从单位质量的冷却能力和燃烧热值角度考虑,液氢无疑是最理想的冷却剂和推进剂。由于液氢的比定压热容和汽化潜热比碳氢燃料大,因此液氢的总吸热能力较碳氢燃料大得多。当液氢从液态温度(20 K)吸热升温至 1 000 K 时,其热沉可达 $14.082 \times 10^6$ J · $kg^{-1}$。液氢除了具有高冷却能力外，还具有高的热值。液氢单位质量的燃烧热值为 $123.187 \times 10^6$ J·$kg^{-1}$，在飞行马赫数 $Ma > 8$ 的飞行器上，液氢被公认是目前首选的可同时满足冷却和燃烧要求的低温燃料。但液氢燃料的使用也存在一些无法回避的问题。

① 液氢是一种深冷的低温液体，它的液化温度很低（20 K），要使氢液化并保持于液化状态需要消耗能量。从理论上讲，使 $H_2$ 液化需要消耗的能量为 $11.8 \times 10^6$ J·$kg^{-1}$ 左右，而实际上所需消耗的能量远高于上述理论值，因此液氢燃料的制备成本很高。

② 液氢燃料单位质量的燃烧热值很大，但由于其密度很低（$\rho = 0.071$ g·$cm^{-3}$），单位体积的燃烧热值很小，约为 8 746 KJ/$m^3$，因此，飞行器使用液氢燃料时需要体积庞大的储存设备，增加了飞行器的质量，降低了有效载荷；在大气层内飞行时，还将增加飞行阻力。此外，不论是地面设备还是飞行器上的供储系统均需有深冷装置，携带、加注和操作都不方便。

③ 液氢极具挥发性，且易燃易爆，当空气中氢占 18.3 %～59 %（体积）时，稍有摩擦、撞击、静电或火花，即可发生爆炸；氢含量在 4 %～75 % 时，可引起燃烧。因此无论是在路基上还是在飞行器上都存在着后勤和安全问题，也给军事战术带来巨大困难。

④ 液氢是低温燃料，低温液体的储存和运输对容器及管道材料有苛刻的要求，防止氢脆和渗漏是液氢储存和使用过程中必须解决的又一关键问题。

与液氢相比，碳氢类燃料具有明显的成本低廉、储运方便、安全系数高等优点，但传统的喷气燃料的冷却能力只能局限于物理热沉，其热稳定性和抗氧化性是有限的，而且很容易发生静电反应，因此只能在中等温度下使用，热沉无法满足未来高超声速飞行器的冷却要求；另外，若将传统喷气燃料在高温下使用会发生强烈的结焦，进而堵塞发动机的燃料系统，并使喷注器系统发生结垢或使系统的材质发生腐蚀，影响发动机的正常工作。因此，传统的喷气燃料不适用于冷却高马赫数飞行器的高温发动机。

基于以上原因，研究人员提出了高密度吸热型碳氢燃料这一概念。它除了利于其本身的物理热沉外，还可以利用其在气相条件下发生化学反应吸收热量（化学热沉）的特性，即在进入燃烧室之前裂解为小分子产物，裂解过程吸收热量，因而冷却能力大大增强，从而能满足高超声速飞行器的冷却要求。更优越的性能是它在发动机燃料箱容积受限制时，能有效地增加导弹所携带燃料的能量，降低发动机油耗，从而满足导弹高速和远射程的要求；或在导弹航速和射程不变的情况下，减小发动机燃料箱容积，使导弹小型化，从而提高导弹的机动性和突防能力。

吸热型碳氢燃料的研究主要围绕催化脱氢和高温热裂解/催化裂解这几种吸热机理展开，研究重点包括燃料的选择与制备、催化剂的筛选和评价、热沉测定和结焦抑制等方面。

20 世纪 70—80 年代，吸热型碳氢燃料的研究在世界范围内兴起，主要以环烷烃的催化脱氢为重点。催化脱氢的优点在于较低温度下有较高的转化率，反应吸热量大，产物单一稳定，并且能产生大量的氢气，对燃烧和催化剂有利；缺点是选用的催化剂 Pt - $Al_2O_3$ 体系中的 Pt 价格昂贵，并且生成甲苯使燃烧性能不好，在燃烧室内易结焦。甲基环己烷（MCH）和十氢化萘的脱氢是当时研究的热点,常被作为脱氢反应的模型化合物。甲基环己烷可以算作美国的第一代吸热碳氢燃料,它能提供 2.72 MJ/kg 的热沉,可满足马赫数为 4~6 的飞行。但在 20 世纪 80 年代以后,由于研究重点的转移,催化脱氢的研究几乎不再有突破性的进展。如果要在该领域取得成绩,就必须找到廉价而性能优良的催化剂和结焦抑制剂。

20 世纪 90 年代,吸热型碳氢燃料的研究转向热裂解和催化裂解。与热裂解相比,催化裂解需要的反应温度低,吸热反应速率快,产物的选择性高,燃烧速率快,不易结焦,更受各国研究机构的青睐。到目前为止,裂解反应仍是美国在吸热燃料方面研究的焦点。美军研制的吸热碳氢燃料既有含几百种碳氢分子的石油精馏产品,如 JP-7、JP-8(空军和陆军通用的单一燃料),又有纯物质或少数纯物质的混合物,如 JP-10。美国对 JP-7、JP-8+100、JP-10 等液体碳氢燃料进行催化裂解地面试验,结果表明,700 ℃时 JP-7、JP-8+100 的物理热沉没有明显的差别,均为 2.06 MJ/kg,化学热沉以 JP-7 最高(1.07 MJ/kg),JP-8+100 其次(0.82 MJ/kg),JP-10 的热沉值最低(0.54 MJ/kg),三者提供的总热沉都可以满足马赫数为 4~6 的超声速飞行。尽管三者裂解的主要产物相同,但产物分布有明显不同。

吸热燃料作为冷却剂,首先要考虑的是其热稳定性能,即在被加热的条件下燃料系统表面以及燃料主体中形成固体沉积物的程度,能否满足正常飞行的要求。减轻沉积的措施包括添加剂、燃料脱氧和表面处理,其中添加剂和燃料脱氧是最有效的手段。美国提高燃料高温热稳定性有两大思路:添加热稳定性添加剂(如 JP-8+100)和研制高热稳定性的新型燃料(如 JP-900),都取得了不错的成绩。

为改善燃料性能,各国都在进行添加剂的研究,已开发出诸如抗氧化剂、金属减活剂、防蚀剂和防冻剂等多种燃料添加剂。美国的热稳定添加剂在提高燃料热稳定性方面起到了很大的作用。在 JP-8+100 问世前,JP-TS 是唯一使用热稳定添加剂(杜邦生产的专用添加剂 JFA-5)的现役燃料,它是煤油高度精制的产品,专门用于 U-2 飞行器。JP-8+100 是在 1995 年开发出来的,在 JP-8 中加入了新研制的军事专用的添加剂,热稳定性比 JP-8 提高了38 ℃,热沉提高了 50 %。

20 世纪研制的 JP-900 是新型煤基喷气燃料,能在 900 ℉(482 ℃)温度下保持长时间稳定,不会产生沉积堵塞阀门、喷嘴或在其他零件上积碳,故称 JP-900。JP-900 的高稳定性受益于它的原料:JP-900 是由煤和石油的副产品混合而成的,煤中含有大量芳香烃、环烷烃等环状烃,加氢后均转化为环烷烃。环烷烃不但自身具有很高的热稳定性,还能在燃料中充当稳定剂,大大抑制燃料的分解。实验表明,JP-900 不仅有很高的密度(0.97 g/cm³)和体积能量值(41.14 MJ/L),且高温安定性好,吸热能力强,为第五代战机的先进涡轮发动机研发起到了积极的推动作用。有报道称,美国还在发展吸热能力是 JP-900 的 10~15 倍的 endoJP 燃料,2015 年美国将使用人工合成的吸热燃料。

# 8.2 冲压发动机固体燃料特性

冲压发动机采用的固体燃料称为贫氧推进剂，又称富燃料推进剂，是特种固体推进剂的一种。其主要特点是氧化剂含量比常规固体火箭推进剂低，作为燃料的粘合剂和添加剂的含量相对较高。其余氧系数远小于1，一般为0.05～0.3。

## 8.2.1 贫氧推进剂的发展概况

贫氧推进剂主要用于冲压发动机，随着冲压发动机对固体推进剂要求的提高而不断发展。从有关文献报道来看，国外冲压发动机用贫氧推进剂的发展经历了三个阶段：第一阶段采用金属添加剂加少量氧化剂压制而成；第二阶段采用高分子粘合剂的浇铸型推进剂；第三阶段采用HTPB（端羟基聚丁二烯）粘合剂的基础配方。

我国开始研制固体贫氧推进剂时间较早，有着良好的研制基础，研究领域几乎涉及到贫氧推进剂的全部品种。我国20世纪60年代后期开始研制固体火箭冲压发动机，70年代已研制出一些贫氧推进剂，到了80年代，随着HTPB粘合剂的成熟，我国已研制出中能贫氧推进剂，目前正向着高能贫氧推进剂发展。

## 8.2.2 贫氧推进剂的组成及配方选择原则

贫氧推进剂的组成与常规火箭推进剂基本相同，主要由氧化剂和燃料组成，其中燃料包括粘合剂和金属添加剂。与常规火箭推进剂相比，贫氧推进剂中氧化剂含量减少，金属含量增加。由固体火箭冲压发动机的工作方式可知，选择贫氧推进剂首先要考虑其能量性能和燃烧性能，其次还要综合考虑其他一些指标，包括价格、加工性能等。

好的氧化剂应该具备有效氧含量高、生成焓高、密度高、气体生成量大、物理安定性好及与粘合剂相容性好等优点。高氯酸铵（AP）的密度高，有效氧含量高，热稳定性好，分解产物都是气体，因此在复合推进剂中，国内外都普遍使用AP作氧化剂，在贫氧推进剂中也同样如此。

选择贫氧推进剂用的粘合剂时所考虑的主要准则是推进剂制造容易、燃烧热值高和容装固体组分的能力强。HTPB是目前国内外最广泛使用的粘合剂。对于非壅塞式固体火箭冲压发动机，选择以GAP（缩水甘油叠氮聚醚）为粘合剂的贫氧推进剂会是一个更好的选择，它能够显著改善贫氧推进剂的燃烧性能。

在推进剂中加入硼、铝和镁等金属填料，可显著提高贫氧推进剂的能量水平。贫氧推进剂中常用的添加剂有：碳、硼、锆、铝和镁，有时也用到碳化硼。选择金属添加剂的准则是具有较高的密度和燃烧热。铝和镁的密度与热值都较高并且价格便宜，因此铝和镁是贫氧推进剂中比较实用的金属添加剂。

### 8.2.3 贫氧推进剂的分类

贫氧推进剂按能量大小可分为中能贫氧推进剂和高能贫氧推进剂;按排气烟雾的大小可分为:产生烟雾较多的加金属配方、产生烟雾较少的加碳配方和碳氢燃料配方。更典型的是以推进剂中添加的燃料分类,可分为三类:铝镁贫氧推进剂、含硼贫氧推进剂和碳氢贫氧推进剂,它们的性能如表 8.2 所列。

表 8.2 各类贫氧推进剂的性能

| 贫氧推进剂类别 | 热值/(MJ·kg$^{-1}$) | 密度/(kg·m$^{-3}$) | 比冲/(N·S·kg$^{-1}$) |
|---|---|---|---|
| 铝镁贫氧推进剂 | 20~23 | 1 600~1 700 | 6 000~7 000 |
| 含硼贫氧推进剂 | 29~36 | 1 650~1 700 | 9 000~10 000 |
| 碳氢贫氧推进剂 | 约 33 | 约 1 050 | 约 10 000 |

铝镁中能贫氧推进剂一般由氧化剂、粘合剂、铝粉和镁粉(或镁铝合金)组成,通常还添加一些燃速催化剂。铝镁中能贫氧推进剂的补燃效率高,点火性能和燃烧性能优于含硼贫氧推进剂。

含硼贫氧推进剂通常由粘合剂、高氯酸铵和细粒度硼粉组成,有时也用一种或数种以促进硼燃烧的添加剂。在冲压发动机中,采用硼燃料要比采用碳氢燃料的理论能量更高,但是含硼贫氧推进剂的主要问题是硼粉点火和燃烧困难带来的一系列问题。首先硼粉本身的点火温度高(一般为 1 900 K 左右),而且硼粉被其氧化物($B_2O_3$)所包围,使得硼粉的点火和燃烧难以进行。

碳氢贫氧推进剂的主要组分是粘合剂和氧化剂,有时还有碳氢填料,它一般不含金属添加剂。该推进剂配方组分一般为:40 %~60 %粘合剂、30 %~40 %高氯酸铵和碳氢燃料添加剂。碳氢燃料的分解产物在冲压发动机补燃室中燃烧只产生低相对分子质量的碳氢化合物碎片等产物,燃烧效率高,因此这类配方产生的尾烟较少。这种推进剂的优点是燃烧热高、产物烟雾少和一次燃烧温度低;其缺点是密度低、燃速低、二次点火困难等。对排气特征要求严格的导弹,选用此类推进剂较好。

### 8.2.4 贫氧推进剂的燃烧特征

贫氧推进剂的组成特点及其使用环境决定了它的燃烧特性与常规火箭推进剂不同。贫氧推进剂的主要燃烧特征如下:

① 贫氧推进剂燃烧的不稳定性。由于贫氧推进剂中氧化剂含量大大降低,因此在氧化剂

颗粒的上方以及氧化剂周围,分解速度或燃烧速度都比远离氧化剂颗粒的粘合剂部分燃速高,这是造成贫氧推进剂燃烧不稳定的原因之一;另外,由于金属含量增加,金属颗粒燃烧时的溅射作用也造成推进剂燃烧的不稳定。在测定贫氧推进剂燃速时,经常发现推进剂出现层状燃烧、燃烧过程中推进剂成块脱落等现象。

②贫氧推进剂燃烧缓慢。一方面,由于贫氧推进剂中氧化剂含量少,推进剂燃烧的不完全程度增加,燃烧放热小,因此贫氧推进剂的燃速低;另一方面,由于贫氧推进剂在燃气发生器中工作压强低,尤其对于非壅塞燃气发生器的工作环境,贫氧推进剂的工作压强一般在0.5 MPa以下,如此低的工作压强不仅使贫氧推进剂的燃烧变得缓慢,而且对其燃烧稳定性也是一个严峻的考验。

③贫氧推进剂点火困难。贫氧推进剂中氧化剂含量少、燃速慢,其点火比常规火箭推进剂更难。贫氧推进剂点火需施加的能量和热量更大,而且其点火延迟时间也长。

④贫氧推进剂燃烧不完全。贫氧推进剂中氧化剂含量大大减少,低压下燃烧时有浓浓的黑烟,凝相产物较多,燃烧的不完全程度增加。

因为贫氧推进剂燃烧缓慢、稳定性差,燃速测试数据的散布大,用常规火箭推进剂燃速的测试方法来测定贫氧推进剂燃速有较大困难,所以贫氧推进剂的燃烧性能测试有其独特性。

## 8.2.5　适用于非壅塞式固体火箭冲压发动机的GAP贫氧推进剂

### 1. 非壅塞式固体火箭冲压发动机对贫氧推进剂的要求

固体火箭冲压发动机的基本工作原理是:贫氧推进剂在燃气发生器中燃烧产生富燃燃气,喷入冲压发动机燃烧室,在那里与进入燃烧室内的空气掺混,进行二次补燃,燃气再经过喷管膨胀产生推力。固体火箭冲压发动机一般希望贫氧推进剂在燃气发生器中的一次燃烧既能提供足够的热值以维持其自身燃烧,又能产生一定量的富燃燃气,减小固体残渣量,使冲压发动机获得较高的比冲。

非壅塞式固体火箭冲压发动机的燃气发生器无需燃气流量控制系统即可随冲压补燃室的压强变化自动调节贫氧推进剂的燃速和燃气流量,从而使冲压发动机在设计状态附近工作,具有良好的性能。为了增加流量可调节方案中燃气流量的调节范围,需要尽可能采用高燃速压强指数的贫氧推进剂。同时,为防止非壅塞发动机在低压下熄火,要求贫氧推进剂能够在0.5 MPa甚至更低的工作压强下稳定燃烧。

综上所述,非壅塞式固体火箭冲压发动机对贫氧推进剂的要求是:推进剂必须能量高,含氧量少,补燃燃烧效率高,并且有高的燃速压强指数和良好的低压燃烧稳定性。

**2. GAP 粘合剂的优点**

复合推进剂历史上的重大发展都是与高性能粘合剂的出现紧密相关的。叠氮类粘合剂具有生成热高、密度高、成气性好等特点,已成为高能、无烟推进剂研制中最活跃的领域之一。GAP 是目前研究较为普遍、较为成熟的叠氮粘合剂。它可以无氧自燃,而且在其他推进剂组分相同的条件下,推进剂的固体含量可超过 80 %。含 GAP 的推进剂具有燃速高、对压强敏感、燃温低等特点,适用于非壅塞式固体火箭冲压发动机。因此,GAP 推进剂具有引人瞩目的发展前途。

**3. GAP 贫氧推进剂用于非壅塞式固体火箭冲压发动机的前景分析**

由于贫氧推进剂可燃性极限决定了非壅塞式固体火箭冲压发动机的飞行包络,因此研究及拓宽贫氧推进剂的可燃性极限是贫氧推进剂燃烧性能的主要研究内容之一。贫氧推进剂组分的可燃性极限通常有两种表示方法:一种是讨论贫氧推进剂的三种主要组分——氧化剂、金属添加剂和粘合剂之间含量与可燃性极限的关系;另一种则是讨论单一推进剂组分与贫氧推进剂可燃极限之间的关系。

用于非壅塞式固体火箭冲压发动机的 HTPB 铝镁贫氧推进剂,可以通过组分之间的配比变化来调节其燃烧性能,但是在提高低压燃烧稳定性以及扩宽可燃性极限等技术难题上,结果并不能令人满意,因此考虑用含能粘合剂 GAP 替代 HTPB,是一种比较可行的技术手段。这一思路基于以下几点原因。

(1) GAP 具有正的生成热,本身可以自燃

GAP 是一种基本上不含氧化剂成分的碳氢化合物,它的燃烧不需要氧,而是靠叠氮基分解放出能量,形成自燃。因此用它作粘合剂可以显著改善贫氧推进剂的点火性能和燃烧性能,提高贫氧推进剂的低压燃烧稳定性。换言之,GAP 贫氧推进剂中可以适当减少配方中氧化剂的含量,并同时具有较好的点火性能。

(2) GAP 推进剂的密度高

GAP 的密度比 HTPB 高 40 %以上,这对提高推进剂的密度比冲有利。

(3) GAP 推进剂具有较高的燃速和燃速压强指数

非壅塞式固体火箭冲压发动机要求燃气流量可以调节,而流量调节与燃气发生器中贫氧推进剂的燃烧性能有关。由燃气发生器的燃气生成率公式,有

$$\dot{m}_f = a p_{cg}^n \rho_p A_b \tag{8.1}$$

式中,$\dot{m}_f$ 为燃气流量,$a$ 和 $n$ 分别为贫氧推进剂的燃速系数和压强指数,$\rho_p$ 为推进剂密度,$A_b$ 为燃烧面积,$p_{cg}$ 为燃气发生器的压强。

非壅塞式方案中,燃气发生器的压强与补燃室的压强基本相同,此时

$$p_{cg} = \psi_g p_c \tag{8.2}$$

式中，$p_c$ 为补燃室的压强，它与富燃燃气流量、空气流量以及补燃室设计相关，$\psi_g$ 是燃气发生器燃气流动总压损失系数。

当补燃室压强 $p_c$ 降低时，燃气发生器中的压强 $p_{cg}$ 也随之降低，从而使得燃气流量 $\dot{m}_f$ 相应地减小；反之亦然。可以看出，燃气流量可调能力与燃速压强指数 $n$ 关系密切，$n$ 值越大，流量可调范围越大，当 $n=1$ 时，可以达到完全调节。此时，比冲不会随着高度的增加而减小。这就要求推进剂的燃速压强指数越大越好。对于非壅塞式固体火箭冲压发动机，如果采用 $n \geqslant 0.5$ 的推进剂，则可以获得明显的燃气流量性能调节效果。GAP 推进剂的燃速压强指数较大，在 0.6 左右，能满足非壅塞式燃气发生器的要求。

此外，GAP 作为一种优良的含能粘合剂，还具有氧含量小、气体生成量大等优点。

由上可见，GAP 贫氧推进剂密度较高，粘合剂自燃，氧含量小，燃速压强指数也较大，并且燃烧产物大部分（74 %）是气体。与 HTPB 贫氧推进剂相比，其点火性能和燃烧性能得到了改善，并且氧化剂的含量还可进一步减小。因此 GAP 贫氧推进剂是非壅塞式固体火箭冲压发动机燃气发生器的理想推进剂。

# 8.3 冲压发动机的材料与热防护

## 8.3.1 冲压发动机对材料的要求

在冲压发动机设计中，任何一种结构方案各参数的相互联系都是非常密切的，以致就这一点而言，几乎很少有其他工程问题可与之相比。考虑到载荷、变形、温度、可靠性、成本和使用场合有限等方面的相互依赖关系，需要对两个问题进行讨论。在选定合适的材料之前，都要对这两方面的问题进行仔细斟酌。这两个问题是：① 在比较恶劣的边界条件下使用飞机和导弹常用材料时，要对其机械性质进行鉴定；② 在普通材料不适用时，要寻求可用的新材料。就第一个问题而言，其所以困难是因为通常无法充分了解全部基本设计问题（包括许多特殊的各种各样的要求）。例如，在考虑构件是在短时间高温下工作还是长时间高温下工作时，就会遇到这类问题。对于第二个问题来说，其所以麻烦是因为处于研制阶段的材料的生产方法常有变化，所以它们的机械性质通常是不稳定的。

冲压发动机上选用的材料，对不同设计方案，差异可以是很大的。通常优先选用能满足所需强度或刚度而质量又最轻的材料。

在许多导弹设计方案中，燃烧系统部件还构成导弹的后段。这些部件存在几个最为复杂的设计问题和材料选择的问题。必须选用在加载荷情况下能承受 500 K 温度变化的材料。显然，各具体部件，或者说燃烧室各分系统的确切温度或温度梯度取决于部件的用途、位置和它们在所处温度下暴露时间的长短（暴露时间可以短到 3 min，长到数小时）等。

发动机的燃烧室或其尾喷管在大部分情况下也是导弹后段的外壳,就可能也是一个承受载荷的部件。气动载荷、加速、减速、振动等可产生弯曲以及扭应力和轴向应力组合的复杂载荷,这些应力根据不同的飞行条件可能是稳态的,也可能是动态的。设计必须使得部件既不产生过量的挠曲,也不产生永久的变形,因为这类变形会引起诸如机动飞行时的不正常工作。既然存在动态载荷,那么共振问题也总是存在的,所以,有时在设计准则中还包括避免在某些频率的振动下工作的要求,以防止产生与结构振动的耦合。

尾喷管所受到的阻力和压力载荷引起很大的拉应力,同时还受到相当大的热应力,这就要求留有喷管膨胀所需的间隙。然而,喷管的变形通常并不严重,在进行长时间飞行时,由于高温燃气的冲蚀作用,高达 1 100 K 的温度可以引起喷管材料缓慢而连续的损耗。

燃烧室是发动机承受最高温度的部件,也受到阻力和压力载荷。这种载荷使整个系统的各构件承受各种薄膜应力的组合作用。在稳定燃烧期间,燃烧室的各部件可能承受 700 ~ 1 300 K 的高温。燃烧室各部件上通常有开孔和缝隙,因而造成材料的不连续性。这些部件承受外部压力时会产生结构稳定性或纵向弯曲的问题,而这类问题很难精确计算。

燃烧室中某些附件,如火焰稳定器,要求所用的材料既具有高温强度,又具有抗冲蚀和抗高热冲击的能力。火焰稳定器必须能起稳定火焰的作用,而不致产生明显的烧蚀,因为烧蚀可能会影响火焰稳定性。

在进气道系统,载荷和变形设计准则对部件的功能是至关重要的。因为此部件受到气动加热,所以设计温度是马赫数的函数。对工作于马赫数达 5 的防空导弹来说,其设计温度可高达 1 300 K。由于金属薄壁的热容量小,所以进气道部件的材料通常在几秒钟内就达到了平衡温度。因为进气道壳体承受弯曲和扭转两种载荷,所以通常其设计准则是考虑稳定性,在这种情况下,可用扭转下的屈曲或受弯下的压缩屈曲来度量它的稳定性。

进气道进口唇部,要求质量轻而强度高,这是一个给定气动型面的薄壁段。马赫数超过 2.2 而飞行时间超过几分钟时,气流的冲蚀问题就显得特别重要了。

在选择冲压发动机材料时,不仅需要考虑设计飞行器机体时所遇到的一般问题,而且还要考虑储存期的腐蚀和环境问题。要求冲压发动机具有高度可靠性,还要使维护工作量小、质量轻、成本低。这些要求是矛盾的,但又是必要的。在给定情况下,某些材料有其优点,往往也有其缺点。然而,所选用的材料通常是下列各项要求折衷的结果:

① 能满足静载荷的要求;

② 能满足动载荷的要求;

③ 能满足某些特殊要求(如抗腐蚀、抗振能力等);

④ 根据实际生产水平是可以加工的;

⑤ 是可以供应的材料(易于获得,在战时不是战略物资)。

### 8.3.2　材料的性质

冲压发动机材料问题,除了考虑对一般构件的常规要求外,还与温度和时间有关。在讨论某些特种材料之前,先一般地考察一下材料的机械性质和物理性质是如何受随时间而变化的温度和载荷的影响的。

结构材料必须具有适合于其使用条件所需的强度和变形特性。

对导弹结构来说,强度-质量准则是很重要的,因为对于某一给定几何形状和给定载荷的构件,能达到最轻质量和(或)最佳刚度的材料是最好的材料。在高温条件下使用时,材料的强度随温度而变化,这时要根据强度-质量-温度准则来选材。

材料的弹性模量是用来衡量材料刚度或抗静弹性变形能力的。在弹性范围内,它是应力和应变的比,近似为直线。它也是温度的函数,其值随温度的升高而减小。就动态变形而言,除了弹性模量外,还必须考虑材料的密度,因为被加速的质量会产生惯性力。在受动载荷情况下使用的理想材料最好是具有像镁那样低的密度而像钨那样高的强度的材料。

因为结构材料既受到静载荷的作用,又受到动载荷的作用,所以强度准则的依据必须恰当。因此,通常用材料的疲劳极限来衡量材料的强度。这个参数是材料抗疲劳能力的主要指标。

在选择冲压发动机材料时,还有一些像热膨胀、热导率和抗腐蚀性等的机械性质和物理性质也是很重要的。当导弹飞行续航时间增加时,材料性质差别的重要性也增加。在组合式结构中,特别是在那些由几种不同材料的零件组成的装配件中,热膨胀和热冲击问题尤为重要。

### 8.3.3　可供使用的材料

在考虑冲压发动机用材料时,通常也把发动机分成燃烧室和进气道两大系统。这两个系统又是发动机和弹体的综合组成部分。在大多数情况下,燃烧室用的材料必须在高温下,甚至在极高温下能保证其弹性范围内的机械性质。表 8.3 给出了几种导弹用材料的可用温度范围。

一些特种钢材具有用于高性能冲压发动机所需的各种性能。某些特种钢还能满足抗腐蚀性、延展性、可用性和加工容易等要求。此外,还可以用耐高温有色合金,其高温性能比不锈钢还好,但是加工困难,价格也较昂贵。如果燃烧室的壁温增加到 1 200 K,则需要用像钼这样的金属(钼是价格很贵而又难以加工的金属)。

温度超过 1 200 K 时,可以考虑使用像工业陶瓷或陶瓷合金之类的非金属材料和高熔点金属。陶瓷材料具有良好的高温特性,但是这类材料都很脆,而且几乎无一例外地只适于受压缩应力载荷。然而,如果加工和处理等额外费用不太高的话,陶瓷涂层还是有其优越性的,因为这类涂层几乎不用稀缺材料,而且效果很好。

**表 8.3　各类导弹材料的可用温度范围**

| 合金类型 | 可用温度范围 |
|---|---|
| 铝合金 | 室温～500 K |
| 镁合金 | 500～700 K |
| 合金钢 | 室温～900 K |
| 钛合金 | 500～900 K |
| 不锈钢 | 室温～810 K |
| 高温合金 | 800～1 400 K |
| 铝合金 | 1 100～1 600 K |

进气道系统部件的最高温度可以超过 1 000 K。当工作温度约 700 K 以下时,不需要用钢,铝合金可广泛用于进气道系统和其他非燃烧室部件。镁合金是另一种有较佳强度-质量比特性的材料,其抗疲劳性比铝合金还要好一些。钛也具有作为制造进气道部件材料的特性,如机械强度、韧性和抗腐蚀性等。

此外,把玻璃纤维之类的纤维层用高温树脂粘合在一起,以形成具有特定要求的厚度、强度和刚度的板材。常见的此类材料有玻璃酚醛合成树脂层板,在 500 K 的温度下仍具有良好的强度-质量特性。这种材料的薄壁件易于成型,并可粘合成形状复杂的构型。

### 8.3.4　冲压发动机燃烧室热防护材料

由于以冲压发动机为动力的导弹处于全程动力飞行状态,即冲压发动机一直处于工作状态,其工作时间远远长于其他固体发动机,因而燃烧室的热防护成为冲压发动机极其关键的技术之一。冲压发动机燃烧室的热防护主要有主动热防护和被动热防护两种方式,主动热防护的方式是利用从进气道进入发动机的"低温"气流进行冷却,而被动热防护的方式则是采用轻质的耐烧蚀隔热材料对发动机壳体进行热防护。为了进一步降低发动机结构的复杂性及减小体积和减轻质量,被动热防护方式得到越来越多的研究和应用。

在远程超声速导弹中,为了提高发动机的推力和效率,必须提高冲压发动机燃烧室内的气流温度和速度,发动机的工作时间将大幅度提高,且气流成分复杂,尤其是有较强的氧化气氛,这就要求对燃烧室进行可靠的热防护。发动机热防护材料可分为弹性和刚性两类。刚性热防护材料大多是以酚醛树脂为基体的复合材料,由于延伸率低,因此不能适应壳体工作时的大应变。现在发动机的热防护材料一般采用弹性烧蚀材料,或者不单独采用一种刚性材料,而与其他韧性材料结合使用。不采用刚性热防护材料还有另一重要原因,即突扩燃烧室的振动问题。

从燃烧的角度看,振动问题是不可避免的,问题是振动的大小和频率。

国外冲压发动机燃烧室的热防护设计大多采用被动热防护的方式,以有机硅和陶瓷材料如碳化硅等作为基体的热防护材料得到较多的研究和应用。其中最具代表性的有法国的ASMP、美国的 AAAM 和 ASALM/PTV、德法合作的 ANS。ASMP 的热防护层材料为含有SiC 纤维的硅橡胶,热防护层厚度为 15 mm,其制造工艺为整体式浇铸,能在 1 MPa、1 500～2 000 K 的燃烧室条件下安全工作 1 000 s。ASALM/PTV 的热防护层材料为不锈钢丝/硅酮橡胶,热防护层厚度为 12.7 mm,可在 0.69 MPa 的燃烧室条件下安全工作 350 s。而 AAAM的被动式热防护层也能安全工作超过 360 s。ANS 采用的碳纤维或陶瓷纤维/硅橡胶热防护层,在 2 900 K 的局部燃烧室条件下安全工作达 100 s。

目前,美国冲压发动机的热防护采用不同功能材料复合的方案或不同的隔热材料组成多层系统,利用不同材料的不同有效温限,以不同的热防护材料分层组成热防护系统。如第一层用碳-碳复合材料,它可承受近 3 000 K 的高温和助推阶段的 14 MPa 的高压,是制造燃烧室室壁的理想材料。但碳-碳复合材料的导热系数相对较高,稳态时室壁温度与燃气温度相近。第二层为氧化锆,有效温限为 2 500 K,其作用是降温到第三层隔热材料的有效温限。第三层材料使用 MIN-K-2000,是美国曼维尔公司的专利材料。MIN-K-2000 是石英布贴面的柔性包覆材料,它属中温 1 300 K 材料,其导热系数远比碳-碳复合材料和氧化锆低。MIN-K材料是一种纤维材料,其导热系数随压力的变化而变化。当压力下降时,MIN-K 隔热作用增强,因为压力下降,气体的对流和传导作用下降。另外一种大胆的做法是,去掉中间层,调节MIN-K 的厚度,让其超温限使用,但温度超过其有效温限,MIN-K 烧结成陶瓷状。

其他的做法如第一层烧蚀采用碳纤维三维编织,与第二层隔热材料之间采用穿刺或机械固定的方法,第一层和第二层之间用同一种成碳树脂浸渍共同固化,第三层采用低导热材料。三层材料之间保持一定的温度梯度以达到隔热的目的,其设计思想也是不同功能复合成多层系统。

# 8.4 小 结

本章介绍了冲压发动机所采用的燃料及材料,包括冲压发动机液体燃料的特性、冲压发动机固体燃料的特性、冲压发动机所采用的材料以及热防护的方法与手段。冲压发动机的性能也与所采用的燃料特性有密切的关系,因此冲压发动机燃料的研制也是冲压发动机性能提高的关键之一。由于冲压发动机具有高马赫数飞行的特点,因此结构材料的热防护技术就成为以冲压发动机为动力的导弹得以实现的关键技术之一。

# 习　题

1. 冲压发动机常用的燃料有哪几种？
2. 贫氧推进剂有什么特点，燃烧过程有什么特征？
3. 冲压发动机在材料选择上有哪些特殊要求？

## 参考文献

[1] 贺芳,禹天福,李亚裕. 吸热型碳氢燃料的研究进展. 导弹与航天运载技术,2005(1).

[2] 张香文,米镇涛,李家玲. 巡航导弹用高密度烃类燃料. 火炸药学报,1999(4).

[3] 焦燕,冯利利,朱岳麟,等. 美国军用喷气燃料发展综述. 火箭推进,2008,34(1).

[4] 蔡尚立. 高密度吸热型碳氢燃料裂解与燃烧特性研究. 杭州:浙江大学,2008.

[5] 李文新,刘长太,顾旦元,等. 火箭冲压发动机贫氧推进剂研制. 推进技术,1985(1).

[6] 张炜,夏智勋,朱慧,等. 非壅塞固体火箭冲压发动机及其贫氧推进剂. 国防科技大学学报,2002(8).

[7] 王永寿. 固体冲压发动机添加金属推进剂的燃烧特性. 飞航导弹,1996(3).

[8] 任加万,谭永华. 冲压发动机燃烧室热防护技术. 火箭推进,2006,32(4).

[9] 李曙光. 国外高超音速飞行器现状及有关工艺技术研究. 航天制造技术,2007(6).

[10] 曹运红,盛德林,邢娅. 超燃冲压发动机用复合材料技术的研究状况. 飞航导弹,2005(6).

# 第 9 章  冲压发动机的试验

在冲压发动机的研制过程中,试验发挥着极其重要的作用。冲压发动机的试验需要有复杂的、成套的设备,因为没有哪一个设备能够承担一系列完整的试验计划。比如,研究性设备能承担高马赫数下的试验,但只限于小尺寸试验件;而对于全尺寸设备则受马赫数、总温的限制。因此,要求总体方案设计者也要有仔细权衡和折衷地面试验的能力,有计划地建设不同类型、不同规模的试验设施。一个国家冲压发动机试验规模的大小、能力的强弱、测量手段先进与否,往往决定了该国冲压发动机的研究水平。

冲压发动机试验分为地面试验和飞行试验两大类。在地面试验中,主要解决发动机部件的工作问题、发动机的整体工作特性,以及发动机与飞行器的匹配问题。以美国为例,在超燃冲压发动机的研究中,曾经进行了 PTE(Performance Test Engine)发动机、GDE(Ground Demonstrator Engine)发动机和 SED(Single Engine Demonstrator)发动机的试验研究,分阶段对发动机关键技术进行验证,所研究的发动机也越来越接近实际使用的单模块发动机。地面试验完成后,就可开展发动机的飞行试验验证了。

下面就对以上问题分别进行讨论。

# 9.1  地面试验系统

## 9.1.1  试验系统的组成

先进的冲压发动机的研制离不开地面试验设施。根据试验目的的不同,地面试验设施主要分为直连式和自由射流式两大类。

直连式试验系统(见图 9.1)的特点是:设备提供的试验气体全部进入发动机(试验件)。该类设备是较为经济的试验设备,但无法研究整个冲压发动机的工作特性。直连式试验系统主要用来研究发动机燃烧室的燃烧问题。

自由射流式试验系统类似一套小型的风洞系统。试验时,试验件(可以是发动机的进气道、发动机或发动机与飞行器的组合体)放到设备喷管形成的超声速射流流场当中,进气道产生的波系结构、入流情况,甚至发动机的外流都能够部分得到模拟。

自由射流式试验系统一般比较复杂,相对于直连式试验系统来说,它的体积更大,因为要在庞大的真空舱安装试验件,试验气体流量也更大。一般来讲,自由射流试验需要提供的气体流量约为同等规模的直连式试验系统的 2 倍以上,因为将近一半的气体从发动机的进气道溢

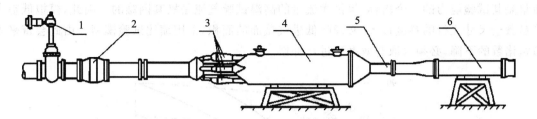

1—电动阀门；2—调压阀；3—加热器；4—稳定段；5—进气测量段；6—试验发动机

**图 9.1　直连式试验台**

流了,真正进入发动机的气体流量只有 50 ％左右,甚至更少。另外,由于自由射流式试验需要模拟真实的高空工作环境,还需要一套真空系统动态地将发动机试验时排放的燃气排出,保持试验时的低气压。引射器和真空罐是最常使用的真空设备。

冲压发动机试验需要模拟高空、高速飞行状态,需要试验设施提供与之相应的高温、高压(也称为高熔)的试验气流。根据大气参数的分布情况,图 9.2、图 9.3 给出了不同飞行马赫数、飞行高度下的总温、总压、单位进口面积的空气流量、动压以及单位长度的雷诺数。可以看到,随着飞行马赫数的提高,需要模拟的试验来流总温、总压不断提高,动压占了总压的绝大部分。动压是飞行器设计的重要参数,升力、阻力、推力都与动压成比例。为了降低设计难度,以冲压发动机为动力的飞行器一般选择接近等动压的飞行弹道。从图中还可看到,随着飞行高度的增加,单位进气面积的空气流量和单位长度的雷诺数迅速下降。试验台所能提供的空气

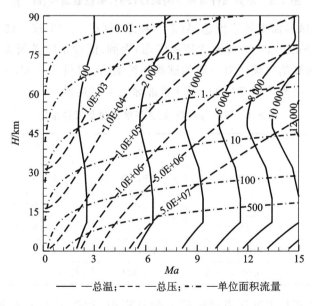

**图 9.2　不同飞行条件下的总温(K)、总压(Pa)、单位面积流量(kg/s·m²)**

流量是其试验能力的一个指标,提供大流量的高温试验气流是极其困难的。因此,模拟低空大马赫数全尺寸飞行的难度很大,必须降低进气截面的面积,采用缩比试验模型。由此会带来模拟雷诺数的下降,必须采取有效办法进行补偿。

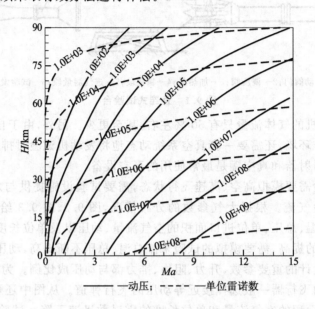

图 9.3 不同飞行条件下的动压(Pa)、单位雷诺数($m^{-1}$)

表 9.1 给出模拟试验需要的来流总温($T^*$)和总压($p^*$)。以 $H=15$ km、$Ma=4$(典型的亚燃模态)和 $H=30$ km、$Ma=6$(典型的超燃模态)为例,试验系统必须提供总压约 1.9 MPa、总温 910~1 857 K 的高焓气流。对一般的试验系统而言,提供 1.9 MPa 的高压并不困难,而提供 1 857 K 的高温,必须要有专门的设备(通常称之为加热器)。

表 9.1 不同马赫数、高度下的来流总温和总压

| 飞行马赫数、总压、总温<br>取 值<br>飞行高度/km | 3<br>$p^*$/MPa, $T^*$/K | 4<br>$p^*$/MPa, $T^*$/K | 5<br>$p^*$/MPa, $T^*$/K | 6<br>$p^*$/MPa, $T^*$/K |
|---|---|---|---|---|
| 15 | 0.445,606.8 | 1.839,910.1 | 6.408,1 300.2 | 18.12,1 776.9 |
| 20 | 0.203,606.8 | 0.840,910.1 | 2.925,1 300.2 | 8.730,1 776.9 |
| 25 | 0.094,620.2 | 0.387,930.3 | 1.349,1 328.0 | 4.025,1 816.3 |
| 30 | 0.044,634.2 | 0.182,951.3 | 0.633,1 358.0 | 1.890,1 857.3 |

美国 NASA 在多年从事冲压发动机研究的过程中,建造了大量试验设备,位于 Langley 中心的 5 座设施最为世人所熟知。表 9.2 汇总了其主要特征参数。

表 9.2 美国 NASA Langley 中心的冲压发动机试验设备

| 设 备 | 用 途 | 加热方式及温度/K | 模拟飞行马赫数 | 喷管出口马赫数 | 喷管出口尺寸/in | 试验段尺寸/ft |
|---|---|---|---|---|---|---|
| 直连式试验台 (DCSCTF) | 燃烧室试验 | 烧氢补氧 2 100 | 4～7 | 2、2.7 | 1.52×3.46、1.50×6.69 | — |
| 燃烧加热试验台 (CHSTF) | 发动机试验 | 烧氢补氧 1 700 | 3.5～5 4.6～6 | 3.5、4.7 | Φ764、13.26×13.26 | 2.5×3.5×8 (W×H×L) |
| 电弧加热试验台 (AHSTF) | 发动机试验 | 电弧加热 2 900 | 4.7～5.5 6～8 | 4.7、6.0 | 11.17×11.17、10.89×10.89 | Φ4×11(L) |
| 8 英尺高温风洞 (8′HTT) | 发动机试验 | 烧氢补氧 2 000 | 4、5、6.8 | 4、5、6.8 | Φ96 | Φ8×12(L) |
| 高超声速脉冲风洞 (HYPLUS) | 燃烧室试验 | 激波管 8 500 | 12、14、15、17 | 4.7、4.8 5、7.2 | Φ6、Φ12 | Φ4×34.5(L) |

图 9.4 是中科院力学所的自由射流式试验台,是我国第一套能够开展超燃冲压发动机自由射流试验的装置。其主要参数是:加热器总温为 1 800 K,总压为 5 MPa,设备喷管出口马赫数为 5.8,空气流量为 4.5 kg/s,使用一级引射器抽真空,引射器空气流量为 40 kg/s,动态舱压为 4 000 Pa。

冲压发动机试验系统一般都需要以下主要部分:空气供应系统、氧气供应系统、燃料供应系统、氮气系统、冷却水系统及试验台。以北京航空航天大学直连式超燃冲压发动机试验台为例,各部分的关系如图 9.5 所示。其主要功能及用途如下。

(1) 空气供应系统

空气供应系统提供试验所需的高压空气。所提供的空气压力取决于所模拟的飞行器飞行条件。例如,如果所模拟的飞行器飞行高度为 30 km、飞行马赫数为 6.0,则根据气体动力学的气动函数计算可得来流总压约为 1.89 MPa。空气供应系统应保证进入燃烧室的试验空气压力不低于这个值。

在本试验系统中,高压气罐出来的空气分为两路,实现空气系统的三大功能:为超燃试验台提供试验用高压空气,称为主空气;为系统中的气动阀提供操纵气,操纵气动阀开启或关闭;对冷却水箱和煤油箱增压。

空气供应系统由空气压缩机、高压空气罐、管路、阀门、减压器、流量计、过滤装置等组成,见附图 1。

(2) 氧气供应系统

燃烧氢气加热来流空气需要消耗空气中的氧气,为了使加热后空气的化学性质尽可能地接近真实空气(主要是氧气的含量),需要往空气中补充氧气,简称补氧,相应地需要一套氧气

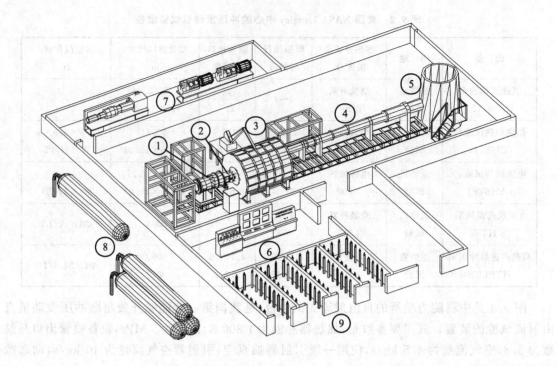

1—加热器；2—超声速喷管；3—真空舱；4—引射器；5—消声塔
6—测控间；7—压气机间；8—高压气罐；9—高压气瓶

**图 9.4　自由射流试验系统**

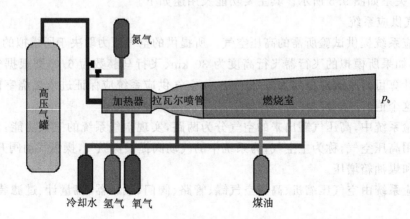

**图 9.5　直连式超燃冲压发动机试验台示意图**

供应系统。

氧气供应系统由氧气制备设施、高压氧气罐、管路、阀门、减压器、流量计、过滤器等组成，见附图 2。在本试验系统中，氧气是采用液氧蒸发的形式提供的。高压氧气经操纵台上减压阀减压后，保证在设计的流量范围和调定的压力精度内，向超燃试验台输送氧气。

（3）燃料供应系统

在本试验系统中使用的燃料包括氢气和煤油两种。加热试验用空气需要燃烧氢气，超燃燃烧室点燃煤油需要引导氢气，氢气本身也是超燃燃烧室的燃料之一。氢气的可燃极限很宽（4 ％～75 ％的体积含量），非常危险，使用时必须严格按照操作规程执行。

氢气供应系统由氢气压缩机、高压氢气罐、管路、阀门、减压器、流量计等组成，见附图 3。本试验台采取如下措施使用氢气：所购氢气瓶内的氢气通过三通球阀后分两路向高压氢气罐输送氢气，一路是将高压的氢气直接输送到高压氢气罐，另一路是低压部分的氢气经过减压器、氢气压缩机压缩后成为高压氢气，然后输送到高压氢气罐。这样做的目的是为了提高购买氢气的利用率，减少对氢气的操作频率，提高安全性。

高压氢气罐内的氢气经操纵台上减压阀减压后，保证在设计的流量范围和调定的压力精度内，向超燃试验台分两路输送氢气，一路为主氢管路，可用于以氢气为燃料的超燃试验，或用于点燃煤油的引导氢气，另一路为加热器的燃料氢气。

煤油供应采用高压气体挤压方式。煤油供应系统由煤油储罐、挤压气罐、管路、阀门、流量计、过滤装置等组成，见附图 4。

（4）氮气系统

试验中使用大量燃料和氧气，为了保证试验的安全，试验前后必须对燃料和氧气管路进行吹除，吹除使用氮气。氮气系统由高压气罐、管路、阀门、流量计、过滤装置等组成，见附图 5。高压气瓶出来的氮气分两路，一是通往氢气操纵台，置换氢气管路和高压氢气罐内残存的氢气或空气，确保安全试验；二是为氢气和氧气系统提供吹除气体，确保在氢气、煤油或氧气主阀门关闭后，氮气能迅速吹除剩余在管道中的氢气、煤油或氧气。

（5）冷却水系统

为了进行长时间的试验，必须对试验用加热器、拉瓦尔喷管、燃烧室等进行冷却。为了提高冷却效率，加热器、拉瓦尔喷管等均采用紫铜材料。

试验时，进水泵将所需要的冷却水从回水箱注入进水箱，达到所需要的体积后，通过增压空气系统将水箱增压到所需要的压力后进行试验。冷却试验件后的冷却水返回回水箱，以重复使用，见附图 6。

（6）试验台

开展超燃冲压发动机燃烧室试验的试验台由加热器、拉瓦尔喷管和超燃燃烧室构成。

① 加热器。为了模拟高空、高速飞行状态下的来流空气，需要提供高焓（高温、高压）试验气流。高焓气流的制备需要高压气源和空气加热设备。对于暂冲式试验设备，高压气源一般

由高压气罐(气瓶)组成。对于连续式试验设备,高压气源由大功率压气机提供。高压空气需要升温到试验需要的总温,需要加热设施。目前采用的加热设施主要有以下几类:燃烧型加热器、电弧加热器、激波管型加热器、蓄热式加热器等。其主要特点见表9.3。本试验系统使用的是燃烧氢气的加热方式,即所谓的烧氢补氧式加热。

表 9.3　不同类型的加热器对比

| 性能 项目 | 电弧加热 | 蓄热器加热 | 燃烧加热 | 激波管加热 |
|---|---|---|---|---|
| 最高温度 | 3 000 K | 2 200 K | 2 600 K | 6 000 K |
| 化学特性及成分 | 电离、NO | 良好 | $H_2O$ 或 $CO_2$ | 好 |
| 杂质 | 少量铜粒子 | 多 | 无 | 无 |
| 起动时间 | 短 | 长 | 短 | 极短 |
| 其他 | >1 MW 电功率 (1 kg/s) | 卵石床、金属氧化物、电阻等 | 补氧达到 21 %(体积含量) | — |

　　② 拉瓦尔喷管。拉瓦尔喷管用来提供试验所需马赫数的气流。试验台使用的拉瓦尔喷管一般有二维和轴对称两种形式:二维喷管产生的气流均匀性较好,有利于试验的进行;轴对称喷管结构性较好,易于加工。具体使用何种类型的拉瓦尔喷管取决于试验台的设计。对于直连式试验台,二维喷管进行轴对称燃烧室试验,或轴对称喷管进行二维燃烧室试验,都需要进行圆转方或方转圆过渡。如果是自由射流式试验台,可以采用二维喷管,也可以采用轴对称喷管。

　　拉瓦尔喷管的主要设计参数是气流出口马赫数。对于自由射流式试验台,喷管出口马赫数就是所要模拟的飞行马赫数。对于直连式超燃试验台,没有必要按照飞行马赫数来设计拉瓦尔喷管,因为其所模拟的来流是经过进气道压缩后的气流条件。根据经验,进入燃烧室的气流马赫数是飞行马赫数的 1/3～1/2,只需模拟这个马赫数即可。

　　③ 燃烧室。燃烧室是实现超声速燃烧的部件,本系统采用二维燃烧室,燃烧室横截面是矩形,宽度不变,高度变化。为了适应超声速燃烧的组织,燃烧室设计为通道面积逐渐扩张的,可以有效地避免燃烧加热导致热壅塞。燃烧室采用四段结构,依次为隔离段、燃烧室一段、燃烧室二段、燃烧室三段。在燃烧室一段、二段、三段侧面开设观察窗,用于安装石英玻璃观察燃烧室内的燃烧流动情况。燃烧室壁面上开设许多测压孔,通过细管接通压力传感器,测量燃烧室壁面静压。

　　图 9.6 为安装在试验台上的加热器、拉瓦尔喷管和超燃燃烧室。

**图 9.6　安装在试验台上的加热器、拉瓦尔喷管和超燃燃烧室**

## 9.1.2　试验模拟准则

进行冲压发动机试验,要做到几何相似、气体动力学相似、化学动力学相似等。

几何相似使得我们可以采用缩比模型来进行发动机的试验。气体动力学相似中最重要的参数是马赫数和雷诺数。马赫数是一定要模拟的,而雷诺数的模拟实现起来比较困难,因为试验模型的尺寸往往比实际尺寸小很多,要保证雷诺数相等,必须提高气流速度、密度,降低气体粘性。气流速度受到马赫数的制约,不能随意调整。气体粘性主要取决于温度,而温度是进行冲压发动机热流试验必须保证的参数,不能任意改变。剩下来能改变的就只有气流密度了。如果雷诺数满足自相似条件,则不精确模拟,也能获得比较好的动力学相似。一般认为,雷诺数大于 $10^6$ 即满足自相似条件。

通常衡量燃烧和非平衡流动中的化学反应进行情况的有第一类 Damköehler 数 $Da_{\mathrm{I}}$ 和第二类 Damköehler 数 $Da_{\mathrm{II}}$,$Da_{\mathrm{I}}$ 定义为流动特征时间与反应特征时间之比。如果 $Da_{\mathrm{I}}$ 远小于 1,则说明反应进行得很慢,与流动过程相比可以忽略不计,这种反应流动接近冻结流;如果 $Da_{\mathrm{I}}$ 远大于 1,则说明反应进行得很快,可视为平衡流。燃烧有两种方式,即预混燃烧和扩散燃烧,具体情况取决于 $Da_{\mathrm{II}}$。$Da_{\mathrm{II}}$ 定义为扩散特征时间与反应特征时间之比,如果 $Da_{\mathrm{II}}$ 比 1 大得多,则扩散过程比起反应来慢得多,将呈现掺混控制的燃烧,即扩散燃烧;如果 $Da_{\mathrm{II}}$ 比 1 小得多,则反应比起流动来说慢得多,将出现动力学控制的燃烧。对于扩散燃烧,掺混是最重要的机制,可以采用相对简单的化学动力学模型模拟,如总包反应模型。对于动力学控制的燃烧,必须采用精度高的化学动力学模型来进行计算。

试验要想做到化学动力学相似,必须准确模拟 $Da(Da_{\mathrm{I}})$。

反应体系由许多反应共同组成,我们研究其中组分 $i$ 流动特征时间与反应特征时间的比值:

$$Da_i = \frac{\dot{\omega}_i}{\rho Y_i V / L} \qquad (9.1)$$

根据 Arrhenius 公式,组分 $i$ 的质量生成率 $\dot{\omega}_i \sim \rho^n A_i T^B \exp(-C_i/T)$,其中,$n$ 为反应级数,$n=2$ 为链传递或链分支反应,是点火延迟阶段起主导作用的反应;$\rho$ 为密度,$Y_i$ 为组分 $i$ 的质量分数,$V$ 为特征速度,$L$ 为特征长度。将指前因子、温度指数、活化能等项概括称为 $A^*$,则

$$Da_i = \frac{A_i^* \rho^{n-1} L}{Y_i V} \qquad (9.2)$$

以氢氧反应为例,在点火延迟阶段,OH 的积累是最主要的过程,我们通过分析这一过程研究 $Da$ 的模拟。考虑以下简化的反应体系:

$$H_2 + O \Leftrightarrow OH + H \qquad (R1)$$
$$O_2 + H \Leftrightarrow OH + O \qquad (R2)$$
$$H_2 + OH \Leftrightarrow H_2O + H \qquad (R3)$$

其中,式(R1)和式(R2)是 OH 的生成反应,式(R3)是 OH 的消耗反应,这些反应都是二级反应,R1、R2 的逆向反应可以忽略,因为它们起始反应时反应物的浓度很低。由此可得以下压力(密度)-长度准则:

$$Da_{OH} = \rho L/V(A_1^* Y_{H_2} Y_O/Y_{OH} + A_2^* Y_{O_2} Y_H/Y_{OH} + A_{-3}^* Y_{H_2O} Y_H/Y_{OH} - A_3^* Y_{H_2}) \qquad (9.3)$$

从上式可以看出,要想试验模拟 $Da$,必须使 $\rho L/V$ 与括号中项的乘积保持一致。在实际飞行条件下,大气中各种活性成分的量很少,而地面模拟试验中则大得多,因此必须在地面试验中降低 $\rho L/V$ 的数值以求得与飞行条件下相等的 $Da$。应当注意的是,上述讨论针对的是二级链传递或链分支反应而进行的,如果考察一级或三级反应,则压力(密度)-长度准则的形式会有不同。

# 9.2 直连式试验

直连式试验也叫连管式试验,主要用来进行冲压发动机的燃烧室试验。在直连式试验中,需要模拟的参数有:流量、总温和总压等。试验模拟的流量需要与冲压发动机进气道捕获流量一致,总温、总压也要求尽可能一致。工程上经常采用供气管路中的限流喉道来实现这一功能,如图 9.7 所示。

限流喉道模拟的试验气体流量等于冲压发动机进气道捕获流量,总压、总温与进气道吸入气体相同,则可由下式确定限流喉道的面积:

$$A_t = \frac{\sigma_{t2}}{\sigma_1} \varphi_{in} q(\lambda_\infty) A_1 \qquad (9.4)$$

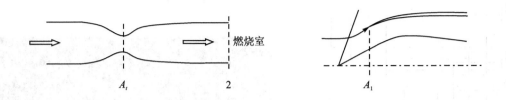

**图 9.7 直连式试验台进气流量的控制**

式中，$\sigma_1$ 为进气道头部斜激波后总压恢复系数，$\sigma_{t2}$ 为限流喉道到试验发动机入口处的总压恢复系数。根据这种关系确定的限流喉道可以很好地模拟进气参数。

超燃冲压发动机直连式试验中，上游拉瓦尔喷管的喉道就是限流截面，不需要再设限流喉道了。

冲压发动机直连式试验分为冷流试验和热流试验两类。冷流试验是研究燃烧室内流动过程，不喷入燃料，或者喷入燃料但不点火，只研究燃料的掺混、雾化（对于液体燃料）、燃烧室的气动阻力等。热流试验是研究发动机的点火特性，以及不同燃烧室结构、不同来流条件、不同燃料种类、不同燃料当量比下的燃烧流动。

下面介绍的试验是以煤油为燃料的直连式超燃冲压发动机燃烧室试验。

试验时，由加热器将高压气罐中的空气加热到指定的温度，经过拉瓦尔喷管达到指定的马赫数进入超燃燃烧室，在燃烧室的不同位置喷入燃料，组织燃烧。由于燃烧流动发生在燃烧室内部，直接观察与测量都不方便，试验时将通过测量燃烧室壁面压力分布，采用空气动力学的基本方程分析其中的燃烧流动情况。

典型的试验时序如图 9.8 所示。

试验开始时($o$)，首先通入冷却水，保证试验件在试验过程中不被烧坏。冷却水稳定后通入主空气和补氧($a$)。补氧可单独通入，也可事先混入主空气中一起通入。然后依次开启点火氢气($b$)和点火氧气($c$)，使之在加热器中燃烧。加热器点火正常工作后，在超燃燃烧室中通入引导氢气($d$)。由于这时空气的温度已经很高（总温在 1 800 K 左右），引导氢气通入后自燃，然后通入煤油($e$)，待煤油稳定燃烧后关闭引导氢气($f$)，煤油维持自身的燃烧，这时测量得到的数据就是以煤油为燃料的超燃冲压发动机燃烧室试验数据。煤油工作一段时间，待测量得到稳定的壁面压力数据后关闭($g$)。煤油关闭后立即开启煤油的吹除阀门($h$)，然后依次关闭点火氧气($i$)、氢气($k$)，立即开启点火氧气、氢气的吹除($j$ 和 $l$)。接着关闭主空气和补氧($m$)，补氧同样需要吹除($n$)，然后关闭冷却水($p$)，最后关闭所有吹除管路($q$)，试验结束。

图 9.9 所示为试验进行的情况。

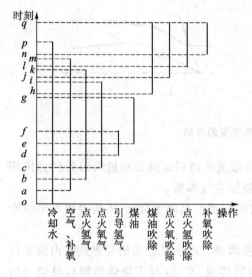

**图 9.8 典型的试验时序**

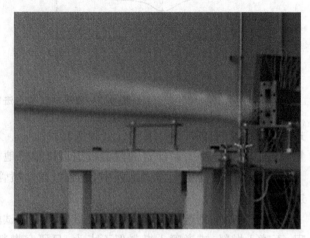

**图 9.9 直连式超燃试验进行情况**

# 9.3 自由射流试验

自由射流试验主要用来进行冲压发动机整体试验,以及冲压发动机和飞行器的一体化试验。如果进行自由射流试验时的气流马赫数、压力就是飞行器飞行时所面临的马赫数、压力,则称为全自由射流试验;如果试验所模拟的马赫数、压力不能完全模拟真实飞行时的条件,则称为半自由射流试验。比如:进行冲压发动机试验时,只能保证进气道入口局部马赫数、压力,而不能模拟整个发动机的飞行条件,就称为半自由射流试验。再如:进行高超声速飞行器的一体化试验时,所模拟的状态是飞行器前体激波后的参数,比真实飞行时的马赫数要小,也称为半自由射流试验。当飞行器的飞行马赫数很高时,进行全自由射流试验是有困难的:大马赫数喷管长度很长,气流均匀性难以保证;模拟总压较高,试验气流流量较大,保证一定的高空试验环境比较困难,而开展半自由射流试验的成本及难度要低一些。

冲压发动机进气道试验可能进行的内容包括:进气道起动特性试验、进气道性能验证试验等。在进气道起动试验中,通过进气道下游通道内设置堵锥来改变进气道反压,模拟燃烧室工作后产生的压强上升对进气道的影响,不断调整堵锥的位置改变进气道出口反压,观察进气道的抗反压能力。进气道抗反压能力强,其稳定工作范围就宽。图 9.10 为进行进气道起动特性试验时的纹影照片,(a)为起动状态,(b)为不起动状态,激波被推出进气道,形成了明显的溢流弓形波。

进气道性能验证试验主要考查进气道在设计与非设计状态下的性能,包括:不同来流攻

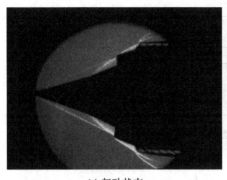
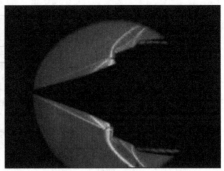

(a) 起动状态　　　　　　　　　　　　　(b) 不起动状态

**图 9.10　冲压发动机进气道试验**

角、侧滑角下的进气道流量系数、总压恢复系数,不同来流附面层状况(层流、湍流)、附面层厚度、来流畸变对进气道性能的影响,等等。

自由射流试验的一项主要内容是进行进气道和燃烧室(有时还包括喷管)的整体试验,或者发动机与飞行器的一体化试验。试验内容包括:发动机速度特性、高度特性,进气道/燃烧室匹配特性,发动机/飞行器一体化特性等。

进行自由射流试验需要模拟高空环境,飞行器的飞行高度越高,模拟的困难程度越大。高空环境需要真空舱和抽真空设施来实现,由于要把试验过程中产生的燃气动态地排放出去,要求有动态真空设施,引射器就是目前应用最广泛的一类设备。

引射器是一种动态真空泵,将试验产生的废气动态地排出,以保证试验正常进行所需要的低压。试验排气量越大、真空度越高,要求引射器的引射能力越强。

工程中应用的引射器分为两类:被动引射器和主动引射器(见图 9.11)。被动引射器是指试验气流利用自身的能量,将试验废气排放到比较高的环境压强中。火箭发动机进行高空模拟试验时经常采用这类引射器,引射的高度可达 20 km 以上。主动引射器的工作原理是:通过引入高能量的引射气体,与试验中产生的低能废气相混合,共同排放到外界环境中。引射气体称为一次流,试验废气称为二次流。被动引射器中没有二次流,或称零二次流引射器、自引射。冲压发动机试验中经常采用的是主动引射器。

引射器通道是一个倒拉瓦尔喷管结构:入口处为收缩段,出口处为扩张段,中间有一个很长的等直段喉部。气流在引射器中经历了超声速、声速和亚声速变化过程,气流压力不断上升,出口处达到与外界大气压的平衡。等直段喉部作用很大,其中往往伴随着激波串,从引射器喷管喷出的高能超声速气流在通道内与试验废气充分混合,压力不断恢复。引射器喷管是位于引射器通道中的超声速喷管,产生设计需要的超声速气流。从结构上看,引射器喷管有单喷管与多喷管之分,有中心喷管与环式喷管之分,采用何种形式取决于具体设计。一般认为,多喷管比单喷管的引射效果要好,环式喷管比中心喷管的引射效果要好,主要原因是引射气流

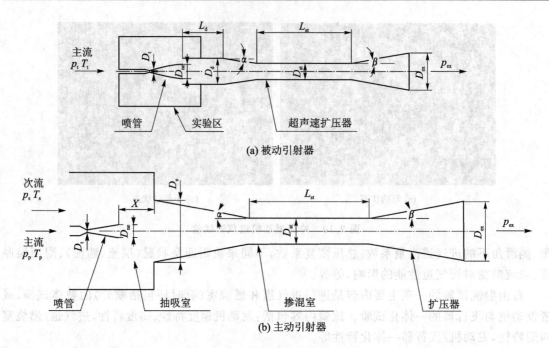

(a) 被动引射器

(b) 主动引射器

**图 9.11　引射器及其关键结构参数**

与试验气流的接触表面较大,掺混效果好。

　　图 9.12 是某被动引射器工作时的流场模拟结果,计算条件是:总压为 4 MPa,总温为 300 K,流量为 44.5 kg/s。从图 9.12(a)中可以看到等直段的激波串结构,从壁面压强的分布曲线(见图 9.12(b))上看,等直段内压力大约为 1 500 Pa,而引射喷管上游的压力维持在很低的水平,自引射效果非常明显。

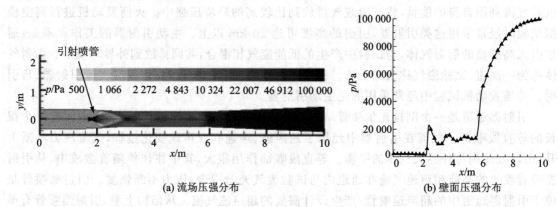

(a) 流场压强分布　　　　　　　　　　　(b) 壁面压强分布

**图 9.12　被动引射器的工作原理**

　　引射器的工作目的是创造高空模拟试验所需的低压环境。原则上讲,引射器应当将与之相连的真空舱压力抽吸到试验所需高度的静压,如:30 km 处为 $p_h = 1\ 197$ Pa(见图 9.13(a))。但实际应用中要抽吸到如此真空度可能存在一定的困难,有时也没有必要做到这一点,因为只要冲压发动机进气道入口处条件被保证,就不影响发动机内部的试验。真空舱设计压强 $p_b$ 可以大于 $p_h$,这时在设备喷管出口压出一道斜激波。但只要保证进气道的入口处于这道斜激波与喷管设计马赫数对应的马赫波所组成的菱形区内(见图 9.13(b)),进气状态就可以得到保证,试验就是有效的。有时为了进一步降低试验难度,可在模型试验件外侧安装溢流扩压器(见图 9.13(c))。由于溢流扩压器内存在各种激波系,气流与壁面发生摩擦,会导致扩压器内压强上升,最终的结果是 $p_b > p_b' > p_h$,引射器只需保证压强 $p_b$ 即可。图 9.14 为安装了溢流扩压器的引射器流场,计算条件是:

　　主喷管入口:总压为 1.9 MPa,总温为 1 800 K,流量为 4 kg/s;

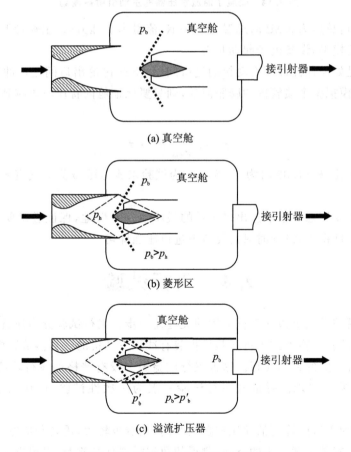

(a) 真空舱

(b) 菱形区

(c) 溢流扩压器

**图 9.13　真空舱设计压强 $p_b$ 的选择**

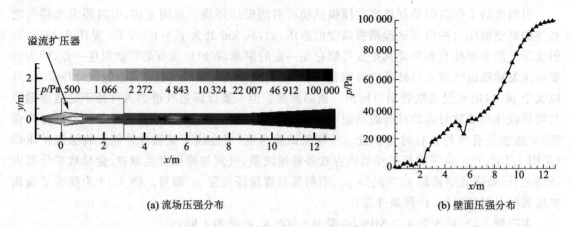

(a) 流场压强分布      (b) 壁面压强分布

图 9.14 安装了溢流扩压器的主动引射器流场

引射喷管入口:总压为 5 MPa,总温为 3 00 K,流量为 35 kg/s。主喷管下游安装了模拟试验发动机堵塞比的模型,设备处于起动状态。

以上讨论的是如何保证冲压发动机的进口问题,下面讨论出口问题。冲压发动机喷管是超声速的,如果不模拟整个喷管内的膨胀流动,则只要保证舱内背压不影响到喷管喉部上游的流动即可,即要求

$$p_b < \frac{1}{\pi_{\min}} p^* \cdot \sigma \tag{9.5}$$

式中,$\pi_{\min}$ 为临界压比($k=1.33$ 时为 1.85),$p^*$ 为试验来流总压,$\sigma$ 为进气道入口到喷管喉部的总压恢复系数。

真空舱最终设计压强应该取进出口压强的最小值。一般地,保证进口要求的压强比保证出口要求的压强要低得多,设计时只需要考虑进口压强即可。

# 9.4 飞行试验

飞行试验是模型发动机迈向工程应用的关键性一步。飞行试验分为弹道式飞行试验和无人/有人驾驶飞行试验。弹道式飞行试验是指装有冲压发动机的飞行器从助推火箭上释放,然后点火工作并保持一定的方向飞行。这种飞行试验因为没有严格的飞行轨迹要求,故对操控的要求较为简单,易于实现。弹道式飞行试验一般为一次性试验,往往用于发动机研制的初期。

无人/有人驾驶飞行试验要消耗比较多的时间,花费也较大,需要制造专门的试验飞行器。多数飞行器都有供安装机载仪表的空间,测得的数据需要仔细检查,以提供尽可能完的飞行状态。对于无人驾驶试验飞行器,回收基本上完整的飞行器需要附加回收装置,如降落伞。在

洛克希德 X-7($Ma=4.3$,见图 9.15)试验飞行器上成功地完成了马夸特公司的冲压发动机飞行试验计划,该飞行器及其部件做过 7 次飞行试验。在高超声速飞行试验中,有人驾驶的火箭飞机 X-15($Ma=6.7$)曾经被改造用做飞行试验机,比起无人驾驶飞行器来说,允许携带更多的试验测量仪表,并且驾驶员能够在飞行试验过程中有选择地起动、关机、再起动,飞行试验价值更高。图 9.16 显示了一般冲压发动机飞行试验的工作范围,基本上位于等动压线 $q_0=2.5\sim250$ kPa 之间,其中 1 为高空亚声速稳定燃烧边界,2 为低空结构热负荷边界,3 为超声速燃烧边界。随着发动机燃烧技术及结构材料性能的不断提高,冲压发动机的工作范围也在不断拓宽。

**图 9.15　搭载试验冲压发动机的 X-7**

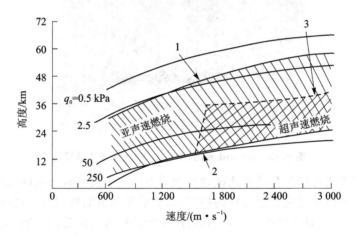

1—高空亚声速稳定燃烧边界;2—低空结构热负荷边界;3—超声速燃烧边界

**图 9.16　飞行试验工作范围**

俄罗斯在进行超燃冲压发动机研究中最早使用了飞行试验。CIAM 将模型发动机安装到退役的 SAM-5 导弹头部,助推到 $Ma\approx6$ 进行发动机试验,称为"飞行试验室",如图 9.17 所示。澳大利亚 Queensland 大学的 HyShot 计划中超燃冲压发动机的飞行试验也是采用两级探空火箭为助推器的弹道式飞行试验,图9.18中的11~12之间是超燃冲压发动机试验区间,马赫数约为7.6。

**图 9.17　俄罗斯的"飞行试验室"(Kholod)**

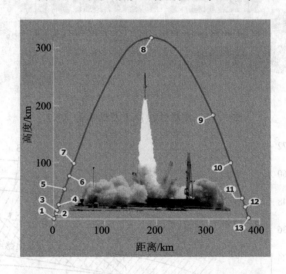

**图 9.18　Queensland 大学的 HyShot 弹道飞行试验**

　　无人/有人驾驶飞行试验与弹道式试验最大的不同在于其具有一定的飞行轨迹,通过驾驶员、自动驾驶仪或遥控来完成整个过程的控制,试验后发动机能够回收。这种试验方案无疑是更完善的方案,但成本、安全性要求等更高,适用于发动机研制的后期开展,或用于发动机与飞行器的一体化性能的验证。美国著名的 Hyper-X 高超声速飞行计划的试验飞行器 X-43A 采取的就是这种飞行试验方式,图9.19为其飞行试验轨迹及助推飞行情况。2004年3月和11月,共进行了两次飞行试验,具体过程是:首先由 B52 运输机将 X-43A 及其助推器带飞到约12 km 高度投放,然后3级固体运载火箭"飞马座"点火,将 X-43A 助推到约30 km 高空,马赫数分别为6.8和8.6。助推分离后,X-43A 点火,工作约10 s,在 $Ma=6.8$ 下获得了加速推力,在 $Ma=8.6$ 下的推力可以维持巡航。试验很好地验证了氢燃料超燃冲压发动机的性能,是高超声速技术发展中的重要里程碑。

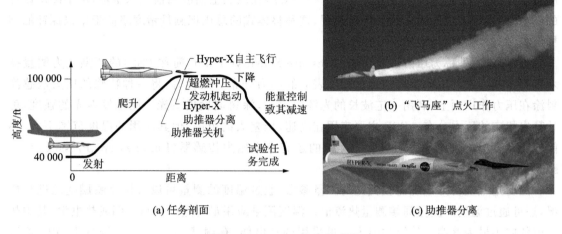

(b) "飞马座"点火工作

(a) 任务剖面

(c) 助推器分离

**图 9.19　X‑43A 的飞行试验**

# 9.5　试验参数的测量和试验数据的处理

## 9.5.1　试验参数的测量和处理

### 1. 基本参数的测量

在冲压发动机地面和飞行试验中,测量的参数有以下几类:压力(总压和静压)、温度(总温和静温)、推力(阻力)、燃烧组分、热流密度、流量等。

压力的测量是冲压发动机中应用最为普遍的,通常采用各种量程的压力传感器,测量成本相对较低。压力的测量包括总压的测量和静压的测量。静压的测量通常在通道壁面上开启一定数目的测压孔,通过测压管连接压力传感器。测压孔开启的方式不同、角度不同,测压的精度也略有差别,但误差一般不会超过 0.5 %。将传感器直接装到试验件上可以缩短响应时间,但试验件的振动、温度会对传感器的测量精度造成不良影响。将壁面压力通过细管导出是实践中经常采用的方法,可以有效隔离试验件温度与振动。实践表明,只要管径不小于 1 mm,则产生的响应延迟是不大的。总压的测量需要总压探针,为了一次测量多点的总压分布,通常将探针排列成耙状或梳状,称为总压耙或总压梳。在超声速气流中,总压探针头部会产生脱体激波,测得的总压是波后总压,需要通过正激波的关系式换算得到波前总压(见式(2.14)),才是实际测量点处的总压。为了实现高温气流中的长时间测量,需要对总压耙的探针进行冷却。

为了提高测量的效率,通常都有一套执行机构驱动总压耙,通过一次扫描来测量整个流场区域的总压。图 9.20 是中国科学院力学所的一套安装在风洞上面的扫描式总压耙,出于冷却设计的考虑,耙体设计成整体式的。经验表明,这种整体式的总压耙测量精度略低于单根探针的结构形式,但在均匀流场区域误差很小。

近年来,一种称为压力敏感涂料(Pressure Sensitive Paint,简称 PSP)的新型压力测量技术得到发展。它利用光学特性测量物体表面的压力分布。试验时,将一种特殊的压力敏感涂料涂在压力作用面上,利用一定波长的光源照射后,涂料能发出荧光。测量发射光的强度,可计算出相应的压力分布。PSP 主要应用在高速、压差大的范围,但其应用的温度范围不大,不能应用在高温流场的压力测量中。类似的还有发光压力传感器(Luminescent Pressure Sensor,简称 LPS)技术。

温度是燃烧动力系统比较关键的测量参数,通过温度的测量可以直接反映燃烧的进行情况,还可通过温度的测量间接测量热流值。温度测量应用最普遍的是热电偶或热电阻,其中热电偶的应用最为普遍。传统的温度测量采用的热电偶,有铜-康铜 T、镍铬-镍硅 K、铂-铑 S、钨-铼,测量温度依次提高。铂-铑热电偶可测 2 000 ℃高温,工作稳定,但价格昂贵;钨-铼热电偶可测 2 800 ℃的高温,但容易被氧化,不能用在氧化性环境中。实际使用的热电偶有总温型、铠装型、裸露型、壁温型等。需要长时间测量时可选择铠装型,需要响应时间比较短的测量可采用裸露型。总温热电偶也可做成像总压耙一样,称为总温耙,如图 9.21 所示。

图 9.20 总压耙

图 9.21 总温耙

现代温度测量推荐采用无接触式激光测量,CARS(Coherent Antistokes Raman Spectroscopy——相干反斯托克斯拉曼光谱)就是其中的一种。CARS 测温属于拉曼光谱测温,精度较高,但光路系统组织复杂,需要很高的专业技能。

燃烧组分的测量对研究冲压发动机的点火、燃烧过程非常重要。传统的燃烧组分测量采用探针取样的方法:将取样探针伸入燃烧流场中取得燃烧产物,迅速冷却以冻结其化学反应,将取得的样品采用光谱、色谱、质谱等手段进行分析,可定量得到燃烧产物的组成。图 9.22 为安装在风洞上的取样装置。

现代的组分测量可采用无接触的激光测量方法,PLIF(Planar Laser Induced Fluorescence——平面激光诱导荧光)测量就是近年来得到迅速发展的手段之一。它通过激光器发出特定频率的激光束,激发燃烧产物中某些官能团特定频率的荧光,该荧光信号被增强型 CCD (ICCD)相机接收,达到显示官能团分布的目的。目前应用最多的是测量燃烧过程的重要中间产物 OH、CH 等。如果激光束通过光学系统调理成为片光源,就可以测量某个面上的组分分布,称为平面激光诱导荧光。PLIF 相对 CARS 来说光路系统较为简单,容易实现,所不足的是实现定量测量比较困难。相信随着 PLIF 技术的深入发展,其在冲压发动机燃烧组分测量中的应用会更加普遍。图 9.23 为 PLIF 测量得到的超声速 $H_2$ 燃烧流场中 OH 的分布,可以用来判别火焰稳定区的位置。

图 9.22　安装在风洞上的取样装置

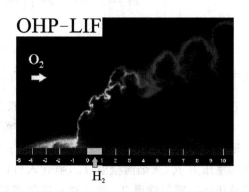

图 9.23　PLIF 测量得到的 OH 分布

### 2. 发动机推力、阻力和温度的测量

推力的测量对于冲压发动机性能的预估是至关重要的,通过推力可计算得出发动机的比冲。推力测量一般使用推力传感器,为了保证测得的推力精度高,对发动机安装要求很高,发动机要有很好的柔性支撑。有时需要复杂的六分力测量机构,以获得发动机的推力矢量特性。

地面试验的一个主要内容是测量发动机的有效推力。发动机的有效推力是指发动机实际工作时,物理壁面上受到的富裕压力(表压)和摩擦阻力的合力在发动机轴向上的分量。通过发动机在热态下测得的推力和冷态下测得的阻力,可以计算得到发动机的有效推力。

$$F_{eff} = F_{hot} + X_c - p_\infty(A_6 - \varphi_{in}A_1) \tag{9.6}$$

式中,$F_{hot}$——热态试车测得的推力;

$X_c$——外壳阻力,$X_c = X_{cold} - X_i$;

$X_{cold}$——冷态试车测得的阻力;

$X_i$——内阻，$X_i = p_\infty^* \varphi_{in} A_1 f(\lambda_\infty) - p_6^* A_6 f(\lambda_6)$。

飞行试验时推力无法直接测量，采用间接法测量，即通过地面试验中测量的特征点（如燃烧室入口）的压力 $p_i$，作为地面试验该参数的标定值，飞行试验时利用该值进行推力计算。

设发动机在地面热试车时测得的总静压比标定值为

$$C_i = \frac{p_i}{p_4^*} \tag{9.7}$$

则发动机有效推力的计算如下：

$$F_{eff} = \phi_6 - \phi_\infty - p_\infty(A_6 - A_1) - \frac{1}{2}C_a p_\infty \gamma Ma_\infty^2 A_1 =$$

$$p_6^* A_6 f(\lambda_6) - \varphi_{in} \gamma p_\infty Ma_\infty^2 A_1 - p_\infty A_6 - \frac{1}{2}C_a p_\infty \gamma Ma_\infty^2 A_1 =$$

$$p_6^* A_6 f(\lambda_6) - p_\infty \left[ \left( \varphi_{in} + \frac{1}{2}C_a \right) \gamma Ma_\infty^2 A_1 + A_6 \right] \tag{9.8}$$

将上式写为

$$F_{eff} = a p_i - b p_\infty \tag{9.9}$$

式中，$a = \dfrac{f(\lambda_6) A_6 \sigma_{4-6}}{C_i}$，$b = \left( \varphi_{in} + \dfrac{1}{2}C_a \right) \gamma Ma_\infty^2 A_1 + A_6$。

这样，知道了 $p_i$，就可以计算得到有效推力 $F_{eff}$ 了。

图 9.24 显示了某冲压发动机自由射流试验中测量的参数，包括：进气道入口压力 $p_1$、进气道壁面压力 $p_w$，格栅前静压 $p_2$ 和总压 $p_2^*$，供油压力 $p_f$，燃烧室入口（进气道出口）总压 $p_3^*$，预燃室压力 $p_p$，火焰筒壁温 $T_w$，喷管入口（燃烧室出口）静压 $p_4$、总压 $p_4^*$ 和总温 $T_4^*$，喷管喉部总压 $p_5^*$，喷管壁温 $T_w$ 等。通过进气道壁面压力的测量，可判别进气道的起动状态；通过格栅前总压和燃烧室入口总压的比较，可得到格栅和喷嘴环的总压损失；通过格栅前总压、静压和燃烧室出口总压的测量，可得到燃烧室阻力系数；通过燃烧室出口总温的测量，可得到燃烧室的燃烧效率，等等。

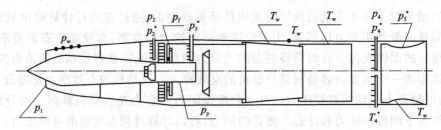

**图 9.24　冲压发动机自由射流试验的测量参数**

下面举例说明燃烧室阻力系数的测量。燃烧室阻力系数的定义式为

$$C_D = \frac{D_c}{q_c A_c} = \frac{\Delta p}{q_c} \tag{9.10}$$

式中，$\Delta p = p_2^* - p_4^*$，$q_c = \frac{1}{2} \rho_2 V_2^2 = \frac{1}{2} \gamma p_2 Ma_2^2$。根据气动函数 $\pi$ 可得

$$Ma_2^2 = \frac{2}{\gamma - 1} \left[ \left( \frac{p_2^*}{p^2} \right)^{\frac{\gamma-1}{\gamma}} - 1 \right] \tag{9.11}$$

所以，可得阻力系数：

$$C_D = \frac{\gamma - 1}{\gamma} \frac{\dfrac{\Delta p}{p_2}}{\left( \dfrac{p_2^*}{p_2} \right)^{\frac{\gamma-1}{\gamma}} - 1} \tag{9.12}$$

上式中，$p_2$、$p_2^*$、$p_4^*$ 都是可测的。根据这种方法得到的冷流条件下的阻力系数同样可应用于热流情况下。需要注意的是，在进行冷流试验时，必须保证气流流量与热流时相等，通常在喷管出口安装堵锥，通过调节堵锥的位置控制出口截面的面积，间接控制吸入发动机的气体流量。

在试验中测得燃烧室出口总温 $T_4^*$，就可以计算得到燃烧室的燃烧效率。但测量 2 000 K 以上的高温存在一定的问题，并不容易得到 $T_4^*$。有时采用气动测温法实现燃烧温度的测量，具体做法如下：

① 测量某一截面的总压分布，得到该截面上的平均总压 $\overline{p}^* = \dfrac{1}{A} \displaystyle\int_A p^* \, dA$；

② 计算（测量）燃气流量 $\dot{m}$、平均 $\Gamma$ 函数 $\overline{\Gamma} = \sqrt{\dfrac{\gamma}{R} \left( \dfrac{2}{\gamma + 1} \right)^{\frac{\gamma-1}{\gamma+1}}}$、截面面积 $A$ 等；

③ 利用公式 $\overline{T}^* = \left[ \overline{\Gamma} \dfrac{\overline{p}^* q(\lambda) A}{\dot{m}} \right]^2$ 计算测量截面的总温。

气动测温法的要点在于，要尽可能选择在临界截面附近安装总压耙，这时 $q(\lambda) \to 1$，$\dfrac{dq(\lambda)}{d\lambda} \to 0$，计算的误差较小。不同当量比下 $\Gamma$ 函数的变化量并不大，该值可参考热力计算结果给出，对计算结果的影响不大。

### 3. 直连式超燃试验中的数据处理

超燃冲压发动机直连式试验中得到大量燃烧室壁面压力的测量数据，如何通过这些数据认识超燃燃烧室内的燃烧流动，是直连式试验的一项重要内容。

试验数据处理需要应用第 2 章介绍的"冲量分析法"。运用该方法可以得到沿发动机流向的总温分布，进一步求解能量方程，可以得出一组包含加热量 $Q$ 的流场解。

能量方程为

$$dQ = c_p dT^* + (c_p T^* - H_f) \frac{d\dot{m}}{\dot{m}} + dQ_w \tag{9.13}$$

式中，$c_p$ 为比定压热容；$H_f$ 为燃料的焓，不包括化学能；$dQ_w$ 为通过壁面的散热。有了单位质量的加热量 $Q$，就可以计算燃烧室的燃烧效率了。

燃烧室壁面的散热 $dQ_w$ 难以准确估计，可采用以下经验公式：

$$Q_f = \frac{Q_w/A_w}{\dfrac{\dot{m}}{A} \cdot \Delta H} \tag{9.14}$$

式中，$\Delta H$ 为燃气平均焓与壁面平均温度下空气的焓之差：

$$\Delta H = H_a + f H_f + 0.5 f \eta_c \Delta H_f - \overline{H}_w \tag{9.15}$$

式中，$H_a$ 为燃烧室入口气流的焓，$f$ 为油气比，$\eta_c$ 为燃烧效率，$\Delta H_f$ 为燃料热值，$\overline{H}_w$ 为壁面平均温度下空气的焓。$Q_f$ 的值在 0.001～0.002 之间。

整个计算过程的流程如图 9.25 所示。

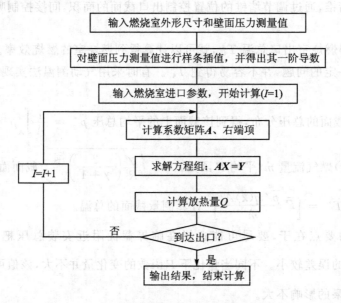

**图 9.25　燃烧室流动分析计算流程图**

以某次以氢为燃料的超燃冲压发动机燃烧室试验为例，燃烧室为矩形截面，宽 32 mm，高 54 mm，燃料流量为 0.03 kg/s，来流气体总压为 1.85 MPa，总温为 1 857 K，马赫数为 2.0，获得如下两组燃烧室壁面压力试验数据，分别对应氢气当量比为 0（冷流）和 0.6（热流）。

采用上述方程对附表 1 中的热流试验数据进行分析。

在运用以上数据时应当注意，由于在方程组（2.68）的右端项中存在 $\dfrac{dp}{p}$ 项，需要计算压力的导数,而上述根据试验得到的是离散数据,不连续,计算导数误差很大。通常的处理是,运用以上数据拟合出压力的分布式,用于导数的计算。或者先将上述数据进行数值光滑处理,然后采用样条函数拟合,再用于计算导数项。本文中采用的是后一种方法,计算结果如图 9.26 所示。

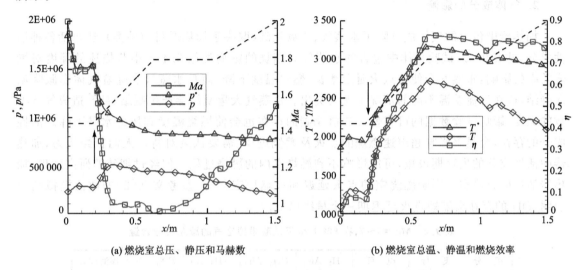

(a) 燃烧室总压、静压和马赫数　　　　　　　(b) 燃烧室总温、静温和燃烧效率

**图 9.26　冲量分析法得到的超燃燃烧室性能**

图 9.26 中的虚线代表了燃烧室型面,箭头为燃料喷入点。从图中可以看出,气流进入燃烧室后,伴随着燃料燃烧,静温、总温和静压上升,总压、马赫数下降,已接近热壅塞。燃烧室总温随着放热而上升,后因为壁面散热而有所下降。经过分析,燃烧室的燃烧效率约为 80 %。

## 9.5.2　试验气流参数对发动机性能的影响

在冲压发动机试验中,目前采用最为普遍的方法是通过燃烧加热空气以获得模拟高速飞行时的高焓来流。这种方法实现起来较为容易,但燃烧产生的"污染"气体会对燃烧室试验结果产生一定的影响,主要包括以下几点。

**1. 湍流的影响**

湍流对燃烧室内火焰传播速度有很大影响,进而会影响燃烧稳定边界和燃烧效率。大尺度的湍流容易造成燃烧室熄火,而小尺度的湍流对燃烧是有益的,它增加了火焰传播速度,提高了燃烧室的燃烧稳定性和燃烧效率。

对于超燃冲压发动机而言,试验模拟的总温很高,对于燃烧加热型试验装置,难以布置像亚燃冲压发动机试验台那样的稳定段用于稳定气流,因此进入发动机的试验气流的湍流度很高。高湍流度会诱发强的湍流与燃烧的相互作用,使得本来就复杂的超声速燃烧问题变得更加复杂。试验装置的湍流度是一个重要的指标,如何建造"安静"的高超声速风洞,是试验研究中一项很重要的内容。

**2. 气体成分的影响**

加热器中包含的气体成分除了水蒸气、二氧化碳(取决于加热燃料的种类),还包括各种活性成分,见表 9.4。试验气体中包含的水蒸气对燃烧的影响类似 5.4.6 小节描述的湿度对燃烧效率的影响:水蒸气会使得点火延迟增长,燃烧温度下降,而且水蒸气会随着气体膨胀降温而凝结,这在气流总温不高的情况下尤为突出。水蒸气大量凝结会产生凝结突跃,造成气流参数的突变,影响试验数据的可靠性。二氧化碳的存在也会使燃烧温度和压力水平下降。活性成分的存在,会显著影响超声速燃烧的点火及燃烧进程,需要认真对待。人们曾经认为,加热器中活性成分的生存期极短,可能影响不到燃烧室内的燃烧过程。但经过细致的研究发现,加热器活性成分确实会影响燃烧室的点火延迟和火焰稳定[1,2]。参考文献[2]的数值模拟结果表明:OH 的存在会缩短点火延迟期一个量级以上。

表 9.4　$Ma=4\sim7$,在 808 kPa 下试验模拟空气的摩尔百分含量

| 组分 | 飞 行 | 电 弧 | $H_2$/Air | $CH_4$/Air | $C_3H_8$/Air | 酒精/Air | 煤油/Air |
|---|---|---|---|---|---|---|---|
| $H_2O$ | ≪1 | 0.1 | 5~33 | 3~21 | 2~15 | 7.0~21.5 | 4.0~12.7 |
| $CO_2$ | 0.03 | 0.03 | 0.03 | 1.4~10 | 1.7~11 | 4.0~13.5 | 4.0~13.4 |
| CO | 0 | 0 | 0 | <0.2 | <0.3 | <0.1 | <0.12 |
| NO | <0.01 | 0.2~3.5 | <1.4 | <1.6 | <1.8 | <1.2 | <1.33 |
| OH | 0 | 0 | <0.6 | <0.8 | <0.6 | <0.6 | <0.5 |
| O | 0 | 0 | <0.08 | <0.09 | <0.09 | <0.07 | <0.08 |
| H | 0 | 0 | <0.01 | <0.01 | <0.01 | <0.01 | <0.01 |

注:黑体部分取自参考文献[1],其余按同等条件下的平衡计算得到。

图 9.27 为采用良搅拌器(PSR)模型计算得到的氢/空气反应的点火过程。计算模型为绝热、定压(101 kPa)燃烧,混合气初始温度 1 000 K,仿照表 9.4 中加热器的成分构造计算的初始成分。具体为:计算 $H_2O$ 的影响时,系统中摩尔比 $H_2:O_2:N_2$ 为 2:1:2.29,计算其他成分时系统中摩尔比 $H_2:O_2:N_2:H_2O$ 为 2:1:2.29:0.51。从中可以看到,水的存在会降低系统的燃烧温度,增加点火延迟。而 OH、O、H 等活性成分的存在,可以明显缩短点火延迟时间,以 O 最为明显。

碳氢燃料的燃烧同样会受到活性成分的影响。图 9.28 表示了 $NO_x$ 与 $HO_2$ 对于氢/空气和甲烷/空气点火延迟时间的影响,环境压强为 20.2 kPa,燃料当量比为 1.0,$NO_x$ 摩尔浓度为

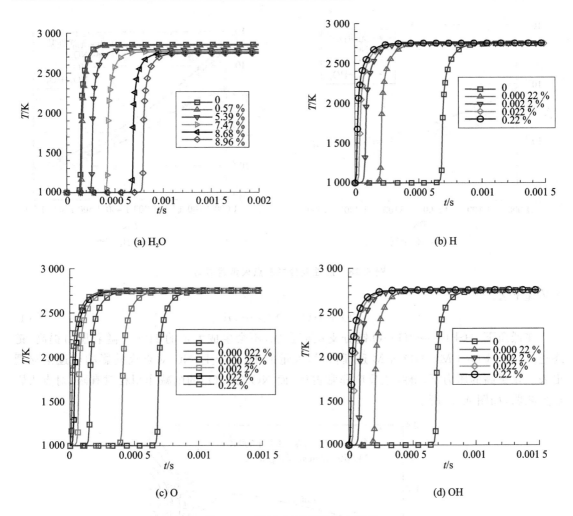

**图 9.27　氢/空气反应的点火过程**

0.1 %，$HO_2$ 摩尔浓度为 0.01 %。从图中看到在来流初始温度变化很大的范围内，加入的 $NO_x$ 与 $HO_2$ 或二者的组合都能缩短甲烷的点火延迟时间，而且初始温度越低，效果越明显。

NO 在电弧加热型试验设备中是比较主要的污染成分。参考文献[3]通过高速气流混合层反应模拟研究了 NO 对氢点火的影响。结果表明，当 NO 浓度较低时，对点火距离（见图 9.29）影响不大；随着 NO 的浓度增加，点火距离显著缩短；NO 浓度继续增加，点火距离又会增长，存在一个 NO 的最佳浓度，使得其对点火的增强作用最明显（见图 9.30）。在不同环境压力下，NO 对氢点火效果的影响都存在以上规律，但影响的程度不同：低压下影响不明显，中等压力（0.1～1 MPa）下比较显著，高压下影响减弱。这与氢的半岛点火特性有关。NO 影响点火主要通过下面的反应式，把导致链终止的产物 $HO_2$ 转换成高度活性的 OH，使得链式反应继

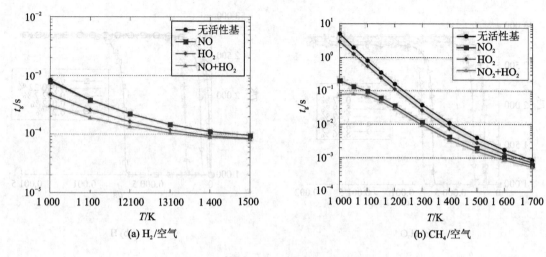

(a) H$_2$/空气　　　　　　　　　　　　(b) CH$_4$/空气

**图 9.28　活性成分影响点火延迟时间**

续传递下去。

$$NO + HO_2 \Leftrightarrow NO_2 + OH \tag{R4}$$

在低压下，H+O$_2$⇔OH+O 链分支反应占优，不会生成大量的 HO$_2$。随着压力提高，链终止反应 H+O$_2$+M⇔HO$_2$+M 逐渐占优，大量的 HO$_2$ 产生，NO 对点火的影响就逐渐显现出来。在更高的压力下，链终止反应非常占优，而 NO 对 HO$_2$ 的削减作用相对有限，对点火影响力减弱，如图 9.31 所示。

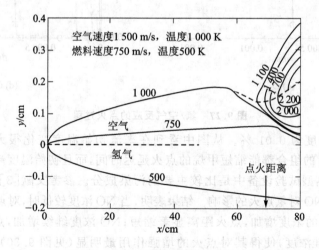

**图 9.29　101 kPa 下 H$_2$/空气混合层点火流场的温度分布**

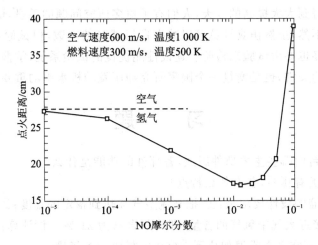

**图 9.30　101 kPa 下 NO 对点火距离的影响**

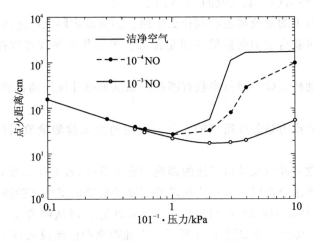

**图 9.31　不同压力下 NO 对点火距离的影响**

# 9.6　小　结

　　冲压发动机试验涵盖的内容非常丰富,限于篇幅难以全面论述。本章讨论了冲压发动机试验相关的一部分问题,介绍了国内外一些典型的试验设施、开展试验研究的类型,以及试验数据的测量和处理等。以北京航空航天大学直连式超燃冲压发动机试验系统为例,具体介绍了试验系统的组成、试验进行的时序和试验结果的处理。在自由射流式试验部分,重点介绍了如何保证冲压发动机的进口、出口条件。试验系统的气流参数对试验结果的影响,是一个很复杂的问题,借助计算分析手段对其进行研究,是当今冲压发动机试验技术研究中的重要课题。

在计算机仿真能力得到大大提高的今天,人们有了更多研究问题的手段,试验研究的重要性似乎有所下降。其实不然,虽然仿真计算可以减少盲目试验的次数,但试验本身是不可替代的,仿真计算的结果最终也要由试验来检验。建设性能优良的试验系统,掌握先进的试验手段,是冲压发动机研究中的关键,也是衡量一个国家研究冲压发动机水平的重要标志。

# 习　题

1. 直连式试验台由哪些主要部件组成,各部件的功能是什么?

2. 加热器的种类有哪些,各有什么特点?

3. 燃烧型加热器的设计要求是:① 把来流空气加热到指定的温度;② 使最终的混合气中氧的含量尽可能地接近大气中氧气的含量,即体积含量为 21 %。请计算:

　① 把 1 kg/s 来流空气由常温加热到 1 900 K 需要的氢气量;

　② 证明:补氧量约为燃烧氢气量的 12.14 倍(质量)。

4. 直连式试验台上的限流喉道起到什么作用? 如何确定限流喉道的面积?

5. 自由射流式试验台上引射器的作用是什么? 采用什么手段可以提高引射器的高空模拟能力?

6. 通常冲压发动机试验中测量参数有哪些? 如欲测得冲压发动机燃烧室阻力系数,应当测量哪些参数?

7. 发动机的有效推力是怎样得到的? 如何运用地面试验测量数据得到飞行试验时的发动机推力?

8. 试验气流参数对冲压发动机性能的影响因素有哪些,各有什么影响?

9. 运用冲量分析法分析以下直连式超燃冲压发动机燃烧室的试验测量数据。

已知:煤油流量为 0.065 kg/s,当量比为 0.65,计算区域从隔离段入口到三段燃烧室出口,燃烧室宽 32 mm,高度尺寸如图 9-1 所示。煤油喷嘴距隔离段入口 319 mm ,入口参数为

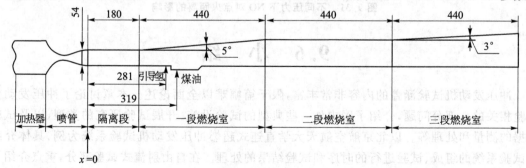

**图 9-1　高度尺寸**

$Ma=2.0$，静温 $=1\,092$ K，静压 $=0.23$ MPa，比热比 $=1.35$，气体常数 $=287.14$ J/(kg·K)。
表 9 - 1 为燃烧室冷、热流壁面静压数据，$x$ 为测点距隔离段入口的距离，$p$ 为燃烧室壁面静压值（绝对压力）。

　　要求：分析燃烧室内的流动过程，主要包括马赫数、温度、压力以及燃烧效率沿燃烧室长度方向的分布情况。

表 9 - 1　煤油冷流、热流试验数据

| 测点编号 | $x$/m | $p$/Pa　冷流 | $p$/Pa　热流 |
|---|---|---|---|
| 1 | 0.030 0 | 0.228E+06 | 0.233 2E+06 |
| 2 | 0.060 0 | 0.316E+06 | 0.240 1E+06 |
| 3 | 0.090 0 | 0.267E+06 | 0.243 1E+06 |
| 4 | 0.120 0 | 0.280E+06 | 0.263E+06 |
| 5 | 0.150 0 | 0.290E+06 | 0.240 2E+06 |
| 6 | 0.215 6 | 0.231E+06 | 0.260 1E+06 |
| 7 | 0.240 5 | 0.211E+06 | 0.205 6E+06 |
| 8 | 0.299 3 | 0.239E+06 | 0.184 4E+06 |
| 9 | 0.329 2 | 0.210E+06 | 0.192 1E+06 |
| 10 | 0.359 1 | 0.253E+06 | 0.205 6E+06 |
| 11 | 0.389 0 | 0.170E+06 | 0.249 4E+06 |
| 12 | 0.444 8 | 0.203E+06 | 0.344E+06 |
| 13 | 0.474 6 | 0.189E+06 | 0.380 2E+06 |
| 14 | 0.504 5 | 0.181E+06 | 0.418 4E+06 |
| 15 | 0.534 4 | 0.141E+06 | 0.447 6E+06 |
| 16 | 0.564 3 | 0.155E+06 | 0.439 5E+06 |
| 17 | 0.594 2 | 0.148E+06 | 0.454 9E+06 |
| 18 | 0.654 7 | 0.148E+06 | 0.455 2E+06 |
| 29 | 0.679 8 | 0.141E+06 | 0.446 7E+06 |
| 20 | 0.736 8 | 0.175E+06 | 0.446 7E+06 |
| 21 | 0.766 7 | 0.167E+06 | 0.456E+06 |
| 22 | 0.796 8 | 0.152E+06 | 0.444 5E+06 |
| 23 | 0.826 7 | 0.136E+06 | 0.437E+06 |
| 24 | 0.884 8 | 0.117E+06 | 0.376 8E+06 |
| 25 | 0.914 7 | 0.154E+06 | 0.416 3E+06 |
| 26 | 0.944 8 | 0.168E+06 | 0.390 4E+06 |

**续表 9 - 1**

| 测点编号 | $x/m$ | $p/Pa$ 冷流 | $p/Pa$ 热流 |
|---|---|---|---|
| 27 | 0.974 7 | 0.190E+06 | 0.406 7E+06 |
| 28 | 1.004 8 | 0.173E+06 | 0.393 5E+06 |
| 39 | 1.034 7 | 0.159E+06 | 0.367 8E+06 |
| 30 | 1.119 9 | 0.124E+06 | 0.247 2E+06 |
| 31 | 1.178 6 | 0.149E+06 | 0.278 2E+06 |
| 32 | 1.208 6 | 0.153E+06 | 0.239 8E+06 |
| 33 | 1.238 5 | 0.152E+06 | 0.225 2E+06 |
| 34 | 1.268 5 | 0.150E+06 | 0.223 9E+06 |
| 35 | 1.324 2 | 0.132E+06 | 0.214 4E+06 |
| 36 | 1.354 2 | 0.112E+06 | 0.204 1E+06 |
| 37 | 1.384 2 | 0.100E+06 | 0.194E+06 |
| 38 | 1.414 1 | 0.960E+05 | 0.192 4E+06 |
| 39 | 1.444 1 | 0.960E+05 | 0.196 6E+06 |
| 40 | 1.474 1 | 0.960E+05 | 0.179 3E+06 |

# 参考文献

[1] Pellett G L, Bruno C, Chinitz W. Review of Air Vitiation Effects on Scramjet Ignition and Flameholding Combustion Processes. AIAA 2002-3880, 2002.

[2] Mitani T. Ignition Problems in Scramjet Testing. Combustion and Flame, 1995, 101:347-349.

[3] Man B, Sung C J, Nishioka M. Effects of Vitiated Air on Hydrogen Ignition in a Supersonic Laminar Mixing Layer. AIAA 2002-0332.

[4] 约翰·霍普金斯大学应用物理试验室. 冲压发动机技术:上、下册. 李存杰,等译. 北京:国防工业出版社,1980.

[5] 张新宇,陈立红,顾洪斌,等. 超燃冲压模型发动机试验设备与试验技术. 力学进展,2003,33(4).

[6] 凌云等. 冲压讲义. 北京:北京科学教育出版社,1961.

[7] 刘陵. 超音速燃烧与超音速燃烧冲压发动机. 西安:西北工业大学出版社,1993.

[8] 朱也夫,等. 冲压和火箭-冲压发动机原理. 刘兴洲,等译. 北京:国防工业出版社,1975.

[9] 鲍福廷,黄熙君,张振鹏. 固体火箭冲压组合发动机. 北京:中国宇航出版社,2006.

[10] Guy R W, et al. The NASA Langley Scramjet Test Complex. AIAA Paper 96-3243, 1996.

[11] Rogers R C, Capriotti D P, Guy R W. Experimental Supersonic Combustion Research at NASA Langley. AIAA Paper 98-2506, 1998.

[12] 范洁川,等. 近代流动显示技术. 北京:国防工业出版社,2002.

# 附　　录

## 附表 1　试验测点位置及壁面压力

| 测点编号 | $x$/m | $p$/Pa　冷流 | $p$/Pa　热流 |
|---|---|---|---|
| 1 | 0.000 0 | 0.228E+06 | 0.228E+06 |
| 2 | 0.030 0 | 0.228E+06 | 0.228E+06 |
| 3 | 0.060 0 | 0.316E+06 | 0.314E+06 |
| 4 | 0.090 0 | 0.267E+06 | 0.267E+06 |
| 5 | 0.120 0 | 0.280E+06 | 0.280E+06 |
| 6 | 0.150 0 | 0.290E+06 | 0.291E+06 |
| 7 | 0.215 6 | 0.231E+06 | 0.268E+06 |
| 8 | 0.240 5 | 0.211E+06 | 0.404E+06 |
| 9 | 0.299 3 | 0.239E+06 | 0.496E+06 |
| 10 | 0.329 2 | 0.210E+06 | 0.508E+06 |
| 11 | 0.359 1 | 0.253E+06 | 0.497E+06 |
| 12 | 0.389 0 | 0.170E+06 | 0.480E+06 |
| 13 | 0.444 8 | 0.203E+06 | 0.476E+06 |
| 14 | 0.474 6 | 0.189E+06 | 0.466E+06 |
| 15 | 0.504 5 | 0.181E+06 | 0.451E+06 |
| 16 | 0.534 4 | 0.141E+06 | 0.430E+06 |
| 17 | 0.564 3 | 0.155E+06 | 0.436E+06 |
| 18 | 0.594 2 | 0.148E+06 | 0.443E+06 |
| 19 | 0.654 7 | 0.148E+06 | 0.439E+06 |
| 20 | 0.679 8 | 0.141E+06 | 0.427E+06 |
| 21 | 0.736 8 | 0.175E+06 | 0.431E+06 |
| 22 | 0.766 7 | 0.167E+06 | 0.423E+06 |
| 23 | 0.796 8 | 0.152E+06 | 0.418E+06 |
| 24 | 0.826 7 | 0.136E+06 | 0.411E+06 |
| 25 | 0.884 8 | 0.117E+06 | 0.404E+06 |
| 26 | 0.914 7 | 0.154E+06 | 0.392E+06 |
| 27 | 0.944 8 | 0.168E+06 | 0.385E+06 |
| 28 | 0.974 7 | 0.190E+06 | 0.370E+06 |
| 29 | 1.004 8 | 0.173E+06 | 0.367E+06 |
| 30 | 1.034 7 | 0.159E+06 | 0.333E+06 |

续附表 1

| 测点编号 | $x/\mathrm{m}$ | $p/\mathrm{Pa}$ 冷流 | $p/\mathrm{Pa}$ 热流 |
|---|---|---|---|
| 31 | 1.095 0 | 0.119E+06 | 0.316E+06 |
| 32 | 1.119 9 | 0.124E+06 | 0.334E+06 |
| 33 | 1.178 6 | 0.149E+06 | 0.287E+06 |
| 34 | 1.208 6 | 0.153E+06 | 0.285E+06 |
| 35 | 1.238 5 | 0.152E+06 | 0.264E+06 |
| 36 | 1.268 5 | 0.150E+06 | 0.258E+06 |
| 37 | 1.324 2 | 0.132E+06 | 0.227E+06 |
| 38 | 1.354 2 | 0.112E+06 | 0.232E+06 |
| 39 | 1.384 2 | 0.100E+06 | 0.225E+06 |
| 40 | 1.414 1 | 0.960E+05 | 0.217E+06 |
| 41 | 1.444 1 | 0.960E+05 | 0.210E+06 |
| 42 | 1.474 1 | 0.960E+05 | 0.197E+06 |

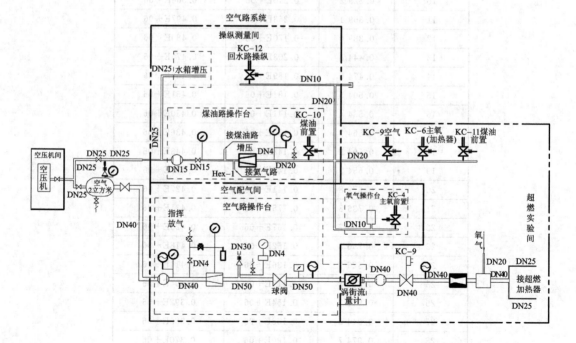

附图 1　空气路系统图

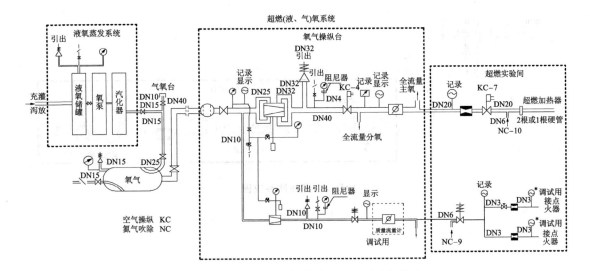

附图 2　氧气路系统图

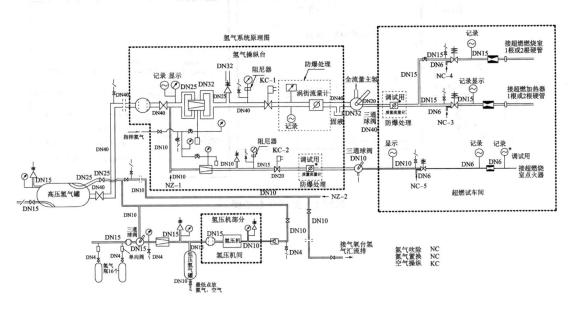

附图 3　氢气路系统图

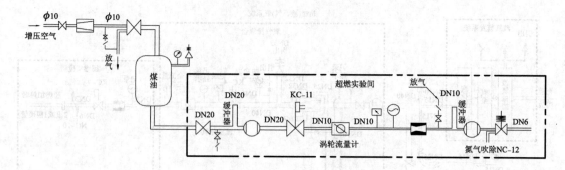

**附图 4　煤油路系统图**

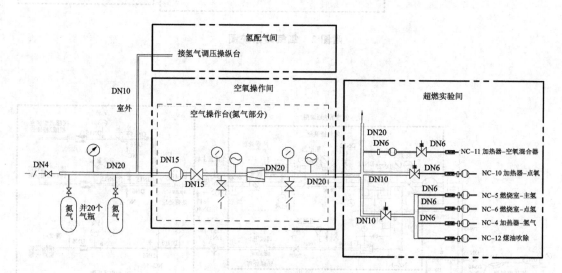

**附图 5　氮气路系统图**

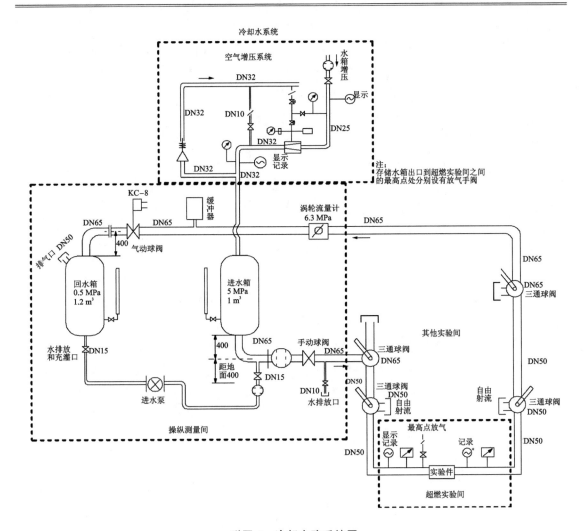

**附图 6　冷却水路系统图**

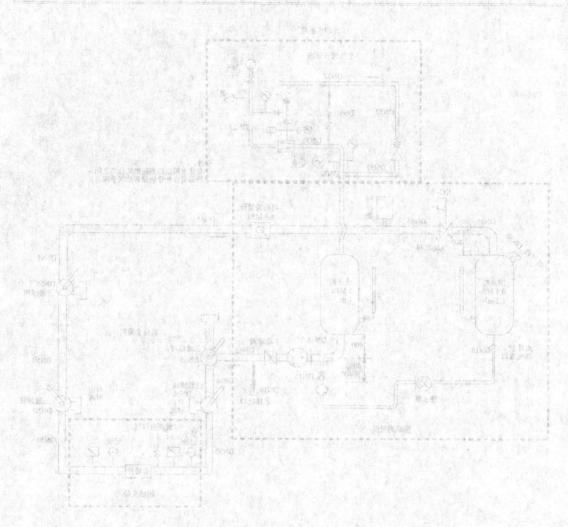

附图 6　冷却水系统流程图